普通高等教育“十三五”数字化规划教材

办公自动化高级应用

(Office 2010)

(第2版)

童小素　孙瑞霞　顾国松　主　编

本书资源使用说明

北京邮电大学出版社
·北京·

内 容 简 介

本书是参考高等院校传统的“大学计算机基础”课程，旨在提高与深化相关知识的后续教材，结合教育部考试中心最新颁布的《全国计算机等级考试二级 MS Office 高级应用考试大纲(2013 版)》，以 Office 2010 为操作平台编写而成的。本书分为两篇：第 1 篇为 Office 2010 高级应用，该篇深入浅出地介绍了 Word 2010 高级应用、Excel 2010 高级应用、PowerPoint 2010 高级应用、Outlook 2010 高级应用、宏与 VBA 高级应用以及 Visio 2010 高级应用等知识。第 2 篇为 Office 2010 高级应用案例，共精选了 14 个不同应用领域的典型案例，其中 Word 案例 4 个，Excel 案例 4 个，PowerPoint 案例 2 个，Outlook 案例 1 个，宏与 VBA 案例 2 个，Visio 案例 1 个。本书附有二维码，通过扫码可以获取重要理论知识讲授的微视频、微练习、微测试、等级考试模拟试题和操作素材等资源，支持移动设备在线学习，将教材、课堂、教学资源三者融合，实现线上线下教学相结合。

本书适合作为高等院校各专业“办公软件高级应用”课程的教材，也可作为参加全国计算机等级考试(二级 MS Office 高级应用)的辅导用书，或作为企事业单位办公软件高级应用技术的培训教材，以及作为计算机爱好者的自学参考书。

图书在版编目(CIP)数据

办公自动化高级应用：Office 2010 / 童小素，孙瑞霞，顾国松主编. -- 2 版. -- 北京 ：北京邮电大学出版社，2018.7 (2024.1 重印)

ISBN 978-7-5635-5459-1

Ⅰ. ①办… Ⅱ. ①童… ②孙… ③顾… Ⅲ. ①办公自动化－应用软件 Ⅳ. ①TP317.1

中国版本图书馆 CIP 数据核字(2018)第 123736 号

书　　名 办公自动化高级应用(Office 2010)(第 2 版)
主　　编 童小素　孙瑞霞　顾国松
责任编辑 沙一飞
出版发行 北京邮电大学出版社
社　　址 北京市海淀区西土城路 10 号(100876)
电话传真 010-82333010　62282185(发行部)　010-82333009　62283578(传真)
网　　址 www.buptpress3.com
电子信箱 buptpress3@163.com
经　　销 各地新华书店
印　　刷 三河市骏杰印刷有限公司
开　　本 787 mm×1 092 mm　1/16
印　　张 20
字　　数 538 千字
版　　次 2015 年 1 月第 1 版　2018 年 7 月第 2 版
印　　次 2024 年 1 月第 12 次印刷

ISBN 978-7-5635-5459-1　　定价：54.00 元

前　言

随着移动互联网技术的迅猛发展，以及智能移动终端的广泛普及，手机以及平板电脑成为了现代人们生活和学习的重要工具，人们的学习习惯发生了很大的改变，碎片化、个性化、随时随地的自主学习应运而生。作为知识载体的教材，也必然要发生相应的变化。本书采用在纸质教材中嵌入二维码的形式，将基于互联网的知识点制作成微视频、微练习和微测试融入其中，使读者能够通过一本纸质教材和一个移动终端，实现个性化的自主学习。

Office是人们在现代商务办公中使用率极高的工具之一，它的重要性越来越为人们熟知。能熟练应用办公软件，掌握办公软件高级应用的人才将是社会急需的人才。本书根据当前社会办公的实际需求和应用范围，并结合教育部考试中心最新颁布的《全国计算机等级考试二级 MS Office 高级应用考试大纲(2013 版)》对 MS Office 高级应用的要求编写，以 Office 2010 为操作平台，结合实际应用案例，深入分析和详尽讲解了办公软件高级应用知识及操作技能。

全书共分两篇：第 1 篇为 Office 2010 高级应用理论知识及其操作导引，主要包括 Word 2010 高级应用、Excel 2010 高级应用、PowerPoint 2010 高级应用、Outlook 2010 高级应用、宏与 VBA 高级应用以及 Visio 2010 高级应用等内容。这些内容在总结基本操作的基础上，着重介绍一些常用的、具有较强操作技巧的理论知识，并以例题的形式进行操作导引，以便读者能够有的放矢地进行学习并掌握相关理论知识及操作技巧。第 2 篇为 Office 2010 高级应用案例，共精选了 14 个不同应用领域的案例，其中 Word 案例 4 个，Excel 案例 4 个，PowerPoint 案例 2 个，Outlook 案例 1 个，宏与 VBA 案例 2 个，Visio 案例 1 个。这些案例均来自学习和工作中有一定代表性和难度的日常事务操作。每个案例均从"问题描述"、"知识要点"、"操作步骤"和"练习提高"4 个方面进行详细论述。这些案例从不同侧面反映了 Office 2010 在日常办公事务处理中的重要作用以及使用 Office 的操作技巧。

全书不仅注重 Office 2010 知识的提升和扩展，强调高级应用，书写体现高级应用自动化、变量化、模式化和技巧化的特点，而且注重案例和实际应用，并结合 Office 日常办公软件应用的典型案例进行讲解，举一反三，有助于学生学习"计算机基础"后进一步提高和扩展计算机知识和应用能力，也有助于读者发挥创意，灵活有效地处理工作中遇到的问题。本书内容新颖、图文并茂、直观生动、案例典型、注重操作、重点突出。书中详尽的实例和细致的描述能为读者使用 Office 办公软件提供捷径，并能有效地帮助读者提高办公软件高级应用操作水平，从而提升工作效率。

本书通过二维码增加了以下一些内容。

(1)重要知识点的微视频。这些视频的增加是为了促进读者对知识点的理解和吸收。

(2)与重要知识点视频对应的微练习。与每个视频对应增加的两三道习题是为了使读者能更好地掌握和巩固知识点，并能学会举一反三。

(3)与重要知识点视频对应的微测试。与视频对应的测试题的增加是为了使读者通过测试了解自己对该知识点的掌握程度。

本书在助学助教平台手机端后台 https://www.jiudou123.com/建设有课程资源库，里面包含了各类素材资源和全国计算机等级考试（二级 MS Office 高级应用）的模拟试题库。提供的各类素材资源包括了视频素材、练习题素材和案例素材。注重该课程是一门实践性、操作性课程的特点，将视频中所用的操作素材提供给读者，使读者可以根据视频内容边学边操作；通过提供练习题素材，实现读者能真正开展操作练习。等级考试的模拟试题提供了练习题目、素材和操作结果。模拟试题的增加旨在使读者了解等级考试的形式与难度，对等级考试起到参考与示范的作用。

本书适合作为高等院校各专业"办公软件高级应用"课程的教材，也可作为参加国家计算机等级考试（二级 MS Office 高级应用）的辅导用书，或作为企事业单位办公软件高级应用技术的培训教材，以及作为计算机爱好者的自学参考书。

全书由童小素、孙瑞霞和顾国松任主编，参加编写的还有贾小军、骆红波、潘云燕、许巨定等。本书为多位老师在多年"大学计算机基础"及"办公软件高级应用"课程教学的基础上，结合多次编写相关讲义和教材的经验总结而成，同时本书在编写过程中也参考了大量书籍，得到了许多同行的帮助与支持，在此向他们表示衷心的感谢。

在党的二十大报告提出的"加强教材建设和管理"精神的指引下，本次重印前，编者再次对全书进行了检查和梳理。

由于办公软件高级应用技术范围广、内容更新快，本书在对内容的选取及知识点的阐述上，难免有不足或遗漏之处，敬请广大读者给予批评指正。

编　者

目　录

第1篇　Office 2010 高级应用

第 2 篇 Office 2010 高级应用案例

第1篇 Office 2010高级应用

本篇为Office 2010高级应用主要理论知识点讲解，包括Word 2010高级应用、Excel 2010高级应用、PowerPoint 2010高级应用、Outlook 2010高级应用、宏与VBA高级应用以及Visio 2010高级应用等内容。在阐述理论知识的同时，本篇对一些常用的、具有较强操作技巧的理论知识进行操作导引，以便读者能够有的放矢地进行学习并掌握相关理论知识及操作技巧。

第1章 Word 2010高级应用

利用 Word 2010 提供的基本操作功能，可以实现字符和段落格式的设置，如文字的字体、字号、颜色、字间距、特殊效果及段落的间距、缩进、对齐等。这些格式设置可以方便地用于短文档的排版，但是在日常工作中使用 Word 时，常常会遇到长文档中更加复杂的排版要求，需要使用特殊、便捷的操作方法。本章着重讲解 Word 2010 的高级应用，主要涉及样式和模板、页面设计、图文混排与表格、域、文档批注与修订、主控文档与邮件合并等方面的高级操作方法和技巧，以实现长文档的排版。

1.1 样式与模板

样式是 Word 中最强有力的格式设置工具之一，使用样式能够准确、迅速地实现长文档的格式设置，而且利用样式可以方便地调整格式。例如，要修改某级标题的格式，只要简单地修改该标题样式，则所有应用该样式的标题格式将自动改变。模板是一个预设固定格式的文档，利用模板可以保证同一类文体风格的整体一致。本节将详细介绍样式的操作及应用方法，以及与格式设置相关的模板、脚注和尾注、题注和交叉引用等的设置方法。

1.1.1 样式

样式是被命名并保存的一系列格式的集合，它规定了文档中标题、正文以及各选中内容的字符或段落等对象的格式，包括字符样式和段落样式。字符样式只包含字符格式，如字体、字号、字形、颜色、效果等，可以应用到任何文字。段落样式既可包含字符格式，也可包含段落格式，如字体、行间距、对齐方式、缩进格式、制表位、边框和编号等，可以应用于段落或整个文档。被应用样式的字符或段落具有该样式所定义的格式，便于统一文档的所有格式。

样式

在 Word 2010 中，样式可分为内置样式和自定义样式。内置样式是指 Word 2010 为文档中对象提供的标准样式。自定义样式是指用户根据文档需要而设定的样式。

1. 内置样式

在 Word 2010 中，系统提供了丰富的样式。单击 Word 标题栏中的“开始”选项卡，在“样式”组的“快速样式”库中显示了多种内置样式，其中正文、无间隔、标题 1、标题 2 等都是内置样式名称。将鼠标指向各种样式时，光标所在段落或选中的对象就会自动呈现出当前样式应用后的视觉效果。单击“快速样式”库右侧的“其他”按钮 ，在弹出的样式列表中可以选择更多的内置样式，如图 1-1(a)所示。

(a) (b)

图 1-1 样式列表和“样式”任务窗格

单击“开始”选项卡“样式”组右下角的对话框启动器按钮，打开“样式”任务窗格，如图 1-1(b)所示。将鼠标指针停留在列表框中的样式名称上时，会显示该样式包含的格式信息。样式名称后面带符号 a 的表示字符样式，带符号↵的表示段落样式。

下面举例说明应用内置样式进行文档段落格式的设置。对如图 1-2(a)的原始文档进行格式设置，要求对章标题应用“标题 1”样式，对节标题应用“标题 2”样式，对正文各段实现首行缩进 2 个字符。操作步骤如下。

①将光标定位在章标题所在段落的文本中任意位置，或选中章标题文本。

②单击“开始”选项卡“样式”组中的“快速样式”库中的“标题 1”内置样式即可，或者单击“样式”组右下角的对话框启动器按钮，在打开的“样式”任务窗格中选择“标题 1”样式。

③将光标定位在节标题所在段落的文本中任意位置，或选中节标题文本。

④单击“快速样式”库中的“标题 2”内置样式，或在“样式”任务窗格中选择“标题 2”样式。

⑤选中正文文本，然后单击“快速样式”库右侧的“其他”按钮，在弹出的样式列表中选择“列出段落”样式。或单击“样式”任务窗格中的“列出段落”样式。最终效果图如图 1-2(b)所示。

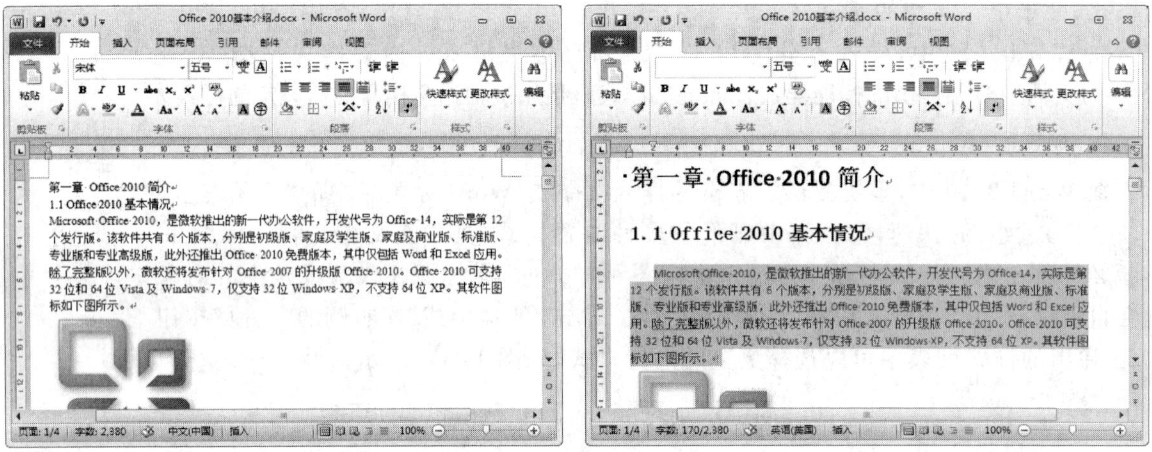

(a)　　(b)

图 1-2　应用系统内置样式

默认情况下，可以使用快捷键（用户也可以自定义）来应用其相应的样式名。例如，按 Ctrl+Alt+1 键，应用“标题 1”样式；按 Ctrl+Alt+2 键，应用“标题 2”样式；按 Ctrl+Alt+3 键，应用“标题 3”样式等。此处的数字“1”“2”“3”只能按主键盘区上的数字键才有效，不能使用辅助键区中的数字键。

2. 自定义样式

Word 2010 为用户提供的内置样式能够满足一般文档格式设置的需要。但用户在实际应用中常常会遇到一些特殊格式的设置，当内置样式无法满足这些要求时，就需要创建自定义样式。

(1)创建与应用新样式

例如，创建一个段落样式，名称为“样式 0001”，要求为黑体，小四号字，1.5 倍行距，段前距和段后距均为 0.5 行。具体操作步骤如下。

①单击“开始”选项卡“样式”组右下角的对话框启动器按钮，打开“样式”任务窗格，如图 1-1(b)所示。

②单击“样式”任务窗格左下角的“新建样式”按钮，打开“根据格式设置创建新样式”对话框，如图 1-3 所示。

③在“名称”文本框中键入新样式的名称“样式 0001”。

④单击“样式类型”下拉列表框中选择“段落”“字符”“表格”或“列表”等样式，默认为“段落”样式。在“样式基准”下拉列表框中选择一个可作为创建基准的样式，一般应选择“正文”。在“后续段落样式”下拉列表框中为应用该样式的段落的后续段落设置一个默认样式，一般取默认值。

⑤一般的字符和段落格式可在“根据格式设置创建新样式”对话框的“格式”栏中进行设置，如字体、字号、对齐方式等；也可以单击对话框左下角的“格式”下拉按钮，在弹出的下拉列表框中选择“字体”，在弹出的“字体”对话框中进行字符格式设置。设置好字符格式后，单击“确定”按钮返回。

单击对话框左下角的“格式”下拉按钮，在弹出的下拉列表框中选择“段落”，在弹出的“段落”对话框中进行段落格式设置。设置好段落格式后，单击“确定”按钮返回。

在“格式”下拉列表框中还可以选择其他项目，会弹出对应对话框，然后可根据需要进行相应设置。

⑥在“根据格式设置创建新样式”对话框中单击“确定”按钮，“样式”任务窗格中会显示出新创建的“样式 0001”样式。

下面将新创建的样式“样式 0001”应用于图 1-2 中文档正文中的第一段。将插入点置于第一段文本中的任意位置，单击“样式”任务窗格中的“样式 0001”，即可将该样式应用于所选段落，操作效果如图 1-4 所示。也可以选择第一段文本，然后单击“样式 0001”实现。

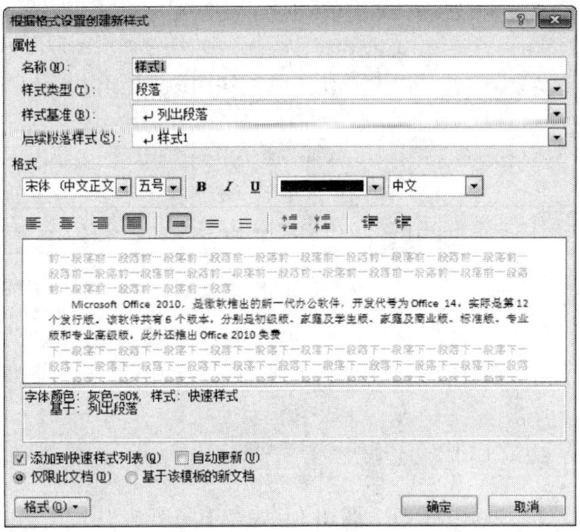

图 1-3 “根据格式设置创建新样式”对话框

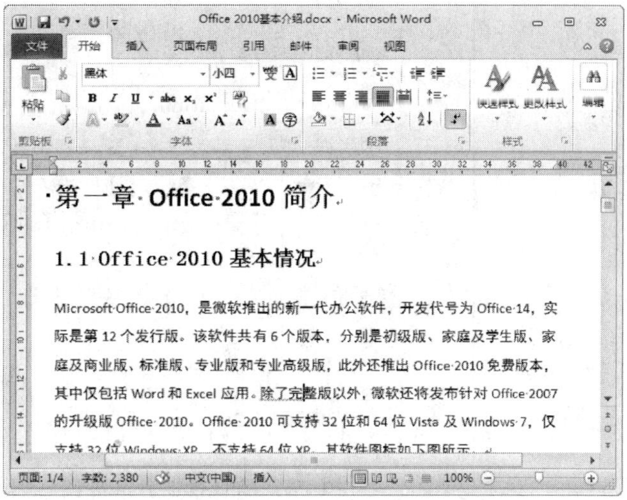

图 1-4 应用“样式 0001”样式

(2)修改样式

如果预设或创建的样式不能满足要求，可以在此样式的基础上进行修改，样式修改操作适用于内置样式或自定义样式。下面通过修改刚刚创建的“样式 0001”为例介绍其方法，要求为该样式增加首行缩进 2 个字符的段落格式。操作步骤如下。

①单击“样式”任务窗格中的“样式 0001”右侧的下拉按钮▾，在弹出的下拉列表框中选择“修改”命令，或右击“样式 0001”，在弹出的快捷菜单中选择“修改”命令，弹出“修改样式”对话框。

②单击对话框左下角的“格式”下拉按钮，选择其中的“段落”，将打开“段落”对话框。

③在“特殊格式”下拉列表框中选择“首行缩进”，磅值设为“2 字符”，单击“确定”按钮，返回到“修改样式”对话框，单击“确定”按钮。

④“样式 0001”样式一经修改，应用此样式的段落格式将自动更新。

(3)删除样式

注意：只能删除自定义的样式，不能删除 Word 2010 的内置样式。如果删除了某个自定义样式，Word 将对所有应用此样式的段落恢复到“正文”的默认样式格式。

若要删除创建的自定义样式，其操作步骤为：单击“样式”任务窗格中的“样式 0001”右侧的下拉按钮，在展开的下拉列表框中选择“删除‘样式 0001’”命令，在弹出的对话框中单击“是”按钮，完成删除样式操作；或右击要删除的样式，在弹出的快捷菜单中进行删除操作。

3. 多级自动编号标题样式

1)项目符号和编号

项目符号用于表示段落的并列关系，在选择的段落前面自动加上指定类型的符号；编号用于表示段落的顺序关系，在选择的段落前面自动加上按升序排列的指定类型的编号序列。

(1)添加项目符号和编号

在文档中选中要添加项目符号或编号的段落，单击“开始”选项卡中的“段落”组中的“项目符号”下拉按钮☰ ▾或“编号”下拉按钮☰ ▾，在弹出的下拉列表框中选择一种项目符号或编号样式即可，项目符号下拉列表和编号下拉列表分别如图 1-5，图 1-6 所示。

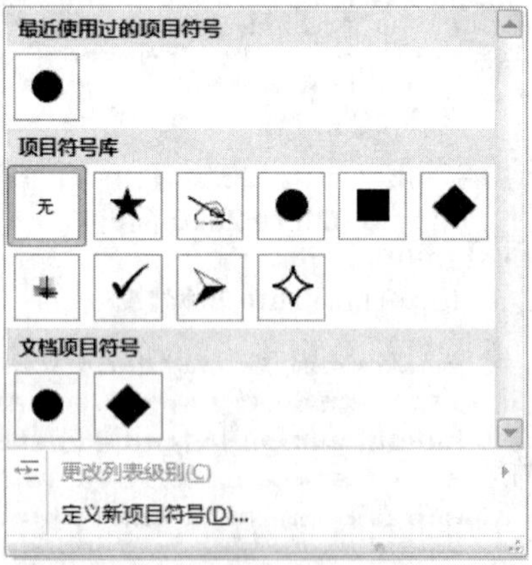

图 1-5　项目符号下拉列表

图 1-6　编号下拉列表

(2)自定义项目符号和编号

如果对系统预定义的项目符号和编号不满意，还可以为选定段落设置自定义的项目符号和编号。若要自定义项目符号，选择图 1-5 中的“定义新项目符号”命令，打开“定义新项目符号”对话框，如图 1-7 所示。单击“符号”按钮，在打开的“符号”对话框框中选择需要的项目符号，单击“确定”按钮返回。单击“图片”按钮，在打开的“图片项目符号”对话框中选择需要的项目符号，单击“确定”按钮返回。在“定义新项目符号”对话框中单击“确定”按钮即可添加自定义的项目符号。

若要自定义编号，选择图 1-6 中的“定义新编号格式”命令，打开“定义新编号格式”对话框，如图 1-8 所示。在“编号样式”下拉列表框中选择需要的编号样式，在“编号格式”文本框中输入需要的编号格式(不能删除“编号格式”文本框中带有灰色底色的数值)，单击“确定”按钮即可添加自定义的编号格式。

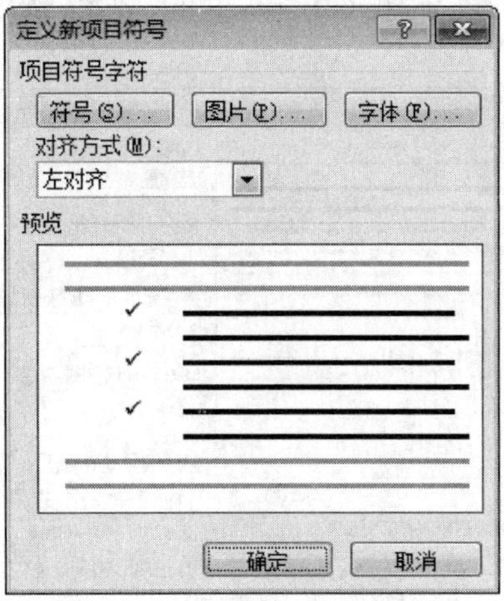

图 1-7 “定义新项目符号”对话框

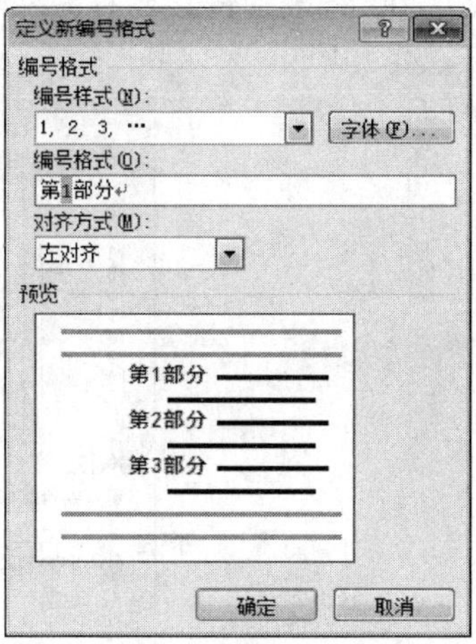

图 1-8 “定义新编号格式”对话框

(3)删除项目符号和编号

添加的项目符号或编号可以被全部删除或部分删除。若要全部删除，分别单击图 1-5 项目符号库中和图 1-6 编号库中的“无”，可删除全部的项目符号和编号。若要删除某个段落前面的项目符号或编号，等同于文档字符的删除方法，可直接按删除键删除。

2)多级自动编号标题样式

多级列表
标题样式

内置样式库中的“标题 1”“标题 2”“标题 3”等样式是不带自动编号的，在“修改样式”对话框中可以实现单个级别的编号设置，但对于多级编号，需要采用其他方法。在前面介绍编号内容时，可以通过将编号进行降级的方法来实现多级编号的设置，但操作方法比较复杂。在此介绍一种简便方法，可以实现多级自动编号标题样式的设置，并举例说明其操作过程。例如，对如图 1-2(a)所示的文档进行操作，要求章名使用样式“标题 1”并居中，编号格式为“第 X 章”，其中 X 为自动编号，如第 1 章；小节名使用样式“标题 2”并左对齐，格式为多级编号，形如“X. Y”，其中 X 为章数字序号，Y 为节数字序号(例如“1.1”)，且为自动编号。操作步骤如下。

①单击“开始”选项卡中的“段落”组中的“多级列表”下拉按钮，弹出如图 1-9 所示的下拉列表。

②选择“定义新的多级列表”命令，弹出“定义新多级列表”对话框。单击对话框左下角的“更多”按钮，对话框变成如图 1-10 所示。

③在“此级别的编号样式”下拉列表框中选择“1，2，3，…”编号样式，在“输入编号的格式”文本框中的数字前面和后面分别输入“第”和“章”(不能删除文本框中带有灰色底色的数值)。在“编号对齐方式”下拉列表框中选择“左对齐”，对齐位置设置为“0

厘米”,文本缩进位置设置为“0 厘米”,在“编号之后”下拉列表框中选择“空格”,在“将级别链接到样式”下拉列表框中选择“标题 1”样式。

④在“单击要修改的级别”处单击“2”。在“包含的级别编号来自”下拉列表框中选择“级别 1”,在“输入编号的格式”文本框中将自动出现“1”,然后输入“.”。在“此级别的编号样式”下拉列表框中选择“1,2,3,…”编号样式。在“输入编号的格式”文本框中将出现节序号“1.1”。在“编号对齐方式”下拉列表框中选择“左对齐”,对齐位置设置为“0 厘米”,文本缩进位置设置为“0 厘米”,在“编号之后”下拉列表框中选择“空格”,在“将级别链接到样式”下拉列表框中选择“标题 2”样式,单击“确定”按钮。

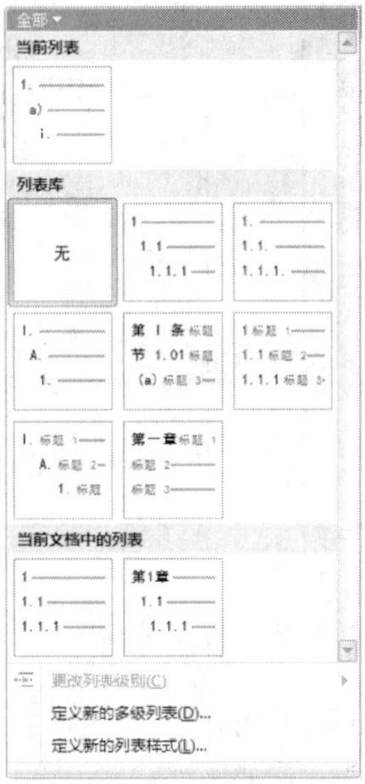

图 1-9　下拉列表

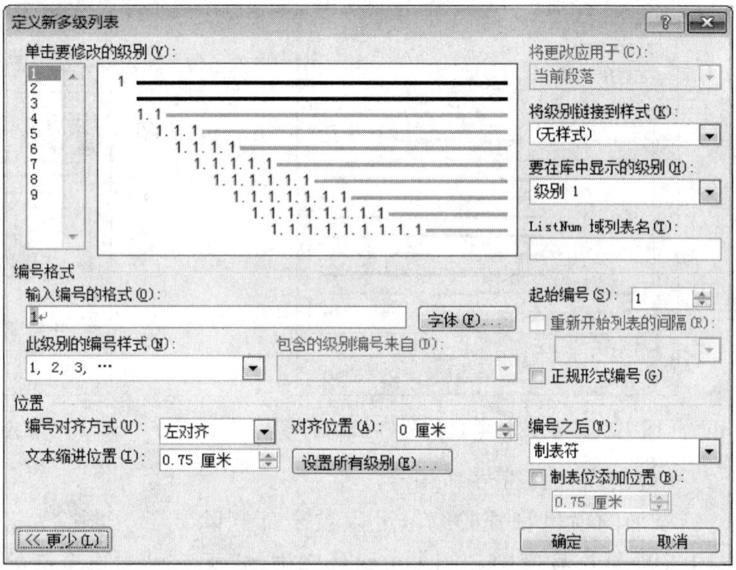

图 1-10　“定义新多级列表”对话框

⑤“开始”选项卡中的“样式”组中的快速样式库中将会出现如图 1-11 所示的带有多级自动编号的“标题 1”和“标题 2”样式。

图 1-11　修改后的标题样式

各级标题的缩进值设置方法还可以采取以下方法。在“定义新多级列表”对话框中单击“设置所有级别”按钮,弹出“设置所有级别”对话框,如图 1-12 所示,将各级标题设为统一的缩进值。

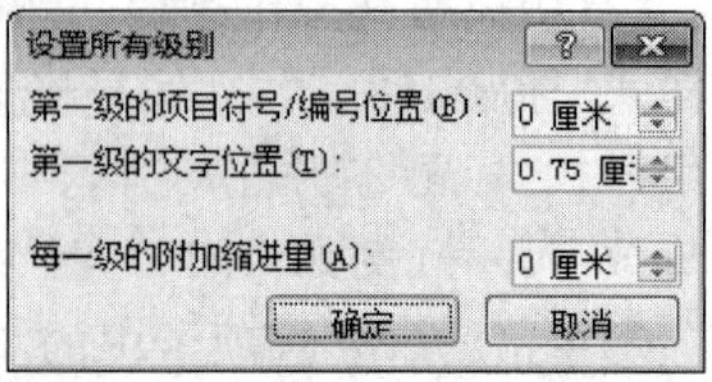

图 1-12　“设置所有级别”对话框

⑥在快速样式库中右击“标题 1”,从弹出的快捷菜单中选择“修改”命令,弹出“修改样式”对话框,单击“居中”按钮,将“标题 1”样式设为居中对齐方式,单击“确定”按钮。

⑦将光标定位在文档中的章标题中,单击快速样式库中的“标题 1”样式,则章名设为指定的格式。选中标题中原来的“第一章”字符并删除。

⑧将光标定位在文档中的节标题中,单击快速样式库中的“标题 2”样式,则节名设为指定的格式。选中节标题中原来的“1.1”字符并删除。

⑨可以将“标题 1”和“标题 2”应用于其他章名和节名。

3)标题样式的显示

在 Word 2010 中,快速样式库中的部分样式在使用前系统默认为隐藏属性,甚至在“样式”任务窗格中也找不到其样式,可以按照下面的操作显示隐藏的样式,并以修改后的样式格式进行显示。

①单击“开始”选项卡中的“样式”组右下角的对话框启动器按钮,打开“样式”任务窗格。

②选中任务窗格下部的“显示预览”复选框,任务窗格中显示为最新修改过的各个样式。

③单击“样式”任务窗格右下角的“选项”链接,打开“样式窗格选项”对话框,如图 1-13 所示。在“选择要显示的样式”下拉列表框中选择“所有样式”,单击“确定”按钮返回。此后,“样式”任务窗格中将显示 Word 2010 的所有样式。

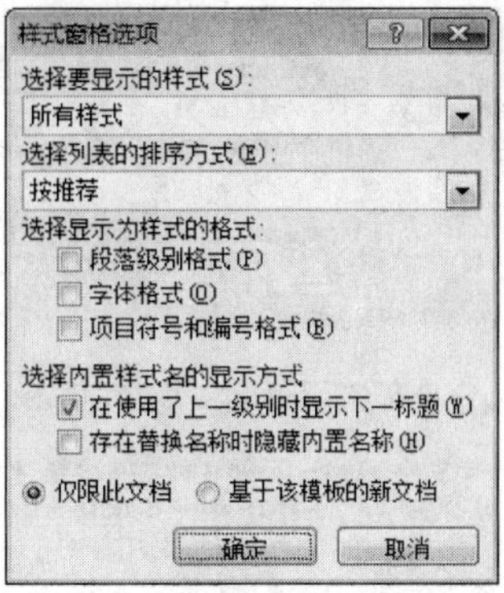

图 1-13 “格式窗格选项”对话框

1.1.2 脚注和尾注

脚注尾注

脚注和尾注在文档中主要用于对文本进行补充说明,如单词解释、备注说明或提供文档中引用内容的来源等。脚注通常位于页面的底部,用来说明每页中要注释的内容。尾注位于文档结尾处,用来集中解释需要注释的内容或标注文档中所引用的其他文档名称。脚注和尾注由两部分组成:注释引用标记及注释内容。引用标记可自动编号或自定义标记。

在文档中,脚注和尾注的插入、修改或编辑方法完全相同,区别在于它们出现的位置不同。本节以脚注为例介绍其相关操作,尾注的操作方法类似。

1. 插入及修改脚注

在文档中,可以同时插入脚注和尾注注释文本,也可以在文档中的任何位置添加脚注或尾注进行注释。默认设置下,Word 在同一文档中对脚注和尾注采用不同的编号方案。插入脚注的操作步骤如下。

①将光标移到要插入脚注的文本位置处,单击“引用”选项卡中的“脚注”组中的“插入脚注”按钮,此时即可在选择的位置处看到脚注引用标记。

②在当前页最下方光标闪烁处输入注释内容,即可实现插入脚注操作。

插入第一个脚注后,可按相同操作方法插入第 2 个、第 3 个……,并实现脚注的自动编号。如果用户要修改某个脚注内容,可将光标定位在该脚注内容处,然后直接进行修改。也可在两个脚注之间插入新的脚注,编号将自动更新。如图 1-14 所示,文档中插入了两个脚注。

2. 修改或删除脚注分隔符

在 Word 文档中,用一条短横线将文档正文与脚注或尾注分隔开,这条线称为注释分隔符,可以修改或删除注释分隔线。

①单击 Word 窗口下面的状态栏右侧的“草稿”按钮,将文档视图切换到草稿视图模式。

②单击"引用"选项卡中的"脚注"组中的"显示备注"按钮。

③在文档正文的下方将出现如图 1-15 所示的操作界面,在"脚注"下拉列表框中选择"脚注分隔符"或"脚注延续分隔符"。

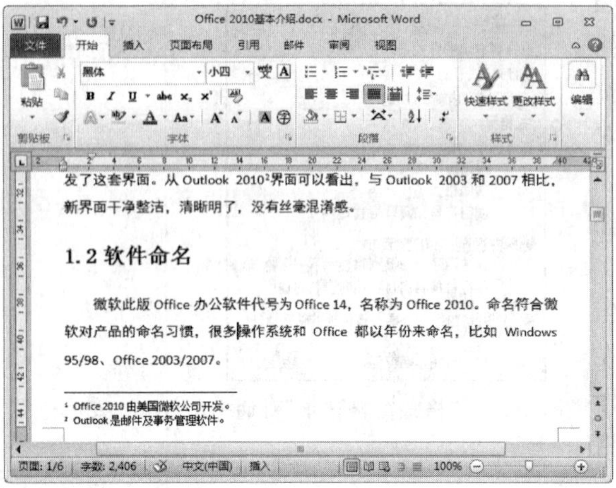

图 1-14　插入脚注

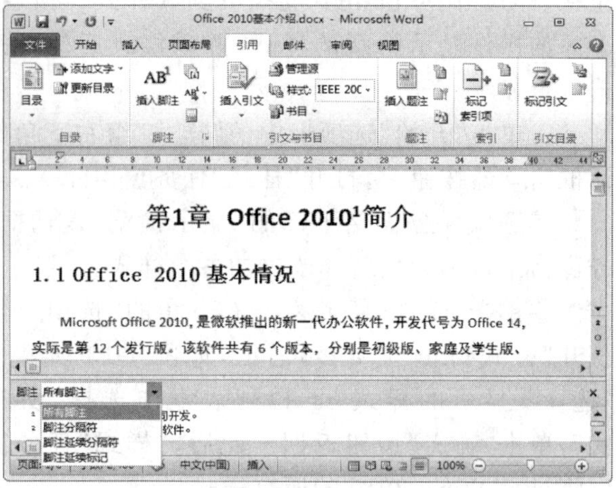

图 1-15　修改或编辑脚注

④对出现的分隔符进行修改。如果要删除注释分隔符,按 Delete 键进行删除即可。

⑤单击状态栏右侧的"页面视图"按钮,将文档视图切换到页面视图,可查看操作后的效果。

3. 删除脚注

要删除单个脚注,只需选定文本右上角的脚注引用标记,按 Delete 键即可删除脚注内容。Word 自动对其余脚注编号进行更新。

可以一次性实现整个文档中的所有脚注的删除,方法是利用"查找和替换"对话框实现。方法是:单击"开始"选项卡中的"编辑"组中的"替换"按钮,打开"查找和替换"对话框。将光标定位在"查找内容"下拉列表框中,单击"更多"按钮,单击"特殊格式"下拉按钮,选择"脚注标记","替换为"下拉列表框中为空,单击"全部替换"按钮,系统将出现替换完成对话框,单击"确定"按钮即可实现对当前文档中全部脚注的删除操作。

4. 脚注和尾注的相互转换

脚注和尾注之间可以进行相互转换,操作步骤如下。

①将光标移到某个要转换的脚注注释内容处,单击鼠标右键,在弹出的快捷菜单中选择"转换至尾注"命令,即可实现脚注到尾注的转换操作。

②将光标移到某个要转换的尾注注释内容处,单击鼠标右键,在弹出的快捷菜单中选择"转换至脚注"命令,即可实现尾注到脚注的转换操作。

除了前面介绍的插入脚注和尾注的方法外,还可以利用"脚注和尾注"对话框来实现脚注和尾注的插入、修改及相互转换操作。单击"引用"选项卡中的"脚注"组右下角的对话框启动器按钮,弹出"脚注和尾注"对话框,如图 1-16(a)所示,可以插入脚注或尾注,还可以设定各种格式。当在对话框中单击"转换"按钮,将出现如图 1-16(b)所示的对话框,可实现脚注和尾注之间的相互转换。

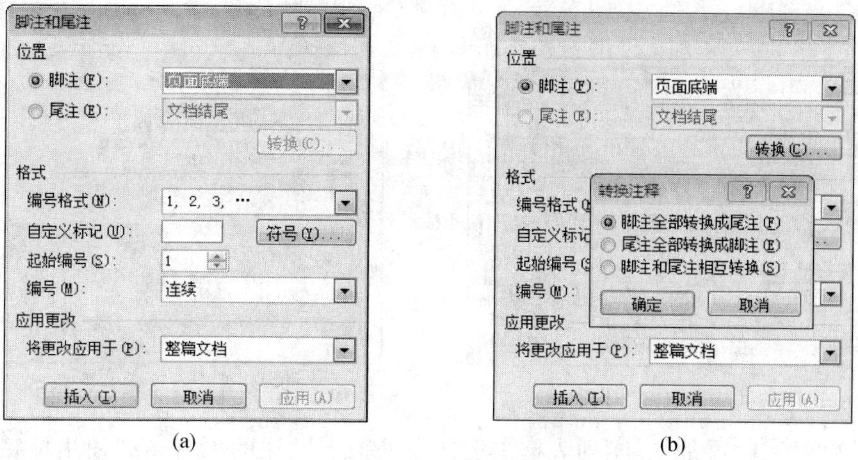

图 1-16 “脚注和尾注”对话框

1.1.3 题注和交叉引用

题注与
交叉引用

题注是添加到表格、图表、公式或其他项目上的名称和编号标签，由标签及编号组成。使用题注可以使文档中的项目更有条理，方便阅读和查找。交叉引用是在文档的某个位置引用文档另外一个位置的内容，类似于超级链接，只不过交叉引用一般是在同一文档中相互引用。在创建某一对象的交叉引用之前，必须先标记该对象，才能将对象与其交叉引用链接起来。

1. 题注

在 Word 2010 中，可以在插入表格、图表、公式或其他项目时自动地添加题注，也可以为已有的表格、图表、公式或其他项目添加题注。

1）为已有项目添加题注

对文档中已有的表格、图表、公式或其他项目添加题注，操作步骤如下。

①在文档中选定想要添加题注的项目，如图片（若图片下方已有对图片的题注内容，将光标定位在内容的最左侧位置），单击“引用”选项卡中的“题注”组中的“插入题注”按钮 插入题注，弹出“题注”对话框，如图 1-17 所示。

②在“标签”下拉列表框中选择一个标签，如图表、表格、公式等。若要新建标签，可单击“新建标签”按钮，在弹出的“新建标签”对话框中输入要使用的标签名称，如图、表等，单击“确定”按钮返回，即可建立一个新的题注标签。

③单击“编号”按钮，将弹出“题注编号”对话框，可以设置编号格式，也可以将编号和文档的章节序号联系起来。单击“确定”按钮返回“题注”对话框。

④单击“确定”按钮，完成题注的添加，在光标所在位置将会自动添加一个题注。

2）自动添加题注

在 Word 文档中，可以先设置好题注格式，然后在添加图表、公式或其他对象时自动添加题注，这种题注添加方法的操作步骤如下。

①单击“引用”选项卡中的“题注”组中的“插入题注”按钮 插入题注，弹出“题注”对话框。

②单击“自动插入题注”按钮，弹出“自动插入题注”对话框，如图 1-18 所示。

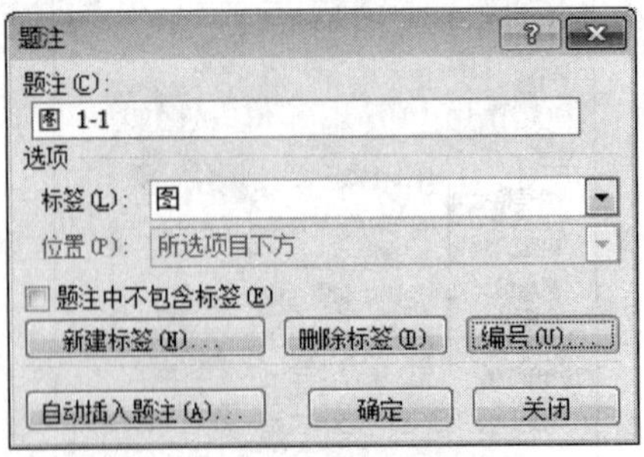

图 1-17 “题注”对话框

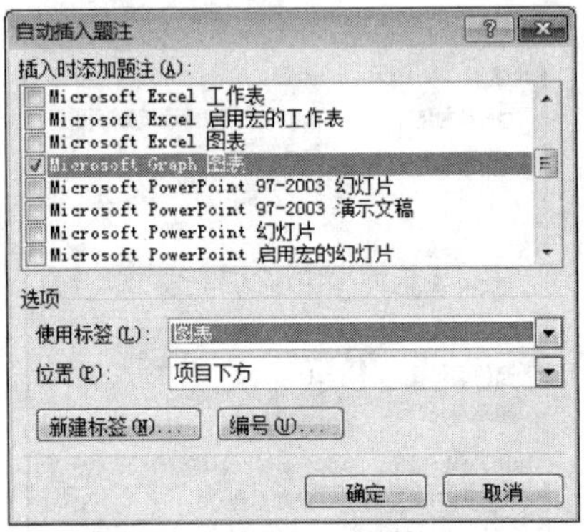

图 1-18 “自动插入题注”对话框

③在“插入时添加题注”列表框中选择自动插入题注的项目，在“使用标签”下拉列表框中选择标签类型，在“位置”下拉列表框中选择题注相对于项目的位置。如果要新建标签，单击“新建标签”按钮，在弹出的对话框中输入新标签名称。单击“编号”按钮可以设置编号格式。

④单击“确定”按钮，完成自动添加题注的操作。

3)修改题注

根据需要，用户可以修改题注标签，也可以修改题注的编号格式，甚至可以删除标签。可以修改单个题注，也可以修改文档中的所有题注。如果要修改文档中单一题注的标签，只需先选中该标签并按 Delete 键删除标签，然后再重新添加新题注。如果要修改所有相同类型的标签，操作步骤如下。

①选择想要修改的相同类型的一系列题注标签中的任意一个，单击“引用”选项卡中的“题注”组中的“插入题注”按钮，弹出“题注”对话框。

②在“标签”下拉列表框中选择要修改的题注的标签。单击“新建标签”按钮，输入新标签名称，单击“确定”按钮返回。单击“编号”按钮，弹出“题注编号”对话框，选择其中的编号格式，单击“确定”按钮返回。

③在“题注”文本框中即可看到修改编号后的题注格式。单击“确定”按钮，文档中所有相同类型的题注将自动更改为新的题注。

如果在“题注”对话框中单击“删除标签”按钮，则会将选择的标签从“标签”下拉列表框中删除。

2. 交叉引用

在 Word 2010 中，可以在多个不同的位置使用同一个引用源的内容，这种方法称为交叉引用。建立交叉引用实际上就是在要插入引用内容的地方建立一个域，当引用源发生改变时，交叉引用的域将自动更新。可以为编号项、标题、脚注、书签、图表等项目创建交叉引用。本节用第 1 小节中创建的题注为例介绍交叉引用。

1)创建交叉引用

创建的交叉引用仅可引用同一文档中的项目，其项目必须已经存在。若要引用其他文档中的项目，首先要将相应文档合并到主控文档中。创建交叉引用的操作步骤如下。

①将光标移到要创建交叉引用的位置，单击“引用”选项卡中的“题注”组中的“交叉引用”按钮“交叉引用”，弹出“交叉引用”对话框，如图 1-19 所示。也可以单击“插

入”选项卡中的“链接”组中的“交叉引用”命令。

②在“引用类型”下拉列表框中选择要引用的项目类型，如图、图表、表格等，在“引用内容”下拉列表框中选择要插入的信息内容，如整项题注、只有标签和标号、只有题注文字等，一般选择“只有标签和标号”。在“引用哪一个题注”列表框中选择要引用的题注，然后单击“插入”按钮。

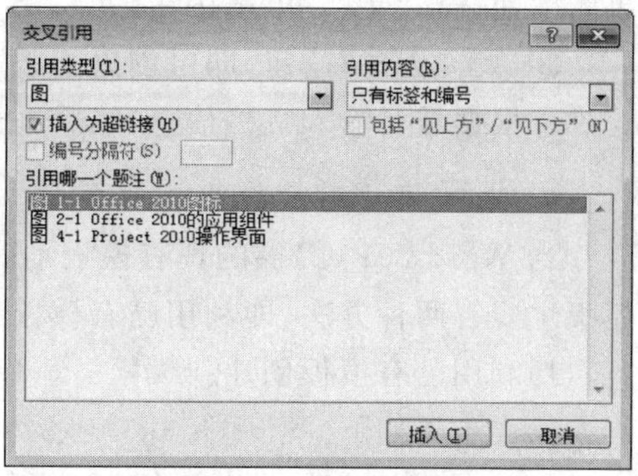

图 1-19 “交叉引用”对话框

③选定的题注编号将自动添加到文档中的指定位置。按照②中的方法可继续选择其他题注。选择完要插入的题注后单击“关闭”按钮，退出交叉引用的操作。

2)更新交叉引用

当文档中被引用项目发生了变化，如添加、删除或移动了题注，题注编号将发生改变，交叉引用应随之改变，称为交叉引用的更新。可以更新一个或多个交叉引用，操作步骤如下。

①若要更新单个交叉引用，选定该交叉引用；若要更新文档中所有的交叉引用，选定整篇文档。

②右击所选对象，在弹出的快捷菜单中选择“更新域”命令，即可实现单个或所有交叉引用的更新。

也可以选定要更新的交叉引用或整篇文档，按 F9 功能键实现交叉引用的更新。

1.1.4 模板

模板

模板是一种文档的类型，是一类特殊的文档，所有的 Word 文档都是基于某个模板创建的。模板中包含了文档的基本结构及文档设置信息，如文本、样式和格式；页面布局，如页边距和行距；设计元素，如特殊颜色、边框和底色等。Word 2010 中支持 3 种类型的模板，其扩展名分别是“dot”“dotx”和“dotm”。“dot”为 Word 97－2003 的模板的扩展名；“dotx”为 Word 2010 的标准模板的扩展名，但不能储存宏；“dotm”为 Word 2010 中储存了宏的模板的扩展名。

用户在打开 Word 2010 时就启动了模板，该模板为 Word 2010 自动提供的普通模板(Normal.dotm)，它包含了宋体、5 号字、两端对齐、纸张大小为 A4 纸型等格式信息。Word 2010 提供了许多预先定义好的模板，可以利用这些模板快速地创建文档。

1.利用模板创建文档

Word 2010 提供了许多被预先定义的模板，称为常用模板。使用常用模板可以快速创建基于某种类型和格式的文档，其操作步骤如下。

①单击“文件”选项卡中的“新建”命令。

②Word 2010 提供了“可用模板”和“Office.com 模板”两类模板，“可用模板”列表中的模板位于本机内，“Office.com 模板”列表中的模板需要在线搜索。单击“可用模板”列表中的“样本模板”，系统列出了 53 种模板。选择其中的一种模板，在预览效

果图下面选择“文档”单选按钮。

③单击“创建”按钮，即可创建基于该模板的新文档。

④根据需要输入文档信息，然后进行文档的保存。

2. 创建新模板

当 Word 2010 提供的现有模板不能满足用户需要时，可以创建新模板。创建新模板主要有两种方法，即利用已有模板创建新模板或利用已有文档创建新模板。

1）利用已有模板创建新模板

操作步骤如下。

①单击“文件”选项卡中的“新建”命令。

②单击“样本模板”，选择一种模板样式，在预览效果图下选择“模板”单选按钮，单击“创建”按钮即可创建一个新模板。

③根据需要在新建的模板中进行修改，主要是进行内容及格式的调整。

④单击“保存”按钮或单击“文件”选项卡中的“另存为”命令，弹出“另存为”对话框。

⑤在“另存为”对话框中显示的是系统提供的模板默认的存放位置。用户可选择默认位置，或自行设置模板的存放位置。在“文件名”文本框中输入模板的文件名，在“保存类型”下拉列表框中选择“Word 模板”。Word 2010 模板默认的扩展名为“dotx”。

⑥单击“保存”按钮即可将设置的模板保存到用户指定的位置。

2）利用已有文档创建新模板

操作步骤如下。

①打开已经排版好各类格式的现有文档。

②单击“文件”选项卡中的“另存为”命令，弹出“另存为”对话框。在对话框中设置模板的存放位置、文件名及模板类型。单击“保存”按钮即可保存。

3. 模板应用

可以将一个定制好的模板应用到打开的文档中，具体操作步骤如下。

①打开文档，单击“文件”选项卡中的“选项”按钮，弹出“Word 选项”对话框，如图 1-20（a）所示。

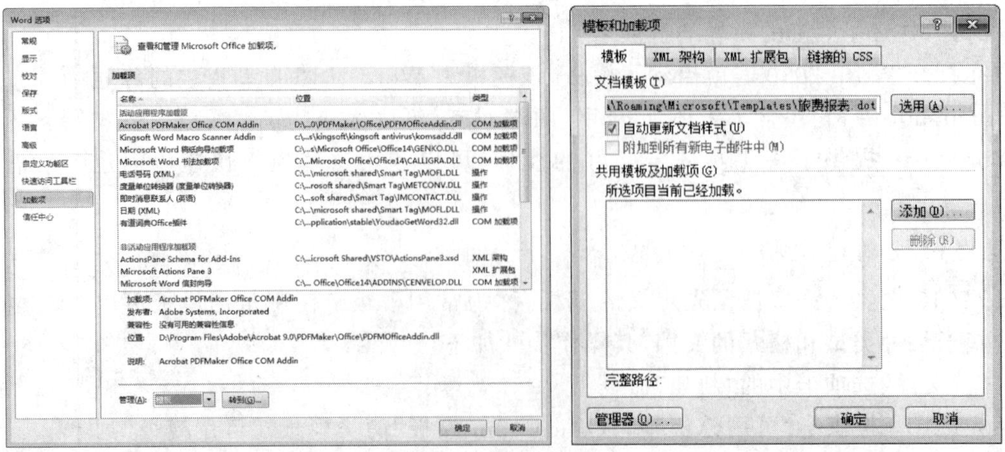

(a)　　　　　　　　　　(b)

图 1-20　模板应用

②在“Word选项”对话框左侧列表中单击“加载项”选项，在“管理”下拉列表框中选择“模板”，然后单击“转到”按钮，打开“模板和加载项”对话框。

③单击“选用”按钮，在弹出的“选用模板”对话框中选择一种模板，单击“打开”按钮，将返回“模板和加载项”对话框。

④在“文档模板”文本框中将会显示添加的模板文档名和路径。选中“自动更新文档样式”复选框，如图1-20(b)所示。

⑤单击“确定”按钮即可将此模板中的样式应用到打开的文档中。

4. 编辑模板

除了前面介绍的通过已有文档或模板的方法来创建新模板或修改模板外，还可以将文档中的一个样式复制成一个新模板或将此样式复制到一个已存在的模板中去，这种操作称为向模板中复制样式，详细操作步骤如下。

①打开Word文档，然后按上述方法打开“模板和加载项”对话框，如图1-20(b)所示。

②单击“管理器”按钮，弹出“管理器”对话框，选择“样式”选项卡，弹出如图1-21所示的对话框。左边为文档中已有的样式，右边为Normal.dotm(共用模板)样式。

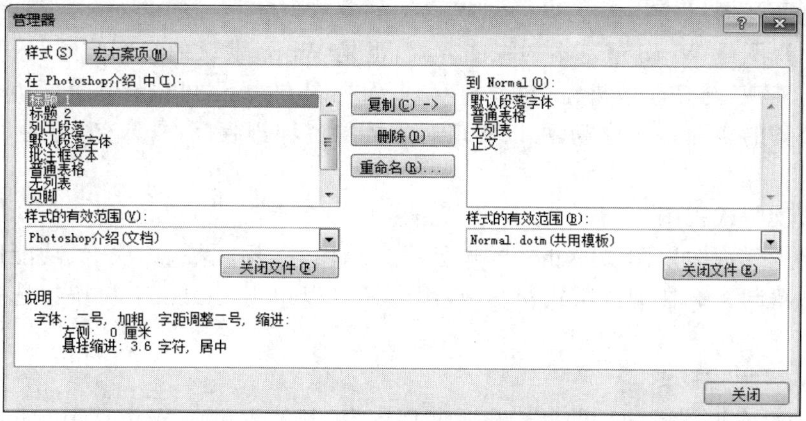

图1-21 “管理器”对话框

可以将左边文档中的样式复制到右边的共用模板中，也可以将共用模板中的样式复制到当前文档中。

③如果要复制的样式未在Normal.dotm模板文件中，则可单击右边的“关闭文件”按钮，此时该按钮将变成“打开文件”按钮。

④单击“打开文件”按钮，弹出“打开”对话框，从中选择要复制样式的模板或文档，单击“打开”按钮即可将选定的模板内容添加到“管理器”对话框中右侧的样式列表框中。

⑤完成样式复制操作后，单击“管理器”对话框中的“关闭”按钮即可完成样式的复制。

⑥单击“开始”选项卡中的“样式”组右下角的对话框启动器按钮，弹出“样式”任务窗格，可以查看添加的样式。也可以单击快速样式库右侧的“其他”按钮，查看添加的样式。

在“管理器”对话框中，还可以实现对当前文档或Normal.dotm模板文档中的样式进行删除或重命名操作，读者可自行尝试。

1.2 页面设计

除了对文档内容进行各种格式设置外，Word 还提供了对页面进行高级设计的工具，主要包括视图方式、分隔符、页眉和页脚、页面设置、页面背景及索引和目录，本节将对这些操作进行详细地介绍。

1.2.1 视图方式

视图是指文档的显示方式。在不同的视图方式下，文档中的某部分内容将会突出显示，有助于更有效地编辑文档。另外，Word 2010 还提供了其他辅助工具，帮助用户编辑和排版文档。

1. 视图方式

Word 2010 提供有页面视图、阅读版式视图、Web 版式视图、大纲视图和草稿视图 5 种视图方式。

1）页面视图

页面视图是 Word 最基本的视图方式，也是 Word 默认的视图方式，用于显示文档打印的外观，与打印效果完全相同。在页面视图方式下，可以看到页面边界、分栏、页眉和页脚的实际打印位置，可以实现对文档的各种排版操作，具有“所见即所得”的显示效果。

2）阅读版式视图

阅读版式视图以图书的分栏样式显示文档内容，标题栏、选项卡、功能区等窗口元素被隐藏起来。在阅读版式视图中，用户还可以单击“工具”下拉按钮选择各种阅读工具。

3）Web 版式视图

Web 版式视图以网页的形式显示文档内容，其外观与在 Web 或 Intranet 上发布时的外观一致。在 Web 版式视图中，还可以看到背景、自选图形和其他在 Web 文档及屏幕上查看文档时常用的效果。Web 版式视图适用于发送电子邮件和创建网页。

4）大纲视图

大纲视图主要用于设置文档的标题和显示标题的层级结构，并可以方便地折叠和展开各种层级的文档，广泛用于长文档的快速浏览和设置，特别适合较多层次的文档。

在大纲视图中，利用“大纲”选项卡中的“大纲工具”组中的命令按钮，可以实现文档标题的快速设置及显示。其中，按钮 实现将所选内容提升至标题 1 级别；按钮 实现将所选内容提升一级标题；按钮 实现将所选内容下降一级标题；按钮 实现将所选内容下降为正文文本；按钮 实现将所选内容上移一个标题或一个对象；按钮 实现将所选内容下移一个标题或一个对象；按钮 实现展开下级的内容；按钮 实现折叠下级的内容。

5）草稿视图

在草稿视图中，用户可以查看草稿形式的文档，键入、编辑文字或编排文字格式。该视图方式不显示文档的页眉、页脚、脚注、页边距及分栏结果等，页与页之间的分页线是一条虚线，简化了页面的布局，使显示速度加快，方便键入或编辑文档中的文字，并可进行简单的排版。

可以方便地实现 5 种视图之间的相互转换。单击“视图”选项卡中的“文档视图”组中的所需视图方式，或单击 Word 窗口右下角文档视图控制按钮区域中的某个视图按钮，即可使当前文档进入相应视图方式。

2. 辅助工具

Word 2010 提供了许多辅助工具，如标尺、“导航”任务窗格、显示比例等，可以方便用户编辑和排版文档。

1)标尺

标尺用来设置测量或对齐文档中的对象，作为字体大小、行间距等的参考。标尺上有明暗分界线，可以对页边距、分栏的栏宽、表格的行和高等设置对象进行快速调整。当选中表格中的部分内容时，标尺上面会显示分界线，手动即可调整。手动的同时按住 Alt 键可以实现微调。Word 2010 中的标尺默认是隐藏的，其打开方式有 3 种。

(1)单击“视图”选项卡中的“显示”组中的“标尺”复选框。

(2)单击文档右侧垂直滚动条顶端的“标尺”按钮。

(3)移动鼠标指针到工作区上端的灰色区域处，停留几秒，即可显示标尺。移动到其他工作区位置，标尺将再次隐藏。该操作仅显示水平标尺。

2)“导航”任务窗格

“导航”任务窗格由联机版式视图发展而来，它在文档中一个单独的窗格中显示文档标题，使文档结构一目了然。在“导航”任务窗格中，可以单击标题、页面或通过搜索文本或对象来进行导航。选择“视图”选项卡中的“显示”组中的“导航窗格”复选框，可打开“导航”任务窗格，如图 1-22 所示。单击左侧的某级标题，在右边的窗格中就会显示所对应的标题及其内容。通过单击按钮 ▲ 或 ▼，实现向上或向下移动一个标题位置。利用文档页面导航可查看每页的缩略图并快捷定位相应页。

3)显示比例

为了便于浏览文档内容，可以缩小或者放大屏幕上的字体和图形，但不会影响文档的实际打印效果，这个操作可以通过调整显示比例来实现，其操作方法主要有以下两种。

(1)单击“视图”选项卡中的“显示比例”组中的“显示比例”按钮，弹出如图 1-23 所示的“显示比例”对话框，可以根据自己的需要选择或设置文档显示的比例。或者单击文档窗口状态栏右侧的“缩放级别”按钮，也会弹出“显示比例”对话框。

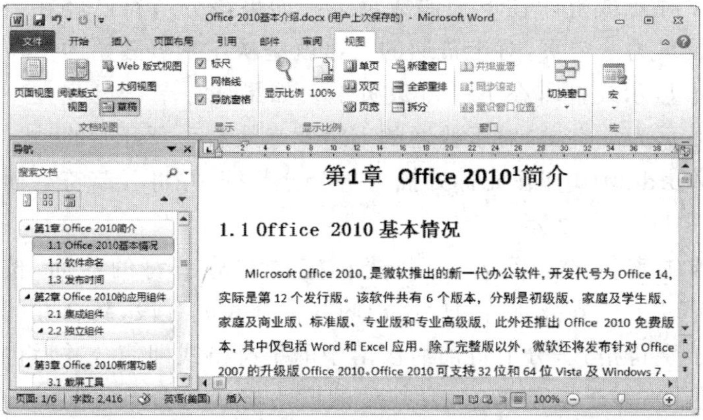

图 1-22 文档结构图

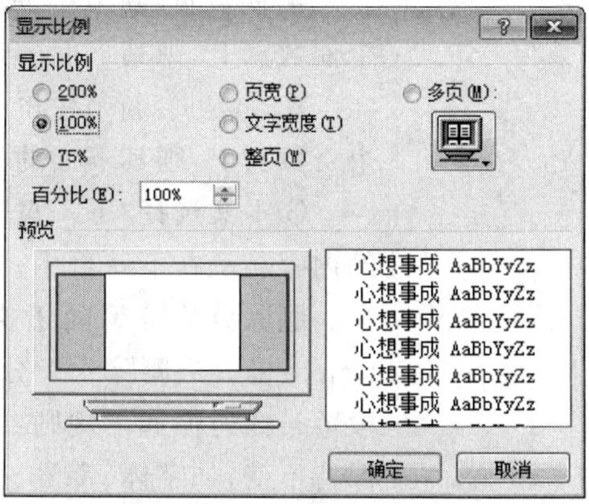

图 1-23 “显示比例”对话框

(2)通过单击状态栏右侧的“显示比例”滑动按钮中的、按钮或移动滑块可实现文档的放大或缩小。

视图与
分隔符

1.2.2 分隔符

有时根据排版的要求，需要在文档中人工插入分隔符，实现分页、分节及分栏。本节介绍这 3 种分隔符的使用方法。

1. 分页符

在 Word 中，编辑文档时系统会自动分页。如果需要从文档中的某个指定位置开始，之后的文档内容在下一页中出现，此时可通过在指定位置插入分页符进行强制分页。操作方法为：将光标定位在要分页的位置，单击“页面布局”选项卡中的“页面设置”组中的“分隔符”下拉按钮 分隔符，将弹出一个下拉列表，如图 1-24(a)所示，选择“分页符”命令。此时，光标后面的文档内容将自动在下一页中出现。其他方法也可以实现分页操作，如单击“插入”选项卡中的“页”组中的“分页”按钮 分页，或按组合键 Ctrl+Enter。

分页符为一行虚线，若看不见分页符，单击“开始”选项卡中的“段落”组中的“显示/隐藏编辑标记”按钮即可显示分页符标记。若要删除分页符，单击分页符，按 Delete 键删除。

2. 分节符

创建 Word 新文档时，Word 将整篇文档默认为一节，所有对文档的设置都是应用于整篇文档的。为了实现对同一篇文档中不同位置的文本进行不同的格式设置，可以将整篇文档分成多个节，根据需要为每节设置不同的文档格式。节是文档格式化的最大单位，只有在不同的节中，才可以设置不同的页眉和页脚、页边距、页面方向、文字方向或版式等页面格式。插入分节符的操作步骤如下。

①将光标定位在需要插入分节符的位置，单击“页面布局”选项卡中的“页面设置”组中的“分隔符”下拉按钮。

②在下拉列表中的“分节符”区域中选择分节符类型。其中的分节符类型如下。

- 下一页：表示分节符后的文本从新的一页开始。
- 连续：新节与其前面一节同处于当前页中。
- 偶数页：新节中的文本显示或打印在下一偶数页上。如果该分节符已经在一个偶数页上，则其下面的奇数页为一空页，对于普通的书籍就是从左手页开始的。
- 奇数页：新节中的文本显示或打印在下一奇数页上。如果该分节符已经在一个奇数页上，则其下面的偶数页为一空页，对于普通的书籍就是从右手页开始的。

③本文选择“下一页”，Word 2010 即在光标处插入一个分节符，并将分节符后面的内容显示在下一页中，如图 1-24(b)所示。

删除分节符等同于文档中字符的删除方法，将光标定位在分节符的前面，按 Delete 键。当删除一个分节符后，分节符前后两段文档内容将合并成一段，新合并的段落格式遵循如下规则：对于字符格式，分节符前后段落中的字符格式即使合并后也保持不变，如字体、字号、颜色等；对于段落格式，合并后的段落格式与分节符前面的段落格式一致，如行距、段前距、段后距等；对于页面设置格式，被删除分节符前面的页面将自动应用分节符后面的页面设置格式，如页边距、纸张方向、纸张大小等。

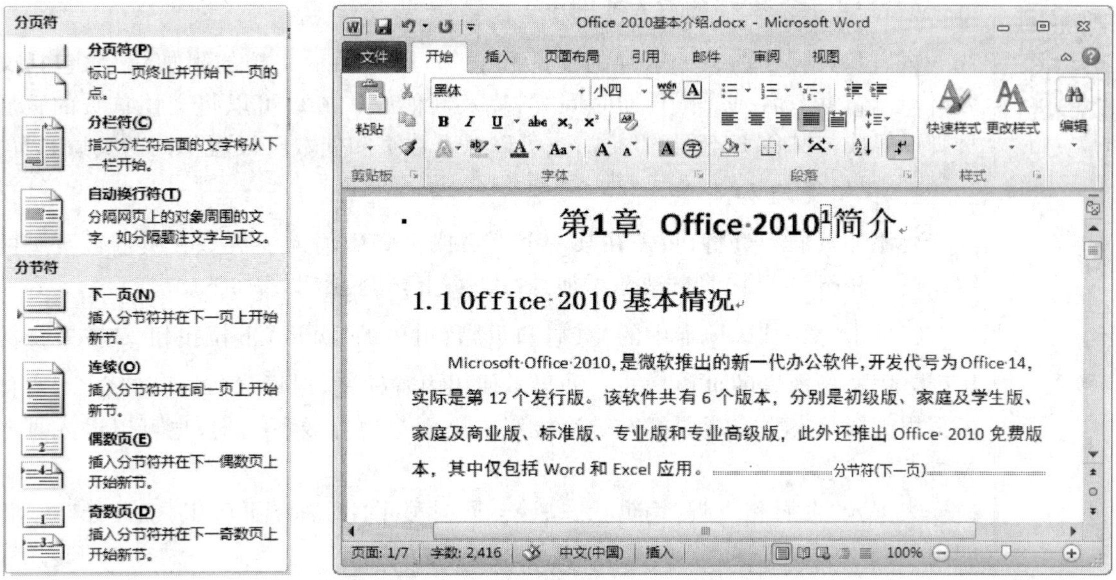

(a) (b)

图 1-24 分节符及其操作结果

3. 分栏符

在 Word 2010 中，分栏用来实现在一页上，以两栏或多栏方式显示文档内容，广泛应用于报刊和杂志的排版编辑中。在分栏的外观设置上，Word 2010 具有很大的灵活性，可以控制栏数、栏宽及栏间距，还可以很方便地设置分栏长度。分栏的操作步骤如下。

①选中要分栏的文本，单击“页面布局”选项卡中的“页面设置”组中的“分栏”下拉按钮，在展开的下拉列表中选择一种分栏方式。

②使用“分栏”下拉按钮只可设置小于 4 栏的文档分栏，选择下拉列表框中的“更多分栏”命令，将弹出“分栏”对话框，如图 1-25(a)所示。

③在对话框中，可设置栏数、栏宽、分隔线、应用范围等。设置完成后，单击“确定”按钮完成分栏操作。如图 1-25(b)所示，将选中的段落设置为两栏形式。

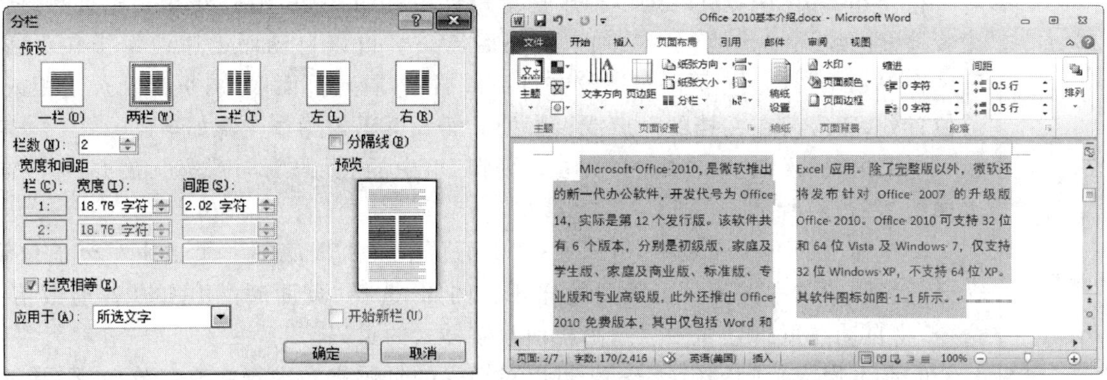

(a) (b)

图 1-25 “分栏”对话框及分栏结果

页眉页脚

1.2.3 页眉和页脚

页眉和页脚分别位于每页的顶部和底部，用来显示文档的附加信息，包括文档名、作者名、章节名、页码、日期时间、图片及其他一些域。可以将文档首页的页眉和页脚设置成与其他页不同的形式，也可以对奇数页和偶数页设置不同的页眉和页脚。

1. 添加页眉和页脚

要添加页眉和页脚，只需在某一个页眉或页脚中输入要放置在页眉或页脚的内容即可，Word 会把它们自动地添加到每一页上，其操作步骤如下。

①单击“插入”选项卡中的“页眉和页脚”组中的“页眉”下拉按钮，在展开的下拉列表中选择内置的页眉样式。如果不使用内置样式，选择“编辑页眉”命令，直接进入页眉编辑状态。或者鼠标左键直接双击页面上边界或下边界，也可以进入页眉或页脚编辑状态。

②进入“页眉和页脚”编辑状态后，会同时显示“页眉和页脚工具/设计”选项卡，如图 1-26 所示。在页眉处可以直接输入页眉内容。

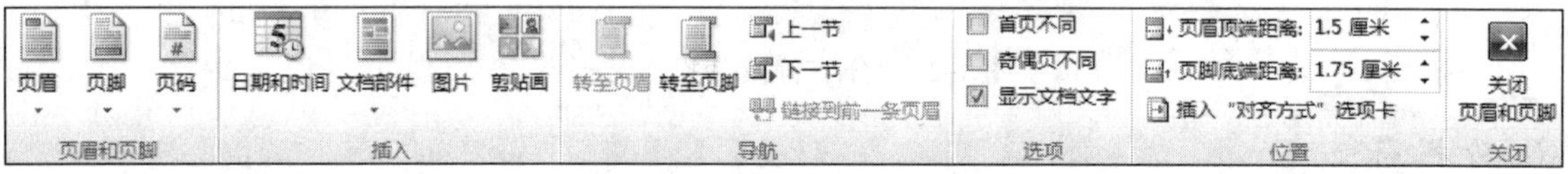

图 1-26　“页眉和页脚工具/设计”选项卡

③单击“导航”组中的“转到页脚”按钮，光标将定位到页脚编辑区（或直接单击页脚编辑区进行光标的定位），可以直接输入页脚内容。也可以单击“页眉和页脚”组中的“页脚”下拉按钮，在展开的下拉列表中选择内置的页脚样式。

④输入页眉和页脚内容后，单击“关闭”组中的“关闭页眉和页脚”按钮，则返回文档正文原来的视图方式。

退出页眉和页脚编辑状态的操作，也可以通过在正文文档任意处双击鼠标左键实现。

2. 页码

在 Word 文档中，页码是一种放置于每页中标明次序，用以统计文档页数，便于读者检索的编码或其他数字。加入页码后，Word 可以自动而迅速地编排和更新页码。在 Word 2010 中，页码可以放在页面顶端（页眉）、页面底端（页脚）、页边距或当前位置处，通常放在文档的页眉或页脚处。插入页码的操作步骤如下。

①单击“插入”选项卡中的“页眉和页脚”组中的“页码”下拉按钮，展开的下拉列表如图 1-27(a)所示。

②在弹出的下拉列表中，可以通过“页面顶端”“页面底端”“页边距”“当前位置”命令的级联菜单中选择页码放置的样式。例如，选择“页面底端”中的“普通数字 2”命令，将自动在页脚处居中显示阿拉伯数字样式的页码。

③在页眉或页脚编辑状态下，可以对插入的页码格式进行修改。单击“页眉和页脚工具/设计”选项卡中的“页眉和页脚”组中的“页码”下拉按钮，在弹出的下拉列表中选择“设置页码格式”命令，弹出“页码格式”对话框，如图 1-27(b)所示。若不在页

眉或页脚编辑状态，可单击“插入”选项卡中的“页眉和页脚”组中的“页码”下拉按钮，在弹出的下拉列表中选择“设置页码格式”命令。

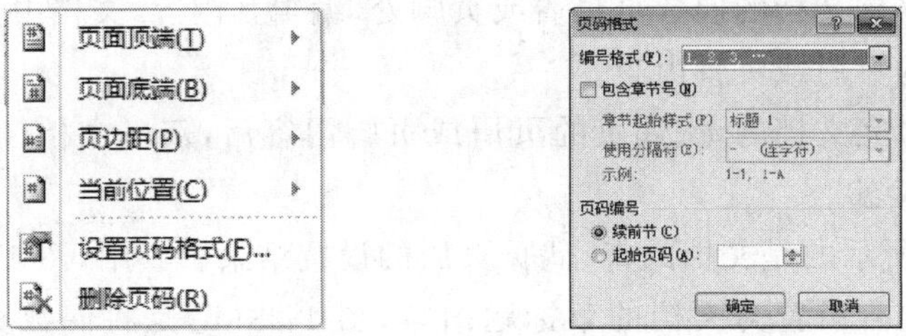

(a) (b)

图 1-27 “页码”下拉列表及“页码格式”对话框

④在对话框中的“编号格式”下拉列表框中选择编号的格式，在“页码编号”栏下可以根据实际需要选择“续前节”或“起始页码”单选按钮。单击“确定”按钮完成页码的格式设置。

⑤单击“页眉和页脚工具/设计”选项卡中的“位置”组中的“插入‘对齐方式’选项卡”按钮，弹出“对齐制表位”对话框，用来设置页码的对齐方式，也可以单击“开始”选项卡中的“段落”组中的对齐按钮实现页码对齐方式的设置。

⑥单击“关闭页眉和页脚”按钮退出页眉和页脚编辑状态。

用户还可以双击页眉或页脚区域进入页眉和页脚编辑环境，然后单击“页眉和页脚工具/设计”选项卡中的“页眉和页脚”组中的“页码”下拉按钮插入页码。

3. 页眉和页脚选项

有些文档的首页没有页眉和页脚，或者设置成与文档中其余各页的页眉或页脚不同，是因为设置了首页不同的页眉和页脚。在有些文档中，要求对奇数页和偶数页分别设置各自不同的页眉或页脚，或在文档指定页中设置不同的页眉或页脚，这些操作可以借助页眉和页脚选项或利用分节符功能来实现。

1)创建首页不同的页眉或页脚

将文档中首页页面的页眉和页脚设置成与文档中其余各页不同，操作步骤如下。

①双击文档中的页眉或页脚区域，进入页眉或页脚编辑状态，或用其他方法进入页眉或页脚编辑状态。

②勾选“页眉和页脚工具/设计”选项卡中的“选项”组中的“首页不同”复选框☑首页不同。

③将光标分别移到首页的页眉或页脚处，然后分别编辑其内容。编辑完首页的页眉或页脚内容后，退出页眉和页脚编辑状态。

2)创建奇偶页不同的页眉或页脚

在文档中的奇、偶页上设置不同的页眉或页脚，例如，在奇数页页眉中使用章标题，在偶数页页眉中使用节标题，其操作步骤如下。

①双击文档中的页眉或页脚区域，进入页眉或页脚编辑状态，或用其他方法进入页眉或页脚编辑状态。

②勾选“页眉和页脚工具/设计”选项卡中的“选项”组中的“奇偶页不同”复选框☑奇偶页不同。

③将光标移到文档的奇数页页眉或页脚处，编辑其内容，文档中其余各奇数页将自动加上相应的页眉或页脚内容。

④将光标移到文档的偶数页页眉或页脚处，编辑其内容，文档中其余各偶数页将自动加上相应的页眉或页脚内容。

⑤分别编辑完文档的奇、偶页的页眉或页脚内容后，双击文档任意区域，退出页眉和页脚编辑状态。

如图 1-28 所示的是文档的奇、偶页页眉的设置结果。其中，图 1-28(a)是将文档奇数页的页眉内容设置为文档的章标题内容，图 1-28(b)是将偶数页的页眉内容设置为文档的节标题内容。

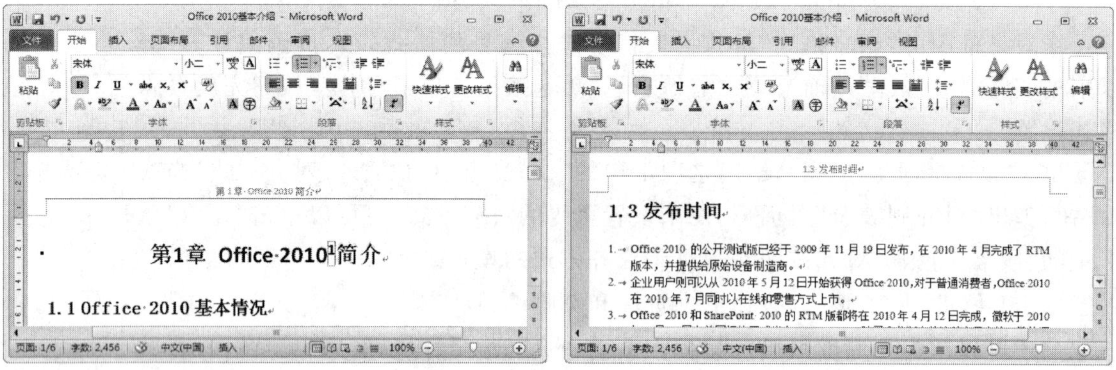

(a)　　　　(b)

图 1-28　奇偶页页眉设置结果

3)创建各节不同的页眉或页脚

节是文档格式化的最大单位，只有在不同的节中，才可以设置不同的页眉和页脚、页边距、页面方向、文字方向或版式等页面格式。将文档分成多节，可以利用分节符来实现，然后再在各节中实现相应操作。例如，在毕业论文排版中，需要将正文前的部分(封面、中文摘要、英文摘要、目录等)与正文(各章节)两部分应用不同的页码样式。其操作步骤如下。

①根据文档需要，将文档分成多节。首先将光标定位在需要分节的位置，单击“页面布局”选项卡中的“页面设置”组中的“分隔符”下拉按钮，在弹出的下拉列表中选择“分节符”栏中的“下一页”命令进行分节。重复此操作，可在文档中插入多个分节符。

②将光标定位在文档的第一节中，双击文档下边界的页脚区域，进入页脚编辑状态。也可以用其他方法进入页脚编辑状态，并将光标重新定位在需要修改页脚格式的所在节的页脚编辑区中。

③单击“导航”组中的“链接到前一条页眉”按钮，断开该节与前一节的页脚之间的链接。此时，页面中将不再显示“与上一节相同”的提示信息，即用户可以根据需要修改本节现有的页脚内容或格式，或者输入新的页脚内容。

④若本节中需要新建页脚的页码，选择“页眉和页脚”组中的“页脚”下拉列表中的“页面底端”级联菜单中的某种页码样式，所选的页脚样式将被应用到本节各页面的页脚处。

⑤若要修改本节的页码格式，单击“页眉和页脚”组中的“页脚”下拉列表中的“设置页码格式”按钮，将弹出“页码格式”对话框，在对话框中修改“编号格式”或“页码编号”，并单击“确定”按钮。

⑥文档中其余各节的页码格式设置方法可参考上述步骤来实现，并且可以根据用户需要，设置成不同的页码格式，甚至设置成不同的页脚内容。

⑦若文档中设置了多节，并且要求页码连续，则必须选择“页码格式”对话框中的“续前节”单选按钮。若不需要页码连续，可选择“起始页码”单选按钮并设定起始页码数字，并单击“确定”按钮。

⑧双击文档内容任意区域，退出页脚编辑状态，完成页码格式设置。

毕业论文页脚的页码格式设置的详细操作步骤可参考本书中的相应案例。

各节不同的页眉编辑方法类似于页脚编辑方法，在此不再举例赘述。

4. 删除页眉和页脚

当需要将页眉或页脚内容删除时，可以按如下操作方法进行。

(1)删除文档中的所有页眉或页脚。单击文档中的任何文本区域，然后单击“插入”选项卡中的“页眉和页脚”组中的“页眉”下拉按钮，在弹出的下拉列表中单击“删除页眉”按钮，可以删除文档中的所有页眉内容。单击“页眉和页脚”组中的“页脚”下拉列表中的“删除页脚”按钮，可以删除文档中的所有页脚内容。

(2)删除文档中的指定节的页眉或页脚。进入页眉或页脚编辑状态，并将光标定位在要删除页眉或页脚内容处，直接删除，可以实现将本节中所有的页眉或页脚内容删除。

(3)还可以用其他方法进行选择性的删除。例如，“页码”下拉列表中的“删除页码”命令用于页码删除；文档首页不同，或者奇偶页的页眉或页脚不同，需要将光标分别定位在相应的页面中，再删除页眉或页脚内容；也可以在页眉或页脚编辑环境下，选择要删除的页眉或页脚内容，按 Delete 键实现删除。

1.2.4 页面设置

页面设置

页面设置包括页边距、纸张、版式和文档网格等的设置。新建文档时，Word 对页面格式进行了默认设置。用户可以根据需要随时进行更改。可以在输入文档之前进行页面设置，也可以在输入文档的过程中或输入文档之后进行页面设置。

1. 页边距

页边距是指页面四周的空白区域，通俗理解就是页面的边线到文字的距离。设置页边距，包括调整上、下、左、右边距及页眉和页脚边界的距离，操作步骤如下。

①单击“页面布局”选项卡中的“页面设置”组中的“页边距”下拉按钮，弹出下拉列表，如图 1-29(a)所示，选择需要调整的页边距样式。

②若下拉列表中没有所需要的样式，选择下拉列表最下面的“自定义边距”按钮，或单击“页面设置”组右下角的对话框启动器按钮，打开“页面设置”对话框，如图 1-29(b)所示。

③在对话框中设置页边距的上、下、左、右边距，纸张方向，页码范围及应用范围。

④单击“确定”按钮，完成页边距的设置。

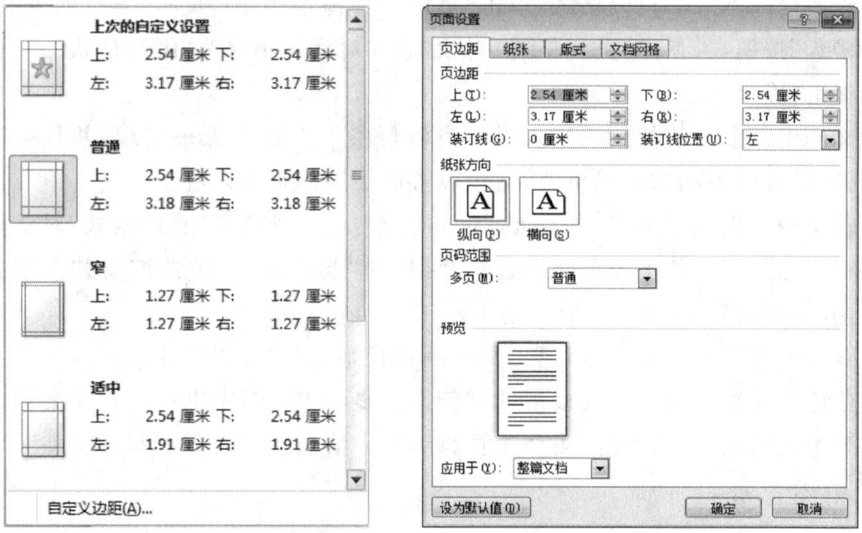

(a) (b)

图 1-29 “页面设置”下拉列表及对话框

2. 纸张

默认情况下，Word 中的纸型是标准的 A4 纸，纸张纵向排列，纸张宽度是 21 cm，高度是 29. 7 cm，可以根据需要重新设置或随时修改纸张的大小和方向，操作步骤如下。

①单击“页面布局”选项卡中的“页面设置”组中的“纸张方向”下拉按钮，在弹出的下拉列表中选择“纵向”或“横向”。

②单击“页面布局”选项卡中的“页面设置”组中的“纸张大小”下拉按钮，弹出下拉列表，选择需要的纸张样式。

③若下拉列表中没有所需要的纸张样式，选择下拉列表最下面的“其他页面大小”命令，或单击“页面设置”组右下角的对话框启动器按钮，打开“页面设置”对话框，单击“纸张”标签。

④在对话框中设置纸张大小及应用范围。

⑤单击“确定”按钮，完成纸张大小的设置。

3. 版式

版式也就是版面格式，包括节、页眉和页脚、版心和周围空白的尺寸等项目的设置，操作步骤如下。

①单击“页面布局”选项卡中的“页面设置”组右下角的对话框启动器按钮，打开“页面设置”对话框，单击“版式”标签。

在该对话框中，可以设置节的起始位置、页眉和页脚首页不同、页眉和页脚奇偶页不同、页眉和页脚边距、对齐方式等。

②单击“行号”按钮，打开“行号”对话框，可以根据需要添加行号。选择“添加行号”复选框，单击“确定”按钮返回。

③单击“边框”按钮，打开“边框和底纹”对话框，可以根据需要设置页面边框，单击“确定”按钮返回。

④单击“确定”按钮，完成文档版式的设置。

4. 文档网格

可以实现文字排列方向、页面网格、每页行数、每行字数等项目的设置，操作步骤如下。

①单击“页面布局”选项卡中的“页面设置”组右下角的对话框启动器按钮，打开“页面设置”对话框，单击“文档网格”标签。

②根据需要，在对话框中可以设置文字排列方向、栏数，网格的类型，每页的行数、每行的字数，应用范围等。

③单击“绘制网格”按钮，打开“绘制网格”对话框，可以根据需要设置文档网格格式，单击“确定”按钮返回。

④单击“字体设置”按钮，打开“字体”对话框，可以设置文档的字体格式，单击“确定”按钮返回。

⑤单击“确定”按钮，完成文档网格的设置。

1.2.5 页面背景

页面背景

页面背景是指显示于 Word 文档最底层的颜色或图案，用于丰富文档的页面显示效果，使文档更美观，增加其观赏性。页面背景包括水印、页面颜色和页面边框的设置。

1. 水印

在打印一些重要文件时给文档加上水印，如“绝密”“保密”“禁止复制”等字样，以强调文档的重要性。水印分为图片水印和文字水印。添加水印操作步骤如下。

①单击“页面布局”选项卡中的“页面背景”组中的“水印”下拉按钮，弹出下拉列表，选择需要的水印样式即可。

②若要自定义水印，选择下拉列表中的“自定义水印”命令，弹出“水印”对话框，如图 1-30(a)所示。

③在对话框中，可以根据需要，设置图片水印和文字水印。图片水印是将一幅制作好了的图片作为文档水印；文字水印包括设置水印语言、文字、字体、字号、颜色、版式等格式。

④单击“确定”按钮，完成水印设置。图 1-30(b)为插入文字水印“机密文档”后的编辑结果。

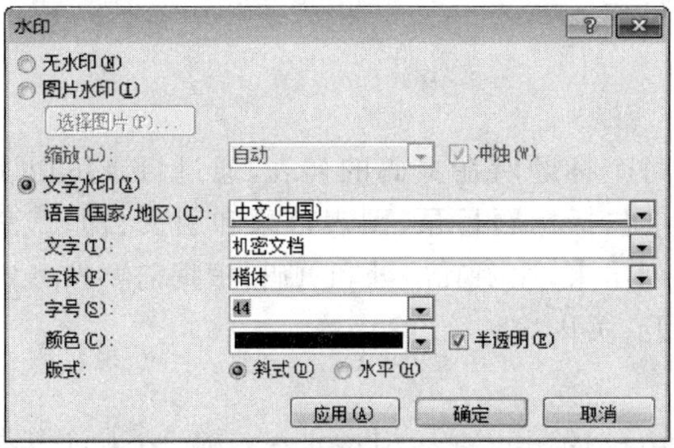

(a)

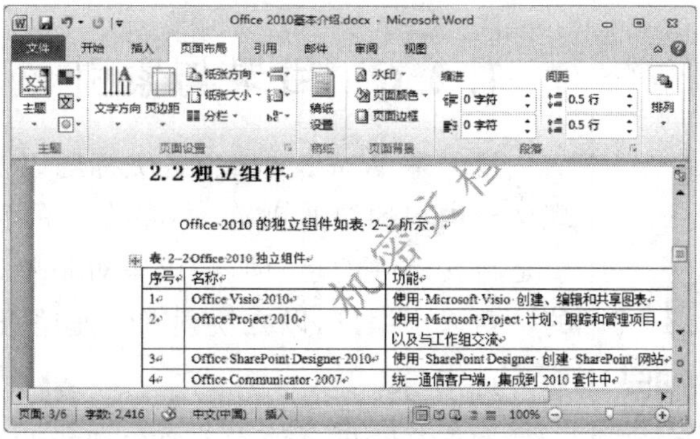

(b)

图 1-30 “水印”对话框及操作结果

文字水印在一页中仅显示为一个水印，若要在同一页中同时显示多个水印，可以先制作一幅含有多个水印的图片，然后将它作为图片水印的方式加入文档中。

2. 页面颜色

在 Word 中，系统默认的文档背景颜色为白色，用户可以将页面颜色设置为其他颜色，以增强文档显示效果。例如，将当前 Word 文档页面的填充效果设置为“雨后初晴”形式，操作步骤如下。

①单击“页面布局”选项卡中的“页面背景”组中的“页面颜色”下拉按钮，弹出下拉列表，可以根据需要选择主题颜色，也可以选择“其他颜色”命令，弹出“颜色”对话框，选择所需要的颜色。

②单击“填充效果”命令，弹出“填充效果”对话框。单击“渐变”“纹理”“图案”或“图片”标签，可以从打开对应选项卡中选择所需要的填充效果。“雨后初晴”效果在“渐变”选项卡中，选中“预设”单选选项，在“预设颜色”下拉列表框中选择“雨后初晴”，单击“确定”按钮返回。

③页面颜色即为指定的颜色，操作效果如图 1-31 所示。

3. 页面边框

可以在 Word 文档的每页四周添加指定格式的边框，操作步骤如下。

单击“页面布局”选项卡中的“页面背景”组中的“页面边框”按钮，弹出“边框和底纹”对话框。在对话框中设置页面边框的类型、颜色、线型等，单击“确定”按钮即可。如图 1-32 所示为设置红色页面边框后的效果。

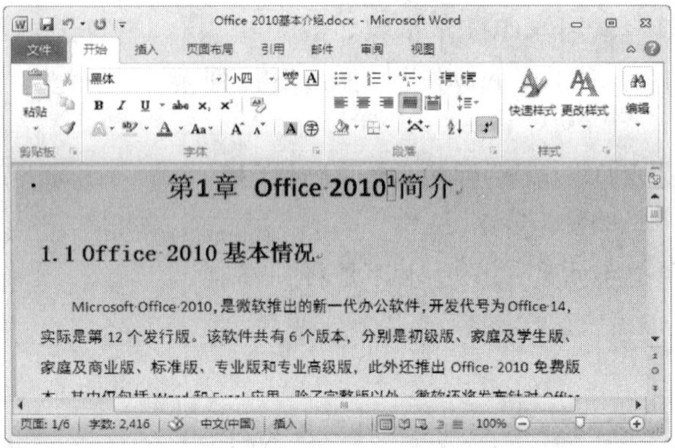

图 1-31　页面颜色填充效果

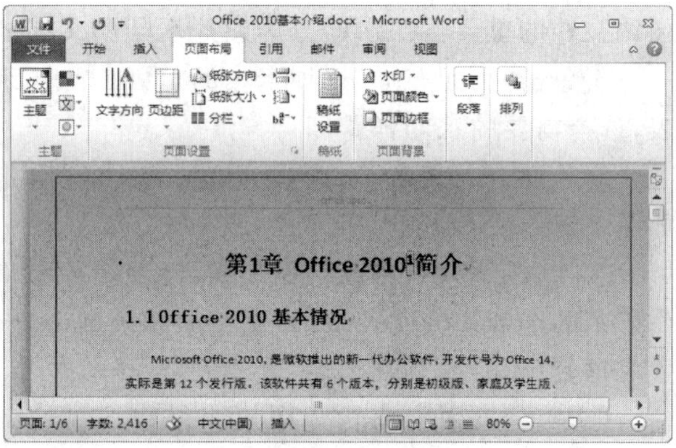

图 1-32　页面边框添加效果

1.2.6　目录与索引

目录是 Word 文档中各级标题以及每个标题所在页码的列表，通过目录可以实现文档内容的快速浏览。Word 中的目录包括标题目录、图表目录和引文目录。索引是将文档中的字、词、短语等对象单独列出来，注明其出处和页码，根据需要按一定的检索方法编排，以方便读者快速地查阅有关内容。

目录

1. 目录

本小节的目录操作主要包括标题目录和图表目录的创建及其修改，引文目录的介绍单独列出。

1)标题目录

Word 具有自动编制各级标题目录的功能。编制了目录后,只要按住 Ctrl 键,单击目录中的某个标题,就可以自动跳转到该标题所在的页面。标题目录的操作主要涉及目录的创建、修改、更新及删除。

(1)创建目录

创建目录的操作步骤如下。

①打开已经预先定义好各级标题样式的文档,将光标定位在要建立目录的位置(一般在文档的开头处),单击“引用”选项卡中的“目录”组中的“目录”下拉按钮,将展开一个下拉列表,可以选择其中的一种目录样式。

②也可以从下拉列表中选择“插入目录”命令,打开“目录”对话框,如图 1-33(a)所示。在弹出的对话框中,确定目录显示的格式和级别,如显示页码、页码右对齐、制表符前导符、格式,显示级别等对象的设置。

③单击“确定”按钮,完成创建目录的操作,如图 1-33(b)所示,其中标题“目录”二字为手动输入。

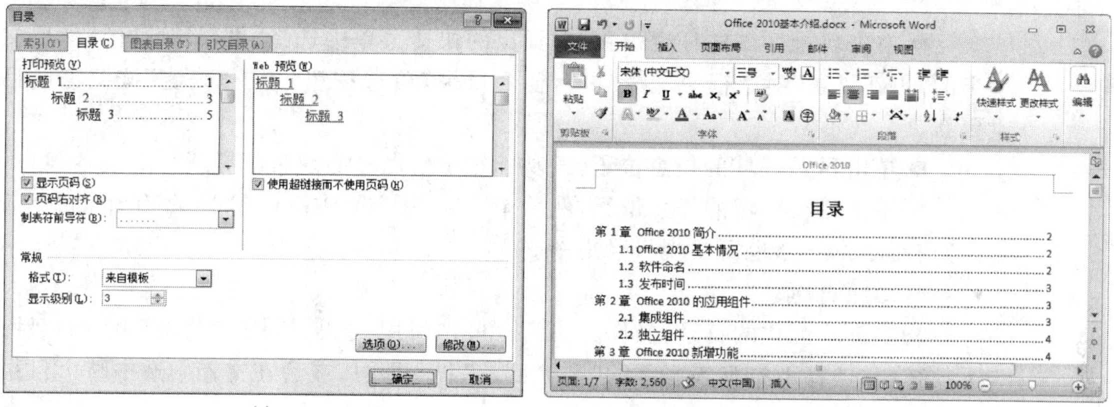

(a) (b)

图 1-33 “目录”对话框及插入目录结果

(2)修改目录

如果对设置的目录格式不满意,可以对目录进行修改,其操作步骤如下。

①单击“引用”选项卡中的“目录”组中的“目录”下拉按钮,选择下拉列表中的“插入目录”命令,打开“目录”对话框。

②根据需要修改相应的选项。单击“选项”按钮,弹出“目录选项”对话框,如图 1-34(a)所示,选择目录标题显示的级别,默认为 3 级,单击“确定”按钮返回。

③单击“修改”按钮,弹出“样式”对话框。如果要修改某级目录格式,可在“样式”列表框中选择该级目录,单击“修改”按钮,弹出“修改格式”对话框,如图 1-34(b)所示。根据需要修改该级目录格式,单击“确定”按钮返回,然后单击“确定”按钮返回“目录”对话框。

④单击“确定”按钮,系统会弹出一个是否替换目录的信息提示框,单击“是”按钮完成目录的修改。

(3)更新目录

编制目录后,如果对文档内容进行了修改,导致标题或页码发生变化,需要更新目录,更新目录的操作方法有以下几种。

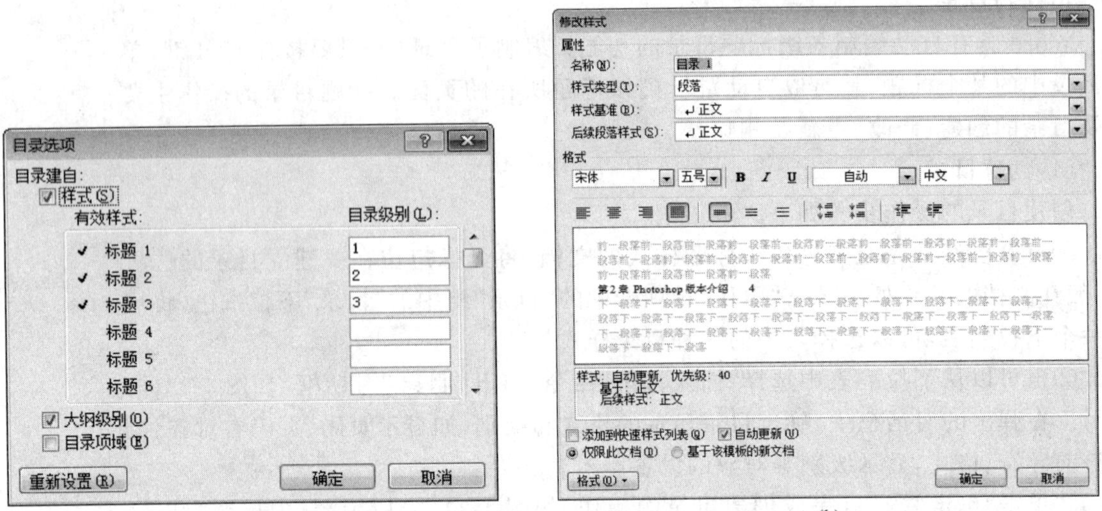

(a) (b)

图 1-34 “目录选项”与“修改格式”对话框

● 右击目录区域的任意位置,在弹出的快捷菜单中选择“更新域”命令,然后在弹出的“更新目录”对话框中选择“更新整个目录”单选按钮,单击“确定”按钮完成目录更新。

● 单击目录区域的任意位置,按功能键 F9,也可实现目录更新。

● 单击目录区域的任意位置,然后单击“引用”选项卡中的“目录”组中的“更新目录”按钮 更新目录,也可实现目录更新。

(4)删除目录

若要删除创建的目录,操作方法为:单击“引用”选项卡中的“目录”组中的“目录”下拉按钮,选择下拉列表底部的“删除目录”命令即可,或者在文档中选中整个目录后按 Delete 键进行删除。

2)图表目录

图表目录是针对 Word 文档中的图、表、公式等对象编制的目录。对这些对象编制了目录后,只要按住 Ctrl 键,单击图表目录中的某个题注,就可以跳转到该题注对应的页面。图表目录的操作主要涉及目录的创建、修改、更新及删除。创建图表目录的操作步骤如下。

①打开已经预先对文档中的图、表、公式创建了题注的文档。将光标定位在要建立图表目录的位置,单击“引用”选项卡中的“题注”组中的“插入表目录”按钮 插入表目录,弹出“图表目录”对话框。

②在“题注标签”下拉列表中选择不同的题注对象,可实现对文档中图、表、公式题注的选择。如果选择“图”,则建立的是图目录,如图 1-35 所示;如果选择“表”,则建立的是表目录。

③在“图表目录”对话框中还可以对其他选项进行设置,如显示页码、页码右对齐、格式等,与标题目录的设置方法类似。

④单击“选项”按钮,弹出“图表目录选项”对话框,可对图表目录标题的来源进行设置,单击“确定”按钮返回。单击“修改”按钮,弹出“样式”对话框,可对图表目录的样式进行修改,单击“确定”按钮返回。

⑤单击“确定”按钮,完成图表目录的创建,如图 1-36 所示。

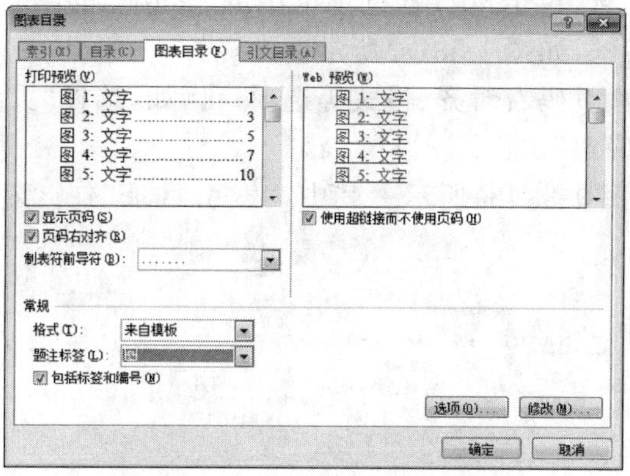

图 1-35 “图表目录”对话框

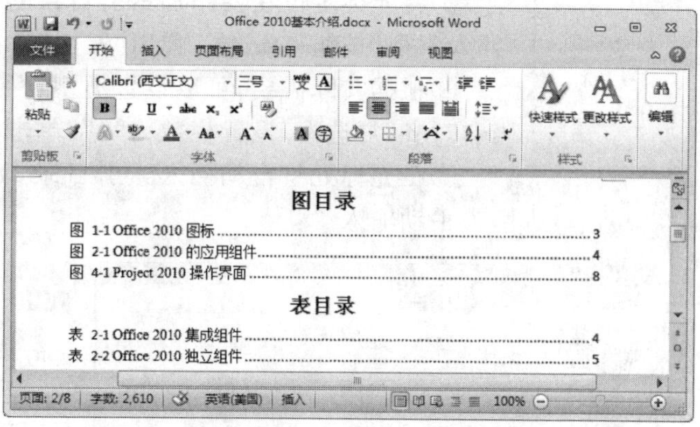

图 1-36 图表目录的创建效果

图表目录的操作还涉及图表目录的修改、更新及删除，其操作方法和标题目录的相应操作方法类似，在此不再赘述。

2. 索引

索引

索引是将文档中的专用术语、缩写和简称、同义词及相关短语等对象按一定次序分条排列，以方便读者快速查找。索引的操作主要包括标记索引项、编制索引目录、更新索引及删除索引等。

1)标记索引项

要创建索引，首先要在文档中标记索引项。索引项可以是来自文档中的文本，也可以是与文本有特定关系的短语，如同义词。索引标记可以是文档中的一处对象，也可以是文档中相同内容的全部。标记索引项的操作步骤如下。

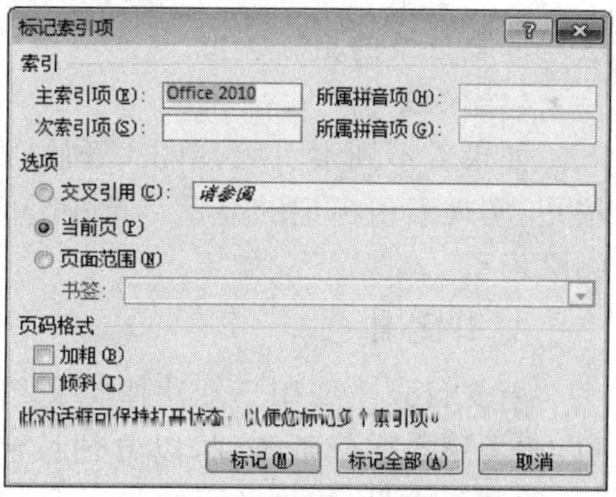

图 1-37 “标记索引项”对话框

①将光标定位在要添加索引的位置，或选中要创建索引项的文本。单击“引用”选项卡中的“索引”组中的“标记索引项”按钮，弹出“标记索引项”对话框，如图 1-37 所示。

②在“标记索引项”对话框中的“主索引项”文本框中输入要作为索引标记的内容，如“Office 2010”。在文本框中右击，在弹出的快捷菜单中选择“字体”命令，弹出“字体”对话框，可以对索引内容进行格式设置。在“选项”栏中选择“当前页”单选按钮。还可以设置加粗、倾斜等页码格式。

③单击“标记”按钮即可在光标位置或选中的文本后面出现索引区域“{XE “Office 2010”}”。单击“标记全部”按钮，实现将文档中所有与“主索引项”文本框中内容相同的文本建立索引标记。

④按照相同方法建立其他对象的索引标记。

2)编制索引目录

Word 以 XE 域的形式插入索引项的标记，标记好索引项后，默认方式为显示索引标记。由于索引标记在文档中也占用文档空间，在创建索引目录前需要将其隐藏。单击“开始”选项卡中的“段落”组中的“显示/隐藏编辑标记”按钮，可以实现索引标记的隐藏，再次单击为显示。创建索引目录的操作步骤如下。

①将光标定位在要添加索引目录的位置，单击“引用”选项卡中的“索引”组中的“插入索引”按钮 插入索引，弹出“索引”对话框，如图 1-38(a)所示。

②根据实际需要，可以设置类型、栏数、页码右对齐、格式等选项。例如，选择“页码右对齐”复选框，设置栏数为“1”，单击“确定”按钮。

③在光标处将自动插入索引目录，如图 1-38(b)所示。其中，“索引目录”4 个汉字为手动输入。

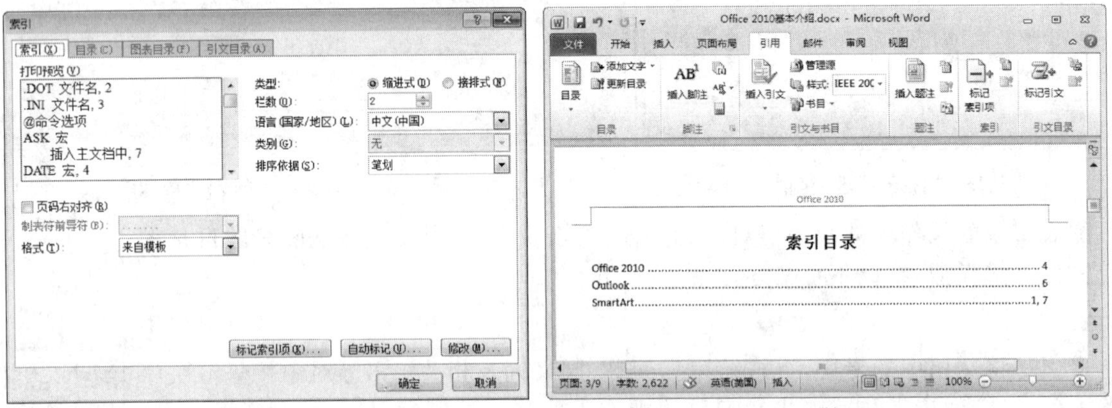

(a) (b)

图 1-38 “索引”对话框及索引目录效果

3)更新索引

更改了索引项或索引项所在页的页码发生改变后，应及时更新索引。其操作方法与标题目录的更新类似。

4)删除索引

如果看不到索引域，单击“开始”选项卡中的“段落”组中的“显示/隐藏编辑标记”按钮，实现索引标记的显示。选中整个索引项域，包括大括号“{}”，然后按 Delete 键删除索引。

3. 引文目录

引文目录
与书签

引文目录主要用于在法律类文档中创建参考内容列表，如事例、法规和规章等对象，按类别次序分条排列，以方便读者快速查找。引文目录的操作主要包括标记引文、编制引文目录、更新引文目录及删除引文目录，其操作方法类似于索引的操作。

1)标记引文

要创建引文目录，首先要在文档中标记引文，引文项可以来自文档中的任意文本。引文标记可以是文档中的一处对象，也可以是文档中相同内容的全部。标记引文的操作步骤如下。

①选中要创建标记引文的文本。单击“引用”选项卡中的“引文目录”组中的“标记引文”按钮 标记引文，弹出“标记引文”对话框，如图 1-39 所示。

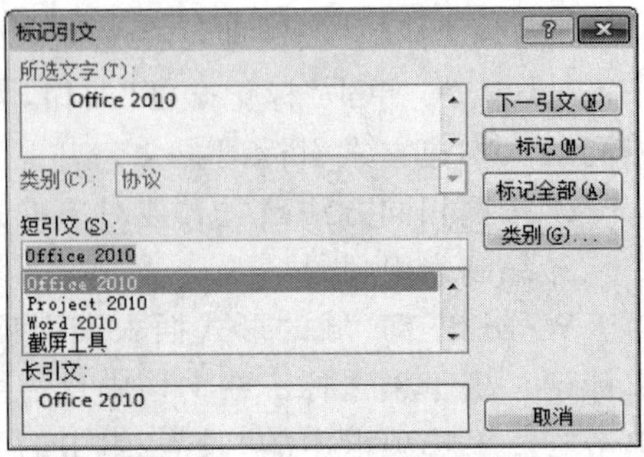

图 1-39 “标记引文”对话框

②在“所选文字”列表框中将显示选中的文本，在“类别”下拉列表框中选择引文的类别，主要有“事例”“法规”“其他引文”“规则”“协议”和“规章”。在“短引文”文本框中

可以输入引文的简称,或选择列表框中的现有引文。"长引文"文本框中将自动出现引文。

③单击"标记"按钮即可在选中的文本后面出现引文区域"{TA \s "＊＊＊"}",其中"＊＊＊"表示引文标记的统称。单击"全部标记"按钮,实现将文档中所有与选中内容相同的文本进行引文标记。

④按照相同方法建立其他对象的引文标记。

⑤单击"关闭"按钮完成标记引文操作。

2)编制引文目录

Word 以 TA 域的形式插入引文项的标记,标记好引文项后,默认方式为显示引文标记。由于引文标记在文档中也占用文档空间,在创建引文目录前需要将其隐藏。单击"开始"选项卡中的"段落"组中的"显示/隐藏编辑标记"按钮,实现引文标记的隐藏,再次单击为显示。编制引文目录的操作步骤如下。

①将光标定位在要添加引文目录的位置,单击"引用"选项卡中的"引文目录"组中的"插入引文目录"按钮 插入引文目录,弹出"引文目录"对话框,如图 1-40(a)所示。

②根据实际需要,可以设置类别、使用各处、保留原格式、格式等选项。例如,选择"使用'各处'"和"保留原格式"复选框,单击"确定"按钮。

③在光标处将自动插入引文目录,如图 1-40(b)所示。

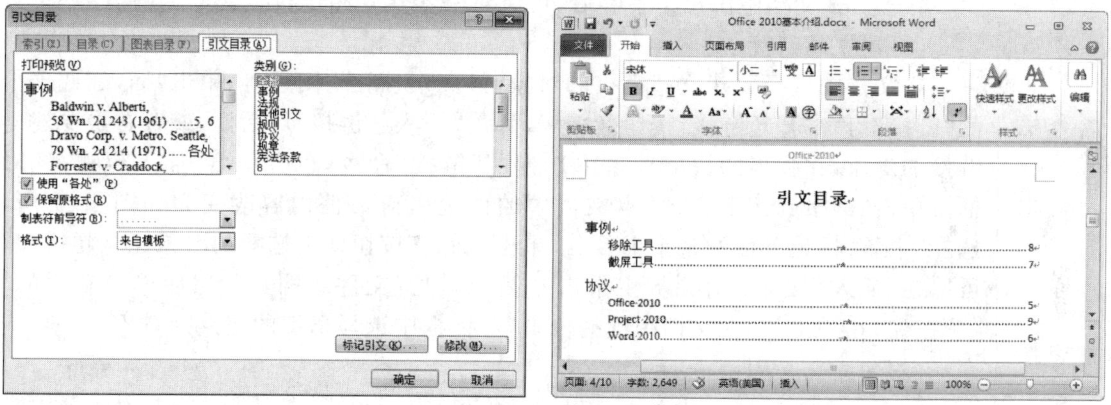

(a) (b)

图 1-40 "引文目录"对话框及引文目录效果

3)更新引文目录

更改了引文项或引文项所在页的页码发生改变后,应及时更新引文目录。其操作方法与标题目录的更新类似。

4)删除引文目录

如果看不到引文域,单击"开始"选项卡中的"段落"组中的"显示/隐藏编辑标记"按钮,实现引文标记的显示。选中整个引文项域,包括大括号"{}",然后按 Delete 键实现引文标记的删除。更新引文目录后,该引文标记对应的目录项将自动删除。

4. 书签

书签是一种虚拟标记,形如 ,其主要作用在于快速定位到特定位置,或者引用同一文档(也可以是不同文档)中的特定文字。在 Word 文档中,文本、段落、图形、图片、标题等项目都可以添加书签。

1)添加和显示书签

在 Word 文档中添加书签的操作步骤为:选择要添加书签的文本,单击"插入"选项卡中的“链接”组中的“书签”按钮，弹出“书签”对话框。在“书签名”文本框中输入书签名，单击“添加”按钮即可完成对所选文本添加书签的操作。书签名必须以字母、汉字开头，不能以数字开头，不能有空格，可用下划线分隔字符。

在默认状态下，书签不显示，如果要显示书签，可通过如下方法设置：单击“文件”选项卡中的“选项”按钮，在打开的“Word 选项”窗口中选择“高级”选项卡，在“显示文档内容”栏中选择“显示书签”复选框，单击“确定”按钮即可。设置为书签的文本将以方括号“[ ]”的形式出现（仅在文档中显示，不会打印出来）。

2）定位及删除书签

在文档中添加了书签后，打开“书签”对话框，可以看到已经添加的书签。使用“书签”对话框可以快捷定位和删除添加的书签。

利用定位操作，可以查找文本的位置。打开“书签”对话框，在“书签名”文本框下方的列表框中选中要定位的书签名，然后单击“定位”按钮，即可定位到文档中书签的位置，添加了该书签的文本会高亮显示。单击“关闭”按钮即可关闭“书签”对话框。

打开“书签”对话框，在“书签名”文本框下方的列表框中选中要删除的书签名，然后单击“删除”按钮即可删除已添加的书签。

3）引用书签

在 Word 文档中添加了书签后，可以对书签建立超链接及交叉引用。

（1）建立超链接

在文档中选择要建立超链接的对象，如文本、图形、图片等，单击“插入”选项卡中的“链接”组中的“超链接”按钮，弹出“插入超链接”对话框，或者右击要建立超链接的对象，在弹出的快捷菜单中选择“超链接”命令，也会弹出“插入超链接”对话框。单击“链接到：”下方的“本文档中的位置”，对话框内容改变为如图 1-41 所示。选择“书签”标记下面的某个书签名，单击“确定”按钮即为选择的对象建立超链接，也可以在“插入超链接”对话框中单击左侧的“现有文件或网页”，然后单击右侧的“书签”按钮，在弹出的“在文档中选择位置”对话框中选择书签的超链接对象。

（2）建立交叉引用

首先在文档中确定建立交叉引用的位置，然后单击“插入”选项卡中的“链接”组中的“交叉引用”按钮，弹出“交叉引用”对话框。也可以单击“引用”选项卡中的“题注”组中的“交叉引用”按钮，也会弹出“交叉引用”对话框。在“引用类型”下拉列表框中选择“书签”选项，在“引用内容”下拉列表框中选择“书签文字”选项，在“引用哪一个书签”列表框中选择某个书签，如图 1-42 所示，单击“插入”按钮即可在选定位置建立交叉引用。

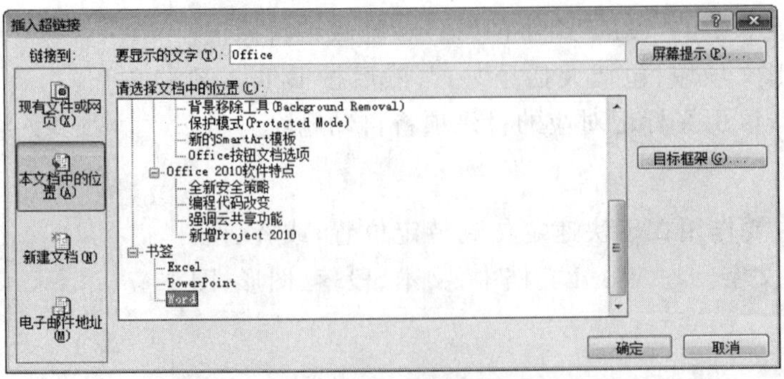

图 1-41 “插入超链接”对话框

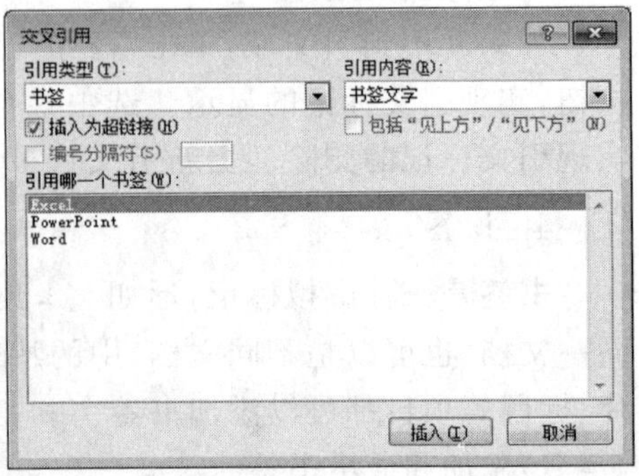

图 1-42 “交叉引用”对话框

1.3 图文混排与表格应用

Word 2010 除了具有强大的文字处理功能外，还具有强大的图形、图片处理功能。同时，Word 2010 还提供了完善的表格应用功能。这些功能的使用，使得用户能够制作出图文并茂，形象生动的 Word 文档。

1.3.1 图文混排

在 Word 2010 中，对于要添加到文档中的图片，除了通过简单的复制操作外，系统在“插入”选项卡中提供了 6 种方式插入图片，它们分别是图片、剪贴画、形状、SmartArt、图表和屏幕截图，这 6 种方式位于“插入”选项卡的“插图”组中。

● 图片：用来插入来自文件的图片，单击该按钮会弹出“插入图片”对话框，用来确定插入图片的位置及图片名称。

● 剪贴画：用来插入系统中提供的剪贴画，包括绘图、影片、声音或库存照片，以展示特定的概念。单击该按钮会弹出“剪贴画”任务窗格，可以搜索需要的对象并插入到文档中。

● 形状：用来插入现成的形状，例如，矩形、圆、箭头、线条、流程图符号和标注等，单击该下拉按钮会弹出下拉列表供用户选择，如图 1-43(a)所示。

● SmartArt：用来插入 SmartArt 图形，以直观的方式交流信息。SmartArt 图形包括图形列表、流程图以及更复杂的图形。单击该按钮会弹出“选择 SmartArt 图形”对话框，用户可根据需要选择图形类型。

● 图表：用来插入图表，用于演示和比较数据，包括柱形图、拆线图、饼图、条形图、面积图和曲面图等。单击该按钮会弹出“插入图表”对话框，用户可根据需要选择图表类型，如图 1-43(b)所示。

(a) (b)

图 1-43 “形状”下拉列表与“插入图表”对话框

● 屏幕截图：用来插入任何未最小化到任务栏的程序窗口的图片，可插入程序的整个窗口或部分窗口的图片。

1. 插入图片

在如图 1-43 所示的“插入”选项卡的“插图”组的功能按钮中，图片、剪贴画、形状和图表在 Word 以往版本中就已经详细介绍过并被广泛应用，在 Word 2010 中，这些功能按钮只是在界面和样式的显示方面进行了改进，操作方法非常类似，在此不再赘述。以下主要介绍在 Word 2010 中如何插入 SmartArt 图和屏幕截图。

SmartArt
图形

1）SmartArt 图形

Word 2010 提供了丰富的 SmartArt 图形类型，以组织结构图为例，介绍如何创建 SmartArt 图形以及如何编辑 SmartArt 图形。

（1）创建 SmartArt 图形

该类图形的创建步骤如下。

①将光标定位在需要插入图形的位置，单击“插入”选项卡中的“插图”组中的“SmartArt”按钮，弹出“选择 SmartArt 图形”对话框。

②在对话框左边的列表框中选择“层次结构”选项卡，然后在右边的列表框中选择图形样式，如“组织结构图”选项。

③单击“确定”按钮，在光标处将自动插入一个基本的组织结构图。

④输入文字，有两种输入方法：一种是使用文本窗格输入，即在左侧文本窗格中的“在此处输入文字”文本框中输入文本，右侧的组织结构图中将会显示对应的文字，输完一个后单击下一个文本框继续输入，也可通过键盘上的光标键移动；另外一种输入方法是利用鼠标左键单击右侧的组织结构图中的文本框，直接输入文本。

⑤输入完成后单击 SmartArt 图形以外的任意位置，完成 SmartArt 图形的创建，如图 1-44 所示。

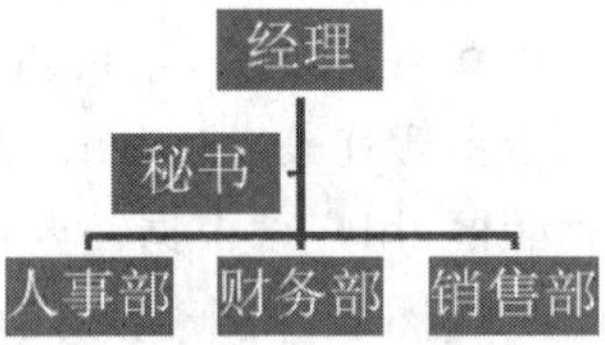

图 1-44　公司组织结构图

（2）“SmartArt 工具/设计”和“SmartArt 工具/格式”选项卡

当插入一个 SmartArt 图形后，系统将自动显示“SmartArt 工具/设计”和“SmartArt 工具/格式”选项卡，并自动切换到“SmartArt 工具/设计”选项卡，如图 1-45(a)所示。“SmartArt 工具/格式”选项卡，如图 1-45(b)所示。

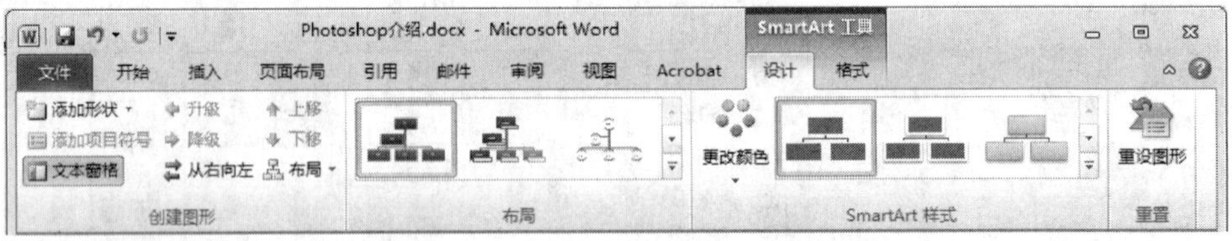

(a)

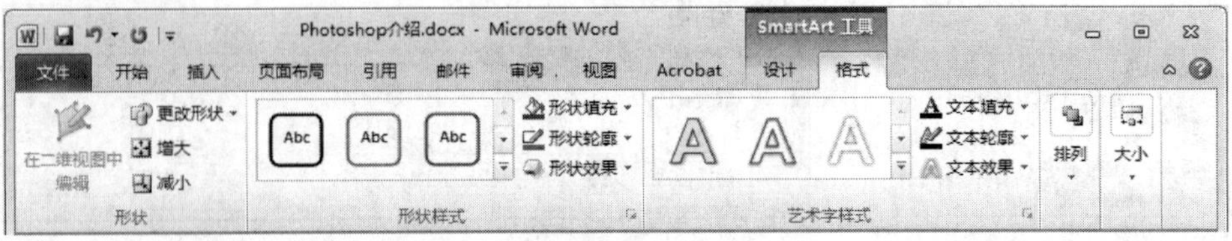

(b)

图 1-45　“SmartArt 工具/设计”和“SmartArt 工具/格式”选项卡

"SmartArt 工具/设计"选项卡包括"创建图形""布局""SmartArt 样式"和"重置"4 个组。"创建图形"组用来添加形状、升降形状及添加项目符号等操作。在"布局"组中,可以将组织结构图切换成图片型、半圆形、圆形等多种形式。"SmartArt 样式"组提供了多种预设样式,并可修改图形的边框、背景色、字体等。"重置"组用来放弃对 SmartArt 图形所做的全部格式更改。

"SmartArt 工具/格式"选项卡包括"形状""形状样式""艺术字样式""排列及大小"5 个组,提供了详细的图形加工操作。

(3)添加与删除形状

当默认的结构不能满足需要时,可以在指定的位置添加形状,也可以将指定位置处的形状删除。例如,若要在图 1-46 中的"财务部"右侧添加形状"规划部",其操作步骤为:单击"财务部",单击"SmartArt 工具/设计"选项卡中的"创建图形"组中的"添加形状"下拉按钮,在弹出的下拉列表中选择"在后面添加形状"命令,然后输入文本即可,如图 1-46 所示。

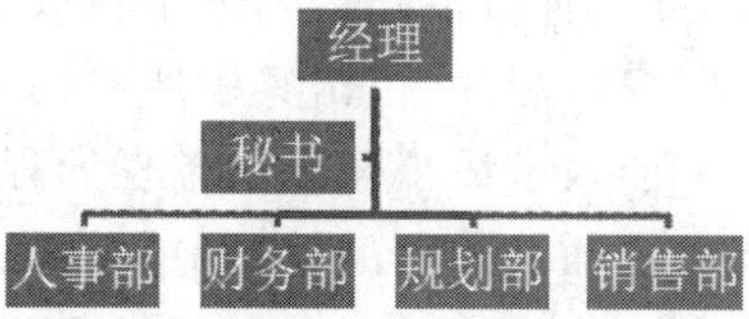

图 1-46　改进的公司组织结构图

可以调整整个 SmartArt 图形或其中一个分支的布局。方法是选择要更改的形状,单击"创建图形"组中的"布局"下拉按钮,在弹出的下拉列表中选择一种布局选项即可。也可以更改某个形状的级别或位置,方法是选中要更改级别的形状,单击"创建图形"组中的"降级""升级""上移""下移"按钮来实现。

若要删除一个形状,首先选择该形状,然后按 Delete 键即可。

(4)设置 SmartArt 图形布局和样式

这里是指对整个 SmartArt 图形进行布局和样式的设置,单击 SmartArt 图形以选择该图形。若要更改 SmartArt 图形的布局,单击"SmartArt 工具/设计"选项卡中的"布局"组中的"布局"列表右侧的"其他"按钮,在弹出的下拉列表中选择需要的布局类型。如果列表中没有满足条件的布局选项,可以选择"其他布局"命令,在弹出的"选择 SmartArt 图形"对话框中选择需要的布局样式,如图 1-47(a)所示。

若要更改 SmartArt 图形的样式,在"SmartArt 工具/设计"选项卡中的"SmartArt 样式"组中选择需要的外观样式。用户还可以单击"SmartArt 样式"列表右侧的"其他"按钮,在弹出的下拉列表中选择需要的外观样式,如图 1-47(b)所示,即可更改 SmartArt 图形的样式。

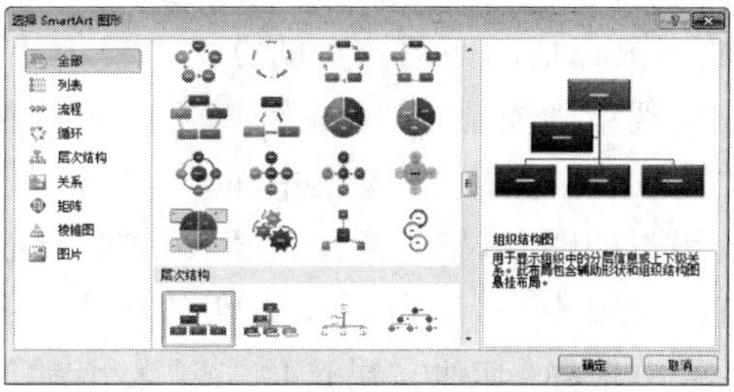

(a)

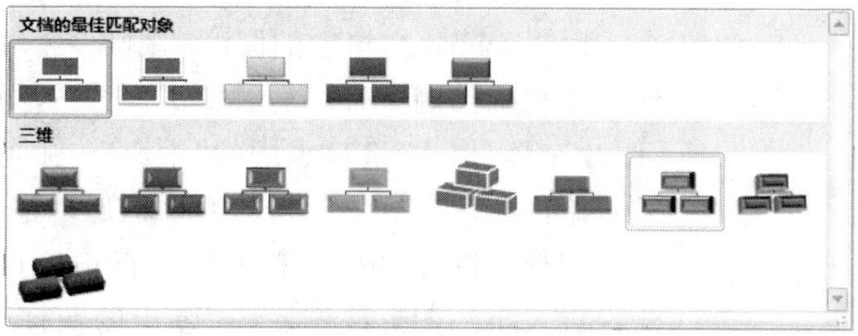

(b)

图 1-47　SmartArt 图形的布局及样式

若要更改 SmartArt 图形的颜色,单击"SmartArt 工具/设计"选项卡中的"SmartArt 样式"组中的"更改颜色"下拉按钮,在弹出的下拉列表中选择理想的颜色选项即可。

2）屏幕截图

操作系统提供了将计算机的整个屏幕或当前窗口进行复制的操作方法。按键Print Screen/SysRq，可将整个屏幕图像复制到剪贴板中。按组合键Alt＋Print Screen/SysRq，可将当前活动窗口图像复制到剪贴板中。在Word 2010中，专门提供了屏幕截图工具，可以实现将任何未最小化到任务栏的程序窗口图片插入到文档中，也可以插入屏幕上的任意大小图片。

插入任何未最小化到任务栏的程序窗口图片的操作步骤为：将光标定位在文档中要插入图片的位置，单击“插入”选项卡中的“插图”组中的“屏幕截图”下拉按钮，弹出“可用视窗”列表，列表中存放了除当前屏幕外的其他未最小化到任务栏上的所有程序窗口图片，单击其中所要插入的程序窗口图片即可。

插入未最小化到任务栏的程序窗口任意大小图片的操作步骤为：将光标移到文档中要插入图片的位置，单击“插入”选项卡中的“插图”组中的“屏幕截图”下拉按钮，弹出“可用视窗”列表，选择“屏幕剪辑”命令，此时“可用视窗”列表中的第一个屏幕被激活且成模糊状。模糊前有1～2 s的停顿时间，这期间允许用户进行一些操作。模糊状后鼠标变成一个粗十字形状，拖曳鼠标可以剪辑图片的大小，放开鼠标后将自动在光标处插入剪辑的图片。

2. 编辑图形、图片

编辑图形图片

Word在“插入”选项卡中提供了6种方式插入各种图形及图片，其中，插入的形状图片默认方式为“浮于文字上方”，其他均以嵌入方式插入到文档中。根据用户需要，可以对这些插入的图形、图片进行各种编辑操作。

1）设置文字环绕方式

文字环绕方式是指插入图形、图片后，图形、图片与文字的环绕关系。Word 2010提供了7种文字环绕方式，分别是嵌入型、四周型、紧密型、穿越型、上下型、浮于文字上方及衬于文字下方，其设置方法为：选择图形或图片，单击“图片工具/格式”选项卡中的“排列”组中的“自动换行”下拉按钮，在弹出的下拉列表中选择一种环绕方式即可，也可以右击要设置环绕方式的图形或图片，在弹出的快捷菜单中选择“其他布局选项”或“大小和位置”命令，将弹出“布局”对话框，在“文字环绕”选项卡中可选择其中的一种文字环绕方式，如图1-48(a)所示。

2）设置大小

对于Word文档中的图形和图片，可以使用鼠标拖动四周控点的方式调整大小，但很难精确控制。可以通过如下操作方法来实现精确控制：选择图形或图片，直接在“图片工具/格式”选项卡中的“大小”组中的“高度”和“宽度”文本框中输入具体值，也可以单击“大小”组右下角的对话框启动器按钮，打开“布局”对话框，在“大小”选项卡中对图形和图片的高度和宽度进行精确设置，如图1-48(b)所示。还可以右键单击要设置大小的图形或图片，在弹出的快捷菜单中选择“其他布局选项”或“大小和位置”命令，弹出“布局”对话框，在“大小”选项卡中进行设置。如果取消“锁定纵横比”复选框，可以实现高度和宽度不同比例的设置。

3）裁剪图片

该功能仅对图片、剪贴画、屏幕截图的图片有效。裁剪是指仅取一幅图片的部分区域。操作步骤为:选中要裁剪的图片,单击"图片工具/格式"选项卡中的"大小"组中的"裁剪"下拉按钮,在弹出的下拉列表中选择一种裁剪方式。

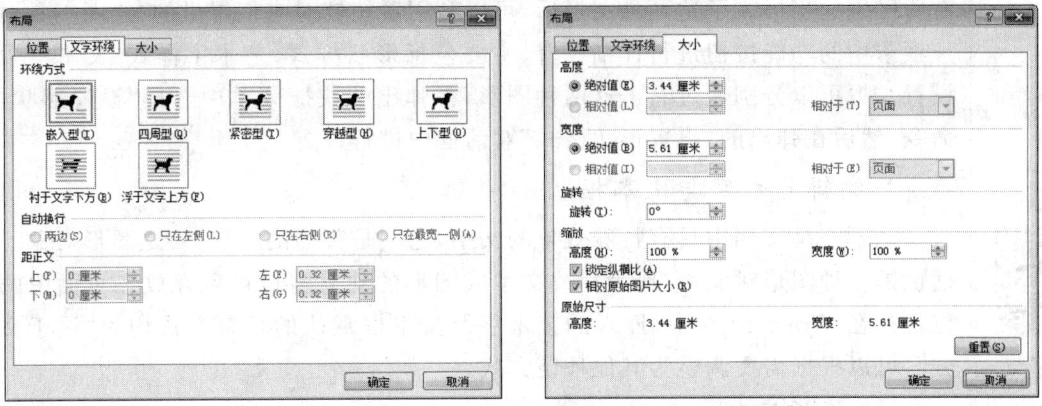

(a) (b)

图 1-48 "布局"对话框

- 裁剪:图片四周出现裁剪控点,通过拖动控点可以实现边、两侧及四侧的裁剪,完成后按 Esc 键退出。
- 裁剪为形状:可将图片裁剪为特定形状,如圆形、箭头、星形等。
- 纵横比:可将图片按方形、纵向及横向并按一定比例进行裁剪。
- 填充/调整:调整图片大小,以便填充整个图片区域,同时保持原始纵横比。

4)调整图片效果

该功能仅对图片、剪贴画、屏幕截图的图片有效。可以调整图片亮度、对比度、颜色、压缩图片等。选中图片,单击"图片工具/格式"选项卡中的"调整"组中的"更正"下拉按钮,在弹出的下拉列表中选择预设好的效果,即可实现图片的亮度和对比度设置。单击"调整"组中的"颜色"下拉按钮,在弹出的下拉列表选择色调、饱和度或重新着色即可实现颜色的设置。单击"调整"组中的"艺术效果"下拉按钮,在弹出的下拉列表选择一种艺术效果即可实现图片艺术化。

单击"调整"组中的"压缩图片"按钮,在弹出的"压缩图片"对话框中可以对文档中的当前图片或所有图片进行压缩。单击"调整"组中的"更改图片"按钮,可以重新选择图片代替现有图片,同时保持原图片的格式和大小。单击"调整"组中的"重设图片"下拉按钮,在弹出的下拉列表中可以实现放弃对图片所做的格式和大小的设置。

图片格式的设置还可以通过右击图片,在弹出的快捷菜单中选择"设置图片格式"命令,将弹出"设置图片格式"对话框,可以根据实际需要进行各种格式设置,如图 1-49 所示。

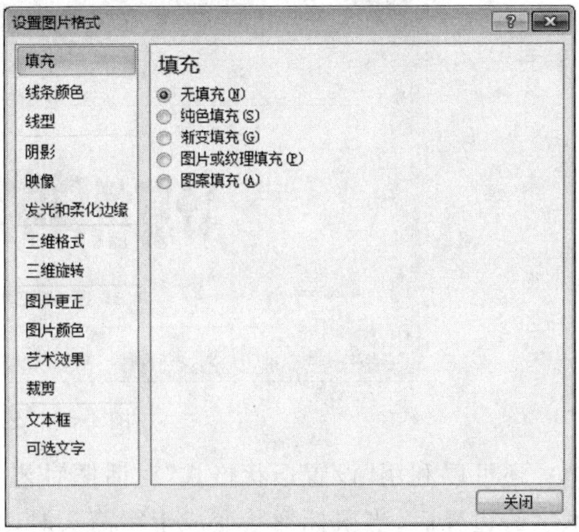

图 1-49 "设置图片格式"对话框

5）调整 SmartArt 图形及形状图形格式

可以设置插入的 SmartArt 图形和形状图形的格式，但与图片、剪贴画、屏幕截图有所区别。当插入了这两种图形后，可以利用系统针对它们提供的“绘图工具/格式”选项卡中的功能按钮进行详细设置，主要包括形状样式、艺术字样式、文本等项目的设置。也可以分别通过右击这两种图形，在弹出的快捷菜单中选择“设置形状格式”命令，然后在弹出的“设置形状格式”对话框中进行设置。

艺术字与
文本框

3. 编辑艺术字与文本框

艺术字是文档中具有特殊效果的文字，它不是普通的文字，而是图形对象。文本框也是一种图形对象，它作为存放文本或图形的独立窗口可以存放在页面中的任意位置。在 Word 2010 中，插入的艺术字及文本框默认的环绕方式均为“浮于文字上方”，可以根据需要调整为其他环绕方式。

1）编辑艺术字

艺术字可以有各种颜色及字体，可以带阴影、倾斜、旋转和缩放，还可以更改为特殊的形状。在文档中插入艺术字的操作步骤如下。

①将光标定位在文档中需要插入艺术字的位置，单击“插入”选项卡中的“文本”组中的“艺术字”下拉按钮，在弹出的下拉列表中选择一种艺术字样式，在文档中将自动出现一个带有“请在此放置您的文字”字样的文本框。

②在文本框中输入需要的内容，如输入“计算机科学技术学院”，则文档中就插入了艺术字。

插入艺术字后，可以根据要求修改艺术字的风格，例如，艺术字的格式、样式、形状等，操作步骤为：选中要修改的艺术字，单击“绘图工具/格式”选项卡中的“形状样式”组中的按钮，可以进行形状填充、形状轮廓、形状效果的设置，“艺术字样式”组提供了文本填充、文本轮廓、文本效果的设置。例如，将“计算机科学技术学院”艺术字进行如下设置：“艺术字样式”组中的“文本效果”下“转换”中的“波形 2”弯曲效果，字体颜色为“红色”，字体为“华文琥珀”，字号为“一号”，编辑效果如图 1-50 所示。

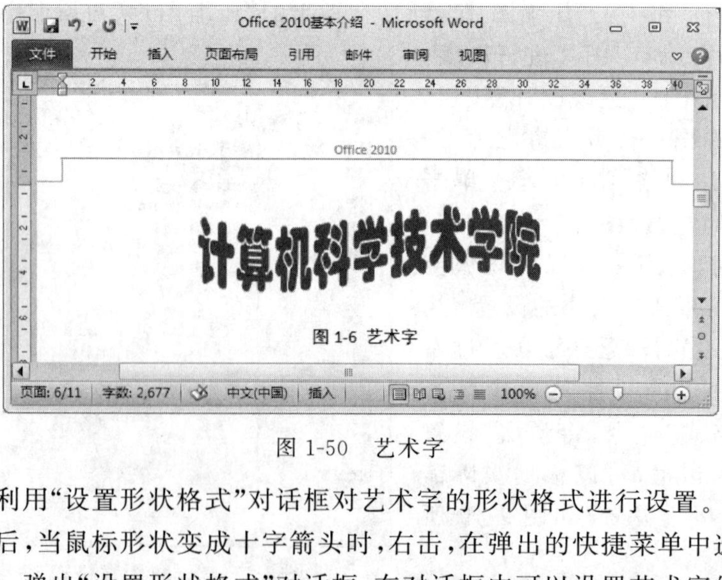

图 1-50　艺术字

还可以利用“设置形状格式”对话框对艺术字的形状格式进行设置。鼠标指向艺术字的边界后，当鼠标形状变成十字箭头时，右击，在弹出的快捷菜单中选择“设置形状格式”命令，弹出“设置形状格式”对话框，在对话框中可以设置艺术字的“填充”“线条颜色""线型""阴影""艺术效果"等,单击"关闭"按钮完成设置操作。

2)编辑文本框

文本框分为横排和竖排,可以根据需要进行选择。在文档中插入文本框的方法有直接插入空文本框和在已有文本上插入文本框两种。在文档中插入文本框的操作步骤如下。

①将光标定位在文档中的任意位置,单击"插入"选项卡中的"文本"组中的"文本框"下拉按钮,在弹出的下拉列表中选择一种内置的文本框样式。

②若需绘制,选择"绘制文本框"命令。光标变成十字形状,在文档中的适当位置手动鼠标绘制所需大小的文本框,然后输入文本内容,如输入文本"天艺数码工作室"。"绘制竖排文本框"命令用来绘制竖排文字的文本框。若需将文档中已有文本转化为文本框,可先选中文本,然后选择"绘制文本框"命令即可。

插入文本框后,可以根据需要编辑文本框的格式,包括调整位置、大小、三维效果、阴影、轮廓、填充颜色等,操作方法类似于艺术字。例如,将"天艺数码工作室"文本框进行如下设置:"艺术字样式"组中的"文本效果"下"转换"中的"倒三角"弯曲效果,字体颜色为"紫色",字体为"华文行楷",字号为"二号",编辑效果如图 1-51 所示。

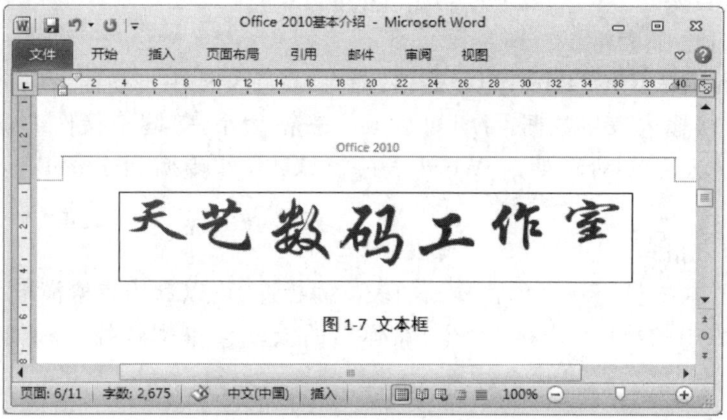

图 1-51　文本框

还可以利用"设置形状格式"对话框对文本框的形状格式进行设置,操作方法类似于艺术字,在此不再赘述。

1.3.2　表格应用

编辑表格

Word 2010 提供了方便、快捷的创建和编辑表格的功能,还能够为表格内容添加格式和美化表格,以及进行数据计算等操作。利用 Word 2010 提供的表格工具,可以制作出各种各样符合要求的表格。

1. 插入表格

在 Word 2010 中,系统在"插入"选项卡中的"表格"组中的"表格"下拉列表中提供了 6 种插入表格的方式,它们分别是表格、插入表格、绘制表格、文本转换成表格、Excel 电子表格和快速表格,用户可根据需要选择一种方式在文档中插入表格。

(1)表格

单击"插入"选项卡中的"表格"组中的"表格"下拉按钮,在弹出的下拉列表中的

"插入表格"下面拖动鼠标选择单元格数量,单击鼠标完成插入表格操作。利用这种方式最多能插入 10 列×8 行大小的表格。

(2)插入表格

选择下拉列表中的"插入表格"命令,弹出"插入表格"对话框,确定表格的行数和列数,单击"确定"按钮即可生成表格。

(3)绘制表格

选择下拉列表中的"绘制表格"命令,鼠标变成一支笔状,拖动鼠标画出表格的外围边框,然后再绘制表格的行和列。

(4)文本转换成表格

将具有特定格式的多行多列文本转换成一个表格。这些文本中的各行之间用段落标记符换行,各列之间用分隔符隔开。列之间的分隔符可以是逗号、空格、制表符等。转换方法为:选中文本,单击下拉列表中的"文本转换成表格"命令,弹出"将文字转换成表格"对话框,设置表格的行列数,单击"确定"按钮完成转换。反之,表格也可以转换成文本,转换方法为:选中表格,单击"表格工具/布局"选项卡中的"数据"组中的"转换为文本"按钮,弹出"表格转换成文本"对话框,选择好文字分隔符后,单击"确定"按钮完成转换。

(5)Excel 电子表格

选择下拉列表中的"Excel 电子表格"命令,将在文档中自动插入一个 Excel 电子表格,可以直接输入表格数据,并且可以改变表格大小,等同于操作 Excel 表格。单击表格外区域,将自动转换成 Word 表格。双击,可转换到 Excel 电子表格编辑状态。

(6)快速表格

Word 2010 提供了一个内置样式的表格模板库,可以利用表格模板来生成表格。选择下拉列表中的"快速表格"命令,在弹出的级联菜单中选择一种模板即可生成表格。

2. 编辑表格

表格建立之后,可向表格中输入数据,并且可以对生成的表格进行各种编辑操作。这些编辑操作,既包含对表格内的数据进行格式编辑(字符格式和段落格式),又包含对表格(包括单元格、行、列、表格)进行各种编辑操作。这些功能,大部分在 Word 以往版本中就已经详细介绍过并被广泛应用。在 Word 2010 中,这些功能按钮只是在界面和样式的显示方面进行了改进,操作方法非常类似,在此不再赘述,仅对其中的几个主要功能进行介绍。

将光标移到表格中的任何单元格或选中整个表格,系统将自动显示"表格工具/设计"和"表格工具/布局"选项卡,如图 1-52 所示。

"表格工具/设计"选项卡提供了对选中的表格部分或整个表格的格式设计,主要包括表格样式、边框样式、底纹样式、表格线的绘制与擦除等方面的操作。"表格工具/布局"选项卡提供了对表格的布局进行调整的功能,主要包括单元格、行和列的增加及删除,行高和列宽的设置,单元格的合并与拆分,对齐方式的设置,数据排序及数据计算等操作。

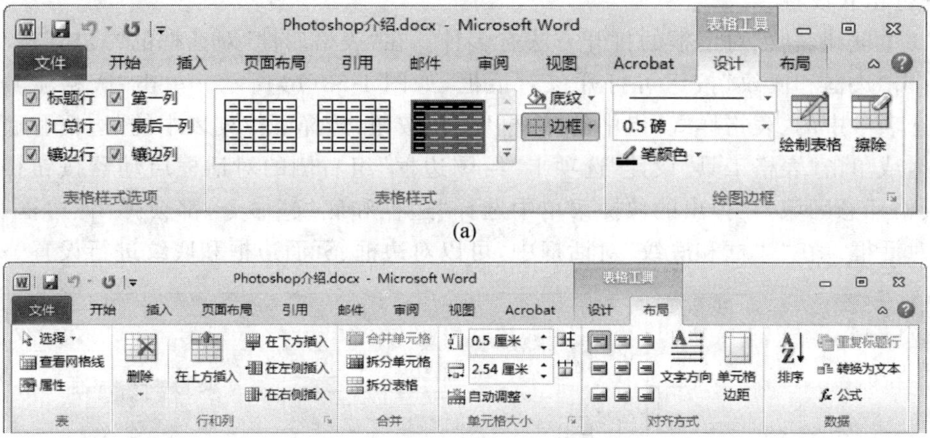

(a)

(b)

图 1-52　Word 2010 的表格工具

(1)设置表格样式

Word 2010 自带了丰富的表格样式,表格样式中包含了预先设置好的表格字体、边框和底纹格式。应用表格样式后,其所有格式将应用到表格中。设置方法:将光标移到表格任意单元格中,单击“表格工具/设计”选项卡中的“表格样式”组中的“快速样式”库中的某个表格样式即可。如果“快速样式”库中的表格样式不符合要求,单击“快速样式”库右侧的“其他”按钮,将弹出下拉列表,在下拉列表中选择所需要的样式即可。

(2)单元格的合并与拆分

除了常规的单元格合并与拆分方法外,还可以通过“表格工具/设计”选项卡中的“绘图边框”组中的“擦除”和“绘制表格”按钮来实现。单击“表格工具/设计”选项卡中的“绘图边框”组中的“擦除”按钮,鼠标指针变成橡皮状,在要擦除的边框线上单击,可删除表格线,实现两个相邻单元格的合并。单击“表格工具/设计”选项卡中的“绘图边框”组中的“绘制表格”按钮,鼠标指针变成铅笔状,在单元格内按住鼠标左键并拖动,此时将会出现一条虚线,松开鼠标即可插入一条表格线,实现单元格的拆分。

(3)表格的跨页

如果表格放置的位置正好处于两页交界处,称为表格跨页。有两种处理办理,一种是允许表格跨页断行,即表格的一部分位于上一页,另一部分位于下一页,但只有一个标题(适用于较小的表格);另外一种处理方法是在每页的表格上都提供一个相同的标题,使之看起来仍是一个表格(适用于较大的表格)。第 2 种处理方法为:选中要设置的表格标题(可以是多行),单击“表格工具/布局”选项卡中的“数据”组中的“重复标题行”按钮,系统会自动在为分页而被拆开的表格中重复标题行信息。

(4)“表格属性”对话框与“边框和底纹”对话框

除了可以利用“表格工具/设计”和“表格工具/布局”选项卡实现表格的各种编辑,还可以利用“表格属性”对话框与“边框和底纹”对话框来实现相应的操作。单击“表格工具/布局”选项卡中的“表”组中的“属性”按钮,弹出“表格属性”对话框,如图 1-53(a)所示。也可以单击“表格工具/布局”选项卡中的“单元格大小”组右侧的对话框启动按钮,或右击表格任意区域,在弹出的快捷菜单中选择“表格属性”命令,也会弹出“表格属性”对话框。在“表格属性”对话框中,可以对表格、行、列和单元格等对象进行格式设置。

“边框和底纹”对话框的打开方法有多种。在“表格属性”对话框的“表格”选项卡中单击“边框和底纹”按钮可打开该对话框，如图 1-53(b)所示。单击“表格工具/设计”选项卡中的“表格样式”组中的“边框”下拉按钮，选择下拉列表中的“边框和底纹”命令，或单击“表格工具/设计”选项卡“绘图边框”组右侧的对话框启动器按钮，或右击表格任意区域，在弹出的快捷菜单中选择“边框和底纹”命令，都会弹出“边框和底纹”对话框。在“边框和底纹”对话框中，可以对边框、页面边框和底纹进行设置。

(a) (b)

图 1-53 “表格属性”对话框和“边框和底纹”对话框

表格数据处理

注意：要进行排序的表格中不能有合并后的单元格，否则无法进行排序。同时，在“排序”对话框中，如果选择“有标题行”单选按钮，则排序时标题行不参与排序；否则，标题行参与排序。

3. 表格数据处理

除了前面介绍的功能外，Word 2010 还提供了表格的其他功能，如表格的排序和计算。

1)表格排序

在 Word 2010 中，可以按照递增或递减的顺序把表格中的内容按照笔画、数字、拼音及日期等方式进行排序，而且可以根据表格多列的值进行复杂排序。表格排序的操作步骤如下。

①将光标移到表格的任意单元格中或选择要排序的行或列，单击“表格工具/布局”选项卡中的“数据”组中的“排序”按钮。

②整个表格高亮显示，同时弹出“排序”对话框。

③在“排序”对话框中，在“主要关键字”下拉列表框中选择用于排序的字段，在“类型”下拉列表框中选择用于排序的值的类型，如笔画、数字、拼音及日期等。升序或降序用于选择排序的顺序，默认为升序。

④若需要多字段排序，可在“次要关键字”“第三关键字”等下拉列表框中指定字段、类型及顺序。

⑤单击“确定”按钮完成排序。

2)表格计算

利用 Word 2010 提供的公式或函数，可以对表格中的数据进行简单的计算，如加(+)、减(−)、乘(*)、除(/)，求和、求平均值、求最大值、求最小值、条件求值等。

(1)单元格引用

利用 Word 2010 提供的函数可进行一些复杂的数据计算,表格中的计算都是以单元格名称或区域进行的,称为单元格引用。在 Word 表格中,用英文字母 A,B,C…从左到右表示列号,用数字 1,2,3…从上到下表示行号,列号和行号组合在一起,称为单元格的名称,或称为单元格地址或单元格引用。例如,A1 表示表格中第 1 列第 1 行的单元格,其他单元格名称依此类推。单元格的引用主要分为以下几种情况,现举例说明。

- B1:表示位于第 2 列第 1 行的单元格。
- B1,C2:表示 B1 和 C2 共 2 个单元格。B1 和 C2 之间用英文标点符号逗号分隔。
- A1:C2:表示以 A1 和 C2 为对角的矩形区域,包含 A1,A2,B1,B2,C1,C2 共 6 个单元格。A1 和 C2 之间用英文标点符号冒号分隔,下同。
- 2:2:表示整个第 2 行的所有单元格。
- E:E:表示整个第 5 列的所有单元格。
- SUM(A1:A5):SUM 为求和函数,表示求 5 个单元格的所有数值型数据之和。
- AVERAGE(A1:A5):AVERAGE 为求平均值函数,表示求 5 个单元格数值型数据的平均值。

(2)利用公式进行计算

公式中的参数用单元格名称表示,但在进行计算时则提取单元格名称所对应的实际数据。现举例说明,表 1-1 为学生成绩表,计算每个学生的总分及平均分,操作步骤如下。

①将光标置于"总分"单元格的下一个单元格中,单击"表格工具/布局"选项卡中的"数据"组中的"公式"按钮 *fx* 公式,打开"公式"对话框。

②在"公式"文本框中已经显示出了所需的公式"=SUM(LEFT)",表示对光标左侧的所有单元格数据求和。根据光标所在的位置,公式括号中的参数还可能是右侧(RIGHT)、上面(ABOVE)或下面(BELOW),可根据需要进行参数设置,或输入单元格或区域的引用。

③在"编号格式"下拉列表框中选择数字格式,如小数位数。如果出现的函数不是所需要的,可以在"粘贴函数"下拉列表框中选择所需要的函数。

④单击"确定"按钮,光标所在单元格中将显示计算结果 435。

⑤按照同样的办法,可计算出其他单元格的总分数据结果。

⑥平均分的计算方法类似。可以利用公式或函数来实现,选择的函数为 AVERAGE。H2 单元格的公式为"=AVERAGE(B2:F2)",计算结果为 87。其他单元格的平均分数据结果可以依此进行计算。

当然,可用多种方法计算出单元格的数据结果。例如,对于单元格 G2 的数据结果,还可输入公式"=B2+C2+D2+E2+F2"、"=SUM(B2,C2,D2,E2,F2)"或"=SUM(B2:F2)"得到相同的结果;对于 H2 单元格的数据结果,其公式还可写成:"=(B2+C2+D2+E2+F2)/5""=AVERAGE(B2,C2,D2,E2,F2)""=AVERAGE(B2:F2)""=SUM(B2:F2)/5"或"=G2/5"等。

表 1-1　学生成绩表

姓名	思想道德修养与法律基础	英语一	大学计算机基础	高等数学	大学物理	总分	平均分
张贵兰	90	91	92	76	86	435	87
成成	86	84	93	86	82	431	86.2
赵越	90	79	91	90	85	435	87
程自成	88	73	93	76	79	409	81.8
王辉	82	93	89	79	83	426	85.2
郭香	83	86	87	88	76	420	84

(3)更新计算结果

表格中的运算结果是以域的形式插入到表格中的，当参与运算的单元格数据发生变化时，可以通过更新域对计算结果进行更新。选中更改了单元格数据的结果单元格，即域，显示为灰色底纹，按功能键 F9，即可更新计算结果。也可以右击结果单元格(显示为灰色底纹)，选择快捷菜单中的“更新域”命令。

1.4 域

域

域是 Word 中最具特色的工具之一，它是引导 Word 在文档中自动插入文字、图形、页码或其他信息的一组代码。在文档中使用域，可以实现数据的自动更新和文档自动化。在 Word 2010 中，可以通过域操作插入许多信息，包括页码、时间和某些特定的文字、图形等，也可以利用它来完成一些复杂而非常有用的功能，如自动创建目录、索引、图表目录，插入文档属性信息，实现邮件的自动合并与打印等，还可以利用它来超链接或交叉引用其他的文档及项目，也可以利用域实现计算功能等。本节将介绍域的概念、一些常用域和域的基本操作。

1.4.1 域的概念

域是 Word 中的一种特殊命令，它分为域代码和域结果。域代码是由域特征字符、域名、域参数和域开关组成的字符串；域结果是域代码所代表的信息。域结果会根据文档的变动或相应因素的变化而自动更新。

域的一般格式为：{域名 [域参数][域开关]}。

● 域特征字符：即包含域代码的大括号“{}”，它不能使用键盘直接输入，而是按组合键 Ctrl+F9 自动产生。

● 域名：Word 域代码的名称，为必选项。例如，“Seq”就是一个域的名称，Word 2010 提供了 9 种类型的域。

● 域参数和域开关：设定域类型如何工作的参数和开关，包括域参数和域开关，它们为可选项。域参数是对域名作进一步的说明；域开关是特殊的指令，在域中可引发特定的操作，域通常有一个或多个可选的开关，之间用空格进行分隔。

● 域结果：域的显示结果，指在文档中插入的文本或图形，类似于 Excel 函数运算以后得到的值。

1.4.2 常用域

在 Word 2010 中，域分为编号、等式和公式、链接和引用、日期和时间、索引和目录、文档信息、文档自动化、用户信息及邮件合并 9 种类型共 73 个域。下面介绍 Word 2010 中常用的域。

1. 编号域

编号域用来在文档中根据需要插入不同类型的编号，共有 10 个域。常用的编号域如表 1-2 所示。

表 1-2 编号域

域名称	域代码	域功能
AutoNum	{AUTONUM [Switches] }	插入段落的自动编号
Page	{PAGE [* Format Switch] }	插入当前页码
RevNum	{REVNUM }	插入文档的保存次数
Section	{SECTION }	插入当前节的编号
Seq	{ SEQ Identifier [Bookmark] [Switches] }	插入自动序列号

2. 等式和公式域

等式和公式域用来创建科学公式、插入特殊符号及执行计算，共有 4 个域。常用的等式和公式域如表 1-3 所示。

表 1-3 等式和公式域

域名称	域代码	域功能
=(Formula)	{ =Formula [Bookmark] [\# Numeric—Picture]}	计算表达式结果
Eq	{ EQ Instructions }	创建科学公式
Symbol	{SYMBOL CharNum [Switches] }	插入特殊字符

3. 链接和引用域

链接和引用域用来实现将文档中指定的项目与另一个项目，或指定的外部文件与当前文档链接起来的域，共有 11 个域。常用的链接和引用域如表 1-4 所示。

表 1-4 链接和引用域

域名称	域代码	域功能
IncludePicture	{ INCLUDEPICTURE "FileName" [Switches] }	通过文件插入图片
NoteRef	{ NOTEREF Bookmark [Switches] }	插入脚注或尾注编号
PageRef	{ PAGEREF Bookmark [* Format Switch] }	插入包含指定书签的页码
Ref	{ REF Bookmark [Switches] }	插入用书签标记的文本
StyleRef	{ STYLEREF StyleIdentifier [Switches] }	插入具有类似样式的段落中的文本

4. 日期和时间域

日期和时间域用来显示当前日期和时间或进行日期和时间计算，共有 6 个域。常用的日期和时间域如表 1-5 所示。

表 1-5　日期和时间域

域名称	域代码	域功能
CreateDate	{ CREATEDATE [\@ "Date－Time Picture"] [Switches] }	文档的创建日期
Date	{DATE [\@ "Date－Time Picture"] [Switches] }	插入当前日期
Time	{TIME [\@ "Date－Time Picture"] }	插入当前时间

5. 索引和目录域

索引和目录域用于创建和维护索引和目录，共 7 个域。常用的索引和目录域如表 1-6 所示。

表 1-6　索引和目录域

域名称	域代码	域功能
Index	{ INDEX [Switches] }	创建索引
TA	{ TA [Switches]}	标记引文目录项
TC	{TC ″Text″ [Switches] }	标记目录项
TOA	{TOA [Switches] }	创建引文目录
TOC	{TOC [Switches] }	创建目录
XE	{XE ″Text″ [Switches] }	标记索引项

6. 文档信息域

文档信息域用来创建或显示文件属性的“摘要”选项卡中的内容，共有 14 个域。常用的文档信息域如表 1-7 所示。

表 1-7　文档信息域

域名称	域代码	域功能
Author	{ AUTHOR [″NewName″] }	文档属性中的文档作者姓名
FileName	{ FILENAME [Switches] }	文档的名称和位置
NumPages	{ NUMPAGES }	文档的总页数
NumWords	{ NUMWORDS }	文档的总字数
Title	{ TITLE [″NewTitle″] }	文档属性中的文档标题

7. 文档自动化域

文档自动化域用来建立自动化的格式，可以运行宏及向打印机发送指令等操作，共有 6 个域。常用的文档自动化域如表 1-8 所示。

表 1-8 文档自动化域		
域名称	域代码	域功能
GotoButton	{ GOTOBUTTON Destination DisplayText }	将插入点移至新位置
MacroButton	{ MACROBUTTON MacroName DisplayText }	插入宏命令

8. 用户信息域

用户信息域用来设置 Office 个性化设置选项中的信息，有 3 个域，如表 1-9 所示。

表 1-9 用户信息域		
域名称	域代码	域功能
UserAddress	{ USERADDRESS ["NewAddress"] }	Office 个性化设置选项中的地址
UserName	{ USERNAME ["NewName"] }	Office 个性化设置选项中的用户名

9. 邮件合并域

邮件合并域用来构建邮件，以及设置邮件合并时的信息，共有 14 个域。常用的邮件合并域如表 1-10 所示。

表 1-10 邮件合并域		
域名称	域代码	域功能
GreetingLine	{ GREETINGLINE [Switches] }	插入邮件合并域
MergeField	{ MERGEFIELD FieldName[Switches] }	插入邮件合并域
MergeRec	{ SECTIONPAGES }	当前合并记录号
MergeSeq	{ MERGESEQ }	合并记录序列号
Next	{ NEXT }	转到邮件合并的下一条记录
NextIf	{ NEXTIF Expression1 Operator Expression2 }	按条件转到邮件合并的下一条记录

1.4.3 域操作

域操作包括域的插入、编辑、删除、更新和锁定等。

1. 插入域

在 Word 2010 中，域的插入操作可以通过以下 3 种方法实现。

(1)直接选择法

具体操作步骤如下。

①将光标移到要插入域的位置，单击“插入”选项卡中的“文本”组中的“文档部件”下拉按钮，在弹出的下拉列表中选择“域”命令，将弹出“域”对话框，如图 1-54(a)所示。

②在“类别”下拉列表框中选择域类型，如“日期和时间”选项；在“域名”列表框中选择域名，如“Date”选项；在“域属性”列表框中选择一种日期格式。

③单击“确定”按钮完成域的插入。

在“域”对话框中单击“域代码”按钮，会在对话框的右上角显示域代码和域代码格式,如图 1-54(b)所示。单击左下角的“选项”按钮,将弹出“域选项”对话框,在对话框中可设置域的通用开关和域专用开关,并加到域代码中。用户可借助该对话框学习并掌握常用的域命令的操作方法。

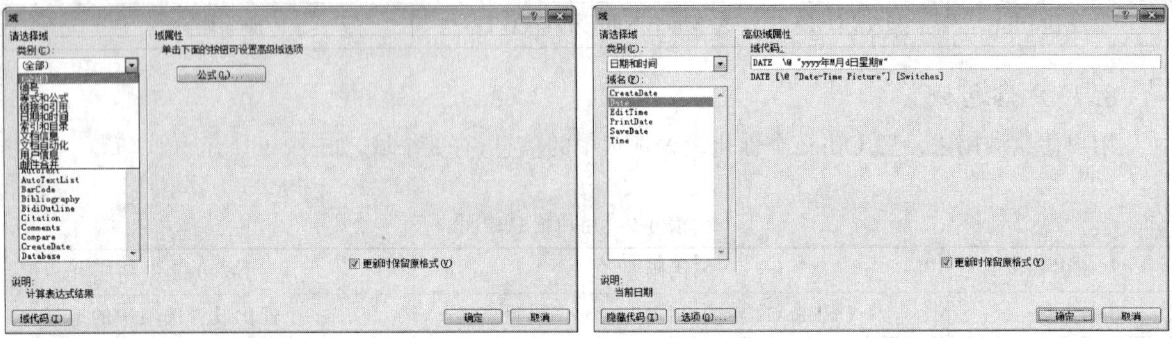

(a) (b)

图 1-54 “域”对话框

(2)键盘输入法

如果熟悉域代码或者需要引用他人设计的域代码,可以用键盘直接输入。操作步骤如下。

①把光标移到需要插入域的位置,按组合键 Ctrl+F9,将自动插入域特征字符“{}”。

②在大括号内从左向右依次输入域名、域参数、域开关等参数。按功能键 F9 更新域,或者按组合键 Shift+F9 显示域结果。

(3)功能按钮操作法

在 Word 2010 中,高级的、复杂的域功能难以手工控制,如自动编号、邮件合并、题注、交叉引用、索引和目录等。这些域的域参数和域开关参数非常多,采用上述两种方法难以控制和使用。因此,Word 2010 把经常用到的一些域操作以功能按钮的形式集成在系统中,它们可以被当作普通操作命令一样使用,非常方便。

2. 切换域结果和域代码

域结果和域代码是文档中域的两种显示方式。域结果是域的实际内容,即在文档中插入的内容或图形;域代码代表域的符号,是一种指令格式。对于插入到文档中的域,系统默认的显示方式为域结果,用户可以根据自己的需要在域结果和域代码之间进行切换。主要有以下 3 种切换方法。

(1)单击“文件”选项卡中的“选项”按钮,打开“Word 选项”窗口,或者在 Word 功能区的任意空白处单击鼠标右键,在弹出的快捷菜单中选择“自定义功能区”命令,也能打开“Word 选项”窗口。在打开的“Word 选项”窗口中切换到“高级”选项卡,在右侧的“显示文档内容”栏中选择“显示域代码而非域值”复选框。在“域底纹”下拉列表框中有“不显示”“始终显示”和“选取时显示”3 个选项,用于控制是否显示域的底纹背景,如图 1-55 所示,用户可以根据实际需要进行选择。单击“确定”按钮完成域代码的设置,文档中的域会以域代码的形式进

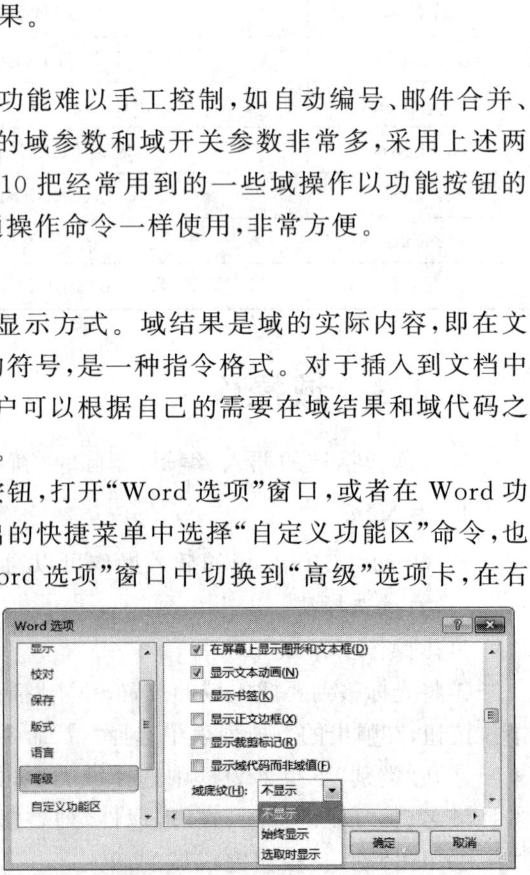

图 1-55 “Word 选项”窗口

行显示。

(2)可以使用快捷键来实现域结果和域代码之间的切换。选择文档中的某个域，按组合键 Shift+F9 实现切换。按组合键 Alt+F9 可对文档中所有的域进行域结果和域代码之间的切换。

(3)右击插入的域，在弹出的快捷菜单中选择“切换域代码”命令实现域结果和域代码之间的切换。

虽然在文档中可以将域切换成域代码的形式进行查看或编辑，但是在打印时都是打印域结果。在某些特殊情况下需要打印域代码，则需选择“Word 选项”窗口“高级”选项卡中的“打印”栏中的“打印域代码而非域值”复选框。

3. 编辑域

编辑域也就是修改域，用于修改域的设置或修改域代码，可以在“域”对话框中操作，也可以直接在文档的域代码中直接进行修改。

(1)右击文档中的某个域，在弹出的快捷菜单中选择“编辑域”命令，将弹出“域”对话框，根据需要重新修改域代码或域格式。

(2)将域切换到域代码显示方式下，直接对域代码进行修改，完成后按组合键 Shift+F9 查看域结果。

4. 更新域

更新域就是使域结果根据实际情况变化而自动更新，更新域的方法有以下两种。

(1)手动更新

右击要更新的域，在弹出的快捷菜单中选择“更新域”命令即可，也可以按功能键 F9 实现。

(2)打印时更新

单击“文件”选项卡中的“选项”按钮，打开“Word 选项”对话框，或者在 Word 功能区的任意空白处单击鼠标右键，在弹出的快捷菜单中选择“自定义功能区”选项，也能打开“Word 选项”对话框。在打开的“Word 选项”对话框中单击“显示”选项卡，在右侧的“打印选项”选项组中选择“打印前更新域”复选框。文档在打印前将会自动更新文档中所有的域结果。

5. 域的锁定和断开链接

虽然域的自动更新功能给文档编辑带来了方便，但如果用户不希望实现域的自动更新，可以暂时锁定域，在需要时再解除锁定。若要锁定域，选择要锁定的域，按组合键 Ctrl+F11 即可；若要解除域的锁定，按组合键 Ctrl+Shift+F11 实现。如果要将选择的域永久性地转换为普通的文字或图形，可选择该域，按组合键 Ctrl+Shift+F9 实现，也即断开域的链接。此过程是不可逆的，断开域连接后，不能再更新域，除非重新插入域。

6. 删除域

删除域的操作与删除文档中其他对象的操作方法是一样的。首先选择要删除的域，按 Delete 键或 Backspace 键进行删除。可以实现一次性删除文档中的所有域，其操作步骤如下。

①按组合键 Alt+F9 显示文档中所有的域代码。如果域本来就是以域代码方式

显示，此步骤可省略。

②单击“开始”选项卡中的“编辑”组中的“替换”按钮，弹出“查找和替换”对话框。

③单击对话框中的“更多”按钮，然后单击“查找内容”下拉列表框。单击“特殊格式”下拉按钮，并从下拉列表框中选择“域”，“查找内容”下拉列表框中将自动出现“^d”。“替换为”下拉列表框中不输入内容。

④单击“全部替换”按钮，然后在弹出的对话框中单击“确定”按钮，文档中的全部域将被删除。

7. 域的快捷键

运用域的快捷键，可以使域的操作更简便、快捷。域的快捷键及其作用如表 1-11 所示。

表 1-11　域的快捷键及其作用

快捷键	作　用
F9	更新域，更新当前选择的所有域
Ctrl＋F9	插入域特征符，用于手动插入域代码
Shift＋F9	切换域显示方式，打开或关闭当前选择的域的域代码
Alt＋F9	切换域显示方式，打开或关闭文档中所有域的域代码
Ctrl＋Shift＋F9	解除域连接，将所有选择的域转换为文本或图形，该域无法再更新
Alt＋Shift＋F9	单击域，等同于双击 MacroButton 和 GoToButton 域
F11	下一个域，用于选择文档中的下一个域
Shift＋F11	前一个域，用于选择文档中的前一个域
Ctrl ＋F11	锁定域，临时禁止该域被更新
Ctrl＋Shift＋F11	解除域，允许域被更新

1.5 批注与修订

批注与修订

当需要对文档内容进行特殊的注释说明时就要用到批注，Word 2010 允许多个审阅者对文档添加批注，并以不同的颜色进行标识。Word 2010 提供的修订功能用于审阅者标记对文档中所做的编辑操作，让作者根据这些修订来接受或拒绝所做的修订内容。

1.5.1 基本概念

批注是文档的审阅者为文档附加的注释、说明、建议、意见等信息，并不对文档本身的内容进行修改。批注通常用于表达审阅者的意见或对文档内容提出质疑。

修订是显示对文档所做的诸如插入、删除或其他编辑操作的标记。启用修订功能，审阅者的每一次编辑操作，如插入、删除或格式更改等都会被标记出来，用户可根据需要接受或拒绝每处的修订。只有接受修订，对文档的编辑修改才生效，否则文档内容保持不变。

批注与修订的区别在于批注并不在原文的基础上进行修改，而是在文档页面的空白处添加相关的注释信息，并用带颜色的方框括起来，而修订会记录对文档所做的各种修改操作。

1.5.2 基本设置

用户在对文档内容进行有关批注与修订操作之前，可以根据实际需要事先设置批注与修订的用户名、位置、外观等内容。

1. 用户名设置

在文档中添加批注或进行修订后，用户可以查看到批注者或修订者名称。批注者或修订者名称默认为安装 Office 软件时注册的用户名，可以根据需要对用户名进行修改。

单击“审阅”选项卡中的“修订”组中的“修订”下拉按钮，在弹出的下拉列表中选择“更改用户名”命令，将打开“Word 选项”窗口，或者在功能区任意空白处单击右键，在弹出的快捷菜单中选择“自定义功能区”命令，或者单击“文件”选项卡中的“选项”按钮，也可打开“Word 选项”窗口。在打开的“Word 选项”窗口的“常规”选项卡中，在“用户名”文本框中输入新用户名，在“缩写”文本框中修改用户名的缩写，单击“确定”按钮使设置生效。

2. 位置设置

在 Word 文档中，添加的批注位置默认为文档右侧。对于修订，直接在文档中显示修订位置。批注及修订还可以被设置成以“垂直审阅窗格”或“水平审阅窗格”形式显示。

单击“审阅”选项卡中的“修订”组中的“显示标记”下拉按钮，在弹出的下拉列表中选择“批注框”中的一种显示方式。可选择“在批注框中显示修订”“以嵌入式显示所有修订”或“仅在批注框中显示批注和格式”之一进行设置。

单击“审阅”选项卡中的“修订”组中的“审阅窗格”下拉按钮，在弹出的下拉列表中选择“垂直审阅窗格”命令，将在文档的左侧显示批注和修订的内容。若选择“水平审阅窗格”命令，将在文档的下方显示批注和修订的内容。

3. 外观设置

主要是对批注和修订标记的颜色、边框、大小等进行设置。单击“审阅”选项卡中的“修订”组中的“修订”下拉按钮，在弹出的下拉列表中选择“修订选项”命令，将弹出“修订选项”对话框，如图 1-56 所示。根据用户的实际需要，可以对相应选项进行设置，单击“确定”按钮完成设置。

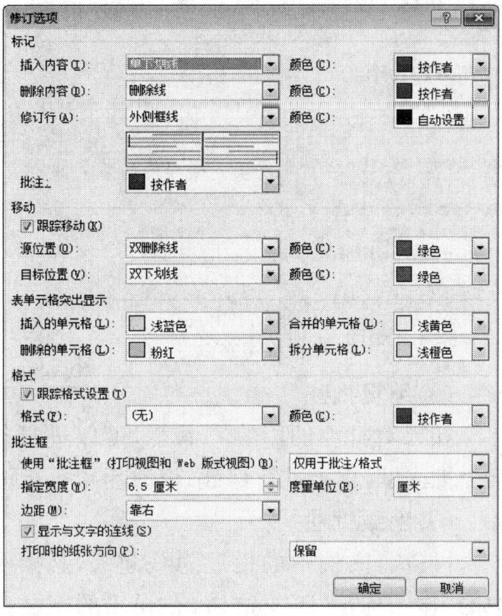

图 1-56 “修订选项”对话框

1.5.3 操作方法

对于批注，主要包括批注的添加、查看、编辑、隐藏、删除等操作；对于修订，主要包括修订功能的打开与关闭，修订的查看、审阅，比较文档等操作。

1. 批注

(1)添加批注

用于在文档中对选择的文本添加批注，具体的操作步骤如下。

①在文档中选择要添加批注的文本，或将光标定位在要添加批注的位置，单击“审阅”选项卡中的“批注”组中的“新建批注”按钮 新建批注 。

②选中的文本将被填充颜色，并且用一对括号括起来，旁边为批注框，直接在批注框中输入批注内容，再单击批注框外的任何区域，即可完成添加批注操作，如图 1-57 所示。

(2)查看批注

添加批注后，将鼠标指针移至文档中添加批注的对象上，鼠标指针附近将出现浮动窗口，窗口内显示批注者名称、批注日期和时间以及批注的内容，其中，批注者名称默认为安装 Office 软件时注册的用户名。

单击“审阅”选项卡中的“批注”组中的“上一条”或“下一条”按钮，可使光标在批注之间移动，以查看文档中的所有批注。

文档默认显示所有审阅者添加的批注，可以根据实际需要仅显示指定审阅者添加的批注。单击“审阅”选项卡中的“修订”组中的“显示标记”下拉按钮，在弹出的下拉列表中选择“审阅者”，级联菜单中会显示文档的所有审阅者，取消或选择审阅者前面的复选框，可实现隐藏或显示选中的审阅者的批注，其操作界面如图 1-58 所示。

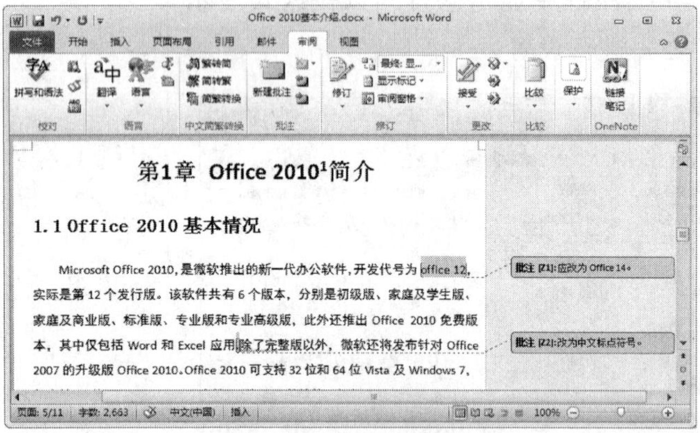

图 1-57 添加批注

图 1-58 查看批注

(3)编辑批注

如果对批注的内容不满意，可以进行编辑和修改，其操作方法为：单击要修改的某个批注框，直接进行修改，修改后单击批注框外的任何区域，完成批注的编辑和修改。

(4)隐藏批注

可以将文档中的批注隐藏起来，其操作方法为：单击“审阅”选项卡中的“修订”组中的“显示标记”下拉按钮，在弹出的下拉列表中选择“批注”命令前面的选中标记即可实现隐藏功能。若要显示批注，再次选择可选中此项功能。

(5)删除批注

可以选择性地进行单个或多个批注删除,也可以一次性地删除所有批注。

● 删除单个批注。右击该批注,在弹出的快捷菜单中选择"删除批注"命令,或单击"审阅"选项卡中的"批注"组中的"删除"按钮,或单击"审阅"选项卡中的"批注"组中的"删除"下拉按钮,在弹出的下拉列表中选择"删除"命令。

● 删除所有批注。单击"审阅"选项卡中的"批注"组中的"删除"下拉按钮,在弹出的下拉列表中选择"删除文档中的所有批注"命令即可。

● 删除指定审阅者的批注。首先要进行指定审阅者操作,然后进行删除操作。单击"审阅"选项卡中的"批注"组中的"删除"下拉按钮,在弹出的下拉列表中选择"删除所有显示的批注"命令即可删除指定审阅者的批注。

2. 修订

(1)打开或关闭文档的修订功能

在 Word 文档中,系统默认方式是关闭文档的修订功能。打开或关闭文档的修订功能的操作为:单击"审阅"选项卡中的"修订"组中的"修订"按钮即可,或者单击"修订"下拉按钮,在弹出的下拉列表中选择"修订"命令。如果"修订"按钮以加亮突出显示,则打开了文档的修订功能,否则文档的修订功能为关闭状态。

在修订状态下,审阅者或作者对文档内容的所有操作,如插入、修改、删除或格式更改等,都将被记录下来,这样可以查看文档中的修订操作,并根据需要进行确认或取消。

(2)查看修订

对 Word 文档进行修订后,文档中包括批注、插入、删除、格式设置等修订标记,可以根据修订的类别查看修订,默认状态下可以查看文档中所有的修订。单击"审阅"选项卡中的"修订"组中的"显示标记"下拉按钮,会弹出下拉列表。在下拉列表中,可以看到"批注""墨迹""插入和删除""设置格式""标记区域突出显示"和"突出显示更新"等命令,可以根据需要取消或选择这些命令,相应标注或修订效果将会自动隐藏或显示,以实现查看某一项的修订。

单击"审阅"选项卡中的"更改"组中的"上一条"或"下一条"按钮,可以逐条显示修订标记。

单击"审阅"选项卡中的"修订"组中的"审阅窗格"下拉按钮,在弹出的下拉列表中选择"垂直审阅窗格"或"水平审阅窗格"命令,将分别在文档的左侧或下方显示批注和修订的内容,以及标记修订和插入批注的用户名和时间。

(3)审阅修订

对文档进行修订后,可以根据需要,对这些修订进行接受或拒绝处理。如果接受修订,单击"审阅"选项卡中的"更改"组中的"接受"下拉按钮,将弹出下拉列表,可根据需要选择相应的接受修订命令。

● 接受并移到下一条:表示接受当前这条修订操作并自动移到下一条修订上。

● 接受修订:表示接受当前这条修订操作。

● 接受所有显示的修订:表示接受指定审阅者所作出的修订操作。

● 接受对文档的所有修订:表示接受文档中所有的修订操作。

如果要拒绝修订,单击"审阅"选项卡中的"更改"组中的"拒绝"下拉按钮,将弹出下拉列表,可根据需要选择相应的拒绝修订命令。

- 拒绝并移到下一条:表示拒绝当前这条修订操作并自动移到下一条修订上。
- 拒绝修订:表示拒绝当前这条修订操作。
- 拒绝所有显示的修订:表示拒绝指定审阅者所作出的修订操作。
- 拒绝对文档的所有修订:表示拒绝文档中所有的修订操作。

接受或拒绝修订还可以通过快捷菜单方式来实现。右击某个修订,在弹出的快捷菜单中选择“接受修订”或“拒绝修订”命令即可实现当前修订的接受或拒绝操作。

(4)比较文档

由于 Word 2010 对修订功能默认为关闭状态,如果审阅者直接修订了文档,而没有添加修订标记,就无法准确获得修改信息。可以通过 Word 2010 提供的比较审阅后的文档功能实现修订前后的文档间的区别对照,具体操作步骤如下。

①单击“审阅”选项卡中的“比较”组中的“比较”下拉按钮,在弹出的下拉列表中选择“比较”命令,弹出“比较文档”对话框。

②在“比较文档”对话框中的“原文档”下拉列表框中选择要比较的原文档,在“修订的文档”下拉列表框中选择修订后的文档,也可以单击这两个下拉列表框右侧的“打开”按钮,在“打开”对话框中选择原文档和修订后的文档。

③单击“更多”按钮,会展开更多选项供用户选择。用户可以对比较内容进行设置,也可以对修订的显示级别和显示位置进行设置,如图 1-59 所示。

④单击“确定”按钮,Word 将自动对原文档和修订后的文档进行精确比较,并以修订方式显示两个文档的不同之处。默认情况下,比较结果将显示在新建的文档中,被比较的两个文档内容不变。

⑤如图 1-60 所示,比较文档窗口分 4 个区域,分别显示两个文档的内容、比较的结果及修订摘要。单击“审阅”选项卡中的“更改”组中的“接受”或“拒绝”下拉按钮,在下拉列表中选择所需命令,可以对比生成的文档进行审阅操作,最后单击“保存”按钮,将审阅后的文档进行保存。

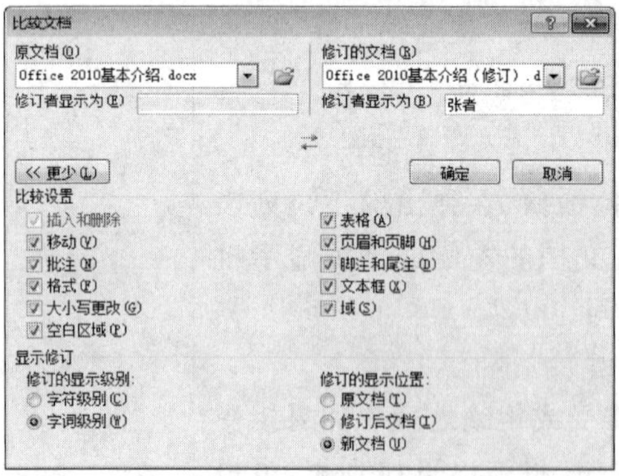

图 1-59 “比较文档”对话框

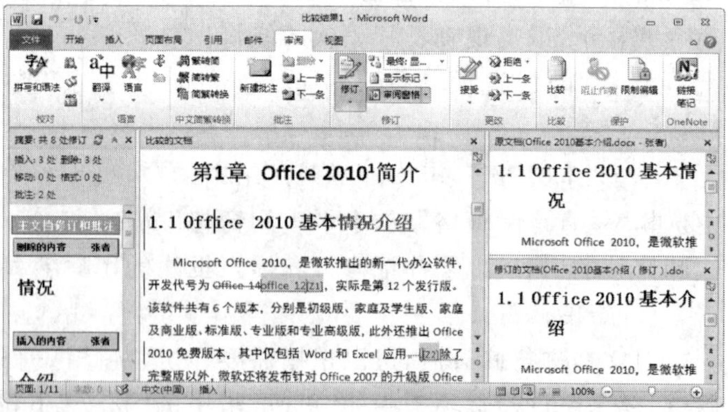

图 1-60 比较后的结果

Word 2010 还可以将多位审阅者的修订组合到一个文档中,这可以通过合并功能实现。单击“审阅”选项卡中的“比较”组中的“比较”下拉按钮,在弹出的下拉列表中选择“合并”命令,然后在打开的“合并文档”对话框中实现合并功能,其操作步骤类似于比较文档。

1.6 主控文档与邮件合并

在 Word 中编辑文档内容时，经常会碰到所需要的文本或数据来自于多个文档的情况，一般会利用复制、移动的方法来拷贝这些数据。实际上，Word 2010 还提供了主控文档和邮件合并功能，实现多种文档之间的数据获取。

1.6.1 主控文档

在 Word 2010 中，系统提供了一种可以包含和管理多个子文档的文档，即主控文档。主控文档可以组织多个子文档，并把它们当作一个文档来处理，可以对它们进行查看、重新组织、格式设置、校对、打印和创建目录等操作。主控文档与子文档是一种链接关系，每个子文档单独存在，子文档的编辑操作会自动反应在主控文档中的子文档中，也可以通过主控文档来编辑子文档。

主控文档

1. 建立主控文档与子文档

利用主控文档组织管理子文档，应先建立或打开作为主控文档的文档，然后在该文档中再建立子文档(子文档必须在标题行才能建立)，具体操作步骤如下。

①打开作为主控文档的文档，并切换到大纲视图模式下。将光标移到要创建子文档的标题位置(若在文档中某正文段落末尾处建立子文档，可先回车生成一空段，然后将此空段通过大纲的提升功能提升为“1 级”标题级别)，单击“大纲”选项卡中的“主控文档”组中的“显示文档”按钮，将展开“主控文档”组，单击“创建”按钮。

②光标所在标题周围出现一个灰色细线边框，其左上角显示一个标记，表示该标题及其下级标题和正文内容为该主控文档的子文档，如图 1-61(a)所示。

③在该标题下面空白处输入子文档的正文内容。输入正文内容后，单击“大纲”选项卡中的“主控文档”组中的“折叠子文档”按钮，将弹出是否保存主控文档对话框，单击“确定”按钮进行保存，插入的子文档将以超链接的形式显示在主控文档的大纲视图中，如图 1-61(b)所示。同时，系统将自动以默认文件名及默认路径(主控文档所在的文件夹)保存创建的子文档。

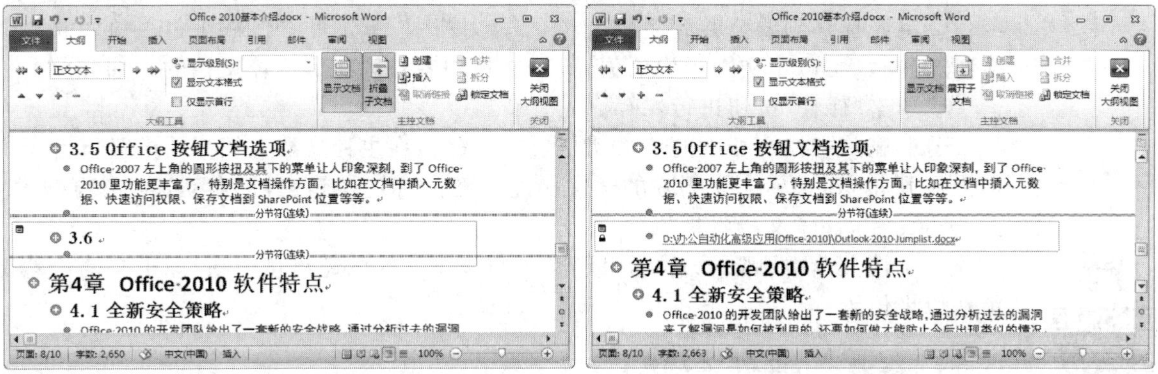

(a) (b)

图 1-61 建立子文档

④单击状态栏右侧的“页面视图”按钮，切换到页面视图模式下，完成子文档的创建操作，或单击“大纲”选项卡中的“关闭”组中的“关闭大纲视图”按钮进行切换，或单击“视图”选项卡中的“文档视图”组中的“页面视图”按钮进行切换。

⑤还可以在文档中建立多个子文档，操作方法类似。

可以将一个已存在的文档作为子文档插入到已打开的主控文档中，该种操作可以将已存在的若干文档合理组织起来，构成一个长文档。操作步骤为：打开主控文档，并切换到大纲视图模式下，将光标移到要插入子文档的位置，单击“大纲”选项卡中的“主控文档”组中的“展开子文档”按钮，然后单击“插入”按钮，打开“插入子文档”对话框，确定子文档的位置及文件名，单击“打开”按钮，选择的文档将作为子文档插入到主控文档中。

2. 打开、编辑及锁定子文档

可以在 Word 中直接打开子文档进行编辑，也可以在编辑主控文档的过程中对子文档进行编辑，操作步骤如下。

①打开主控文档，其中的子文档以超链接的形式显示。若要打开某个子文档，按 Ctrl 键的同时单击子文档名称，子文档的内容将自动在 Word 新窗口中显示，可直接对子文档内容进行编辑和修改。

②若要在主控文档中显示子文档内容，可将主控文档切换到大纲视图模式下，子文档默认为折叠形式，并以超链接的形式显示，按 Ctrl 键的同时单击子文档名可打开子文档，并对子文档进行编辑。若单击“大纲”选项卡中的“主控文档”组中的“展开子文档”按钮，子文档内容将在主控文档中显示，可直接对其内容进行修改。修改后单击“折叠子文档”按钮，子文档将以超链接形式显示。

③单击“大纲”选项卡中的“主控文档”组中的“展开子文档”按钮，子文档内容将在主控文档中显示并可修改。若不允许修改，可单击“主控文档”组中的“锁定文档”按钮，子文档标记的下方将显示锁形标记，此时不能在主控文档中对子文档进行编辑，再次单击“锁定文档”按钮可解除锁定。对于主控文档，也可以按此进行锁定和解除锁定。

3. 合并与删除子文档

子文档与主控文档之间是一种超链接关系，可以将子文档内容合并到主控文档中，而且，对于主控文档中的子文档，也可以进行删除操作。相关操作步骤如下。

①打开主控文档，并切换到大纲视图模式下，单击“大纲”选项卡中的“主控文档”组中的“显示文档”及“展开子文档”按钮，子文档内容将在主控文档中显示出来。

②将光标移到要合并到主控文档的子文档中，单击“主控文档”组中的“取消链接”按钮，子文档标记消失，该子文档内容自动成为主控文档的一部分。

③单击“保存”按钮进行保存。

若要删除主控文档中的子文档，操作步骤为：在主控文档大纲视图模式下且子文档为展开状态时，单击要删除的子文档左上角的标记按钮，将自动选择该子文档，按 Delete 键，该子文档将被删除。

在主控文档中删除子文档，只删除了与该子文档的超链接关系，该子文档仍然保留在原来位置。

1.6.2 邮件合并

邮件合并

在利用 Word 编辑文档时，通常会遇到这样一种情况，多个文档内容、布局基本相同，只是具体数据有所变化，如学生的获奖证书、荣誉证书、通知单、成绩报告单等。对于这类文档的处理，可以使用 Word 2010 提供的邮件合并功能，直接从源数据处提取数据，将其合并到 Word 文档中，最终自动生成一系列输出文档。

1. 操作方法

要实现邮件合并功能，通常需要 3 个关键步骤。

(1)创建数据源

邮件合并中的数据源可以是 Excel 文件、Word 文档、Access 数据库、SQL Server 数据库、Outlook 联系人列表等。可以选择其中一种文件类型作为邮件合并的数据源。

(2)创建主文档

主文档是一个 Word 文档，包含了文档所需的基本内容并设置了符合要求的文档格式。主文档中的文本和图形格式在合并后都固定不变。

(3)关联主文档和数据源

利用 Word 提供的邮件合并功能，实现将数据源合并到主文档中的操作，得到最终的合并文档。

2. 应用实例

现在以学生获取奖学金为例，说明如何使用 Word 2010 提供的邮件合并功能实现数据源与主文档的关联，最终自动生成一系列输出文档。

(1)创建数据源

采用 Excel 文件格式作为数据源。启动 Excel 2010，在表格中输入数据源文件内容。其中，第 1 行为标题行，其他行为记录行，如图 1-62 所示，并以“获奖名单. xlsx”为文件名进行保存。

(2)创建主文档

启动 Word 2010，设计获奖证书的内容及版面格式，并预留文档中有关信息的占位符。如图 1-63 所示，带“【 】”的文本为占位符。主文档设置完成后，以“荣誉证书. docx”为文件名进行保存。

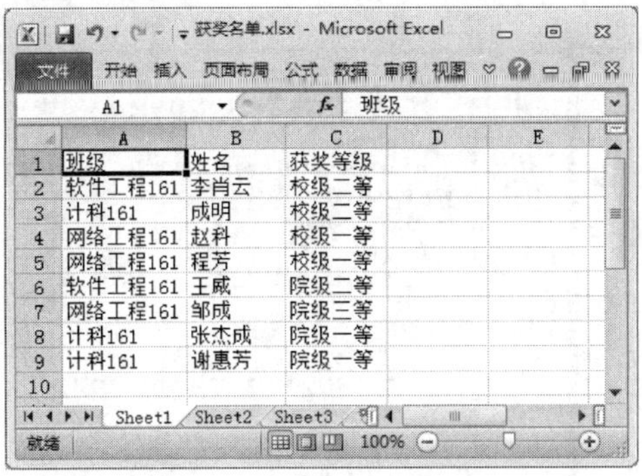

图 1-62 Excel 数据源

荣 誉 证 书

【班级】班【姓名】同学：

在 2016 ～ 2017 学年中，成绩突出，表现优异，获得【获奖等级】奖学金。

特发此证，以资鼓励。

计算机科学技术学院

二〇一七年七月十六日

图 1-63 主文档

(3)关联主文档与数据源

利用邮件合并功能，实现主文档与数据源的关联，其操作步骤如下。

①打开已创建的主文档，单击“邮件”选项卡中的“开始邮件合并”组中的“选择收件人”下拉按钮，在下拉列表中选择“使用现有列表”命令，将弹出“选择数据源”对话框。

②在对话框中选择已创建好的数据源文件“获奖名单. xlsx”，单击“打开”按钮。

③出现“选择表格”对话框，选择数据所在的工作表，默认为表 Sheet1，如图 1-64 所示，单击“确定”按钮将自动返回。

④在主文档中选择第一个占位符“【班级】”，单击“邮件”选项卡中的“编写和插入域”组中的“插入合并域”下拉按钮，在弹出的下拉列表中选择要插入的域“班级”。

⑤在主文档中选择第 2 个占位“【姓名】”，按第 4 步操作，插入域“姓名”。同理，插入域“获奖等级”。

⑥文档中的所有占位符被插入域后，其效果如图 1-65 所示。单击“邮件”选项卡中的“预览效果”组中的“预览结果”按钮，将显示主文档和数据源关联后的第一条数据结果。单击查看记录按钮 1，可逐条显示各记录对应数据源的数据。

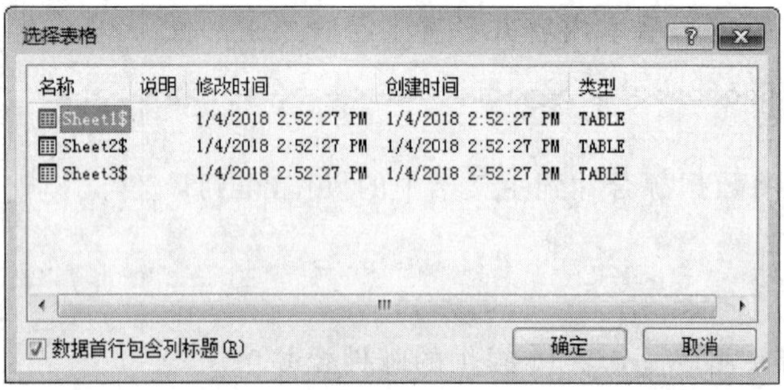

图 1-64 “选择表格”对话框

荣 誉 证 书

«班级»班«姓名»同学：

在 2016 ～ 2017 学年中，成绩突出，表现优异，获得«获奖等级»奖学金。

特发此证，以资鼓励。

计算机科学技术学院
二〇一七年七月十六日

图 1-65 插入域后的效果

⑦单击“邮件”选项卡中的“完成”组中的“完成并合并”下拉按钮，在下拉列表中选择“编辑单个文档”命令，将弹出“合并到新文档”对话框，如图 1-66 所示。

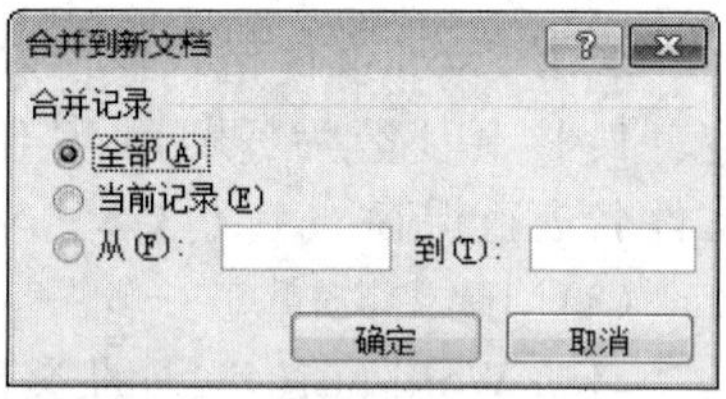

图 1-66 “合并到新文档”对话框

⑧在对话框中选择“全部”单选按钮，然后单击“确定”按钮，Word 将自动合并文档并将全部记录放到一个新文档中。如图 1-67 所示，生成一个包含多条信息的长文档。

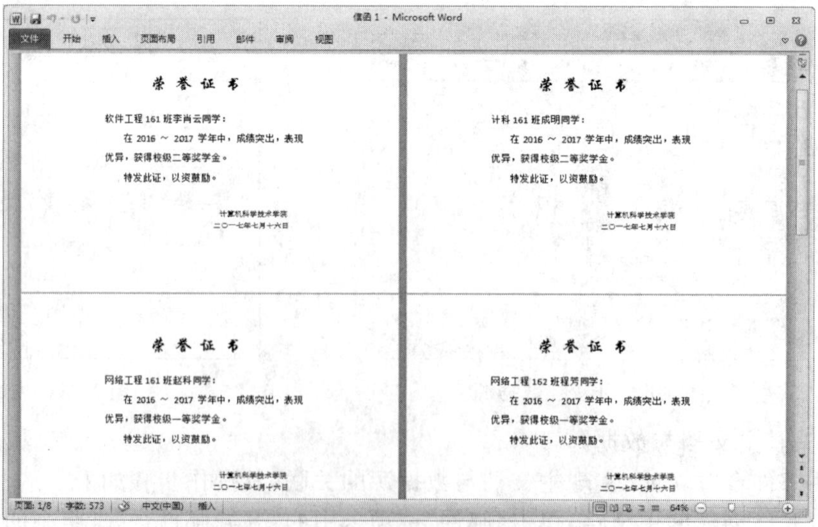

图 1-67 邮件合并生成的文档

⑨对新文档进行保存，如以“荣誉证书文档.docx”为文件名进行保存。

第2章

Excel 2010高级应用

Excel 作为 Microsoft Office 的组件，是目前日常办公应用最广泛的软件之一。利用 Excel，不但能方便地创建和编辑工作表，而且 Excel 为用户提供了丰富的函数、公式、图表和数据分析管理的功能。因此，Excel 被广泛用于文秘、财务、统计、审计、金融、人事、管理等各个领域。通过本章的学习，可以掌握快速且有效地输入数据、复杂公式和函数的应用、图表和数据的分析管理等方面的知识。

2.1 数据的输入

在 Excel 中，可以输入文本、数字、日期等各种类型的数据。通常的输入数据的方法是：在需要输入数据的单元格中单击，然后输入数据，按 Enter 键或方向键确认。但某些特殊的数据，如职工号（唯一）、职称（有限选项）、学历（有限选项）、成绩（限定范围）、身份证号（限定长度）等，为了实现这类数据快速、正确地输入，可以通过设置数据的有效性来实现。又如，某些常用的序列（月份、星期、等差和等比序列等），为了实现这类数据的快速输入，可以通过填充柄和自定义序列来实现。

2.1.1 数据的有效性设置

设置数据的有效性，通常是建立一定的规则来限制单元格中输入数据的类型和范围，以提高单元格中的数据输入的速度和准确性。此外，还可以使用数据有效性定义帮助信息，或圈释无效数据。

1. 禁止输入重复数据

在制作数据表时，经常遇到输入数据必须是唯一的情况，如各类编号、身份证号等，为了防止输入重复的数据，可通过设置数据有效性来实现。禁止输入重复数据的操作过程如下。

①选择禁止输入重复数据的区域，如 B2:B60，单击“数据”选项卡中的“数据工具”组中的“数据有效性”按钮，打开“数据有效性”对话框，在“允许”下拉列表框中选择“自定义”选项，在“公式”文本框中输入公式“=COUNTIF($B$2:$B$60,B2)=1”，如图 2-1 所示。

②切换到“出错警告”选项卡，在“标题”文本框中输入“错误提示”，在“错误信息”文本框中输入“数据重复”，如图 2-2 所示。

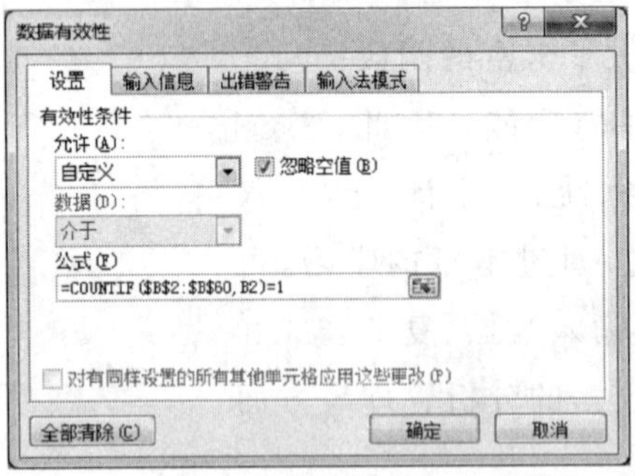

图 2-1 设置有效性条件

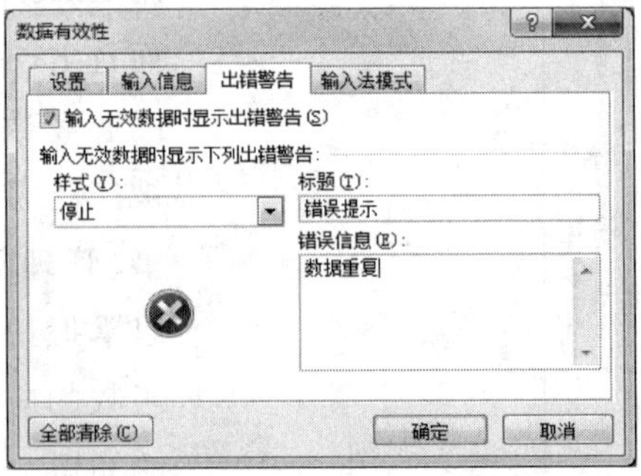

图 2-2 设置出错警告信息

③单击“确定”按钮。此后，当在 B2:B60 单元格区域输入重复数据时，即可弹出“错误提示”对话框，如图 2-3 所示，禁止用户在其中输入重复数据。

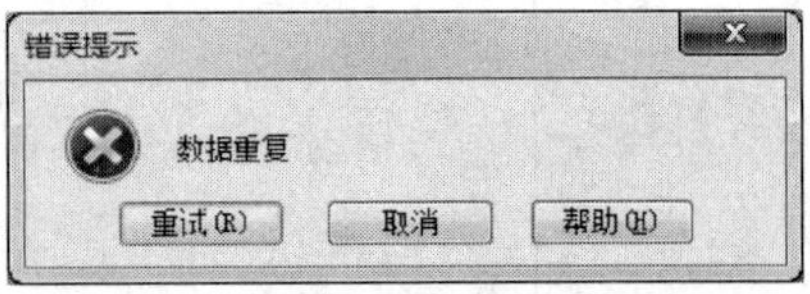

图 2-3 错误提示

2. 将输入数据限制为下拉列表中的值

在 Excel 中输入有固定选项的数据时，如职称、学历、性别、婚否、部门等，如果能直接从下拉列表中选择输入，则可以提高输入的准确性和速度。下拉列表的生成，可以通过数据有效性的设置来实现，具体操作步骤如下。

自定义
下拉列表

①选择输入有限选项数据的区域，例如，C3:C16，单击“数据”选项卡中的“数据工具”组中的“数据有效性”按钮，打开“数据有效性”对话框，单击“设置”标签，在“允许”下拉列表框中选择“序列”选项，在“来源”文本框中输入“教授，副教授，讲师，助教”(注意输入英文状态下的逗号)，如图 2-4 所示。

②单击“确定”按钮，关闭“数据有效性”对话框。返回工作表中，当在 C3:C16 区域内任一单元格输入数据时，单元格右边显示一个下拉按钮，单击此下拉按钮，则弹出下拉列表，如图 2-5 所示，在其中选择一个值填入即可。

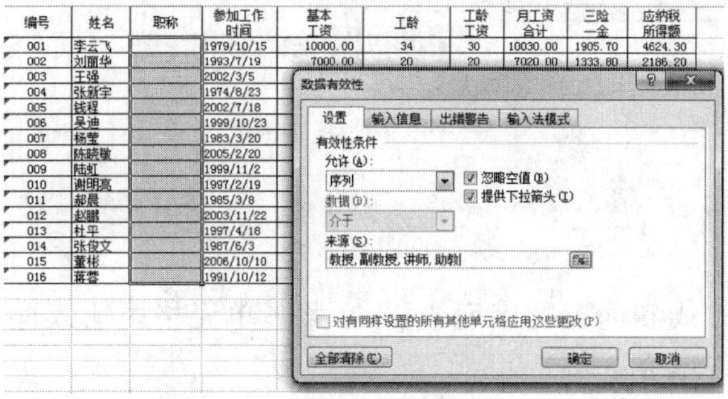

图 2-4　设置有效性条件(序列)

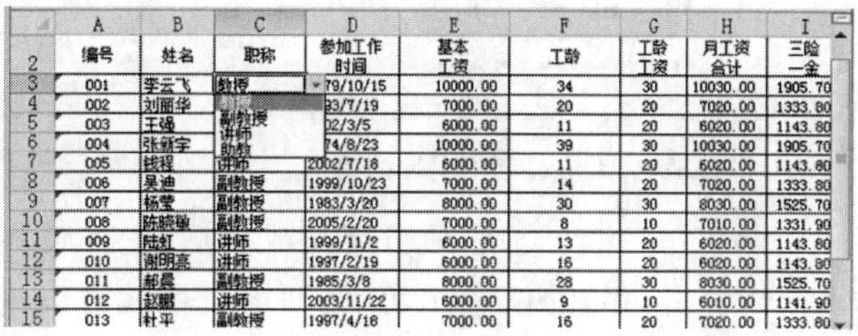

图 2-5　下拉列表

此外，利用数据有效性还可以指定单元格中输入文本的长度、数的范围、时间的范围等，如图 2-6 所示。

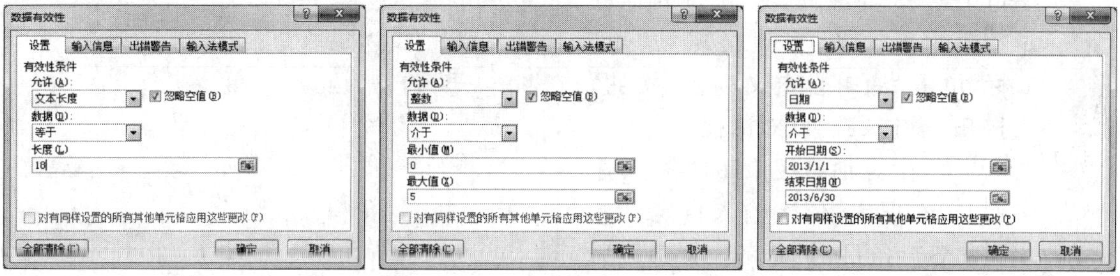

(a)　　(b)　　(c)

图 2-6　数据有效性设置

2.1.2　填充柄与自定义序列

在 Excel 中输入数据时，如果数据本身存在某些顺序上的关联特性，那么使用 Excel 所提供的填充柄功能就能快速地实现数据的输入。通常，Excel 中已内置了一些序列，例如，“星期日、星期一、星期二……”“甲、乙、丙……”“JAN、FEB、MAR……”“子、丑、寅……”等，如果要输入上述内置的序列，只要在某个单元格中输入序列中的任一元素，把光标放在该单元格右下角，光标变成实心加号后拖动鼠标，就能实现序列的填充。对于系统未内置而个人又经常使用的序列，可以采用自定义序列的方式来实现填充。

1. 基于已有项目列表的自定义序列

①在工作表的单元格中依次输入一个序列的每个项目，如一季度、二季度、三季度、四季度，然后选定该序列所在的单元格区域。

②单击“文件”选项卡中的“选项”按钮，在弹出的“Excel 选项”窗口中单击“高级”标签，拖动窗口右侧的滚动条，直到出现“常规”栏，如图 2-7 所示。

③单击“编辑自定义列表”按钮，打开“自定义序列”对话框，如图 2-8 所示。此时自定义序列的区域已显示在“导入”按钮左边的文本框中，单击“导入”按钮，再单击“确定”按钮，即完成序列的自定义。

图 2-7 “Excel 选项”对话框

图 2-8 导入自定义序列

④序列自定义成功后，它的使用方式和内置的序列一样，在某一单元格内输入序列的任意元素，拖动填充柄就可以进行填充。

2. 直接定义新项目列表序列

①单击“文件”选项卡中的“选项”按钮，在弹出的“Excel 选项”窗口中单击“高级”标签，拖动对话框右侧的滚动条，直到出现“常规”栏，单击“编辑自定义列表”按钮，打开“自定义序列”对话框。

②在对话框右侧的“输入序列”文本框中，依次输入自定义序列的各个条目，每输完一个条目后按 Enter 键确认，如图 2-9 所示。

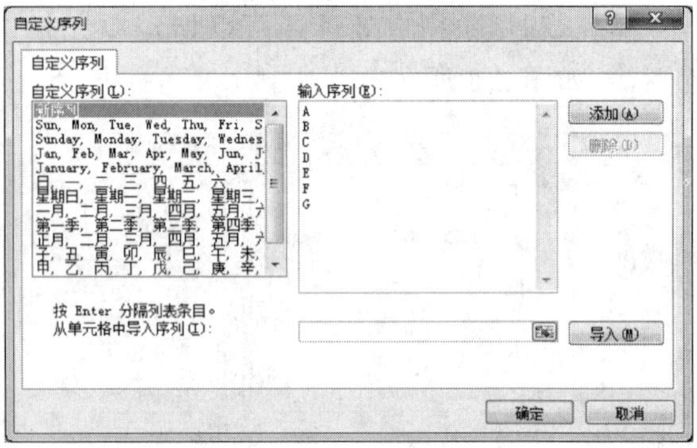

图 2-9 输入自定义序列

③全部条目输入完毕后，单击“添加”按钮，再单击“确定”按钮，退出“自定义序列”对话框，完成新序列的定义。

2.1.3 条件格式

条件格式

条件格式通过为满足某些条件的数据应用特定的格式来改变单元格区域的外观，以达到只需快速浏览即可立即识别一系列数值中存在差异的效果。

条件格式的设置可以通过 Excel 预置的规则(突出显示单元格规则、项目选取规则、数据条、图标集)来快速实现格式化，也可以通过自定义规则实现格式化。前者的操作非常容易，这里不再叙述。下面重点介绍自定义规则格式化，以如图 2-10 所示的学生成绩表为例，要求：

①将各科成绩小于 60 分的单元格红色加粗显示。

②将成绩表中总分最高的同学用黄色填充标示。

(1)第 1 题操作步骤

①选择工作表中要设置格式的单元格区域 B3:E13。

②单击“开始”选项卡中的“样式”组中的“条件格式”下拉按钮，弹出如图 2-11(a)所示的下拉列表。在弹出的下拉列表中，选择“新建规则”命令，弹出“新建格式规则”对话框。在“选择规则类型”列表框中选择“只为包含以下内容的单元格设置格式”，在“编辑规则说明”栏中选择“小于”和输入 60，如图 2-11(b)所示。接着单击“格式”按钮，弹出“设置单元格格式”对话框。在对话框中设置字形为“加粗”，颜色为“红色”，如图 2-11(c)所示，单击“确定”按钮，设置效果如图 2-11(d)所示。

图 2-10　学生成绩表

(a)　(b)　(c)　(d)

图 2-11　条件格式(只为包含特定内容的单元格设置格式)

(2)第 2 题操作步骤

①选择工作表中要设置格式的单元格区域 A3:F13。

②单击“开始”选项卡中的“样式”组中的“条件格式”下拉按钮，弹出如图 2-11(a)

所示的下拉列表。在弹出的下拉列表中，选择“新建规则”命令，弹出“新建格式规则”对话框。在“选择规则类型”列表框中选择“使用公式确定要设置格式的单元格”，在“编辑规则说明”栏中输入条件公式“＝＄F3＝MAX(＄F＄3:＄F＄13)”，如图 2-12(a)所示。接着单击“格式”按钮，弹出“设置单元格格式”对话框。在弹出的对话框中选择“填充”标签，选择颜色“黄色”，如图 2-12(b)所示，单击“确定”按钮。设置效果如图 2-12(c)所示。

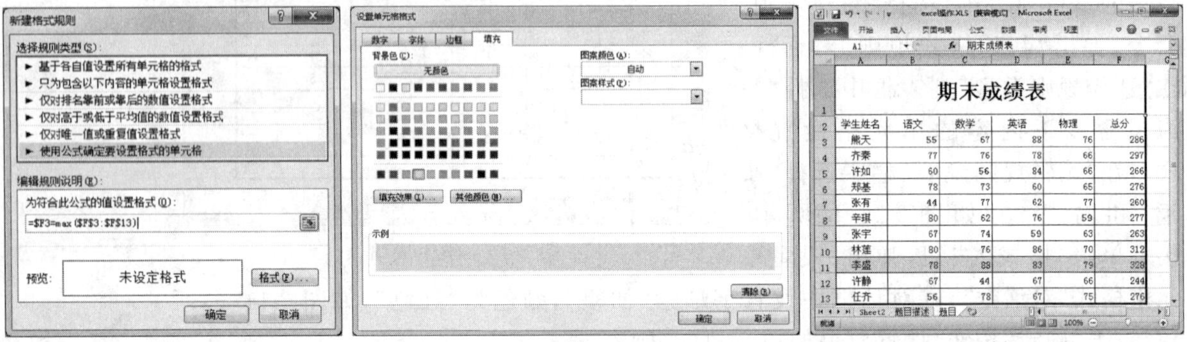

(a) (b) (c)

图 2-12　条件格式(使用公式确定要设置格式的单元格)

2.2　公式与函数

2.2.1　基本概念

Excel 提供了类型丰富的函数，可以通过各种运算符、单元格引用构造出各种公式以满足各类计算的需要。为了熟练地掌握公式和函数的应用，必须对公式和函数的基本概念有清晰的了解。

1. 公式

公式是 Excel 中对数据进行运算的式子。输入公式时，必须以等号(“＝”)开头，由操作数和运算符组成。操作数主要包括常量、名称、单元格引用和函数等。运算符主要有算术运算符、关系运算符和字符运算符等。

(1)算术运算符

算术运算符是用来完成基本的数学运算，如加法、减法、乘法、乘方、百分比等。

算术运算符有：负号(“-”)、百分数(“%”)、乘幂(“^”)、乘(“ * ”)和除(“/”)、加(“＋”)和减(“-”)。其运算顺序与数学中的运算顺序相同。例如，公式“＝3^2”的值为 9，公式“＝E2 * F2”表示 E2 和 F2 两个单元格的值相乘。

(2)关系运算符

关系运算符用来判断条件是否成立，若条件成立，则结果为 TRUE(真)；若条件不成立，则结果为 FALSE(假)。

关系运算符有：等于(“＝”)、小于(“＜”)、大于(“＞”)、小于等于(“＜＝”)、大于等于(“＞＝”)、不等于(“＜＞”)。

例如，公式“＝A2＞＝500”表示判断 A2 单元格的值是否大于等于 500，如果大于等于则结果为 TRUE，否则为 FALSE。

(3)字符运算符

字符运算符用来连接两个或多个字符，其运算符为“&”。

例如，对于公式“＝"Microsoft "&"Office"”，其值为“Microsoft Office”。又如，在单元格 A1 中存储着“中国”，在单元格 A2 中存储着“浙江”(均不包括引号)，则公式“＝A1&A2”的值为：“中国浙江”。

2. 单元格引用

单元格引用是 Excel 公式的重要组成部分，它用以指明公式中所使用的数据和所在的位置。对单元格的引用分为相对引用、绝对引用、混合引用和三维引用四种。

单元格引用

(1)相对引用

相对引用是指在公式中需要引用单元格的值时直接用单元格名称表示，如公式“＝E2＋F2＋G2＋H2”就是一个相对引用，表示在公式中引用了单元格 E2，F2，G2 和 H2。又如，公式“＝SUM(B3:E3)”也是相对引用，表示引用 B3:E3 区域的数据。

相对引用的主要特点是，当包含相对引用的公式被复制到其他单元格时，Excel 会自动调整公式中的单元格名称。例如，在图 2-13(a)中，F3 单元格中的公式是“＝B3＋C3＋D3＋E3”，向下拖动填充柄至 F13 单元格。这时，如果单击 F4，发现 F4 的公式不再与 F3 中的公式相同，而是变为“＝B4＋C4＋D4＋E4”，地址发生了相对位移。如果单击 F3 单元格并复制，粘贴在 H4 单元格，H4 单元格公式变为“＝D4＋E4＋F4＋G4”，如图 2-13(b)所示。这主要是由于 H4 单元格相对 F3 单元格，列向右移了两列，行向下移了一行，故公式里的单元格相对引用就发生了相应的位移变化。

(a)　　(b)

图 2-13　相对引用

(2)绝对引用

绝对引用是指在公式中引用单元格时在单元格名称的行、列坐标前加“$”符号，此后，该公式若被复制到任何地方，单元格引用不会发生变化。行、列前加 $，可按功能键 F4 实现。例如，在图 2-13(a)中，F3 单元格中的公式是“＝B3＋C3＋D3＋E3”，如果用绝对引用把 F3 单元格的公式变为“＝$B$3＋$C$3＋$D$3＋$E$3”，然后用鼠标指针移到填充柄上，向下拖动时，会发现每个单元格的值都为 286，公式都为

“＝＄B＄3＋＄C＄3＋＄D＄3＋＄E＄3”,如图 2-14(a)所示。如果单击 F3 单元格并复制,粘贴在 H4 单元格,发现在 H4 单元格的公式还是“＝＄B＄3＋＄C＄3＋＄D＄3＋＄E＄3”,如图 2-14(b)所示。

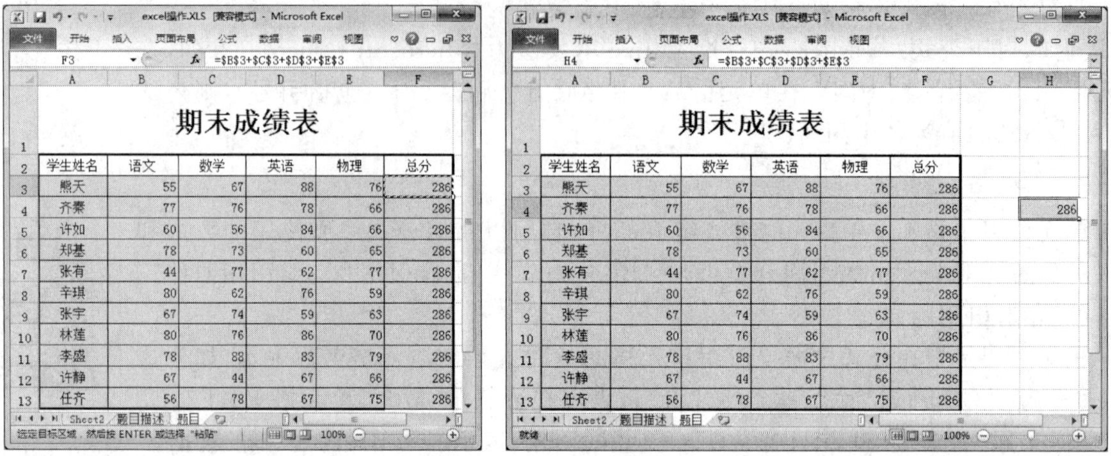

(a) (b)

图 2-14　绝对引用

(3)混合引用

混合引用是指在一个单元格地址引用中,既有绝对地址引用又有相对地址引用。例如,在图 2-13(a)中,F3 单元格中的公式是“＝B3＋C3＋D3＋E3”,如果用混合引用把 F3 单元格的公式变为“＝＄B3＋＄C3＋D＄3＋E＄3”,然后用鼠标指针移到填充柄上,向下拖动时,会发现 F4 单元格公式变为“＝＄B4＋＄C4＋D＄3＋E＄3”,如图 2-15(a)所示。如果单击 F3 单元格并复制,粘贴在 H4 单元格,会发现在 H4 单元格的公式变为“＝＄B4＋＄C4＋F＄3＋G＄3,如图 2-15(b)所示。

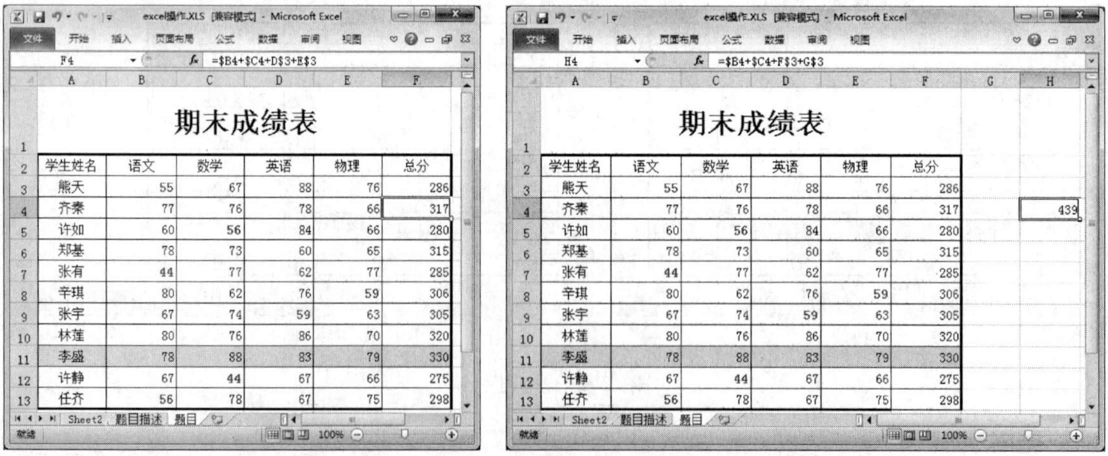

(a) (b)

图 2-15　混合引用

(4)三维引用

用户不但可以引用一张工作表中的单元格,还可以引用同一工作簿不同工作表中的单元格,这种引用方式叫作三维引用。三维引用的一般格式为“工作表标签！单元格引用”,例如,“Sheet2!B2”“Sheet2!$B$2”“Sheet2!$B2”(或“Sheet2!B$2”)分别表示相对引用、绝对引用和混合引用 Sheet2 表中 B2 单元格。

3. 函数

函数是 Excel 中为解决那些复杂运算需求而提供的预置算法,如 SUM、AVERAGE、IF、COUNTIF 等。通常,函数通过引用参数接收数据并返回计算结果,函数由函数名和参数构成。

函数的格式为

函数名([参数 1],[参数 2],…)

其中,函数名用英文字母表示,函数名后的小括号是不可少的,参数在函数名后的小括号内,其中“[]”内的参数是可选参数,而没有“[]”的参数是必选参数,有的函数可以没有参数。函数中的参数可以是常量、单元格引用、数组、公式或函数等,参数的个数和类别由该函数的性质决定。

输入函数的方法有多种,最简便的是单击编辑栏上的“插入函数” f_x 按钮,弹出“插入函数”对话框,如图 2-16 所示,从中选择所需要的函数,此时,会弹出如图 2-17 所示的对话框,利用它可以确定函数的参数。

也可以单击单元格,输入“=”后直接在编辑栏里输入函数“=函数名(参数)”。

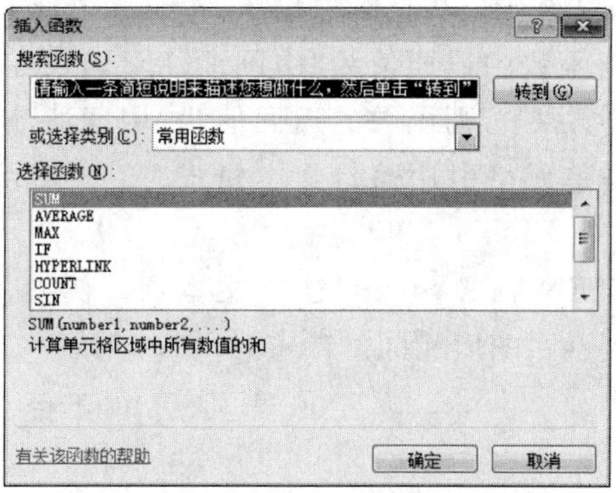

图 2-16 “插入函数”对话框

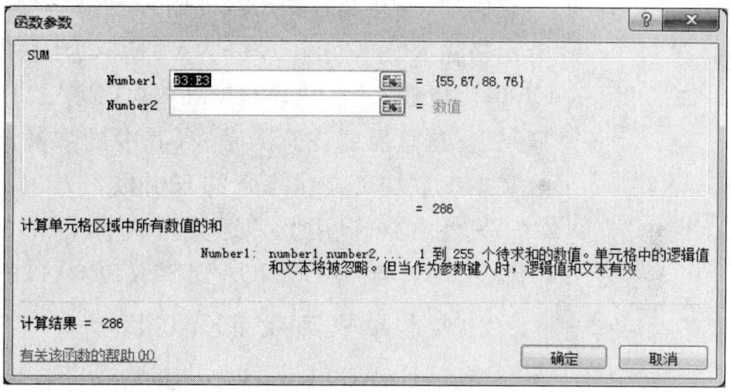

图 2-17 “SUM”函数参数对话框

另外,还可以通过单击“公式”选项卡中的“函数库”组中的“插入函数”按钮,或者从“函数库”组中单击某一类别的函数命令,从打开的函数列表中选择所需要的函数。“函数库”组如图 2-18 所示。

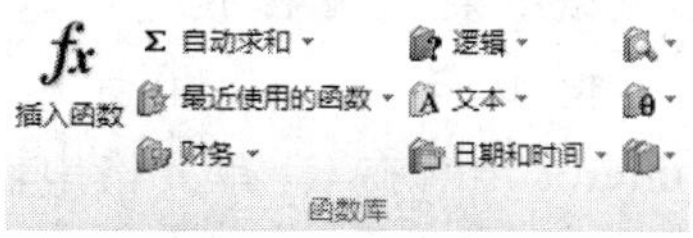

图 2-18 “函数库”组

4. 名称的创建

名称是一种较为特殊的公式,多数由用户定义,也有部分名称可以随创建列表、设置打印区域等操作自动产生,它可以代表工作表、单元格区域、常量数组等元素。如果在 Excel 工作表中定义了一个名称,就可以在公式中直接使用它。

名称的定义与使用

在 Excel 2010 中,创建名称可以通过下面 3 种方法来实现。

①在工作表中选择要命名的区域,然后单击名称框并输入一个名称,按 Enter 键创建该名称。

②选择要命名的区域,然后单击“公式”选项卡中的“定义的名称”组中的“定义名称”按钮,打开“新建名称”对话框,设置名称、可用范围及说明信息,最后单击“确定”按钮。

③选择要命名的区域(必须包含要作为名称的单元格),然后选择"公式"选项卡中的"定义的名称"组中的"根据所选内容创建"按钮,在打开的对话框中,选择确定区域的值创建名称,并单击"确定"按钮。

通过单击"公式"选项卡中的"定义的名称"组中的"名称管理器"按钮,在打开的"名称管理器"窗口中,可以看到已创建的名称,以及可以对名称进行新建、编辑和删除等操作。

2.2.2 文本函数

文本函数主要是用于帮助用户快速设置文本方面的操作,包括文本的比较、查找、截取、合并、替换和删除等操作,在文本处理中有着极其重要的作用。

1.文本连接函数 CONCATENATE

格式:CONCATENATE(text1,[text2],…)

功能:可将最多 255 个文本字符串连接成一个文本字符串。连接项可以是文本、数字、单元格引用或这些项的组合。

参数说明:Text1 必需,表示要连接的第一个文本项;"Text2,…"可选,表示其他文本项,最多为 255 项,项与项之间必须用逗号隔开。

例如,若在 A1 单元格中输入字符串"中国",在 B1 单元格中输入"浙江",在 C1 单元格输入"=CONCATENATE(A1,B1)",则函数的返回值为"中国浙江";如果在 C1 单元格输入"=CONCATENATE(A1,B1,"嘉兴")"则函数的返回值为"中国浙江嘉兴"。这里需要注意的是,当其中的参数不是单元格引用而是文本格式时,一定要给文本参数加英文状态下的双引号。

另外,也可以用"&"运算符代替 CONCATENATE 函数来连接文本项。例如,"=A1&B1"与"=CONCATENATE(A1,B1)"返回的值相同。

2.文本比较函数 EXACT

格式:EXACT(text1,text2)

功能:比较字符串 text1 是否与字符串 text2 相同。如果两个字符串相同,则返回测试结果 TRUE,反之则返回 FALSE,字符比较时区分大小写。

例如,若在 A1 单元格中输入字符串"Microsoft",B1 单元格中也输入"microsoft",在 C1 单元格中输入公式"=EXACT(A1,B1)",则该函数的执行结果为 FALSE,因为两个字符串的首字母大小写不一样。

3.文本查找函数 SEARCH

格式:SEARCH(find_text,within_text,[start_num])

功能:判断字符串 find_text 是否包含在字符串 within_text 中,若包含,则返回该字符串在原字符串中的起始位置,反之,则返回错误信息#VALUE!。

参数说明:within_text 为原始字符串,find_text 为要查找的字符串,start_num 表示从第几个字符开始查找,缺省时则从第 1 个字符开始查找。

①该函数不区分大小写。

②查找时可使用通配符"?"和"*"。其中"?"表示任意单个字符,"*"表示任意字符。如果要表示字符"?"和"*",则必须在"?"和"*"前加上符号"~"。

③查找时若要区分大小写，可用函数：FIND(find_text，within_text，[start_num])实现，其用法与 SEARCH 相同。

例如，若在 A1 单元格中输入字符串“Microsoft”，当在 A2 单元格中输入函数“=SEARCH("S"，A1)”，则函数的返回值为 6；如输入函数“=SEARCH("N"，A1)”，则函数的返回值则为“#VALUE!”。

4. 截取子字符串函数

1)左截函数 LEFT

格式：LEFT(text，num_chars)

功能：将字符串 text 从左边第 1 个字符开始，向右截取 num_chars 个字符。

例如，若在 A1 单元格中输入字符串“Microsoft”，则函数“=LEFT(A1，3)”的返回值为“Mic”。

字符截取函数

2)右截函数 RIGHT

格式：RIGHT(text，num_chars)

功能：将字符串 text 从右边第 1 个字符开始，向左截取 num_chars 个字符。

3)截取任意位置子字符串函数 MID

格式：MID(text，start_num，num_chars)

功能：将字符串 text 从第 start_num 个字符开始，向左截取 num_chars 个字符。

参数说明：text 是原始字符串，start_num 为截取的位置，num_chars 为要截取的字符个数。

例如，若在 A1 单元格中输入某个学生的计算机等级考试的准考证号“20175532101”，其中第 9 位代表考试等级，则函数“=MID(A1，9，1)”的返回值为“1”，表示该考生参加的是一级考试。

5. 删除空格函数 TRIM

格式：TRIM(TEXT)

功能：删除指定文本或区域中的空格。除了单词之间的单个空格外，该函数可以删除文本中所有的空格，包括前后空格及文本中间的空格。

例如，在 A1 单元格中输入函数“=TRIM(" 中国 浙江 ")”，运行结果为“中国浙江”，删除了字符串的所有空格。

6. 字符长度测试函数 LEN

格式：LEN(TEXT)

功能：统计指定字符串中字符的个数，空格也作为字符计数。

例如，在 A1 单元格中输入函数“=LEN("中国 浙江 china")”，运行结果为 11，汉字同字母一样，一个汉字一个长度，空格也计数。

7. 字符替换函数 REPLACE

格式：REPLACE(old_text，start_num，num_chars，new_text)

功能：对指定字符串，从指定位置开始，用新字符串来替换原有字符串中的若干个字符。

字符替换函数

参数说明：old_text 表示原有字符串；start_num 表示从原字符串中第几个字符位置开始替换；num_chars 表示原字符串中从起始位置开始需要替换的字符个数；

new_text 表示要替换成的新字符串。

①当 num_chars 为 0 时,表示从 start_num 之后插入新字符串 new_text。

②当 new_text 为空时,表示从第 start_num 个字符开始,删除 num_chars 个字符。

例如,在 A1 单元格中输入"057387654321",在 B1 单元格中输入函数"=REPLACE(A1,4,1,1)",则函数的返回结果为"057187654321",即把原字符串的第 4 个字符替换为 1;如果在 B1 单元格输入函数"=REPLACE(A1,4,0,1)",则函数的返回结果为"0571387654321",即在原字符串第 4 个字符前添加一个字符 1;如果在 B1 单元格输入函数"=REPLACE(A1,4,1,)",则函数的返回结果为"05787654321",把原字符串的第 4 个字符删除。

8. 数据格式转换函数 TEXT

格式:TEXT(value,format_text)

功能:将数值(value)转换为按指定数字格式(format_text)表示的文本。如"TEXT(123.456,"$0.00")"的值为"$123.46","TEXT(1234,"[dbnum2]")"的值为"壹仟贰佰叁拾肆"。

参数说明:Value 为数值、计算结果为数字值的公式,或对包含数字值的单元格的引用。Format_text 为"单元格格式"对话框中"数字"选项卡上"分类"框中的文本形式的数字格式。使用函数 TEXT 可以将数值转换为带格式的文本,而其结果将不再作为数字参与计算。

2.2.3 数值计算函数

数值计算函数主要用于数值的计算和处理,在 Excel 中应用范围最广,下面介绍几种常用的数值函数。

1. 条件求和函数 SUMIF

条件求和函数

格式:SUMIF(range,criteria,[sum_range])

功能:根据指定条件对指定数值单元格求和。

参数说明:range 代表用于条件计算的单元格区域或者求和的数据区域。criteria 为指定的条件表达式。sum_range 为可选项,表示需要求和的实际单元格区域。如果选择该项,则 range 为条件所在的区域,sum_range 为实际求和的数据区域;如果忽略,则 range 既为条件区域又为求和的数据区域。

例如,公式"=SUMIF(F2:F13,">60")"表示对 F2:F13 单元格区域中大于 60 的数值相加。又如,对于公式"=SUMIF(C2:C13,"男",G2:G13)",假定 C2:C13 表示性别,G2:G13 表示奖学金,则该公式的意义就是表示求表中男同学的奖学金总和。

2. 多条件求和函数 SUMIFS

格式: SUMIFS(sum_range, criteria_range1, criteria1, [criteria_range2, criteria2],…)

功能:对指定求和区域中满足多个条件的单元格求和。

参数说明：sum_range 为必选项，表示求和的实际单元格区域，包括数字或包含数字的名称、区域或单元格引用。criteria_range1 为必选项，表示关联条件的第一个条件区域。criteria1 为必选项，表示求和的第一个条件，形式为数字、表达式、单元格引用或文本，可用来定义将对哪些单元格进行计数。例如，条件可以表示为 86，">86"，A6，"姓名" 或 "32"等。criteria_range2，criteria2…… 为可选项，表示附加条件区域及其关联的条件。最多允许 127 个区域和条件对。

例如，对于公式"=SUMIFS(G2:G13，C2:C13，"男"，D2:D13，"计算机")"，假定 G2:G13 表示奖学金，C2:C13 表示性别，D2:D13 表示专业，则该公式的意义就是表示求表中计算机专业男同学的奖学金总和。其中，G2:G13 为求和区域(奖学金)；C2:C13 为第 1 个条件区域(性别)；"男"为第 1 个条件(性别为"男")；D2:D13 为第 2 个条件区域(专业)；"计算机"为第 2 个条件(专业为计算机)。

3. 条件求平均函数 AVERAGEIF

格式：AVERAGEIF(range，criteria，[average_range])

功能：根据条件对指定数值单元格求平均。

参数说明：range 代表条件区域或者计算平均值的数据区域；criteria 为指定的条件表达式；average_range 为实际求平均值的数据区域，如果忽略，则 range 既为条件区域又为计算平均值的数据区域。

例如，公式"=AVERAGEIF(F2:F13，">60")"，表示对 F2:F13 单元格区域中大于 60 的数值求平均值。又如，对于公式"=AVERAGEIF(C2:C13，"男"，G2:G13)"，假定 C2:C13 表示性别，G2:G13 表示奖学金，则该公式的意义就是表示求表中男同学的奖学金平均值。

4. 多条件求平均函数 AVERAGEIFS

格式：AVERAGEIFS(average_range，criteria_range1，criteria1，[criteria_range2，criteria2]，…)

功能：对指定区域中满足多个条件的单元格求平均。

参数说明：average_range 为必选项，表示求平均的实际单元格区域，包括数字或包含数字的名称、区域或单元格引用。criteria_range1 为必选项，表示关联条件的第一个条件区域。criteria1 为必选项，为求和的第一个条件，形式为数字、表达式、单元格引用或文本，可用来定义将对哪些单元格进行计数。例如，条件可以表示为 86，">86"，A6，"姓名" 或 "32"等。criteria_range2，criteria2，…为可选项，表示附加条件区域及其关联的条件。最多允许 127 个区域和条件对。

例如，对于公式"=AVERAGEIFS(G2:G13，C2:C13，"男"，D2:D13，"计算机")"，假定 G2:G13 表示奖学金，C2:C13 表示性别，D2:D13 表示专业，则该公式的意义就是表示求表中计算机专业男同学的奖学金平均值。

其中，G2:G13 为求平均值区域(奖学金)；C2:C13 为第 1 个条件区域(性别)；"男"为第 1 个条件(性别为"男")；D2:D13 为第 2 个条件区域(专业)；"计算机"为第 2 个条件(专业为计算机)。

5. 取整函数 INT

格式：INT(number)

功能：将数字向下舍入到最接近的整数。

注意：

①只有在 sum_range(求和区域)参数中的单元格满足所有相应的指定条件时，才对该单元格求和。

②函数中每个 criteria_range(条件区域)参数包含的行数和列数必须与 sum_range(求和区域)参数的行数和列数相同。

③求和区域 sum_range 与第 1 个条件区域 criteria_range1 位置不能颠倒。

条件求平均函数

注意：
①只有在 average _ range(求平均值区域)参数中的单元格满足所有相应的指定条件时，才对该单元格平均。
②函数中每个 criteria _ range(条件区域)参数包含的行数和列数必须与 average _ range(求和区域)参数的行数和列数相同。
③求平均区域 average _ range 与第 1 个条件区域 criteria_range1 位置不能颠倒。

例如，A1 单元格中存放着一个正实数，用公式"＝INT(A1)"可以求出 A1 单元格数值的整数部分；用公式"＝A1 –INT(A1)"可以求出 A1 单元格数值的小数部分。又如，"＝INT(4.63)"其值为 4，"＝INT(–4.3)"其值为"–5"。

另 TRUNC 函数和 INT 函数功能类似，都能返回整数。TRUNC 函数是直接去除数字的小数部分，而 INT 函数则是依照给定数的小数部分的值，将数字向下舍入到最接近的整数。

例如，TRUNC(－4.3)返回 －4，而 INT(－4.3)返回 －5，因为 －5 是较小的数。

6. 四舍五入函数 ROUND

格式：ROUND(number，num_digits)

功能：对指定数据 number，四舍五入保留 num_digits 位小数。

参数说明：如果 num_digits 为正，则四舍五入到指定的小数位；如果 num_digits＝0，则四舍五入到整数；如果 num_digits 为负，则在小数点左侧(整数部分)进行四舍五入。

例如，公式"＝ROUND(4.65，1)"其值为 4.7，公式"ROUND(37.43，－1)"其值为 40。

7. 求余数函数 MOD

格式：MOD(number，divisor)

功能：返回两数相除的余数，结果的正负号与除数相同。

参数说明：number 为被除数；divisor 为除数。

例：MOD(3，2)的值为 1，MOD(－3，2)的值为 1，MOD(5，－3)的值为－1(负号与除数相同)。

2.2.4 统计函数

统计函数主要用于各种统计计算，在统计领域中有着极其广泛的应用，这里仅介绍几个常用统计函数。

1. 统计计数函数 COUNT

格式：COUNT(number1，number2，…)

功能：统计给定数据区域中所包含的数值型数据的单元格个数。

与 COUNT 函数相类似的还有以下函数：

COUNTA(value1，value2，…)函数，计算参数列表(value1，value2，…)中所包含的非空值的单元格个数。

COUNTBLANK(range)函数，用于计算指定单元格区域(range)中空白单元格的个数。

2. 条件统计函数 COUNTIF

格式：COUNTIF(range，criteria)

功能：统计指定数据区域内满足单个条件的单元格的个数。

参数说明：range 为需要统计的单元格数据区域，criteria 为条件，其形式可以为常数值、表达式或文本。条件可以表示为："＜60"，"＞＝90"，"计算机"等。

条件统计函数

例如，公式“=COUNTIF(E2:E13,">=90")”表示统计 E2:E13 单元格区域内大于等于 90 的单元格个数。

3. 多条件统计函数 COUNTIFS

格式：COUNTIFS(criteria_range1,criteria1,[criteria_range2,criteria2]……)

功能：统计指定数据区域内满足多个条件的单元格的个数。

参数说明：criteria_range1 为必选项，表示满足第 1 个关联条件要统计的单元格数据区域。criteria1 为必选项，为第 1 个统计条件，形式为数字、表达式、单元格引用或文本，可用来定义将对哪些单元格进行计数。例如，条件可以表示为 90,">=90",A2,"英语"等。criteria_range2,criteria2……为可选项，表示第 2 个要统计的数据区域及其关联条件。最多允许 127 个区域/条件对。

注意：每个附加区域都必须与参数 criteria_range1 具有相同的行数和列数，但这些区域无须彼此相邻。

例如，统计英语成绩(在 G2:G13)大于等于 80 分并且小于 90 分的人数，可在指定单元格中输入公式“=COUNTIFS(G2:G13,">=80",G2:G13,"<90")”。如果要统计每门课程都大于等于 90 分的人数，可在指定单元格中输入公式“=COUNTIFS(E2:E13,">=90",F2:F13,">=90",G2:G13,">=90",H2:H13,">=90")”。

4. 排位函数 RANK.EQ

格式：RANK.EQ(number,ref,[order])

功能：返回一个数值在指定数据区域中的排位。

参数说明：number 为需要排位的数字；ref 为数字列表数组或对数字列表的单元格引用；order 为可选项，指明排位的方式(0 或省略表示降序排位；非 0 表示升序排位)。

排位函数

例如，求总分的降序排位情况，总分在(I2:I13)区域，则可在指定单元格中输入公式“=RANK.EQ(I2,I$2:I$13)”，其中，I2 是需要排位的数值，I$2:I$13 是排位的数据区域。即求 I2 在 I$2:I$13 这些数据中排名第几。

另外，RANK.AVG 函数，它也返回一个数字在数字列表中的排位，数字的排位是其大小与列表中其他值的比值。如果多个值具有相同的排位，则将返回平均排位。

RANK 函数是 Excel 以前版本的排位函数，现在被归类在兼容性函数中，其功能同 RANK.EQ 函数。

2.2.5 日期和时间函数

日期和时间函数主要用于对日期和时间进行运算和处理，常用的有 TODAY、NOW、YEAR、TIME 和 HOUR 等。

1. 求当前系统日期函数 TODAY

格式：TODAY()

功能：返回当前的系统日期。

例如，在 A1 单元格中输入“=TODAY()”，则按 YYYY-MM-DD 的格式显示当前的系统日期。

2. 求当前系统日期和时间函数 NOW

格式：NOW()

功能：返回当前的系统日期和时间。

例如，在 B1 单元格中输入“=NOW()”，则按 YYYY-MM-DD HH:MM 的格式显示当前的系统日期和时间。

3. 年函数 YEAR

格式：YEAR(serial_number)

功能：返回指定日期所对应的 4 位年份。返回值为 1900—9999 之间的整数。

参数说明：serial_number 为一个日期值，其中包含要查找的年份。

例如，若 A1 单元格内的值是日期“2017-12-25”，则在 B1 单元格内输入公式“=YEAR(A1)”，函数的运行结果为“2017”。如果得到的结果是一个日期，只需将其单元格的格式设置为“常规”，就可以将日期格式转换为数字了。

与 YEAR 函数用法类似的还有月函数 MONTH 和日函数 DAY，它们分别返回指定日期中的两位月和两位日。

4. 小时函数 HOUR

格式：HOUR(serial_number)

功能：返回指定时间值中的小时数。即一个介于 0(12:00 AM)到 23(11:00 PM)之间的一个整数值。

参数说明：serial_number 表示一个时间值，其中包含要查找的小时。

与 HOUR 函数用法相类似的函数还有分钟函数 MINUTE 函数，它返回时间值中的分钟数。

5. 求星期几函数 WEEKDAY

格式：WEEKDAY(serial_number,[return_type])

功能：返回某日期为星期几。默认情况下，其值为 1(星期天)到 7(星期六)之间的整数。

参数说明：serial_number 为必需项，代表一个日期。应使用 DATE 函数输入日期，或者将日期作为其他公式或函数的结果输入。

return_type 为可选项，用于确定返回值类型的数字。具体说明如表 2-1 所示。

表 2-1 return_type 选项不同值的含义

return_type	返回的数字
1 或省略	数字 1(星期日)到数字 7(星期六)，同 Microsoft Excel 早期版本
2	数字 1(星期一)到数字 7(星期日)
3	数字 0(星期一)到数字 6(星期日)
11	数字 1(星期一)到数字 7(星期日)
12	数字 1(星期二)到数字 7(星期一)
13	数字 1(星期三)到数字 7(星期二)
14	数字 1(星期四)到数字 7(星期三)
15	数字 1(星期五)到数字 7(星期四)
16	数字 1(星期六)到数字 7(星期五)
17	数字 1(星期日)到数字 7(星期六)

例如，在 A1 单元格内输入“=WEEKDAY(DATE(2017,12,23))”，则返回的结果为 7，表示星期六；如果输入“=WEEKDAY(DATE(2017,12,23),2)”，则返回的结果为 6；如果输入“=WEEKDAY(2017-12-23)”，则会返回错误的值 1。

2.2.6 查找函数与引用函数

查找函数

在 Excel 工作表中，可以利用查找与引用函数的功能实现按指定的条件对数据进行查询、选择与引用等操作，下面介绍常用的几个查找与引用函数。

1. 列匹配查找函数 VLOOKUP

格式：VLOOKUP(lookup_value，table_array，col_index_num，range_lookup)

功能：在数据表的首列查找与指定的数值相匹配的值，并将指定列的匹配值填入当前数据表的当前列中。

参数说明：lookup_value 是要在数据表 table_array 第一列查找的内容，它可以是数值、单元引用或文本字符串。table_array 是要查找的单元格区域、数据表或数组。col_index_num 为一个数值，代表要返回的值位于 table_array 的第几列。range_lookup 取 TRUE 或默认时，则返回近似匹配值，即如果找不到精确匹配值，则返回小于 lookup_value 的最大数值；若取 FALSE，则返回精确匹配值，如果找不到，则返回错误信息“#N/A”。

注意：如果 range_lookup 为 TRUE 或省略，则必须按升序排列 table_array 第一列中的值；否则，VLOOKUP 可能无法返回正确的结果。

例如，在如图 2-19 所示的商品销售统计表中，根据商品价目表，使用 VLOOKUP 函数，将单价填入商品销售统计表的“单价”列中。操作方法如下。

单击 B2 单元格，并在其中输入公式“=VLOOKUP(A3，$F$4：$G$7，2，FALSE)”。

其中，A3 表示在当前数据表中要查找的值；$F$4：$G$7 为查找的数据区域；2 表示找到匹配值时，需要在当前单元格中填入 $F$4：$G$7 中第 2 列对应的内容；FALSE 表示进行精确查找。

再如，根据如图 2-20 所示的学生成绩表中提供的信息，将总评成绩换算成其所对应的等级。

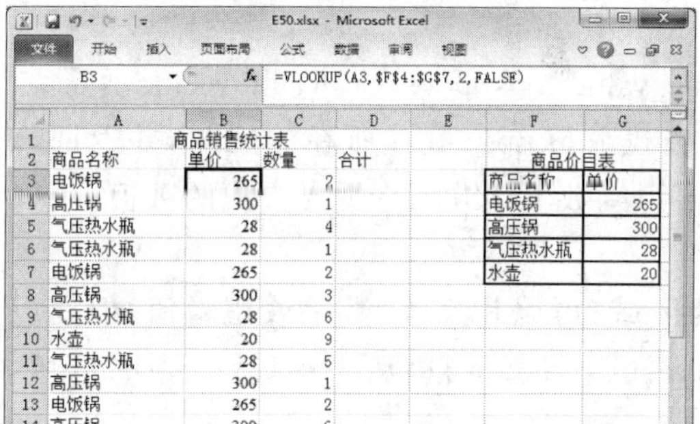

图 2-19　VLOOKUP 函数精确查找示例

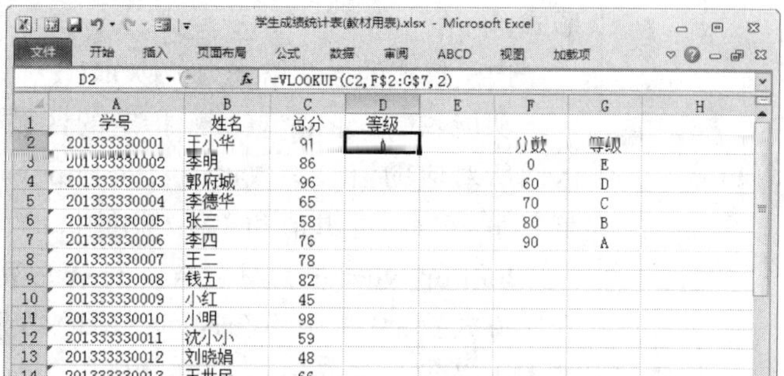

图 2-20　VLOOKUP 函数模糊查找示例

如图 2-20 所示，只需在单元格 D2 中输入公式“=VLOOKUP(C2,F$2:G$7,2)”，拖动填充柄后便能得到结果。此例属于模糊查找，所以查找区域的第一列分数必须升序排列，同时函数的第四个参数省略或者填入 TRUE 值。

2. 行匹配查找函数 HLOOKUP

格式：HLOOKUP(lookup_value，table_array，row_index_num，range_lookup)

功能：在数据表的首行查找与指定的数值相匹配的值，并将指定行的匹配值填入当前数据表的当前行中。

参数及使用方法与 VLOOKUP 函数相类似。

例如，在商品销售统计表中，根据商品价目表，使用 HLOOKUP 函数，将单价填入商品销售统计表的“单价”列中，如图 2-21 所示。

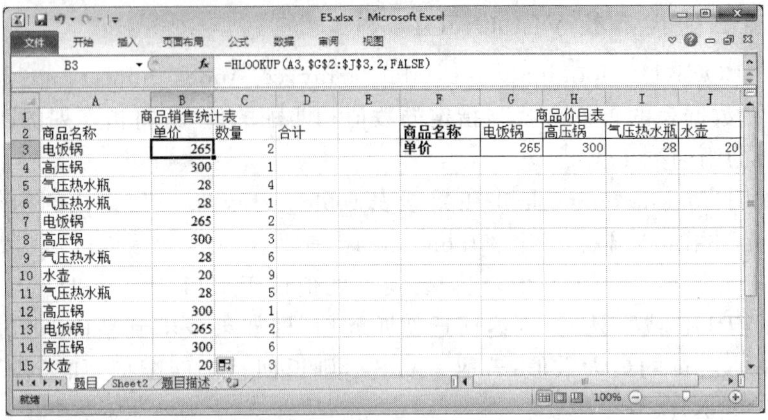

图 2-21 HLOOKUP 函数应用示例

操作步骤如下。

在 B3 单元格中输入公式“=HLOOKUP(A3,$G$2:$J$3,2,FALSE)”，按 Enter 键后拖动填充柄完成单价的填充。

3. 单行或单列匹配查找函数 LOOKUP

函数 LOOKUP 有两种语法形式：向量和数组。

向量为只包含一行或一列的区域。函数 LOOKUP 的向量形式是在单行区域或单列区域(向量)中查找数值，然后返回第 2 个单行区域或单列区域中相同位置的数值。如果需要指定包含待查找数值的区域，一般我们使用函数 LOOKUP 的向量形式。

向量形式的语法格式为：LOOKUP(lookup_value,lookup_vector,result_vector)

功能：在 lookup_vector 指定的区域中查找 lookup_value 所在的区间，并返回该区间所对应的值。参数说明：Lookup_value 为函数 LOOKUP 所要查找的数值，可以是数字、文本、逻辑值和单元格引用。

lookup_vector 为只包含一行或一列的区域，可以是文本、数字或逻辑值，但要以升序方式排列，否则不会返回正确的结果；result_vector 只包含一行或一列的区域，其大小必须与 lookup_vector 相同。

如果函数 LOOKUP 找不到 lookup_value，则查找 lookup_vector 中小于或等于 lookup_value 的最大数值。如果 lookup_value 小于 lookup_vector 中的最小值，函数 LOOKUP 返回错误值 #N/A。

例如，在商品销售表中，若要根据商品名称确定其单价，可先建立如图 2-22(a)所示的条件查找区域 F2:G6，条件查找区域已按商品名称升序排列，然后在 B2 单元格中输入公式“=LOOKUP(A2,$F$3:$F$6,$G$3:$G$6)”，按 Enter 键后拖动填充柄便能得到结果。

如果建立如图 2-22(b)所示的条件查找区域 F1:J2，条件查找区域已按商品名称升序(按行排序)排列，则在 B2 单元格中应输入公式“=LOOKUP(A2,$G$1:$J

$1,$G$2:$J$2)”,按 Enter 键后拖动填充柄便能得到结果。

(a) (b)

图 2-22 LOOKUP 函数应用举例

函数 LOOKUP 的数组形式为自动在第一列或第一行中查找数值,然后返回数组的最后一行或最后一列中相同位置的值。

数组形式的语法格式为

LOOKUP(lookup_value,array)

参数说明:lookup_value 为函数 LOOKUP 所要在数组中查找的值,可以是数字、文本、逻辑值或单元格引用。

①如果 LOOKUP 找不到 lookup_value 的值,它会使用数组中小于或等于 lookup_value 的最大值。

②如果 lookup_value 的值小于第一行或第一列中的最小值(取决于数组维度),LOOKUP 会返回#N/A 错误值。

array 为包含要与 lookup_value 进行比较的文本、数字或逻辑值的单元格区域。

LOOKUP 的数组形式与 HLOOKUP 和 VLOOKUP 函数非常相似。区别在于:HLOOKUP 在第一行中搜索 lookup_value 的值,VLOOKUP 在第一列中搜索,而 LOOKUP 根据数组维度进行搜索,具体说明如下。

①如果数组包含宽度比高度大的区域(列数多于行数),LOOKUP 会在第一行中搜索 lookup_value 的值。

②如果数组是正方的或者高度大于宽度(行数多于列数),LOOKUP 会在第一列中进行搜索。

③数组中第一行或第一列的值必须以升序排列。

例如,公式:“=LOOKUP("c",{"a","b","c","d";1,2,3,4})”,函数的运行结果为 3。

又如,要在商品销售表填充单价,我们也可以用数组形式的查找来实现,若条件查找区域如图 2-22(a)这样设置,则在 B2 单元格中输入公式“=LOOKUP(A2,$F$3:$G$6)”;若条件查找区如图 2-22(b)这样设置,则在 B2 单元格中输入公式“=LOOKUP(A2,$G$1:$J$2)”,确认后拖动填充柄便能得到结果。

4. 引用函数 OFFSET

OFFSET 函数是 Excel 引用类函数中非常实用的函数之一,无论在数据动态引用,还是在数据位置变换中,该函数的使用频率都非常高。

格式:OFFSET(reference,rows,cols,[height],[width])

功能:以指定的引用为参照系,通过给定偏移量得到新的引用。返回的引用可以为一个单元格或单元格区域,并可以指定返回的行数或列数。

参数说明:reference 表示偏移量参照系的引用区域。reference 必须为对单元格或相连单元格区域的引用,否则,OFFSET 返回错误值#VALUE!。

rows 表示相对于偏移量参照系的左上角单元格上(下)偏移的行数。如果使用 2 作为参数 rows,则说明目标引用区域的左上角单元格比 reference 低 2 行。行数可为正数(代表在起始引用的下方)或负数(代表在起始引用的上方)。

cols 表示相对于偏移量参照系的左上角单元格左(右)偏移的列数。如果使用 2 作为参数 cols,则说明目标引用区域的左上角的单元格比 reference 靠右 2 列。列数可为正数(代表在起始引用的右边)或负数(代表在起始引用的左边)。

heigh 可选,表示高度,即所要返回的引用区域的行数。height 必须为正数。

width 可选,表示宽度,即所要返回的引用区域的列数。width 必须为正数。

通过上述参数的说明,我们可以将 OFFSET 函数的格式理解成以下形式:

OFFSET(基点单元格,移动的行数,移动的列数,所要引用的高度,所要引用的宽度)。

例如,在如图 2-23 所示的工作表中的 D8 单元格中输入公式"=OFFSET(A1,2,1,1,1)",其中,A1 是基点单元格;2 是正数,为向下移动 2 行;1 是正数,为向右移动 1 列;1 是引用 1 个单元格的高度;1 是引用 1 个单元格的宽度,故它的结果是引用了 B3 单元格中数值,其结果为 c。

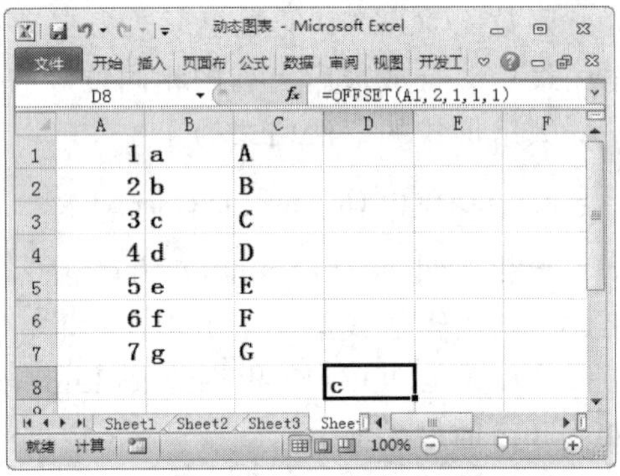

图 2-23 OFFSET 函数应用示例

2.2.7 逻辑函数

Excel 2010 共有 7 个逻辑函数,分别为 IF、IFERROR、AND、NOT、OR、TRUE、FALSE,其中 TRUE 和 FALSE 函数没有参数,表示真和假,非常简单,下面重点介绍一下其余 5 个逻辑函数。

1. 条件判断函数 IF

逻辑函数 IF

格式:IF(logical,value_if_true,value_if_false)

功能:根据条件的判断来决定相应的返回结果。

参数说明:logical 为要判断的逻辑表达式;value_if_true 表示当条件判断为逻辑"真"(TRUE)时要输出的内容,如果省略则返回 TRUE;value_if_false 表示当条件判断为逻辑"假"(FALSE)时要输出的内容,如果省略则返回 FALSE。具体使用 IF 函数时,如果条件复杂可以用 IF 的嵌套实现,Excel 2010 中 IF 函数最多可以嵌套 64 层。

例如,在如图 2-24 所示的工作表中,需要根据年龄和性别来填充 G 列。当年龄大于等于 40 且性别为男的记录,则在 G 列对应单元格填入"是",否则填入"否"。计算时只需在单元格 G2 中输入公式"=IF(D2>=40,IF(B2="男","是","否"),"否")"便能得到结果,如图 2-24 所示。

图 2-24　IF 函数应用举例

2. 逻辑与函数 AND

格式：AND(logical1，logical2，…)

功能：返回逻辑值。如果所有参数值均为逻辑“真”(TRUE)，则返回逻辑值 TRUE，否则返回逻辑值 FALSE。

参数说明：logical1，logical2，…表示待测试的条件或表达式，最多为 30 个。

例如，在如图 2-22 所示的工作表中，若在 G2 单元格中输入公式“=IF(AND(D2>=40，B2="男")，"是"，"否")”，也可以实现 G 列值的填入，避免了 IF 函数的嵌套。

与 AND 函数相类似的还有以下函数：

OR(logical1，logical2，…)函数返回逻辑值。仅当所有参数值均为逻辑“假”(FALSE)时，返回逻辑假值 FALSE，否则返回逻辑真值 TRUE。

NOT(logical)函数对参数值求反。

3. 错误处理函数 IFERROR

格式：IFERROR(value，value_if_error)

功能：用来捕获和处理公式中的错误。如果公式的计算中无错误，则返回 VALUE 参数的结果，否则将返回 value_if_error 参数的值。

参数说明：value 表示被检查是否存在错误的公式。value_if_error 表示公式的计算中有错误时要返回的值。计算得到的错误类型有：#N/A、#VALUE!、#REF!、#DIV/0!、#NUM!、#NAME? 或 #NULL!。

如果 value 或 value_if_error 是空单元格，则 IFERROR 将其视为空字符串值("")。

如果 value 是数组公式，则 IFERROR 为 value 中指定区域的每个单元格返回一个结果数组。

例如，A1 单元格的值为 5，B1 单元格的值为 0，则在 C1 单元格输入公式“=IFERROR(A1/B1，"计算中有错误")”，则公式的运算结果为“计算中有错误”；如果 B1 单元格的值为 2，则公式的运算结果为 2.5。

2.2.8　数据库函数

数据库函数

数据库是包含一组相关数据的列表，其中包含相关信息的行为记录，而包含数据的列为字段。列表的第一行包含着每一列的标志项。Excel 2010 中具有以上特征的工作表或一个数据清单就是一个数据库。

数据库函数是用于对存储在数据清单或数据库中的数据进行分析、判断，并求出指定数据区域中满足指定条件的值。这一类函数具有一些共同特点。

(1)每个函数都有三个参数：database、field 和 criteria。

(2)函数名以 D 开头。如果将字母 D 去掉，可以发现其实大多数数据库函数已经在 Excel 的其他类型函数中出现过了。例如，DMAX 将 D 去掉，就是求最大值函数 MAX。

数据库函数的格式及参数的含义如下。

函数格式：函数名(database，field，criteria)。

参数说明：database 表示构成数据清单或数据库的单元格数据区域。field 用于指定函数所使用的数据列。field 可以是文本，即两端带引号的标志项，如“出生日期”或“年龄”等，也可以用单元格的引用，如 B1，C1 等，还可以是代表数据清单中数据列位置的数字：1 表示第一列，2 表示第二列等。criteria 为一组包含给定条件的单元格区域。可以为参数 criteria 指定任意区域，只要它至少包含一个列标志和列标志下方用于设定条件的单元格。

如果能灵活应用 Excel 的数据库函数，则可以方便地分析数据库中的数据信息。下面介绍一些常用的数据库函数。

1. DSUM

格式：DSUM(database，field，criteria)

功能：返回数据清单或数据库中满足指定条件的记录字段(列)中的数字之和。

参数说明：database 是指构成数据清单或数据库的单元格区域；field 是指定函数所使用的数据列；criteria 为一组包含给定条件的单元格区域。

例如，在如图 2-25 所示的工资和个人所得税计算表中，若要求职称为高级的男职工的应发工资总和，可先在 A19：B20 数据区域中建立条件区域，再在 H19 单元格输入公式“＝DSUM(A1：K17，K1，A19：B20)”或“＝DSUM(A1：K17，"应发工资"，A19：B20)”或“＝DSUM(A1：K17，11，A19 ：B20)”。

	A	B	C	D	E	F	G	H	I	J	K
1	编号	姓名	职称	性别	参加工作时间	基本工资	工龄	工龄工资	月工资合计	个人所得税	应发工资
2	001	李云飞	高级	男	29143	10000	34	30	10030	369.86	7754.44
3	002	刘丽华	初级	女	34169	7000	20	20	7020	113.62	5572.58
4	003	王强	其他	男	37320	6000	11	20	6020	41.286	4834.914
5	004	张新宇	高级	男	27264	10000	39	30	10030	369.86	7754.44
6	005	钱程	其他	男	37455	6000	11	20	6020	41.286	4834.914
7	006	吴迪	初级	女	36456	7000	14	20	7020	113.62	5572.58
8	007	杨莹	中级	女	30395	8000	30	30	8030	195.43	6308.87
9	008	陈晓敏	初级	女	38403	7000	8	10	7010	112.81	5565.29
10	009	陆虹	其他	女	36466	6000	14	20	6020	41.286	4834.914
11	010	谢明亮	其他	男	35480	6000	16	20	6020	41.286	4834.914
12	011	郝晨	中级	男	31114	8000	28	30	8030	195.43	6308.87
13	012	赵鹏	其他	男	37947	6000	10	20	6020	41.286	4834.914
14	013	杜平	初级	女	35538	7000	16	20	7020	113.62	5572.58
15	014	张俊文	中级	男	31931	8000	26	30	8030	195.43	6308.87
16	015	董彬	其他	男	39000	6000	7	10	6010	41.043	4827.057
17	016	蒋蓉	中级	女	33523	8000	22	30	8030	195.43	6308.87
18											
19	职称	性别	工龄		职称为高级的男职工应发工资总和			15508.88			
20	高级	男	>35		职称为高级的男职工应发工资平均值			7754.44			
21					男职工工龄最大值			39			
22					男职工人数			9			
23					男职工工龄大于35年的姓名			张新宇			

图 2-25　DSUM 函数应用示例

2. DAVERAGE

格式:DAVERAGE(database,field,criteria)

功能:返回数据库或数据清单中满足指定条件的列中数值的平均值。

参数说明:database 构成数据清单或数据库的单元格区域;field 指定函数所使用的数据列;criteria 为一组包含给定条件的单元格区域。

例如,在如图 2-25 所示的工资和个人所得税计算表中,若要计算职称为高级的男职工的应发工资总和的平均值,可先在 A19:B20 数据区域中建立条件区域,再在 H20 单元格输入公式"=DAVERAGE(A1:K17,K1,A19:B20)"或"=DAVERAGE(A1:K17,"应发工资",A19:B20)"或"=DAVERAGE(A1:K17,11,A19:B20)"。

3. DMAX

格式:DMAX(database,field,criteria)

功能:返回数据清单或数据库的指定列中,满足给定条件单元格中的最大数值。

参数说明:database 构成数据清单或数据库的单元格区域;field 指定函数所使用的数据列;criteria 为一组包含给定条件的单元格区域。

例如,在如图 2-25 所示的工资和个人所得税计算表中,若要求男职工工龄最大值,可先在 B19:B20 数据区域中建立条件区域,再在 H21 单元格输入公式"=DMAX(A1:K17,G1,B19:B20)"或"=DMAX(A1:K17,"工龄",B19:B20)"或"=DMAX(A1:K17,7,B19:B20)"。

另外,DMIN 函数表示返回数据清单或数据库的指定列中满足给定条件的单元格中的最小数值,与 DMAX 使用方法一样,使用时可以参考 DMAX。

4. DCOUNT

格式:DCOUNT(database,field,criteria)

功能:返回数据库或数据清单指定字段中,满足给定条件并且包含数字的单元格的个数。

参数说明:database 构成数据清单或数据库的单元格区域;field 指定函数所使用的数据列;criteria 为一组包含给定条件的单元格区域。

例如,在如图 2-25 所示的工资和个人所得税计算表中,若要求职称为高级的男职工的人数,可先在 A19:B20 数据区域中建立条件区域,再在 H22 单元格输入公式"=DCOUNT(A1:K17,F1,A19:B20)"或"=DCOUNT(A1:K17,"基本工资",A19:B20)"或"=DCOUNT(A1:K17,6,A19:B20)"。

提示:应用此公式时,第 2 个参数 field 必须为数值型列,否则结果为 0。

例如,输入公式"=DCOUNT(A1:K17,"职称",A19:B20)"或"=DCOUNT(A1:K17,"性别",A19:B20)"的结果都为 0,因为该函数只能统计指定列中符合条件的数值型数据的个数,但"职称"和"性别"列都为文本。其实此题的 field 处只要不输入文本列,任一数据列都可以得到正确的结果。

此外,DCOUNTA 函数表示返回数据库或数据清单指定字段中满足给定条件的非空单元格数目,field 参数没有必须是数值型数据的要求,故上题也可以用公式"=DCOUNTA(A1:K17,"职称",A19:B20)"实现。

5. DGET

格式:DGET(database,field,criteria)

功能:从数据清单或数据库中提取符合指定条件的单个值。

参数说明:database 构成数据清单或数据库的单元格区域;field 指定函数所使用的数据列;criteria 为一组包含给定条件的单元格区域。

提示:

①若满足条件的只有一个值,则求出这个值。

②若满足条件的有多个值,则结果为#NUM!。

③若没有满足条件的值,则结果为#VALUE!。

例如,在如图 2-25 所示的工资和个人所得税计算表中,若要求男职工工龄超过 35 年的姓名,可先在 B19:C20 数据区域中建立条件区域,再在 H23 单元格输入公式“=DGET(A1:K17,B1,B19:C20)”或“=DGET(A1:K17,"姓名",B19:C20)”或“=DGET(A1:K17,2,B19:C20)”。

如果要求男职工工龄超过 30 年的姓名,利用 DGET 函数运算结果为#NUM!,说明表中满足该条件的姓名有多个;如果要求男职工工龄超过 40 年的姓名,利用 DGET 函数运算结果为#VALUE!,说明表中没有满足该条件的姓名。

2.2.9 财务函数

财务函数是财务计算和财务分析的重要工具,可使财务数据的计算更快捷和准确。下面介绍几个常用的财务计算函数。

1.求资产折旧值函数 SLN

格式:SLN(cost,salvage,life)

功能:求某项资产在一个期间中的线性折旧值。

参数说明:cost 为资产原值;salvage 为资产在折旧期末的价值(也称为资产残值);life 为折旧期限(有时也称作资产的使用寿命)。

例如,某公司厂房拥有固定资产 100 万元,使用 10 年后估计资产的残值为 30 万元,求固定资产按日、月、年的折旧值,如图 2-26 所示。计算该资产 10 年后按日、月、年的折旧值只需分别在 B5、B6、B7 单元格中输入下列公式。

=SLN(A3,B3,C3)　　　　每年折旧值
=SLN(A3,B3,C3 * 12)　　　每月折旧值(一年按 12 月计算)
=SLN(A3,B3,C3 * 365)　　　每日折旧值(一年按 365 日计算)

2.求贷款按年(或月)还款数函数 PMT

财务函数
PMT,IPMT

格式:PMT(rate,nper,pv,fv,type)

功能:求指定贷款期限的某笔贷款,按固定利率及等额分期付款方式每期的付款额。

参数说明:rate 为贷款利率;nper 为该项贷款的总贷款期限;pv 为从该项贷款开始计算时已经入账的款项(或一系列未来付款当前值的累积和);fv 为未来值(或在最后一次付款后希望得到的现金余额),默认时为 0;type 为一逻辑值,用于指定付款时间是在期初还是在期末(1 表示期初,0 表示期末,默认时为 0)。

例如,已知某人购车向银行贷款 10 万元,年息为 5.38%,贷款期限为 10 年,分别计算按年偿还和按月偿还的金额(在期末还款),如图 2-27 所示。计算按年偿还和按月偿还的金额只需分别在 B3 和 B4 单元格中输入下列公式。

=PMT(C2,B2,A2,0,0)　　　　　　　　　　(按年还贷)

=PMT(C2/12,B2 * 12,A2,0,0)　　　　　　(按月还贷)

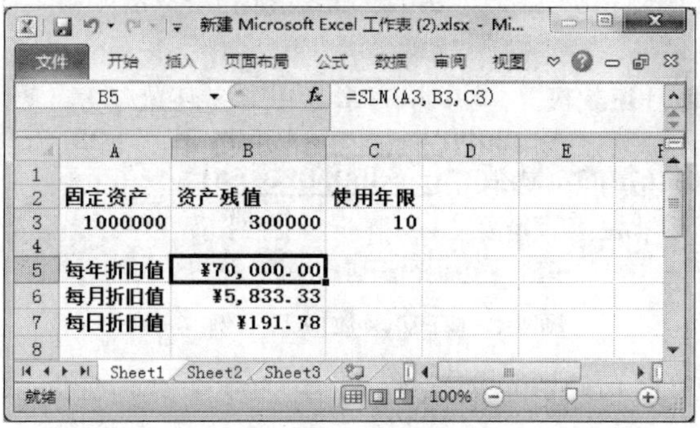

图 2-26　资产折旧值函数应用示例

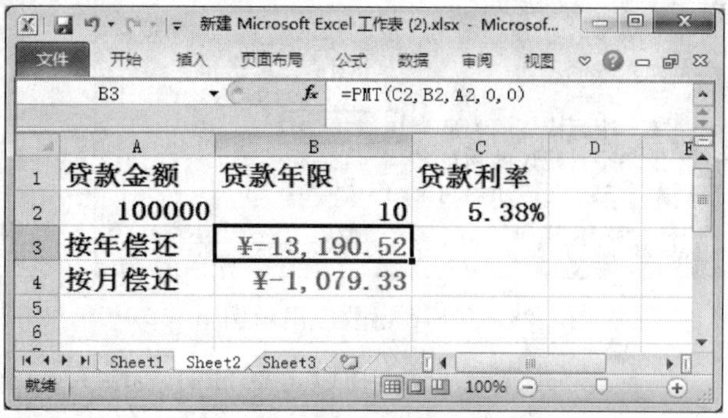

图 2-27　函数 PMT 应用示例

3. 求贷款按每月应付利息数函数 IPMT

格式:IPMT(rate,per,nper,pv,fv)

功能:求指定贷款期限的某笔贷款,按固定利率及等额分期付款方式在某一给定期限内每月应付的贷款利息。

参数说明:rate 为贷款利率;per 为计算利率的期数(如计算第 1 个月的利息则为 1,计算第 2 个月的利息则为 2,依此类推),nper 为该项贷款的总贷款期数;pv 为从该项贷款开始计算时已经入账的款项(或一系列未来付款当前值的累积和);fv 为未来值(或在最后一次付款后希望得到的现金余额),默认时为 0。

例如,已知某人购车时向银行贷款 10 万元,年息为 5.38%,贷款期限为 10 年,求第 1 个月、第 2 个月和第 13 月应付的贷款利息,如图 2-28 所示。计算时只需分别在 B3、B4、B5 单元格输入以下公式。

=IPMT(C2/12,1,B2 * 12,A2,0)　(第 1 个月利息)

=IPMT(C2/12,2,B2 * 12,A2,0)　(第 2 个月利息)

=IPMT(C2/12,13,B2 * 12,A2,0)　(第 13 个月利息)

公式说明:按月还贷时,年利率折算为月利率,还款期数由年换算为月。公式中的最后一个参数 0 表示最后一次还款后余额为 0。

4. 求某项投资的现值函数 PV

格式:PV(rate,nper,pmt,fv,type)

功能:返回投资的现值。现值为一系列未来付款的当前值的累积和。

参数说明:rate 为贷款利率;nper 为总投资(或贷款)期,即该项投资(或贷款)的付款期总数;pmt 为各期所应支付的金额,其数值在整个年金期间保持不变;fv 为未来值,或在最后一次支付后希望得到的现金余额,默认时为 0(一笔贷款的未来值即为零);type 为数字 0 或 1,用以指定各期的付款时间是在期初还是期末,0 表示期末,1 表示期初,默认时为 0。

财务函数 PV,FV

例如,某储户每月能承受的贷款数为 2 000 元(月末),计划按这一固定扣款数连续贷款 25 年,年息为 4.5%,求该储户能获得的贷款数,如图 2-29 所示。

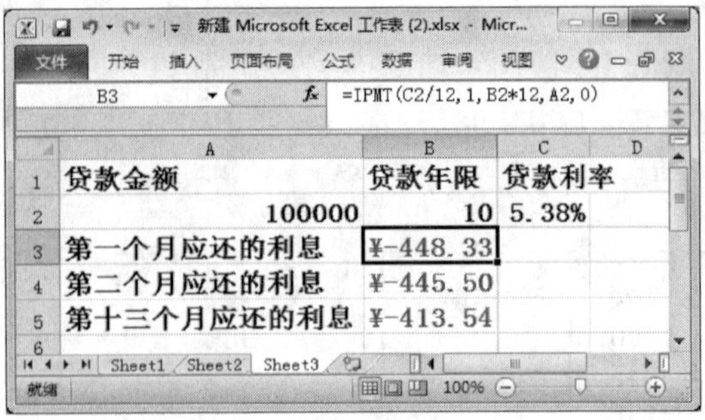

图 2-28　IPMT 函数应用示例

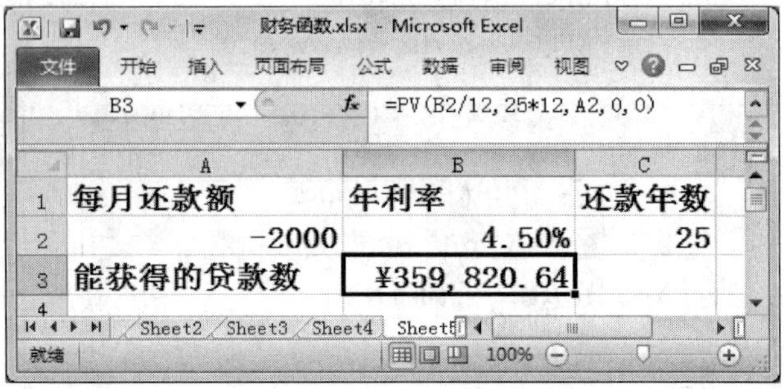

图 2-29　PV 函数应用示例

分析：在以上题目中，rate 为 4.5%（年息），投资总期数为 25 年（300 个月），每期支付金额 pmt 为 3 000 元，该贷款的未来值 fv 为 0，由于是期末贷款，故 type 的值为 0。

计算投资的当前值只需在 B4 单元格中输入以下公式。

=PV(B2/12,C2 * 12,A2,0,0)

注意：

①rate 和 nper 单位必须一致。例如，同样是 10 年期年利率为 8% 的贷款，如果按月支付，rate 应为 8%/12，nper 应为 10 * 12；如果按年支付，rate 应为 8%，nper 为 10。

②在所有参数中，支出的款项，如银行存款，用负数表示；收入的款项，如股息收入，用正数表示。

5. 求某项投资的未来收益值函数 FV

格式：FV(rate,nper,pmt,pv,type)

功能：基于固定利率及等额分期付款方式，返回某项投资的未来值。

参数说明：rate 为各期利率；nper 为总投资期，即该项投资的付款期总数；pmt 为各期所应支付的金额，其数值在整个年金期间保持不变；PV 为现值，即从该项投资开始计算时已经入账的款项，或一系列未来付款的当前值的累积和，也称为本金。如果省略 PV，则假设其值为 0，并且必须包括 pmt 参数；type 为数字 0 或 1，用以指定各期的付款时间是在期初还是期末，0 表示期末，1 表示期初，默认时为 0。

例如，投资者对某项工程进行投资，在期初投资 200 万元，年利率为 5%，并在余下的 5 年中每年追加投资 20 万元，求该投资者 5 年后的投资收益，如图 2-30 所示。计算时只需在 B3 单元格中输入公式"=FV(B2,D2,C2,A2,0)"。

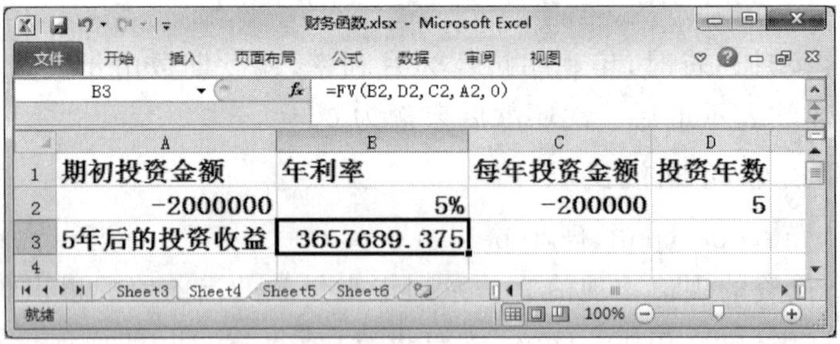

图 2-30　FV 函数应用示例

2.3 数组公式

数组公式是 Excel 对公式和数组的一种扩充，是以数组为参数的一种公式。利用这些公式，可以完成复杂的运算功能。本节将介绍数组的概念、数组公式的建立以及数组公式的运算规则与应用。

2.3.1 数组的概念

数组公式

数组是一些元素的简单集合，这些元素可以共同参与运算，也可以个别参与运算。在 Excel 中，数组是指一行、一列或多行多列的一组数据元素的集合。数组元素可以是数值、文本、日期、逻辑值或错误值，它们可以是一维的，也可以是二维的，这些维对应着行和列。例如，一维数组可以存储在一行（横向数组）或一列（纵向数组）的范围内，二维数组可以存储在一个矩形的单元格范围内。Excel 中的数组分为两种，一种是区域数组，一种是常量数组。

如果在公式或函数参数中引用工作表的某个单元格区域，且其中的参数不是单元格引用或区域类型（reference、ref 或 range），也不是向量时，Excel 会自动将该区域引用转换成同维数、同尺寸的数组，这个数组就称为区域数组。区域数组通常指矩形的单元格区域，例如，A1:B20，B2:B40 等。

常量数组是指直接在公式中写入数组元素，并以大括号{}括起来的字符串表达式。例如，{1,2,3,7,1}就是一个常量数组。在同一个数组中，可以使用不同类型的值，如{40,1,3,0,TRUE,FALSE,"a"}。

常量数组不能包含公式、函数和其他数组。数字值不能包含美元符号、逗号、圆括号以及百分号。例如，{SQRT(7),6%,$5.36}是一个非法的常量数组。

常量数组可以分为一维数组和二维数组。一维数组包括一维行数组和一维列数组。一维行数组中的元素用逗号分隔，如{1,2,3,4}；一维列数组中的元素用分号分隔，如{1;2;3;4;8;4;18}。由于二维数组中包含行和列，所以，二维数组行内的元素用逗号分隔，行与行之间用分号分割，如{1,2,3,4;5,6,7,8}表示两行四列的二维数组。

2.3.2 数组公式的建立

在对 Excel 工作表的数据进行运算时，通常会遇到下列 3 种情况。

①要求运算结果返回的是一个集合。

②运算中存在一些需要通过复杂的中间运算过程才能得到最终结果。

③要求保证公式集合的完整性，防止用户无意间修改公式。

针对上述 3 种情况，通常我们会使用数组公式来解决。

数组公式是用于建立可以产生多个结果或对可以存放在行和列中的一组参数进行运算的单个公式。它的特点就是可以执行多重计算，返回一组数据结果，并以按下组合键 Shift+Ctrl+Enter 产生一对大括号{}来完成编辑的特殊公式。

数组公式最大的特征是所引用的参数是数组参数，包括区域数组和常量数组。区域数组是一个矩形的单元格区域，如 $A$1:$D$5；常量数组是一组给定的常量，如{1,2,3}或{1;2;3}或{1,2,3;1,2,3}。对于参数为常量数组的数组公式，则在参数外有大括号{}，公式外则没有，输入时也不必按组合键 Shift+Ctrl+Enter。

1. 数组公式的建立

输入数组公式时，首先选择用来存放结果的单元格区域（可以是一个单元格），在编辑栏输入公式，然后按组合键 Shift+Ctrl+Enter，Excel 将在公式两边自动加上花括号“{}”。注意：不要自己输入花括号，否则，Excel 认为输入的是一个正文标签。

用数组公式求出版社订书的金额，操作步骤如下。

①选定需要输入公式的单元格区域 F2:F16。

②输入公式"= D2:D16 * E2:E16"（注意：输完不要按 Enter 键）。

③同时按组合键 Shift+Ctrl+Enter 便能得到结果，如图 2-31 所示。

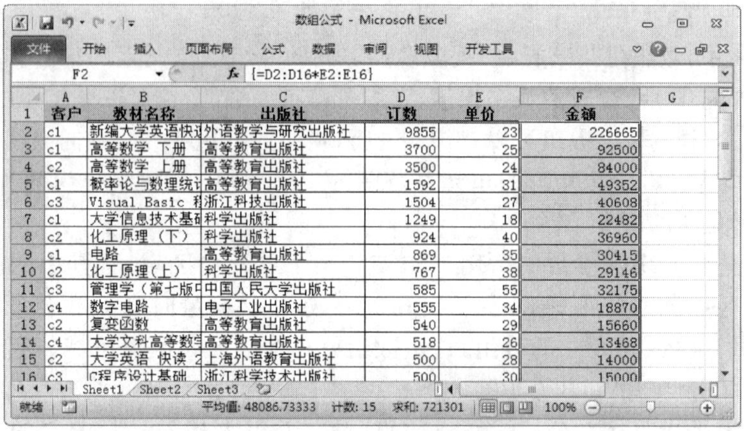

图 2-31　数组公式的建立

此时，当单击 F2:F16 中的任意单元格，可以看到在编辑栏中都有会出现一个用大括号{}括起来的公式，这就是一个数组公式。

2. 数组公式的修改

一个数组包含若干个数据或单元格，这些单元格形成一个整体，不能单独进行修改，所以，要对数组公式进行修改，应先选定整个数组，然后再进行修改操作。操作步骤如下。

①选定数组公式所包含的全部单元格。

②单击编辑栏中的数组公式，或按功能键 F2，便可对数组公式进行修改（此时大括号{}会自动消失）。

③完成修改后再同时按组合键 Shift+Ctrl+Enter，此时可看到修改后的计算结果。

2.3.3　数组公式的运算规则与应用

使用数组公式可以把一组数据当成一个整体来处理，传递给函数或公式。可以对一批单元格应用一个公式，返回结果可以是一个数，也可以是一组数（每个数占一个单元格）。

1. 数组公式的运算规则

①两个同行同列的数组间计算是对应元素间进行运算，并返回同样大小的数组。例如，如图 2-32 所示，两个相同大小的数组 1 和数组 2 相加，运算时，对应元素间求和，运算结果为相同大小的数组。

②一个数组与一个单一的数据进行运算，是将数组的每一个元素均与那个单一数据进行计算，并返回同样大小的数组。例如，如图 2-33 所示，一个数组和单个数值相乘，运算时，数组的每个元素都与单一数据相乘，运算结果为相同大小的数组。

③单行数组（M 列）与单列数组（N 行）的计算，计算结果返回的是一个 $M\times N$ 的

数组。例如，如图 2-34 所示，一个单行数组（M 列）和一个单列数组（N 行）相加，运算时，单列的每一个元素分别与单行的每一个元素相加，得到一个 $M\times N$ 的数组。

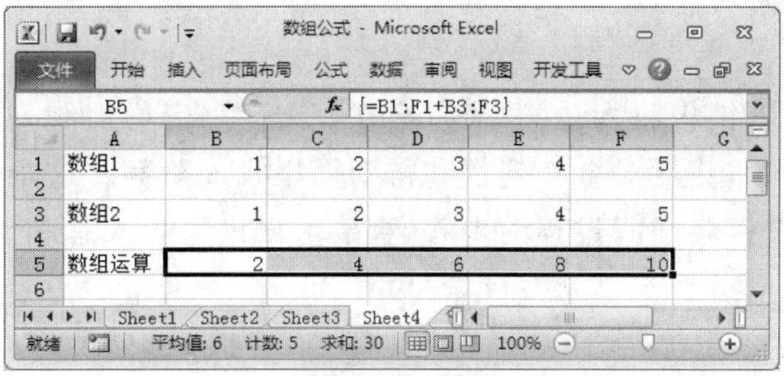

图 2-32　行列相同数组运算

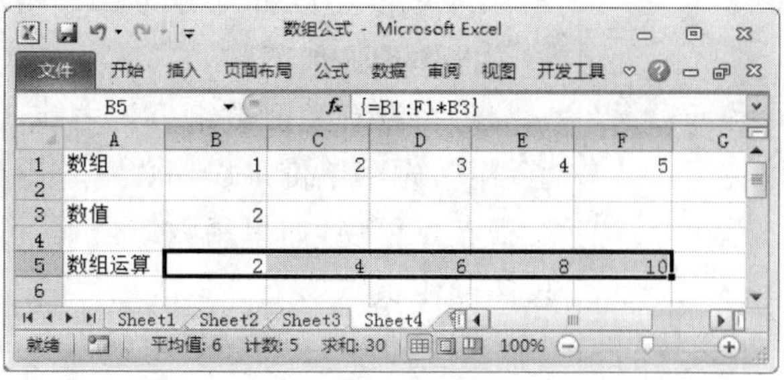

图 2-33　数组与单一的数据运算

④不匹配行列的数组间运算，会出现 #N/A 的错误。

例如，如图 2-35 所示，一个单行数组（5 列）和另一个单行数组（3 列）相加，运算时，两个数组大小不匹配，则出现了 #N/A 的错误。

图 2-34　单行数组与单列数组运算

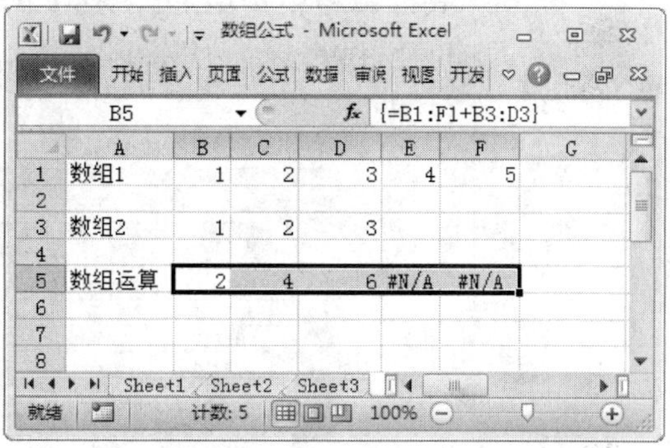

图 2-35　不匹配行列的数组间运算

2. 数组公式的应用

下面通过一个实例来进一步学习和掌握数组公式的应用。

例：在如图 2-36 所示的家电销售工作表中，用数组公式完成以下操作，

	A	B	C	D	E	F
1	日期	销售地点	销售人员	商品名称	销售量（台）	单价（元）
2	2017/1/15	北京	杨旭	彩电	8	2480
3	2017/2/16	南京	高博	空调	30	1578
4	2017/3/17	上海	周平	冰箱	25	5600
5	2017/1/18	北京	李新	彩电	28	4560
6	2017/4/19	长春	杨颖	洗衣机	3	3456
7	2017/5/20	南京	程小飞	洗衣机	9	1234
8	2017/3/21	天津	赵颖	电脑	29	5674
9	2017/4/22	上海	周平	彩电	20	2480
10	2017/6/23	太原	戴云辉	空调	27	6800
11	2017/7/24	北京	杨旭	彩电	8	6754
12	2017/9/25	沈阳	袁宏伟	冰箱	23	3450
13	2017/11/26	天津	刘玉龙	彩电	6	3450
14	2017/6/27	南京	高博	电脑	29	4320
15	2017/12/28	北京	李新	彩电	6	3420
16						
17	销售收入总额			1053962		
18	北京销售收入总和			222072		
19	2017年1季度彩电销售收入总额			147520		

图 2-36　数组公式的应用

①求出家电销售收入总额。

②求出北京家电销售收入总额。

③求出2017年1季度彩电销售收入总额。

操作步骤如下。

①在没有学习数组公式之前,要求销售收入总额,通常会在“单价”列旁增加一列“金额”,先用单价乘以销售量求出金额,然后对金额列求和得到销售收入总额。这个过程有点繁琐,如果用数组公式,可以省略中间过程的求解,直接求得销售收入总和。具体操作步骤如下。

首先在D17单元格中输入公式:

=SUM(E2:E15 * F2:F15)

注意:利用功能键F9查看公式分步运算结果后,记得按Esc键返回公式状态。

再按组合键Shift+Ctrl+Enter便能得到结果。

公式“=SUM(E2:E15 * F2:F15)”的意义是这样的:两个相同大小的数组相乘(E2:E15 * F2:F15)得到的是一个同样大小的数组,然后对数组里的元素求和。在公式编辑栏中选中E2:E15 * F2:F15,按功能键F9,可以看到公式的分步运算结果,如图2-37所示。从分步运算结果可以看到数组中的每一个数就是单价乘销售量的结果。

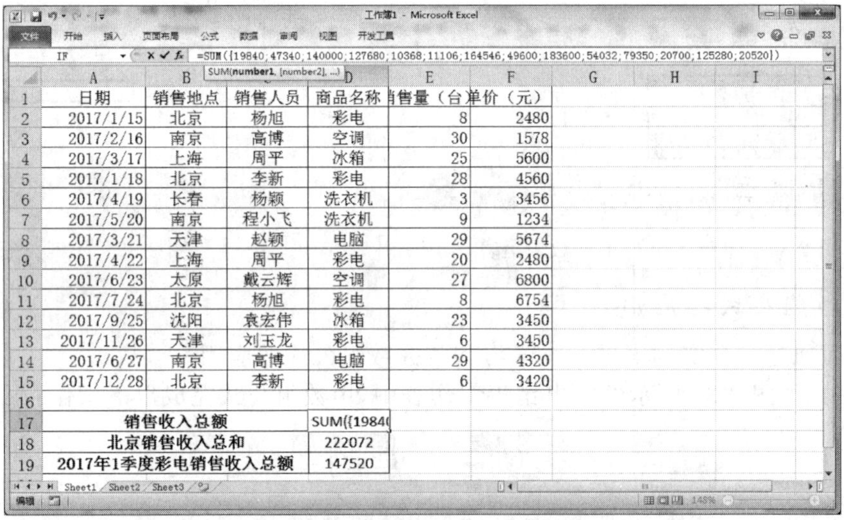

图2-37 数组公式分步运算结果

②求北京家电销售收入总额是在第1题的基础上增加了一个条件(销售地为北京),故用数组公式求解的步骤如下。

首先在D18单元格中输入公式“= SUM((B2:B15="北京") * E2:E15 * F2:F15)”,再按组合键Shift+Ctrl+Enter便能得到结果。

公式“=SUM((B2:B15="北京") * E2:E15 * F2:F15)”的意义是在公式编辑栏中选中“(B2:B15 ="北京")”,按功能键F9,可以得到它的运算结果为{TRUE;FALSE;FALSE;TRUE;FALSE;FALSE;FALSE;FALSE;FALSE;TRUE;FALSE;FALSE;FALSE;TRUE},TRUE表示1,FALSE表示0,选中“E2:E15 * F2:F15”,按功能键F9,则得到其运算结果为{19840;47340;140000;127680;10368;11106;164546;49600;183600;54032;79350;20700;125280;20520},选中“(B2:B15

="北京")*E2:E15*F2:F15",按功能键 F9,得到的是上述两个数组相乘的结果{19840;0;0;127680;0;0;0;0;0;54032;0;0;0;20520},最后 SUM 函数对其进行求和,得到北京家电的销售收入总额。

③求 2017 年 1 季度彩电销售收入总额,即求满足两个条件的销售收入总和,用数组公式求解步骤如下。

首先在 D19 单元格中输入公式:

=SUM((A2:A15>=DATE(2017,1,1))*(A2:A15<=DATE(2017,3,31))*(D2:D15="彩电")*E2:E15*F2:F15)

或输入公式:

=SUM(IF(A2:A15>=DATE(2017,1,1),IF(A2:A15<=DATE(2017,3,31),(D2:D15="彩电")*E2:E15*F2:F15,0),0))

再按组合键 Shift+Ctrl+Enter 便能得到结果。

要分析上述公式的含义,我们可以同第 1、2 题一样,利用功能键 F9 查看公式分步运算的结果,这里不再叙述。

数组公式十分有用且效率高,但真正理解和熟练掌握并不是一件容易的事,只有通过多多实践,从中找出规律,不断总结和提高。

2.4 创建图表

为了方便对 Excel 数据进行对比和分析,用户可以创建各种类型的图表,将表格中的相关数据图形化,从而更直观、清楚地表达数据的大小和变化情况。

Excel 提供了 11 种图表的类型:柱形图、折线图、饼图、条形图、面积图、XY 散点图、股价图、曲面图、圆环图、气泡图和雷达图。要创建普通图表,首先选择目标数据区域,接着单击"插入"选项卡中的"图表"组中的相应图表类型,就可以创建一个简单的图表。本节重点介绍一下创建迷你图和动态图表。

2.4.1 创建迷你图

迷你图是工作表单元格中的一个微型图表,用迷你图可以直观地反映数据系列的变化趋势。与图表不同的是,当打印工作表时,单元格中的迷你图会与数据一起进行打印。在 Excel 2010 中创建迷你图非常简单,下面用一个例子来说明。

某班英语模拟考试的成绩如图 2-38 所示。对于这些数据,很难直接看出数据的变化趋势,而使用迷你图就可以非常直观地反映每一次模拟考试的变化情况。在 Excel 2010 中目前提供了 3 种形式的迷你图,即"折线迷你图""柱形迷你图"和"盈亏迷你图",本例选择"折线迷你图"来创建迷你图,操作步骤如下。

①选择 C2:G18 数据区域

②单击"插入"选项卡中的"迷你图"组中的"折线图"按钮,弹出如图 2-39 所示的"创建迷你图"对话框。在"数据范围"文本框中已自动输入数据所在的区域 C2:G18。如果事先没有选择数据范围,则可以单击右侧的按钮用鼠标对数据区域进行选择。单击"位置范围"文本框右侧的按钮用鼠标选择 $H$2:$H$18 单元格区

域。单击“确定”按钮，将在 H2:H18 区域中创建一组折线迷你图，如图 2-40 所示。

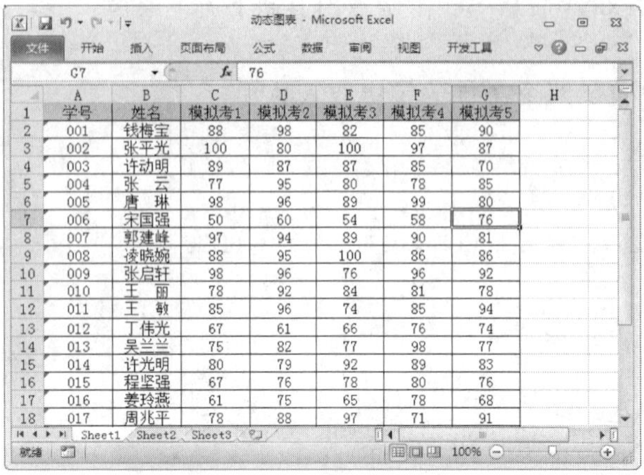

图 2-38　某班英语模拟考试成绩

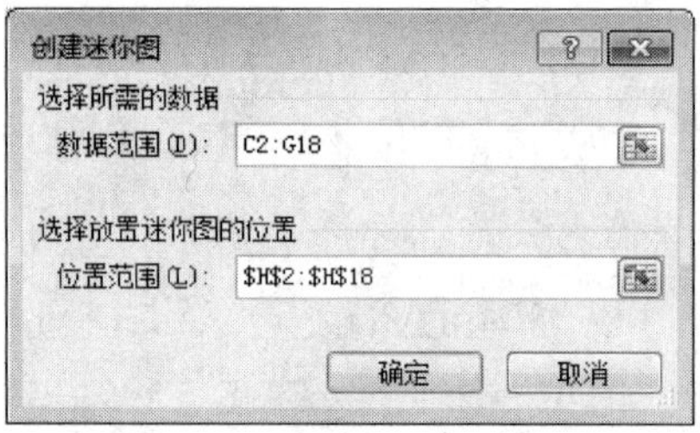

图 2-39　“创建迷你图”对话框

这是创建一组迷你图的方法，当然也可以在某个单元格（如 H2 单元格）中创建迷你图后，用拖动填充柄的方法将迷你图填充到其他单元格，就像填充公式一样创建迷你图。

假如想突出显示最大值和最小值，可以单击“迷你图工具/设计”选项卡，在“样式”组中单击“标记颜色→高点”，然后选择某种颜色作为最大值标记颜色，本例选择红色。用同样的方法设置低点颜色，本例选择黄色，设置好后的效果如图 2-41 所示。

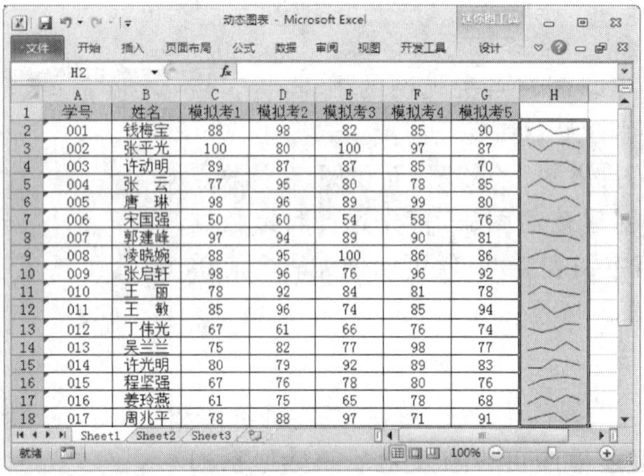

图 2-40　折线迷你图

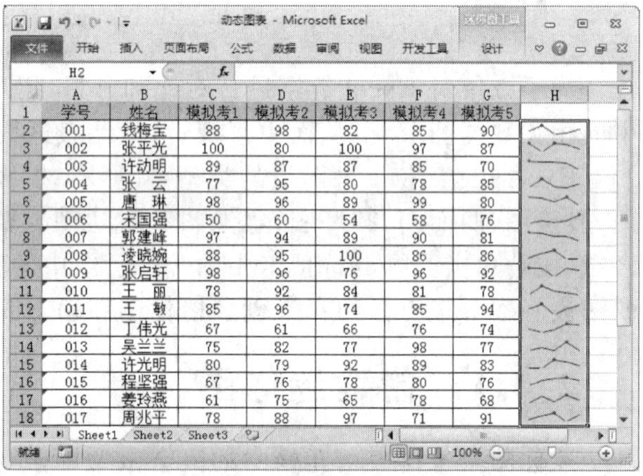

图 2-41　突出显示最大值和最小值

如若要删除创建好的迷你图，则可以选择某个包含迷你图的单元格，单击“迷你图工具/设计”选项卡中的“分组”组中的“清除”下拉按钮，在下拉列表中选择“清除所选迷你图”或“清除所选迷你图组”命令。也可以在快捷菜单中选择“迷你图”→“清除所选迷你图”或“清除所选迷你图组”命令。

2.4.2　创建动态图表

动态图表

动态图表也称交互式图表，是指通过鼠标选择不同的预设项目，在图表中动态显示对应的数据，它既能充分表达数据的说服力，又可以使图表不过于烦琐。

以如图 2-38 所示的某班英语模拟考试成绩表为例，创建一个动态折线图，要求根据姓名的选择而变化。

1. 利用查找函数和数据有效性创建动态图表

操作步骤如下：

①利用“数据”选项卡下的“数据有效性”设置下拉列表。

选择单元格 B25，单击“数据”选项卡中的“数据工具”组中的“数据有效性”按钮，打开“数据有效性”对话框，在“允许”下拉列表框中选择“序列”选项，在“来源”文本框中选择“姓名”列（B2:B23），如图 2-42 所示。单击“确定”按钮，完成数据有效性的设置。

②利用查找函数（VLOOKUP）查找下拉列表中选定的值。

选择 B25 单元格，单击单元格右侧的下拉按钮，在下拉列表中选择“钱梅宝”。选择 C25 单元格，在公式编辑栏输入公式“=VLOOKUP($B$25,$B$2:$G$23,COLUMN()-1,FALSE)”，再将公式向右填充到 G25 单元格。

③选择 B25:G25 区域为数据系列，再按住 Ctrl 键选择 B2:G2 区域为水平轴标签制作折线图，在 B25 单元格的下拉列表中选择不同的姓名，即可以得到随姓名变化的成绩折线图，如图 2-43 所示。

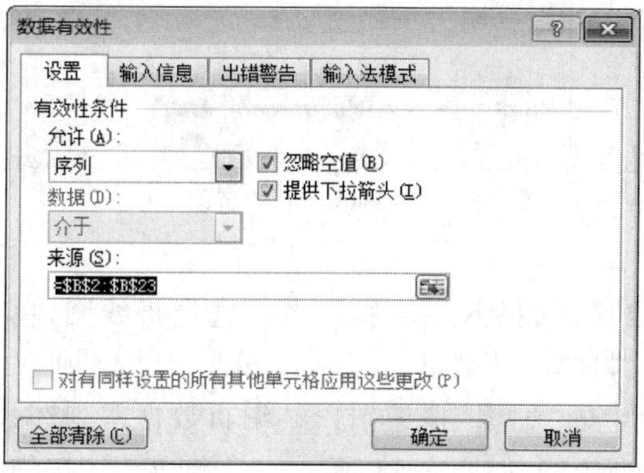

图 2-42　数据有效性设置

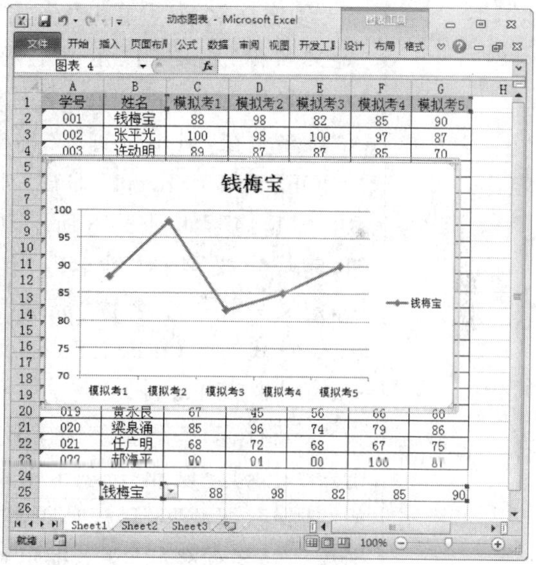

图 2-43　动态折线图

2. 利用控件和定义名称创建动态图表

在定义中使用 OFFSET 函数和窗体控件（组合框、列表框、选项按钮、复选框等）建立联系，从而实现由窗体控件控制的动态图表。

操作步骤如下：

①添加“开发工具”选项卡到 Excel 主窗口中。选择“文件”选项卡，单击左侧列表中的“选项”按钮，弹出“Excel 选项”对话框，单击左侧的“自定义功能区”选项，在右侧的“主选项卡”功能区中选择“开发工具”主选项卡，如图 2-44 所示，单击“确定”按钮，即可实现将“开发工具”选项卡添加到 Excel 主窗口中。

②添加组合框窗体控件。单击“开发工具”选项卡中的“控件”组中的“插入”下拉按钮，在打开的下拉列表中选择“组合框（窗体控件）”，在表中画一个窗体控件。

③设置控件格式。右击“组合框”窗体控件,在弹出的快捷菜单中选择“设置控件格式”命令,打开“设置控件格式”对话框。单击“控制”标签,在“数据源区域”文本框中选择 B2:B23,在“单元格链接”文本框中选择 I1 单元格,如图 2-45 所示。单击“确定”按钮,完成组合框与数据的链接。

图 2-44 “Excel 选项”对话框

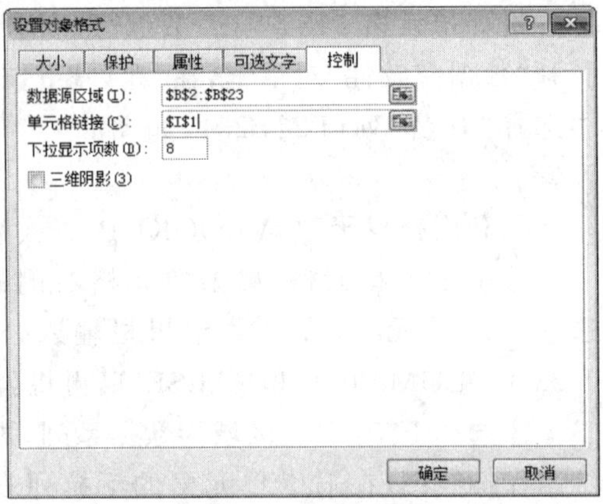

图 2-45 设置控件格式

④定义名称。单击“公式”选项卡中的“定义名称”组中的“定义名称”按钮,打开“新建名称”对话框。在“名称”文本框里输入“姓名”,在“引用位置”文本框中输入公式“=OFFSET(Sheet1!\$B\$1,Sheet1!\$I\$1,0,1,1)”,如图 2-46 所示,单击“确定”按钮,完成定义名称“姓名”。使用同样的方法,定义另外一个名称“成绩”,“引用位置”输入公式“=OFFSET(Sheet1!\$B\$1,Sheet1!\$I\$1,1,1,5)”。

图 2-46 定义名称

⑤制作动态图表。选择 B1:G2 单元格区域,插入一个折线图。选择折线图,单击“图表工具/设计”选项卡中的“数据”组中的“选择数据”按钮,打开如图 2-47 所示的“选择数据源”对话框。单击“图例项”栏中的“编辑”按钮,打开“编辑数据系列”对话框,在“系列名称”文本框里输入刚定义的名称,如图 2-48 所示。单击“确定”按钮完成动态图表的设置,在组合框下拉列表中选择不同的姓名,折线图就随之变化,如图 2-49 所示。

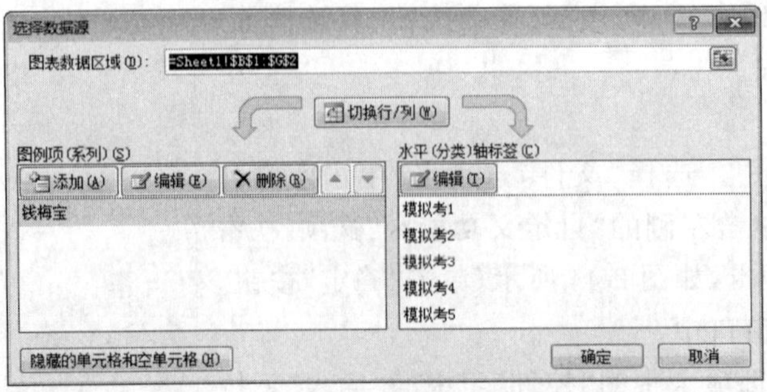

图 2-47 “选择数据源”对话框

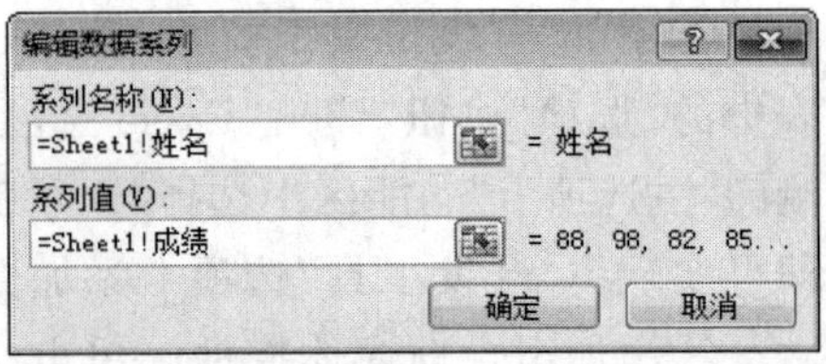

图 2-48 “编辑数据系列”对话框

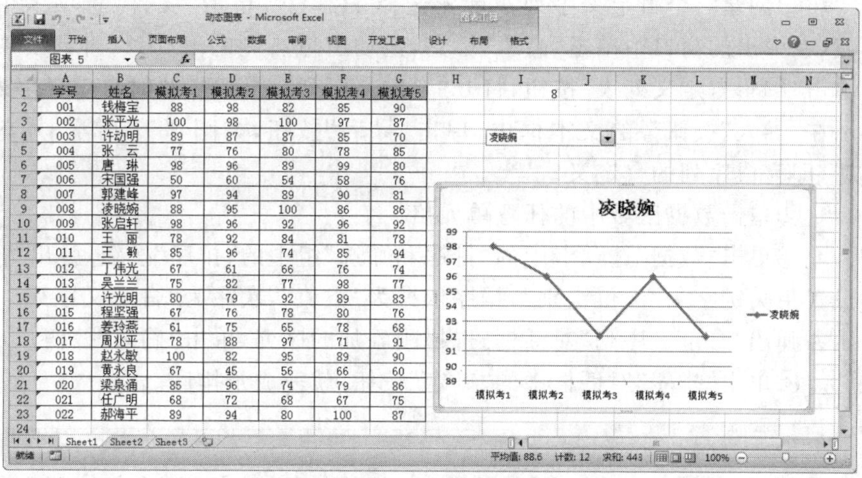

图 2-49 动态图表

2.5 数据分析与管理

当用户面对海量的数据时，如何从中获取最有价值的信息，要求用户不仅要选择数据分析的方法，还必须掌握数据分析的工具。Excel 2010 提供了大量帮助用户进行数据分析的工具。本节主要讲述利用自定义序列排序、高级筛选、分类汇总和数据透视表等功能进行数据分析。

2.5.1 自定义序列排序

用户在使用 Excel 2010 对相应数据进行排序时，有时无论是按拼音还是按笔画，可能都达不到要求。例如，在如图 2-50 所示的工作表中，要将工作表按照岗位类别来排序，而这个岗位类别的顺序必须是按自己定义的序列来排，即按照这样的顺序：总经理、副经理、销售部、商品生产、技术研发、服务部、业务总监、采购部。这样一种特殊的次序，可以采用自定义序列排序的方法来实现。具体操作步骤如下。

自定义
序列排序

图 2-50 自定义序列排序原始数据

①创建一个自定义序列。首先选择 H2:H9，单击“文件”选项卡中的“选项”按钮，在弹出的窗口中单击“高级”标签，拖动窗口右侧的滚动条，直到出现“常规” 区，单击“编辑自定义列表”按钮，打开“自定义序列”对话框，此时自定义序列的区域已显示在“导入”按钮旁的文本框中，单击“导入”按钮，如图 2-51 所示，并单击“确定”按钮，即完成序列的自定义。

②单击数据区域中的任意单元格。

③单击“数据”选项卡中的“排序和筛选”组中的“排序”按钮，弹出“排序”对话框，设置主关键字为“岗位类别”，排序依据为“数值”，次序为“自定义序列”，如图 2-52 所示。弹出“自定义序列”对话框，选择刚添加的序列，单击“确定”按钮。

④单击“排序”对话框中的“确定”按钮，就完成了排序。

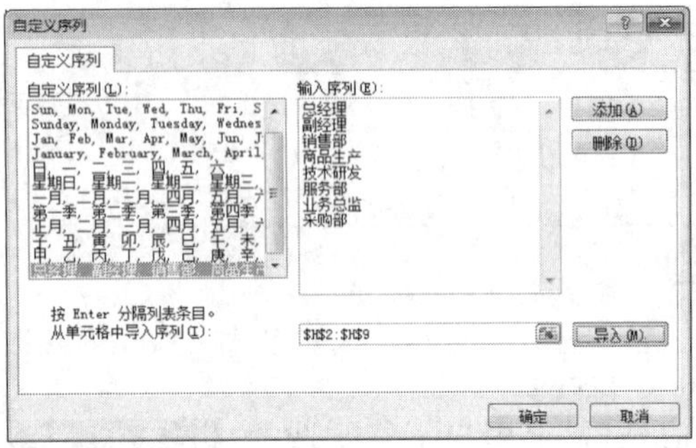

图 2-51　自定义序列

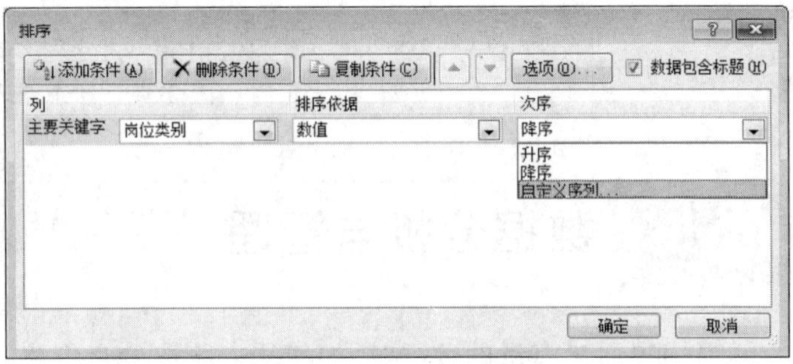

图 2-52　“排序”对话框

2.5.2　分类汇总

分类汇总

分类汇总可以将数据记录单中的数据按某一字段进行分类，并实现按类求和、求平均值、求最大值、求最小值、计数等运算，还能将计算的结果分级显示出来。

1. 创建分类汇总

创建分类汇总的前提：先按分类字段排序，使同类数据集中在一起后汇总。分类汇总的创建有 3 种情况：

①创建单级分类汇总。

②创建多级分类汇总。

③创建嵌套分类汇总。

下面以实例来讲解分类汇总的创建。

在家电销售表中，创建以下分类汇总。

①建立按销售地点对销售收入进行分类求和(单级分类汇总)。

②建立按销售地点对销售收入进行分类求和与分类求最大值(多级分类汇总)。

③建立分别按销售地点和商品名称对销售量和销售收入进行分类求和(嵌套分类汇总)。

(1)第 1 题的操作步骤

①先按分类字段“销售地点”进行排序，排序结果如图 2-53 所示。

②单击工作表中的任意单元格，再单击“数据”选项卡中的“分级显示”组中的“分类汇总”按钮，出现如图 2-54 所示的“分类汇总”对话框。

③在“分类字段”下拉列表框中，选择分类字段“销售地点”。

④在“汇总方式”下拉列表框中选择“求和”。“汇总方式”分别有“求和”“计数”“平均值”“最大值”“最小值”“乘积”“数值计算”“标准偏差”等 11 项，其含义分别介绍如下。

- 求和：计算各类别的总和；
- 计数：统计各类别的个数；

	A	B	C	D	E	F
1	日期	销售地点	销售人员	商品名称	销售量（台	销售收入
2	2017/2/9	北京	李新	彩电	27	64260
3	2017/2/19	北京	杨旭	电脑	28	131544
4	2017/6/24	北京	李新	冰箱	21	39963
5	2017/7/8	北京	李新	彩电	17	38607
6	2017/3/1	南京	程小飞	洗衣机	27	44604
7	2017/3/9	南京	高博	电脑	16	71408
8	2017/4/29	南京	程小飞	洗衣机	3	5334
9	2017/11/5	南京	高博	洗衣机	25	42675
10	2017/2/9	上海	周平	冰箱	4	7572
11	2017/3/12	上海	刘松林	彩电	8	18776
12	2017/3/15	上海	刘松林	彩电	10	22550
13	2017/3/16	上海	刘松林	洗衣机	19	33744
14	2017/6/25	上海	周平	洗衣机	20	30740
15	2017/12/8	上海	周平	彩电	29	69832
16	2017/3/13	沈阳	袁宏伟	冰箱	24	43536
17	2017/5/20	沈阳	王鹏	电脑	32	151328
18	2017/5/22	沈阳	王鹏	洗衣机	34	52870
19	2017/7/5	沈阳	袁宏伟	电脑	10	47120
20	2017/12/25	沈阳	王鹏	空调	13	17745

图 2-53 按“销售地点”排序后的数据表

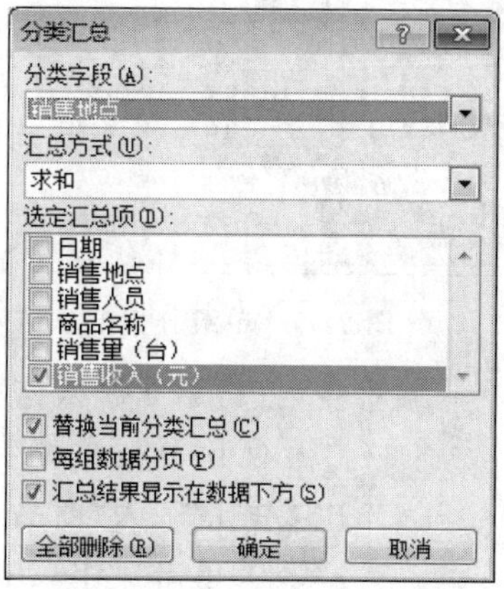

图 2-54 “分类汇总”对话框

- 平均值：计算各类别的平均值；
- 最大值(最小值)：求各类别中的最大值(最小值)；
- 乘积：计算各类别所包含的数据相乘的积。
- 标准偏差：计算各类别所包含的数据相对于平均值(mean)的离散程度。

⑤在“选定汇总项”列表框中，选择需要计算的列(只能选择数值型字段)。如选择“销售量”“销售收入”等字段，本例中选择“销售收入”。

对话框下方有三个复选框，当选中后，其意义分别如下。

- 替换当前分类汇总：用新分类汇总的结果替换原有的分类汇总数据；
- 每组数据分页：表示以每个分类值为一组，组与组之间加上页分隔线；
- 汇总结果显示在数据下方：每组的汇总结果放在该组数据的下面，不选则汇总结果放在该数据的上方。

⑥按要求选择后，单击“确定”按钮，完成分类汇总，汇总结果如图 2-55 所示。

(2)第 2 题的操作步骤

因第 2 题与第 1 题的分类字段是一样的，只是汇总方式在求和后增加了求最大值，所以第 2 题的操作步骤的前 6 步同第 1 题是一样的。

①～⑥：同第 1 题第①～⑥步。

⑦单击工作表中的任意单元格，再次单击“数据”选项卡中的“分级显示”组中的“分类汇总”按钮。

⑧在“分类字段”下拉列表框中选择“销售地点”。

⑨在“汇总方式”下拉列表框中选择“最大值”。

⑩在“选定汇总项”列表框中选择“销售收入”。

⑪取消选择“替换当前分类汇总”复选框，并单击“确定”按钮，完成分类汇总，汇

总结果如图 2-56 所示。

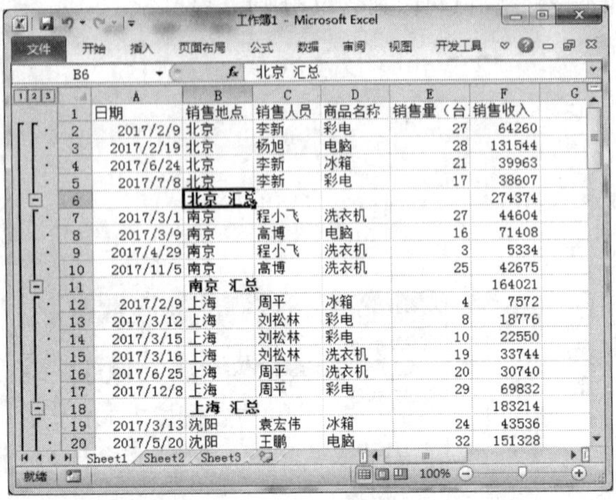

图 2-55　单级分类汇总结果

图 2-56　多级分类汇总结果

(3)第 3 题操作步骤

①因分类关键字是两个字段，故要建立多关键字排序，主关键字为“销售地点”，次要关键字为“商品名称”。

②单击工作表中的任意单元格，再单击“数据”选项卡中的“分级显示”组中的“分类汇总”按钮，打开“分类汇总”对话框。

③在“分类字段”下拉列表框中选择分类字段“销售地点”。

④在“汇总方式”下拉列表框中选择“求和”。

⑤在“选定汇总项”列表框中选择“销售量”和“销售收入”，单击“确定”按钮，完成按照“销售地点”分类汇总。

⑥单击工作表中的任意单元格，再次单击“数据”选项卡中的“分级显示”组中的“分类汇总”按钮，打开“分类汇总”对话框。

⑦在“分类字段”下拉列表框中，选择分类字段“商品名称”。

⑧在“汇总方式”下拉列表框中，选择“求和”。

⑨在“选定汇总项”列表框中，选择“销售量”和“销售收入”。

⑩取消选择“替换当前分类汇总”，并单击“确定”按钮，完成按多个关键字的分类汇总，汇总结果如图 2-57 所示。

图 2-57　嵌套式分类汇总

2. 删除分类汇总

若要撤销分类汇总，可由以下方法实现：

①单击分类汇总数据记录单中的任意一个单元格。

②单击“数据”选项卡中的“分级显示”组中的“分类汇总”按钮，在弹出的“分类汇总”对话框中单击“全部删除”按钮，便能撤销分类汇总。

3. 汇总结果分级显示

在如图 2-57 的汇总结果中，左边有几个标有“－”和“1”“2”“3”的小按钮，利用这些按钮可以实现数据的分级显示。单击外括号下的“－”，数据将折叠，仅显示汇总的总计，单击“＋”展开还原；单击内括号中的“－”，对应数据将折叠，同样单击“＋”还原；若单击左上方的“1”，表示一级显示，仅显示汇总总计；单击“2”，表示二级显示，显示各类别的汇总数据；单击“3”，表示三级显示，显示汇总的全部明细信息。

2.5.3 高级筛选

高级筛选

数据筛选是在数据表中只显示出满足指定条件的行，而隐藏不满足条件的行。Excel 提供了自动筛选和高级筛选两种操作来筛选数据。自动筛选比较简单，但只能进行单条件或条件与条件间是“且”关系的筛选。当需要使用复杂的筛选条件时，自动筛选往往达不到我们要的效果，此时可以使用高级筛选功能。

高级筛选的关键：建立一个条件区域，用来指定筛选条件。条件区域的第一行是所有作为筛选条件的字段名，这些字段名与数据列表中的字段名必须一致。

条件区域的构造规则：不同行的条件之间是“或”关系，同一行中的条件之间是“且”关系。

下面举例说明高级筛选的使用方法。

筛选出职工表中工龄大于 30 或者职称为高级工程师的记录放置于 J1 开始的单元格区域中。在进行高级筛选时，应先在数据记录的下方空白处创建条件区域，具体操作步骤如下。

①将条件中涉及的字段名“工龄”和“职称”复制到数据记录下方的空白处，然后不同字段隔行输入条件表达式，如图 2-58 所示。

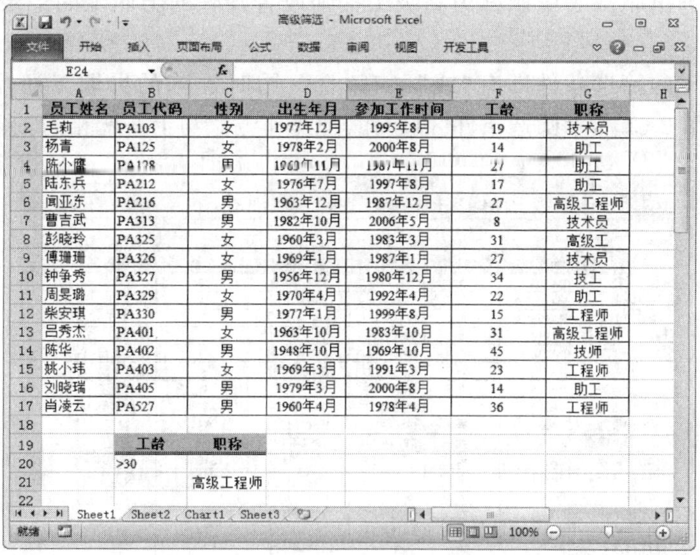

	A	B	C	D	E	F	G
1	员工姓名	员工代码	性别	出生年月	参加工作时间	工龄	职称
2	毛莉	PA103	女	1977年12月	1995年8月	19	技术员
3	杨青	PA125	女	1978年2月	2000年8月	14	助工
4	陈小鹰	PA128	男	1960年11月	1987年11月	27	助工
5	陆东兵	PA212	女	1976年7月	1997年8月	17	助工
6	闻亚东	PA216	男	1963年12月	1987年12月	27	高级工程师
7	曹吉武	PA313	男	1982年10月	2006年5月	8	技术员
8	彭晓玲	PA325	女	1960年3月	1983年3月	31	高级工
9	傅珊珊	PA326	女	1969年1月	1987年1月	27	技术员
10	钟争秀	PA327	男	1956年12月	1980年12月	34	技工
11	周旻璐	PA329	女	1970年4月	1992年4月	22	助工
12	柴安琪	PA330	男	1977年1月	1999年8月	15	工程师
13	吕秀杰	PA401	女	1963年10月	1983年10月	31	高级工程师
14	陈华	PA402	男	1948年10月	1969年10月	45	技师
15	姚小玮	PA403	女	1969年3月	1991年3月	23	工程师
16	刘晓瑞	PA405	男	1979年3月	2000年8月	14	助工
17	肖凌云	PA527	男	1960年4月	1978年4月	36	工程师
18							
19		工龄	职称				
20		>30					
21			高级工程师				
22							

图 2-58　逻辑“或”条件区域的构造

②单击数据记录中的任意一个单元格。

③单击“数据”选项卡下“排序和筛选”组中的“高级”按钮，弹出“高级筛选”对话框。

④如果只需将筛选结果在原数据区域内显示，则选择“在原有区域显示筛选结果”单选按钮，如图 2-59(a)所示；若要将筛选后的结果复制到其他位置，则选中“将筛选结果复制到其他位置”单选按钮，并在“复制到”文本框中指定筛选后复制的起始单元格，本例中选择“J1”单元格，如图 2-59(b)所示。

⑤在“列表区域”文本框中已经指出了数据记录单的范围。单击文本框右边的区域数据选择按钮，可以修改或重新选择数据区域。

⑥单击“条件区域”文本框右边的区域选择按钮，选择已经定义好条件的区域（本题为 B19：C21）。

⑦单击“确定”按钮，其筛选结果被复制到 J1 开始的数据区域中，如图 2-60 所示。

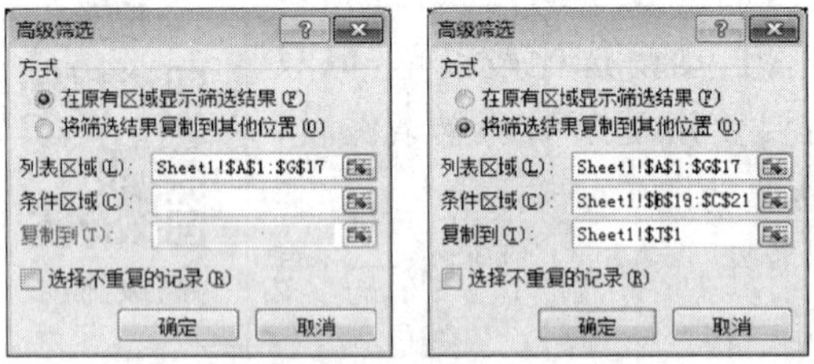

(a)　　(b)

图 2-59　“高级筛选”对话框

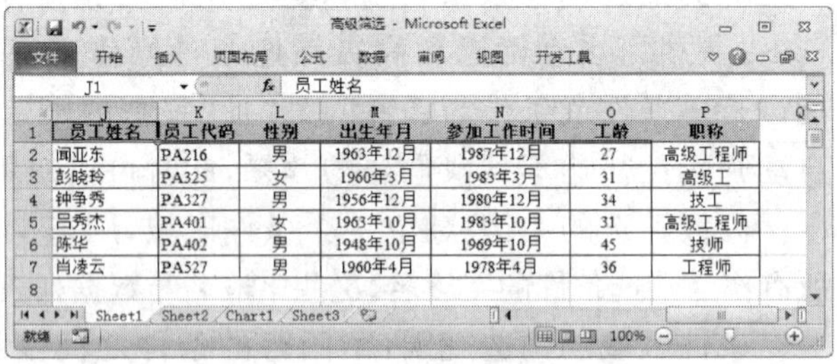

图 2-60　高级筛选结果

注意：如果高级筛选“在原有区域显示筛选结果”，数据记录单中只显示满足筛选条件的记录，不满足条件的记录将自动隐藏。若需要显示全部数据时，只要单击“数据”选项卡下“排序和筛选”组中的“清除”按钮即可。

用于筛选数据的条件，有时并不能明确指定某项内容，而是某一类内容，如所有姓程的员工、产品编号中第 2 位为 A 的产品等。在这种情况下，可以借助 Excel 提供的通配符来筛选。

通配符仅能用于文本型数据，对数值和日期无效。Excel 中允许使用两种通配符：“?”和“＊”。“＊”表示任意多个字符；“?”表示任意单个字符；如果要表示字符“＊”，则用“～＊”表示；如果要表示字符“?”，则用“～?”表示。

例如，筛选出职工表中职称为高级工程师或者姓陈的男职工的记录至 J1 开始的区域中。

分析：这里的筛选条件即有“或”又有“且”，同时姓陈的男职工还需要使用通配符，故建立如图 2-61 所示筛选条件区域。其他操作方法与上一题相同，这里不再赘述。

图 2-61　带通配符的条件区域

2.5.4 数据透视表

数据透视表是一种对大量数据快速汇总和建立交叉列表的交互式报表。它可以快速分类汇总和比较大量的数据，并可以随时选择其中页、行和列中的不同元素，以快速查看源数据的不同统计结果。使用数据透视表可以深入分析数值数据，以不同的方式来查看数据，使数据代表一定的含义，并且可以回答一些预料不到的数据问题。合理应用数据透视表进行计算与分析，能使许多复杂的问题简单化并且极大地提高工作效率。

数据
透视表

1. 创建数据透视表

创建数据透视表的操作步骤如下。

①单击数据表的任意单元格。

②单击“插入”选项卡中的“表格”组中的“数据透视表”按钮，打开如图 2-62 所示的“创建数据透视表”对话框。若要同时创建基于数据透视表的数据透视图，单击“数据透视表”下拉按钮，在下拉列表中选择“数据透视图”命令。

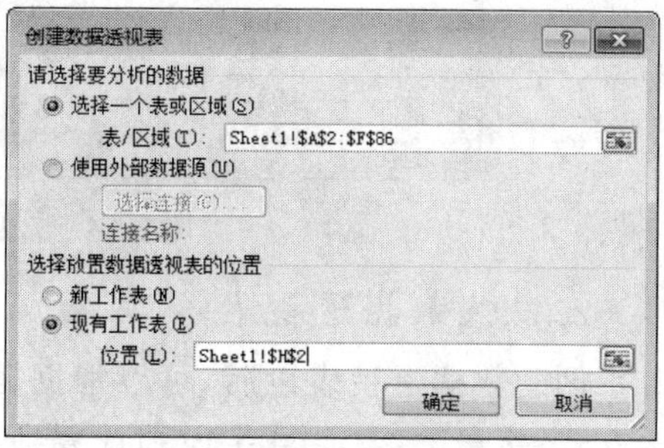

图 2-62 “创建数据透视表”对话框

③Excel 会自动确定数据透视表的区域(光标所在的数据区域)，也可以输入不同的区域或用该区域定义的名称来替换它。

④若要将数据透视表放置在新工作表中，单击“新建工作表”按钮。若要将数据透视表放在现有工作表中的特定位置，选择“现有工作表”，然后在“位置”文本框中指定放置数据透视表的单元格区域的第一个单元格。

⑤单击“确定”按钮，Excel 会将空的数据透视表添加至指定位置并显示数据透视表字段列表，以便添加字段、创建布局以及自定义数据透视表，如图 2-63 所示。

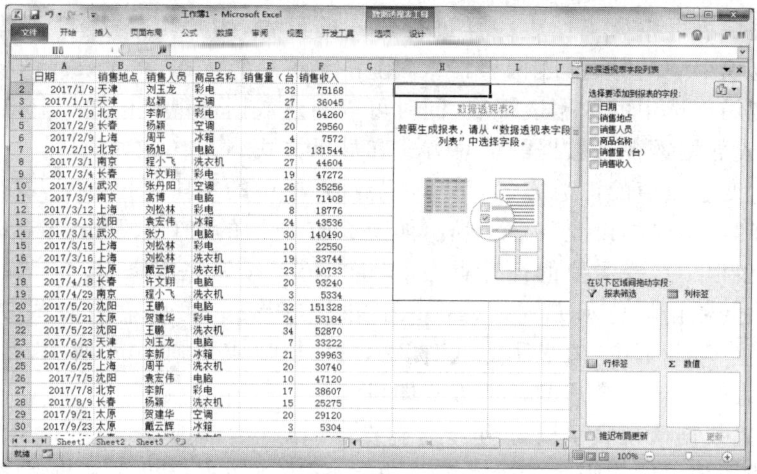

图 2-63 数据透视表布局窗口

⑥将“选择要添加到报表的字段”列表框中的字段分别拖动到对应的“报表筛选”“列标签”“行标签”和“数值”框中。例如，将“销售地点”拖入“报表筛选”，将“商品名

称”拖入“列标签”,将“销售人员”和“日期”拖入“行标签”和“销售收入”拖入“数值”框中,便能得到不同销售地的销售员不同日期的家电销售收入总和情况,如图 2-64 所示(即为所创建的数据透视表)。

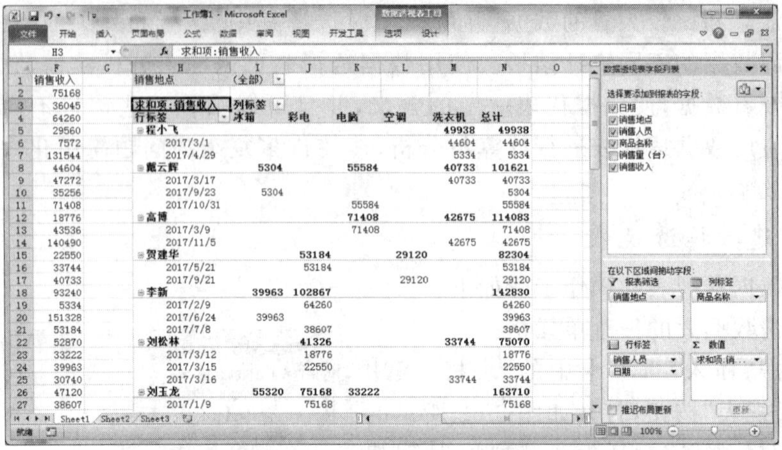

图 2-64　按要求创建的数据透视表

2. 修改数据透视表

创建数据透视表以后,可以根据需要对它的布局、样式、数据的汇总方式、值的显示方式、字段分组、计算字段和计算项、切片器等进行修改。

(1)修改数据透视表的布局

数据透视表创建完成后,可以根据需要对其布局进行修改。对已创建的数据透视表,如果要改变行标签、列标签或数值标签中的字段,可单击标签框中的字段下拉按钮,在弹出的下拉列表中选择“删除字段”命令,再重新到字段列表中去拖动需要的字段到相应的标签框中即可。如果一个标签内添加了多个字段,要想改变字段的顺序,只需选中字段向上拖动或向下拖动就可以调整字段的顺序,字段的顺序变了,透视表的外观随之变化。

(2)修改数据透视表的样式

数据透视表可以像工作表一样进行样式的设置,用户可以选择“数据透视表工具/设计”选项卡中的“数据透视表样式”组中任意一个样式,将 Excel 内置的数据透视表样式应用于选中的数据透视表,同时可以新建数据透视表样式。

(3)更改数据透视表数据的汇总方式和显示方式

若要改变字段值的汇总方式,可单击“数值”框中的字段下拉按钮,在弹出的下拉列表中选择“值字段的设置”命令,弹出如图 2-65 所示的“值字段设置”对话框,在“计算类型”列表框中选择需要的计算类型,单击“确定”按钮完成修改。

若要改变数据的显示方式,如百分比、排序等形式,可以单击如图 2-65 所示的“值字段设置”对话框中“值显示方式”标签,对话框变成如图 2-66 所示,然后从“值显示方式”列表框中选择合适的显示方式即可。

(4)设置数据透视表字段分组

数据透视表提供了强大的分类汇总功能,但由于数据分析需求的多样性,使得数据透视表的常规分类方式不能应付所有的应用场景。通过对数字、日期、文本等不同类型的数据进行分组,可增强数据透视表分类汇总的适应性。

例如,要将图 2-64 创建的透视表按照日期进行分组,对日期字段实现按年和季度分组。其操作步骤如下。

①单击数据透视表中 H 列中任意日期单元格，如 H6 单元格。

②在“数据透视表工具/选项”选项卡中的“分组”组中的“将字段分组”按钮，弹出如图 2-67 所示的“分组”对话框，选择“季度”和“年”，单击“确定”按钮，则完成了对数据透视表进行日期分组的设置，按年和季度分组后的效果如图 2-68 所示。

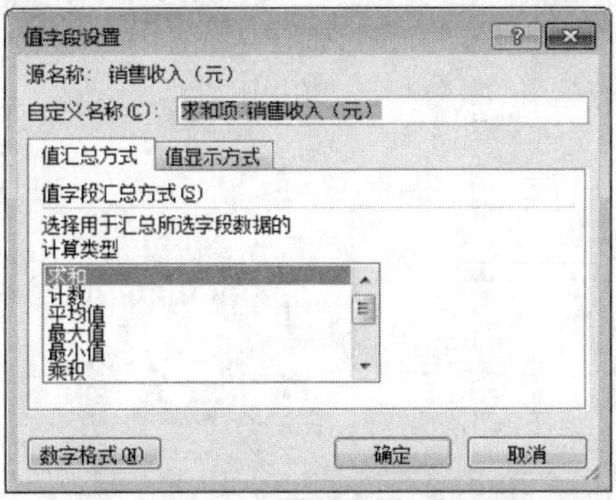

图 2-65　设置字段的汇总方式

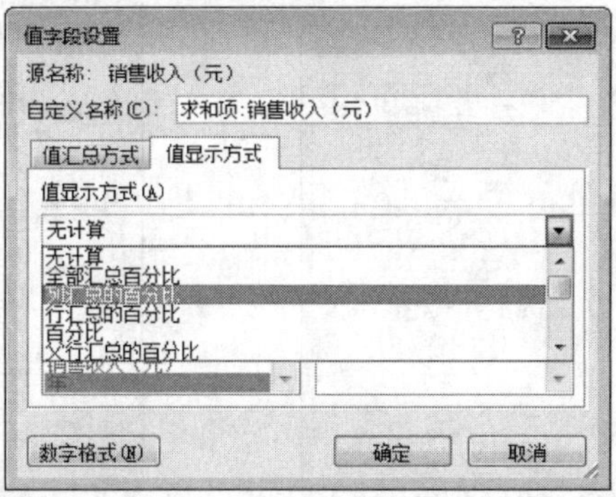

图 2-66　设置值显示方式

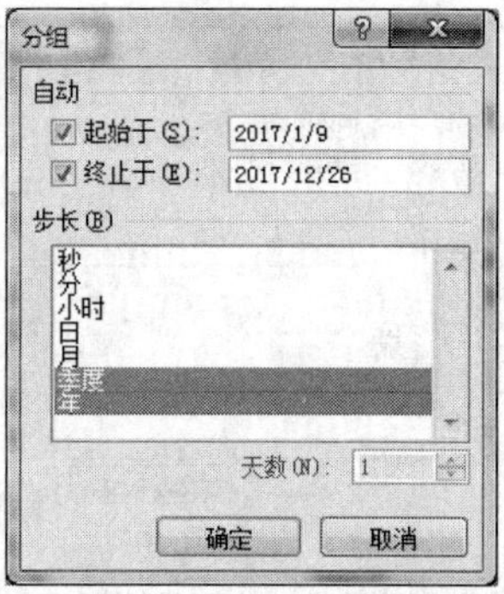

图 2-67　“分组”对话框

(5)使用计算字段和计算项

数据透视表创建完成后，不允许手工更改或者移动数据透视表中的任何区域，也不能在数据透视表中插入单元格或者添加公式进行计算。如果需要在数据透视表中添加自定义计算，则必须使用添加计算字段或添加计算项功能。

计算字段是指通过对数据透视表中现有的字段执行计算后得到的新字段。

计算项是指在数据透视表的现有字段中插入新的项，通过对该字段的其他项执行计算后得到该项的值。

例如，在如图 2-69 所示的数据透视表中，增加一项计算项销售提成，根据销售收入的 0.01 来计算销售员的销售提成。具体操作步骤如下。

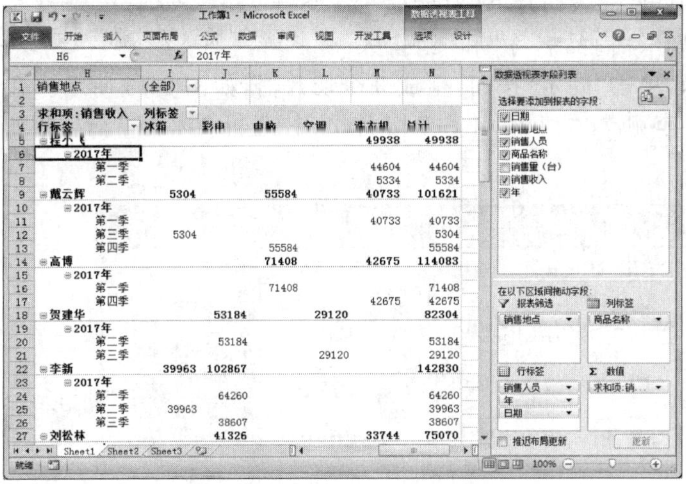

图 2-68　按日期字段分组后的数据透视表

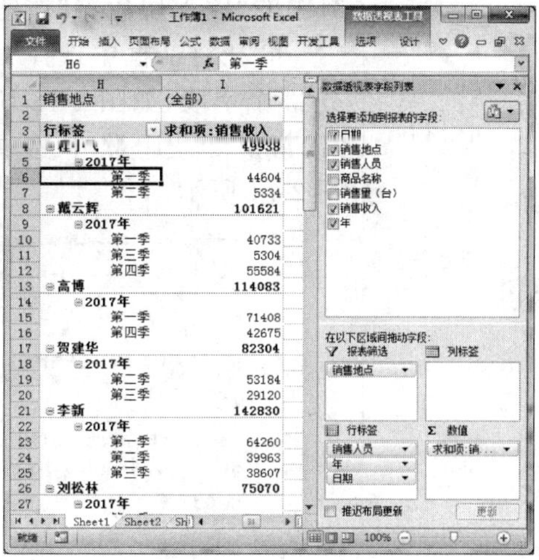

图 2-69　数据透视表

①单击数据透视表中任意单元格。

②单击“数据透视表工具/选项”选项卡下中的“计算”组中的“域、项目和集”下拉按钮，在弹出的下拉列表中选择“计算字段”命令，弹出的“插入计算字段”对话框。在“名称”文本框输入“销售员销售提成”，“公式”文本框中输入“＝”，接着在下方“字段”

列表框中选择“销售收入”,单击“插入字段”按钮,在“公式”文本框里就出现了“=‘销售收入(元)’”,接着输入“ * 0.01”,如图 2-70 所示,单击“确定”按钮,完成了计算字段的添加。添加了计算字段的数据透视表如图 2-71 所示。

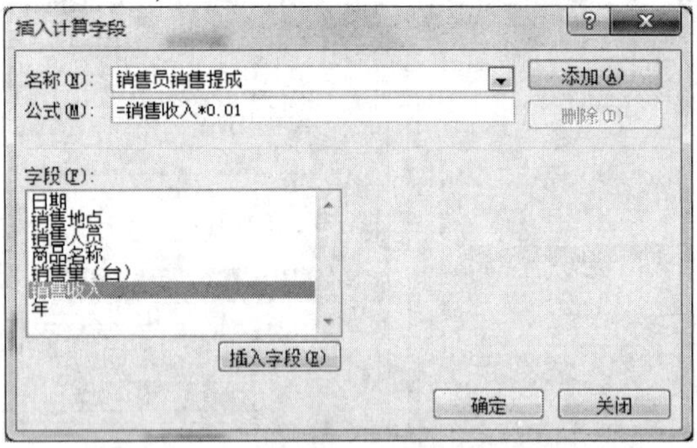

图 2-70 “插入计算字段”对话框

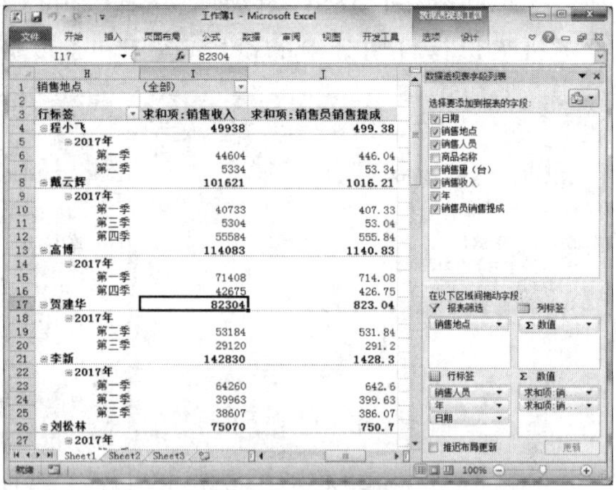

图 2-71 添加计算字段后的数据透视表

(6)插入切片器

Excel 2010 的数据透视表新增了“切片器”功能,通过它不仅能对数据透视表字段进行筛选操作,而且可以直观地在切片器内查看该字段的所有数据项信息。

例如,使用切片器对如图 2-64 所示的数据透视表进行快速筛选,以便直观地了解各销售员不同日期不同家电的销售情况。操作步骤如下。

①单击数据透视表中任意单元格。

②单击“数据透视表工具/选项”中的“排序和筛选”组中的“插入切片器”按钮,弹出“插入切片器”对话框。

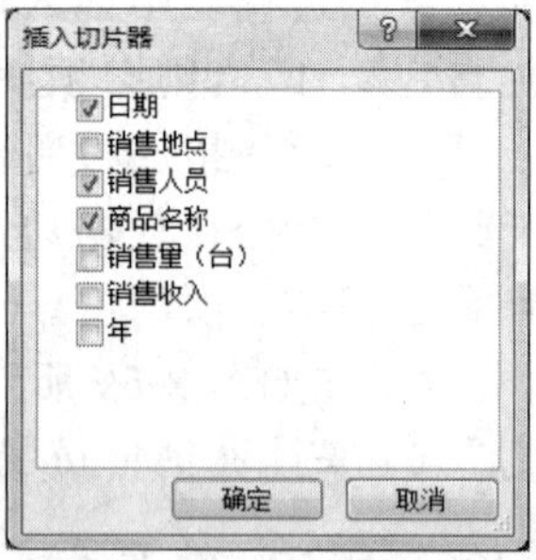

图 2-72 “插入切片器”对话框

③在对话框中选择“日期”、“商品名称”和“销售人员”3 个字段,如图 2-72 所示,单击“确定”按钮,生成 3 个切片器,如图 2-73 所示。在“销售员”切片器中选择“李新”,“商品名称”切片器中选择“冰箱”,结果如图 2-74 所示。

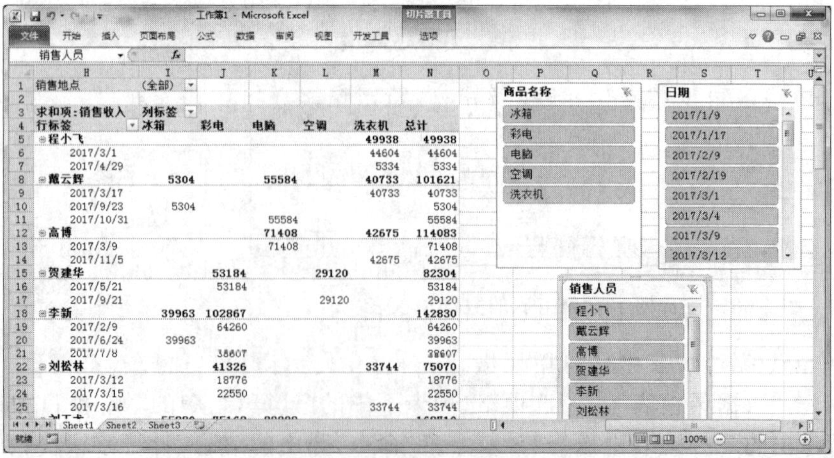

图 2-73 插入的切片器

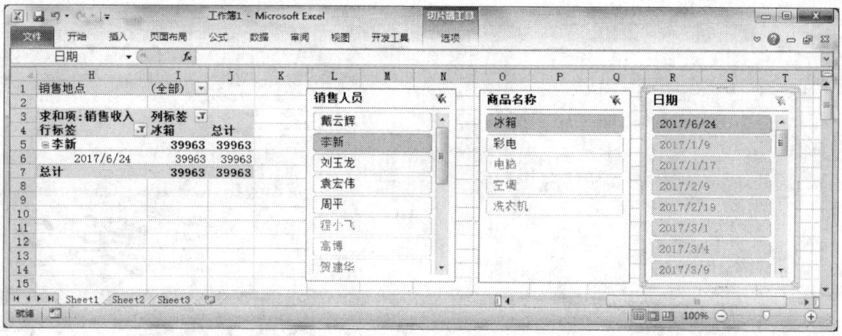

图 2-74　利用切片器对数据透视表筛选后的结果

利用切片器对数据透视表筛选后如果要恢复到筛选前的状态，只要单击切片器右上角的按钮即可清除筛选。如果要删除切片器，只需右击切片器，在弹出的快捷菜单中选择“删除＊＊＊”命令(＊＊＊表示切片器的名称)就可以了。

3. 创建数据透视图

Excel 2010 中的数据透视图是利用数据透视表的结果制作的图表，它将数据以图形的方式表示出来，能更形象、生动地表现数据的变化规律。

建立数据透视图只需在“插入”选项卡中单击“数据透视表”下拉按钮，在弹出的下拉列表中选择“数据透视图”命令即可，其他操作步骤与建立数据透视表相近。例如，创建一个反映各销售员销售收入的数据透视图如图 2-75 所示。

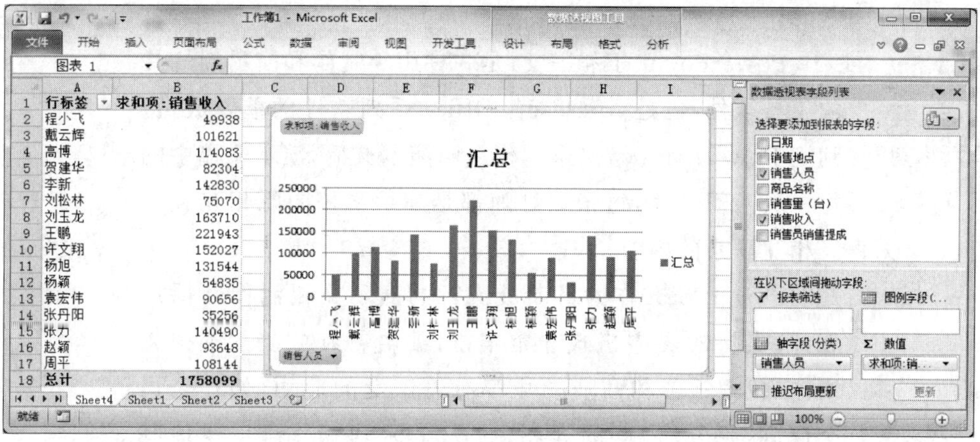

图 2-75　反映各销售员销售收入的数据透视图

数据透视图创建好后，可以利用“数据透视图工具/设计”选项卡中的“类型”组中的“更改图表类型”命令更改图表的类型，如可以将默认的柱形图改为折线图等。数据透视图是利用数据透视表制作的图表，是与数据透视表相关联的。若更改了数据透视表中的数据，则数据透视图也随之更改。

第3章

PowerPoint 2010高级应用

PowerPoint 简称 PPT，是一种用于制作和演示幻灯片的工具软件，也是 Microsoft Office 系列软件的重要成员。利用 PowerPoint 做出来的作品叫演示文稿，演示文稿中的每一页叫幻灯片，每张幻灯片都是演示文稿中既相互独立又相互联系的内容。

PowerPoint 作为目前最流行的演示文稿制作与播放软件，支持的媒体格式非常丰富，编辑、修改、演示都很方便，在教育领域和商业领域都有着广泛的应用，如在公司会议、商业合作、产品介绍、投标竞标、业务培训、课件制作、视频演示等场合经常可以看到它的影子。

本章将介绍 PowerPoint 设计原则和制作流程、图片与多媒体的应用、演示文稿的美化和修饰、动画的应用、演示文稿的放映与输出等内容。

3.1 PowerPoint 设计原则与制作流程

要制作出一个专业并且引人注目的演示文稿，在 PowerPoint 的设计和制作过程中，需要遵循一些基本的设计原则。

3.1.1 设计原则

PowerPoint 的设计非常重要，如何让设计的幻灯片引起受众的兴趣而不是让他们昏昏欲睡，全靠 PowerPoint 的设计。必须要注意的是，PowerPoint 演示的目的在于传达信息，用来帮助受众了解设计者讲述的问题，PowerPoint 是一种辅助工具，而不是主题，所以千万不能以自我为中心。在设计演示文稿时，要经常站在受众的角度换位思考，看一个设计是否能够帮助受众更好地接收设计者要表达的信息，如果对于受众接收信息有帮助，那就保留，否则就应该放弃。一个成功的演示文稿在设计方面需要把握以下几个原则。

PPT 设计原则

1. 主题要明确，内容要精练

在设计一个演示文稿之前，首先应该弄清楚两个问题：讲什么和讲给谁听。讲什么就是 PowerPoint 的主题；再就是讲给谁听，即使同样的主题面对不同的受众，要讲的内容也是不一样的，需要考虑受众的知识水平和喜欢的演讲风格以及对该问题的了解程度等，因此，要根据受众来确定演示的内容。

演示的内容是一个演示文稿成功的基础，如果内容不恰当，无论演示文稿制作得多么精美，也只是枉费工夫。内容是否恰当、精练，需要在设计之初对内容本身及对受众的需求和兴奋点有准确地理解和把握。

先看一张如图 3-1 所示的幻灯片，在这张幻灯片中，文字充满了整张幻灯片，设想一下作为受众，愿意看到这样的幻灯片吗？像这种堆积了大量文字信息的“文档式演示文稿”，显然是不成功的，也是不受人欢迎的，这样的 PowerPoint 演示也完全达不到辅助讲授的目的。

一个内容精炼、观点鲜明、言之有物的演示文稿才会受人关注。因此，需要对文字进行提炼——只留关键词，去掉修饰性的形容词、副词等，或是用关键词组合成短句子，直接表达页面主题。对如图 3-1 所示的幻灯片进行提炼修改后可以得到如图 3-2 所示的幻灯片。

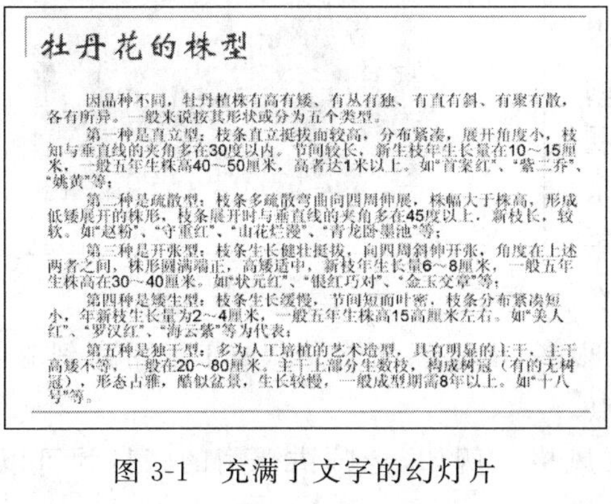

图 3-1　充满了文字的幻灯片

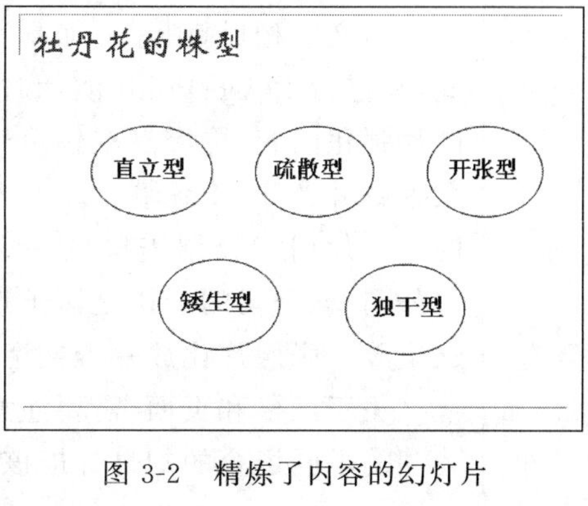

图 3-2　精炼了内容的幻灯片

关于PowerPoint的主题和内容,需要注意以下几点。

①一张幻灯片只表达一个核心主题,不要试图在一张幻灯片中面面俱到。

②不要把整段文字搬上幻灯片,演示是提纲挈领式的,显示的内容越精炼越好。

③一张幻灯片上的文字,行数最好不要超过7行,每行不多于20个字。

④除了必须放在一起比较的图表外,一张幻灯片一般只放一个图片或者一个表格。

2. 逻辑要清晰,组织要合理

演示文稿有了合适的内容,要怎么安排才能使受众易于接受呢?这就是所要强调的结构问题。一个成功的演示文稿必须有清晰的逻辑和完整的结构。清晰的逻辑能清楚地表达演示文稿的主题。逻辑混乱、结构不清晰的PowerPoint演示,会让人摸不着头脑,达不到有效传达信息的目的。

通常一个完整的PowerPoint文件应该包含封面页、目录页、过渡页、内容页、结束语页和封底页。目录页用来展示整个演示文稿的内容结构;过渡页(各部分的引导页)把不同的内容部分划分开,呼应目录保证整个演示文稿的连贯;结束语页用来进行总结,引导受众回顾要点、巩固感知;封底页用来感谢受众。

关于演示文稿的结构,需要注意以下几点。

①演示文稿的结构逻辑要清晰、简明。

②要有一张标题幻灯片,告诉受众你是谁,准备谈什么内容。

③要有目录页标示内容大纲,帮助受众掌握进度。

④通过不同层次的标题,标明演示文稿结构的逻辑关系。

⑤每个章节之间插入一个标题幻灯片用作过渡页。

⑥演示时按照顺序播放,尽量避免回翻、跳转,混淆受众的思路。

3. 风格要一致,页面要简洁

一个专业的演示文稿风格应该保持一致,包括页面的排版布局、颜色、字体、字号等,统一的风格可以使幻灯片有整体感。实践表明,任何与内容无关的变化,都会分散受众对演示内容的注意力,因此,演示文稿的风格应该尽量保持一致。

除了保持风格一致外,幻灯片页面应该尽量简洁。简洁的页面会给人以清新的感觉,观看起来自然、舒服,不容易视觉疲劳,而文字信息太多的页面会失去重点,造成受众接收信息被动,直接影响演示文稿的演示效果。

图3-3 介绍一家制作篮子的公司的幻灯片

与文字相比,图片更加真实、直观,因此,在进行PowerPoint演示时,以恰当的图片强化内容,更容易在较短时间里让受众理解并留下深刻印象。如图3-3所示的幻灯片用于介绍美国的一家制作篮子的公司,该公司的大楼是篮子形状的。在这里放一张照片比放一堆文字效果要好很多,也必然会给受众留下非常深刻的印象。

关于风格和页面,需要注意以下几点。

①不同场合的幻灯片应该有不同的风格。例如,老师讲课用的幻灯片可以选择

生动有趣的风格，而商业用的幻灯片则需要保守一些的风格。

②所有幻灯片的格式应该一致，包括颜色、字体、背景等。

③应该避免全文字的页面，尽量采用文字、图表和图形的混合使用。合理的图文搭配更能吸引受众。

④字体不能太多，一般不超过 3 种，多了会给人乱的感觉。

⑤字号要大于 18 pt，否则坐在后面的受众有可能看不清楚。

⑥注意字体色和背景色的搭配，蓝底白字、黑底黄字、白底黑字等都是比较引人注目的搭配。

在 PowerPoint 演示中，使页面信息能够准确、有效地传递是 PowerPoint 设计的主要职责。因此，PowerPoint 设计不仅仅是色彩和图形等美工设计，还包括结构、内容及布局等规划设计。只有遵循以上 PowerPoint 设计原则，才能设计出主题明确、内容精炼，逻辑结构清晰、页面简洁美观的演示文稿，这样的演示文稿才能真正成为讲授的得力助手。

3.1.2 制作流程

PowerPoint 制作流程一般可以分为以下几个步骤。

1. 提炼大纲

演示文稿的大纲是整个演示文稿的框架，只有框架搭好了，一个演示文稿才有可能成功。在设计之初应该根据目标和要求，对原始文字材料进行合理取舍、理清主次、提炼归纳出大纲。提炼大纲需要考虑以下几个方面。

①讲什么？这个问题包括幻灯片的主题、重点、叙述顺序和各个部分的比重等，是最重要的一部分，应该首先解决。

②讲给谁听？同样一个主题给不同的受众讲的内容是不一样的，需要考虑受众的知识水平、对该主题的了解程度、受众的需求和兴奋点等。

③讲多久？讲授的时间决定了演示文稿的长度，一般一张幻灯片的讲授时间在 1～3 min 之间比较合适。

2. 充实内容

有了演示文稿的基本框架(此时每页只有一个标题)，就可以充实每一张幻灯片的内容了。将适合标题表达的文字内容精炼一下，做成带项目编号的要点。在这个过程中，可能会发现新的资料，非常有用，却不在大纲范围中，则可以进行大纲的调整，在合适的位置增加新的页面。

接下来把演示文稿中适合用图片表现的内容用图片来表现，如带有数字、流程、因果关系、趋势、时间、并列、顺序等的内容，都可以考虑用图的方式来表现。如果有的内容无法用图表现的时候，可以考虑用表格来表现，其次才考虑用文字说明。

在充实内容的过程中，需要注意以下几个方面。

①一张幻灯片中，避免文字过多，内容应尽量精简。

②能用图片，不用表格；能用表格，不用文字。

③图片一定要合适，无关的、可有可无的图片坚决不要。

3. 选择主题和模板

利用主题和模板可以统一幻灯片的颜色、字体和效果，使幻灯片具有统一的风格。如果觉得 Office 自带的主题不合适，可以在母版视图中进行调整，添加背景图、Logo、装饰图等，也可以调整标题、文字的大小和字体，以及合适的位置。

4. 美化页面

简洁大方的页面给人清新、舒适的感觉。适当地放置一些装饰图可以美化页面，不过使用装饰图一定要注意必须符合当前页面的主题，图片的大小、颜色不能喧宾夺主，否则容易分散受众的注意力，影响信息传递的效果。

另外，可以根据母版的色调对图片进行美化，调整颜色、阴影、立体、线条，美化表格、突出文字等。在这个过程中要注意整个演示文稿的颜色不要超过 3 个色系，否则会显得很乱。

5. 预演播放

查看播放效果，检查有没有不合适的地方，遇到不合适或者不满意的就进行调整，特别要注意不能有错别字。一张幻灯片中出现错别字，给受众的感觉是相当差劲的。

在这个环节，需要注意以下几点。

①文字内容不要一下就全部显示，需要为文字内容设定动画，一步一步显示，有利于讲授。

②动画效果、幻灯片切换效果不宜太花哨，朴素一点的比花哨的更受欢迎。

3.2 PowerPoint 中的图片

在一个演示文稿中，图片比文字能够产生更大的视觉冲击力，也能够使页面更加简洁、美观，因此，在用 PowerPoint 制作演示文稿时，经常会使用图片，但有时图片又不符合设计者的要求，此时就需要对图片进行适当的处理，以达到更好的视觉效果。在本节中将介绍 PowerPoint 2010 中图片处理的一些应用技巧。

3.2.1 图片美化

图片美化技巧

在幻灯片的制作过程中，图片的处理不一定要依靠像 Photoshop 这类专门的图像处理软件，PowerPoint 2010 为设计者提供了强大的图像处理功能。在幻灯片中双击需要处理的图片，会出现如图 3-4 所示的“图片工具/格式”选项卡，可以对图片进行删除背景、剪裁、柔化、锐化，修改亮度、饱和度、色调，重新着色等操作。

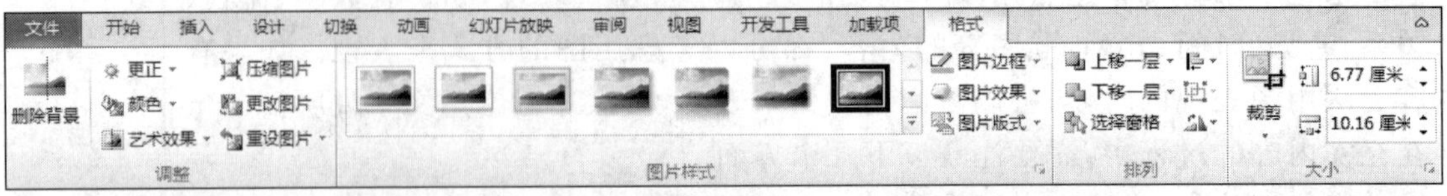

图 3-4 “图片工具/格式”选项卡

1. 图片的裁剪

在 PowerPoint 中的很多地方都需要用到图片，但对图片的尺寸大小和形状却经常根据需要有不同的要求，因此裁剪图片是一个很常见的操作。在“图片工具/格式”

选项卡中,单击“大小”组的“裁剪”下拉按钮,会出现如图 3-5 所示的下拉“列表”。

选择“裁剪”命令,通过拖拉裁剪柄裁剪出想要的内容和尺寸,裁剪效果如图 3-6 所示。

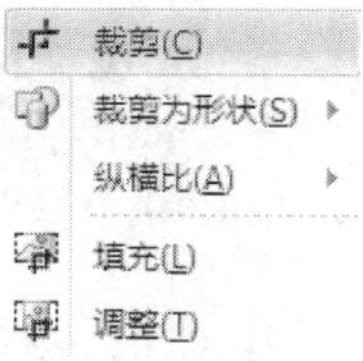

图 3-5 “裁剪”下拉列表

图 3-6 裁剪效果图

选择“裁剪为形状”命令,然后根据需要选择相应的形状,即可把图片裁剪成指定的形状。裁剪为“圆角矩形”、“椭圆”和“波形”的效果分别如图 3-7(a)、(b)、(c)所示。

(a) (b) (c)

图 3-7 裁剪为形状效果图

2. 删除图片背景

删除图片背景功能是 PowerPoint 2010 中新增的功能之一,利用删除背景工具可以快速而精确地删除图片背景,无需在对象上进行精确描绘就可以智能地识别出需要删除的背景,使用起来非常方便。

例如,有一张图片的背景色与当前幻灯片的背景颜色不同,显得图片很突兀,此时需要删除该图片的背景,具体操作步骤如下。

①选择需要删除背景的图片,单击“图片工具/格式”选项卡中的“调整”组中的“删除背景”按钮,出现如图 3-8 所示的“背景消除”选项卡。

图 3-8 “背景消除”选项卡

②这时删除背景工具已自动进行了选择,如图 3-9(b)所示。洋红色部分为要删除的部分,原色部分为要保留的部分。如果要保留的部分没有被全部选中,可拖动句柄让所有要保留的部分都包括在选择范围内,如图 3-9(c)所示。

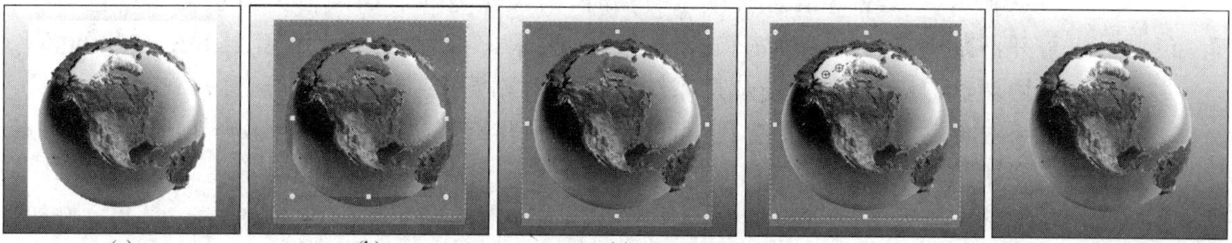

(a) (b) (c) (d) (e)

图 3-9 删除图片背景的过程

③可以看到图中有少量需要保留的部分(地球的白色部分)与背景色颜色相同,被错误地设置为洋红色。这时可以单击“背景消除”选项卡中的“优化”组中的“标记要保留的区域”按钮,然后在地球的白色部分单击,添加保留标记(带圆圈的加号)以保留该区域。添加保留标记后的区域会变为原色,如图 3-9(d)所示。

④最后单击“背景消除”选项卡中的“关闭”组中的“保留更改”按钮完成背景删除。删除了背景的图片效果如图 3-9(e)所示。

3. 图片给文字做背景

许多情况下,在 PowerPoint 中插入图片后,还需要在图片上加上一些文字说明。由于文字与图片之间色彩的关系,可能会出现文字模糊或者不突出的情况,如图 3-10(a)所示。此时,可以右击文字的文本框,从弹出的快捷菜单中选择“设置形状格式”命令,再选择合适的填充颜色和透明度。通过文本框的背景色突出文字,效果如图 3-10(b)所示。

(a) (b)

图 3-10 图片给文字做背景

4. 给图片添加统一的边框

有时候为了统一风格,可以给演示文稿中的图片添加统一的边框,如图 3-11 所示。在 PowerPoint 2010 中,要给图片加上边框,可以选中图片,在“图片工具/格式”选项卡中的“图片样式”组中选择合适的样式,或者单击“图片样式”组中的“图片边框”下拉按钮对边框的粗细、颜色等进行设置。

图 3-11 给图片添加统一的边框

另外,如果要调整图片的旋转角度,可以选定图片,在图片上方会出现一个绿色的小圆圈,这是用来控制旋转的控制点,拖动这个控制点就可以旋转选定的图片。

5. 剪贴画的重新着色

利用 PowerPoint 制作演示文稿时,插入漂亮的剪贴画会为演示文稿增色不少,可并不是所有的剪贴画都符合设计者的要求,剪贴画的颜色搭配常和幻灯片的颜色不协调,而且不加改变地使用系统自带的剪贴画会让人觉得不新鲜,产生视觉疲劳。如果对剪贴画进行重新着色,可以使剪贴画和幻灯片的色调一致,会让人有耳目一新的感觉,具体操作步骤如下。

选中剪贴画,单击“图片工具/格式”选项卡中的“调整”组中的“颜色”下拉按钮,弹出如图 3-12 所示的“重新着色”下拉列表,在此选择合适的颜色对剪贴画进行重新着色。如图 3-13 所示是对剪贴画选择了“灰度”进行重新着色以后的效果。

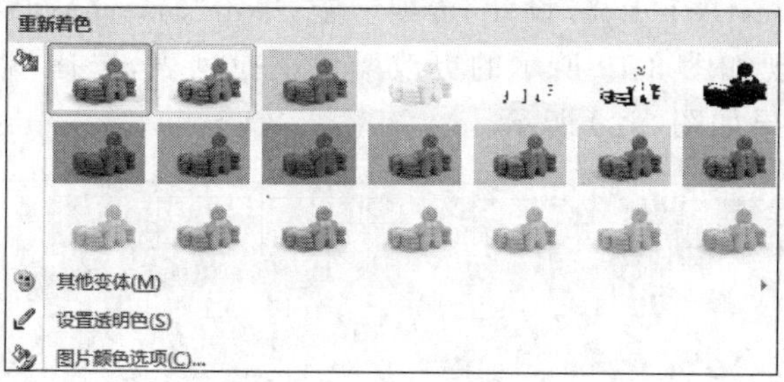

图 3-12 “重新着色”下拉列表

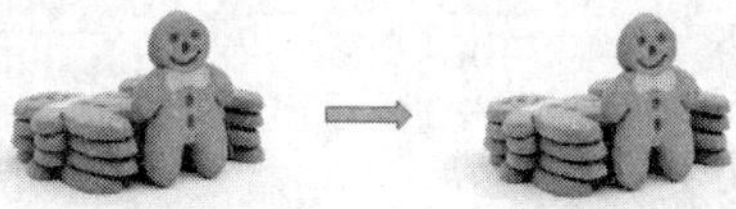

图 3-13 剪贴画重新着色效果

3.2.2 SmartArt 图形

SmartArt 图形

在 PowerPoint 中使用图形比使用文本更加有利于受众去记忆和理解相关的内容，但对于非专业人员来说，要创建具有设计师水准的图形是很困难的。利用 PowerPoint 2010 提供的 SmartArt 功能，可以很容易地创建出具有设计师水准的图形，使文本变得生动。

例如，把如图 3-14 所示的幻灯片中的文本创建成如图 3-15 所示的幻灯片中的 SmartArt 图形，具体操作步骤如下。

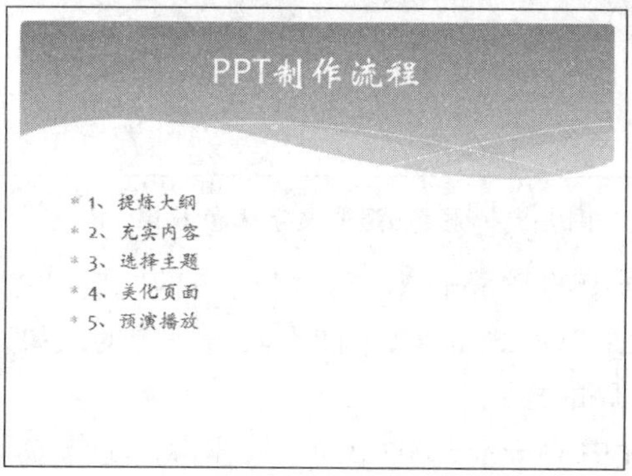

图 3-14 使用文本的幻灯片

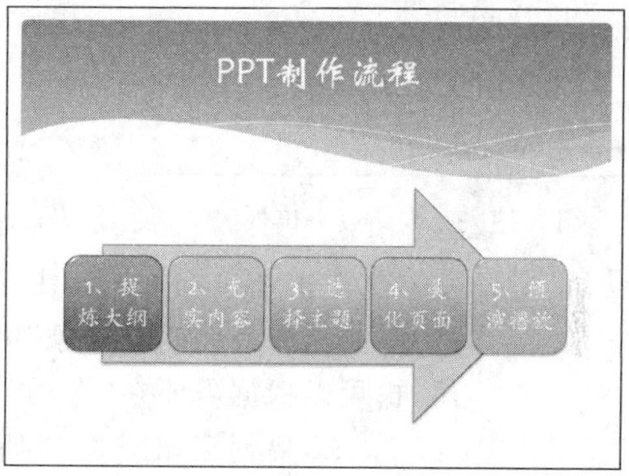

图 3-15 使用 SmartArt 图形的幻灯片

①在幻灯片中选择需要转换成 SmartArt 图形的文本并右击，从弹出的快捷菜单中选择“转换为 SmartArt”命令，或者单击“开始”选项卡中的“段落”组中的“转换为 SmartArt 图形”下拉按钮，在如图 3-16 所示的“SmartArt 图形”下拉列表中选择“连续块状流程”，效果如图 3-17 所示。

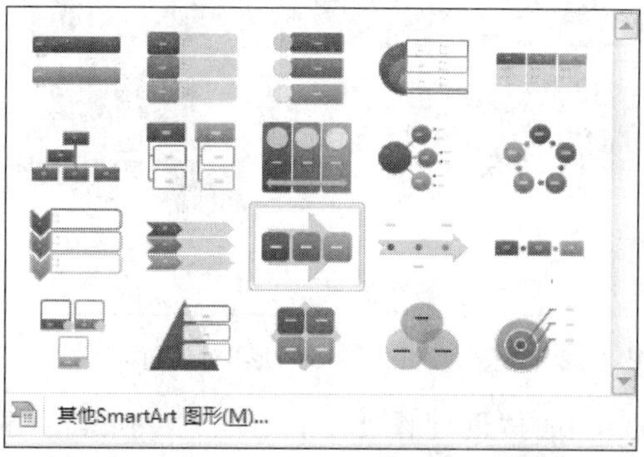

图 3-16 “SmartArt 图形”下拉列表

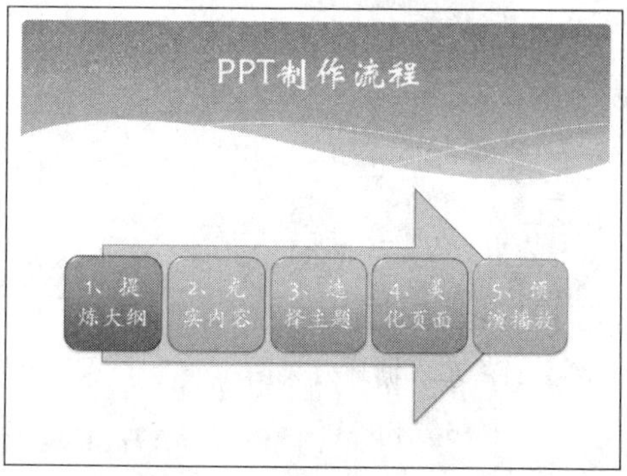

图 3-17 连续块状流程效果图

②在如图 3-18 所示的“SmartArt 工具/设计”选项卡中，单击“SmartArt 样式”组中的“更改颜色”下拉按钮，出现如图 3-19 所示的更改颜色下拉列表，选择“彩色”组中的“彩色-强调文字颜色”，效果如图 3-20 所示。

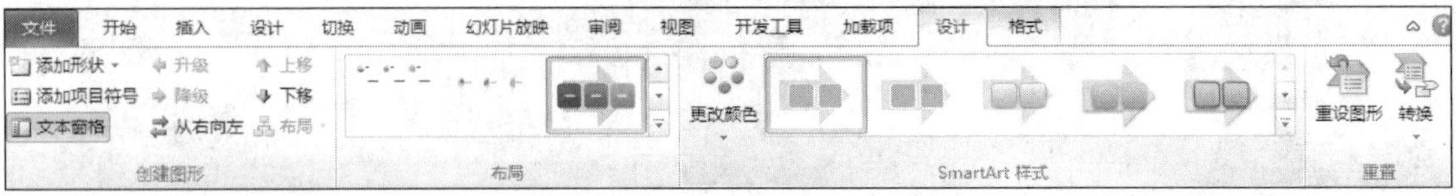

图 3-18 “SmartArt 工具/设计”选项卡

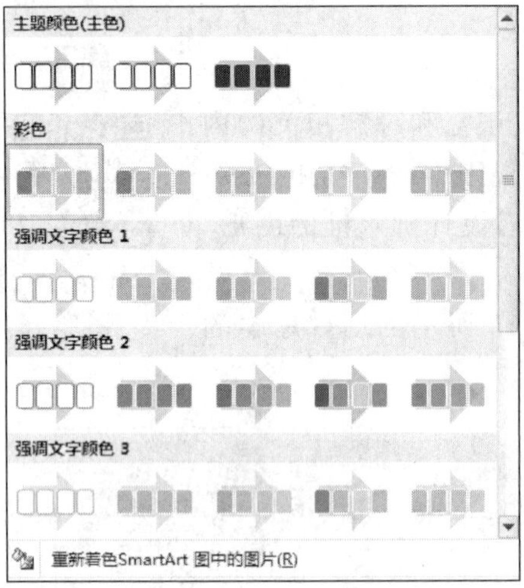

图 3-19 更改颜色下拉列表

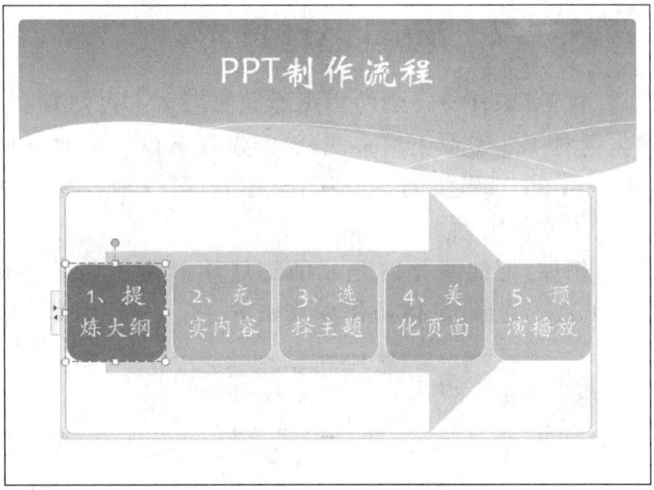

图 3-20 彩色-强调文字颜色效果

③单击“SmartArt 工具/设计”选项卡中的“SmartArt 样式”组中的“其他”按钮，选择“文档的最佳匹配对象”中的“强烈效果”，使 SmartArt 图形具备三维的效果。当然，也可以根据需要在“布局”组中更改布局的样式。

又如，要创建如图 3-21 所示的幻灯片中的 SmartArt 图形，具体操作步骤如下。

①单击“插入”选项卡中的“插图”组中的“SmartArt”按钮，打开“选择 SmartArt 图形”对话框，在“循环”类别中选择“基本循环”图形，如图 3-22 所示，单击“确定”按钮。

图 3-21 基本循环效果图

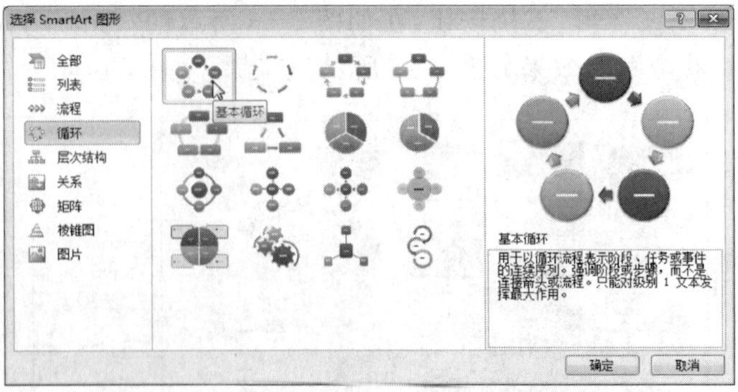

图 3-22 “选择 SmartArt 图形”对话框

②单击“SmartArt 工具/设计”选项卡中的“创建图形”组中的“文本窗格”按钮，打开文本窗格，输入“产品”、“废品”和“资源”3 项，删除多余的项目，如图 3-23 所示。

再次单击“SmartArt 工具/设计”选项卡中的“创建图形”组中的“文本窗格”按钮，关闭文本窗格。

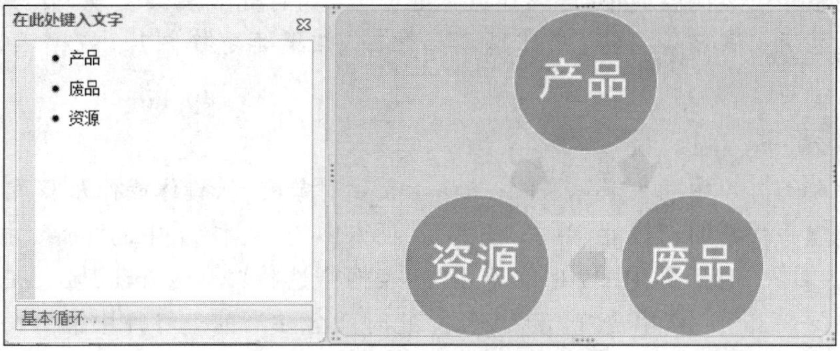

图 3-23 在文本窗格中编辑项目

③单击“SmartArt 工具/设计”选项卡中的“SmartArt 样式”组中的“更改颜色”下拉按钮，在出现的更改颜色下拉列表中选择“彩色”组中的“彩色范围－强调文字颜色 2 至 3”。

④单击“SmartArt 工具/设计”选项卡中的“SmartArt 样式”组中的“其他”按钮，选择“三维”中的“优雅”，使 SmartArt 图形具备三维的效果。

⑤同时选中圆形形状，单击“SmartArt 工具/格式”选项卡中的“形状”组中的“减小”按钮，同时选中箭头形状，单击“SmartArt 工具/格式”选项卡中的“形状”组中的“增大”按钮，将 SmartArt 图形中各个形状对象调整至合适的大小。

⑥右击从产品到废品的箭头形状，在弹出的快捷菜单中选择“编辑文字”命令，输入文字“使用”。右击从废品到资源的箭头形状，在弹出的快捷菜单中选择“编辑文字”命令，输入文字“再生”。右击从资源到产品的箭头形状，在弹出的快捷菜单中选择“编辑文字”命令，输入文字“制造”。

至此，如图 3-21 所示的 SmartArt 图形创建完毕。

3.2.3 图片切换

在用 PowerPoint 进行幻灯片设计时，常常需要这样的效果：单击小图片就可看到该图片的放大图，如图 3-24 所示。那么如何在 PowerPoint 中实现这种效果呢？

图 3-24 点小图，看大图

1. 方法一

首先在主幻灯片中插入许多小图片，然后将每张小图片都与一张空白幻灯片相链接，最后在空白幻灯片中插入相应的放大图片。这样只需单击小图片就可看到相应的放大图片了，如果单击放大图片还需返回到主幻灯片，还应在放大图片上设置超链接，链接回主幻灯片。

这种思路虽然比较简单，但操作起来很繁琐，而且完成后会发现，设计出来的幻灯片结构混乱，很容易出错，尤其是不易修改，如果要更换图片，就得重新设置超链接。

2. 方法二

通过在幻灯片中插入 PowerPoint 演示文稿对象实现，具体操作步骤如下。

①建立一张新的幻灯片，单击“插入”选项卡中的“文本”组中的“对象”按钮，在打开的“插入对象”对话框中的“对象类型”列表框中选择“Microsoft PowerPoint 演示文稿”，如图 3-25 所示，单击“确定”按钮。此时就会在当前幻灯片中插入一个“PowerPoint 演示文稿”的编辑区域，如图 3-26 所示。

②在此编辑区域中可以对插入的演示文稿对象进行编辑。在该演示文稿对象中插入所需的图片，把图片的大小设置为与幻灯片大小相同，退出编辑后，图片以缩小的方式显示。

③对其他图片进行同样的操作。为了提高效率，也可以将这个插入的演示文稿对象进行复制，然后更改其中的图片，并排列它们之间的位置即可。

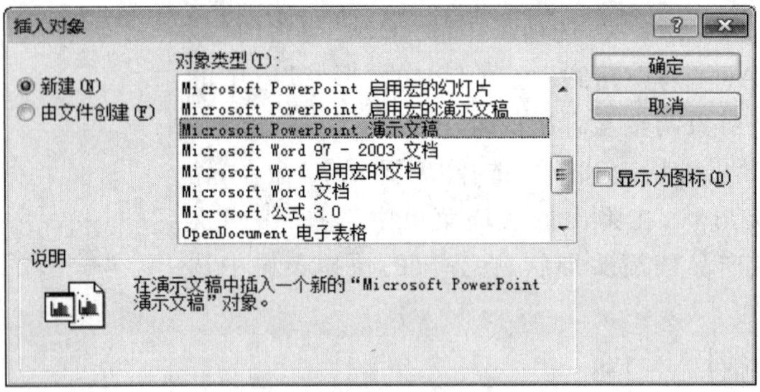

图 3-25 “插入对象”对话框

图 3-26 插入的“PowerPoint 演示文稿”编辑区域

这样就实现了单击小图片观看大图片的效果。其实，这里的小图片实际上是插入的演示文稿对象。单击小图片相当于对插入的演示文稿对象进行演示观看，而演示文稿对象在播放时就会自动全屏幕显示，所以看到的图片就好像被放大了一样。当单击放大图片时，插入的演示文稿对象实际上已被播放完，然后自动退出，也就返回到主幻灯片。

由此可见，在制作演示文稿时，可以利用插入 PowerPoint 演示文稿对象这一特殊手段来使整个演示文稿的结构更加清晰明了。

3.2.4 电子相册

制作电子相册的软件比较多，用 PowerPoint 也可以很轻松地制作出专业级的电子相册。在 PowerPoint 2010 中，电子相册的具体制作过程如下。

①新建一个空白演示文稿，单击“插入”选项卡中的“图像”组中的“相册”按钮。

②弹出如图 3-27 所示的“相册”对话框，可以选择从磁盘或是扫描仪、数码照相

机这类外围设备添加图片。

③选择插入的图片文件都会出现在“相册”对话框的“相册中的图片”列表框中，单击图片名称可在“预览”框中看到相应的效果。单击“相册中的图片”列表框下方的↑、↓按钮可改变图片出现的先后顺序，单击“删除”按钮可删除被加入的图片文件。

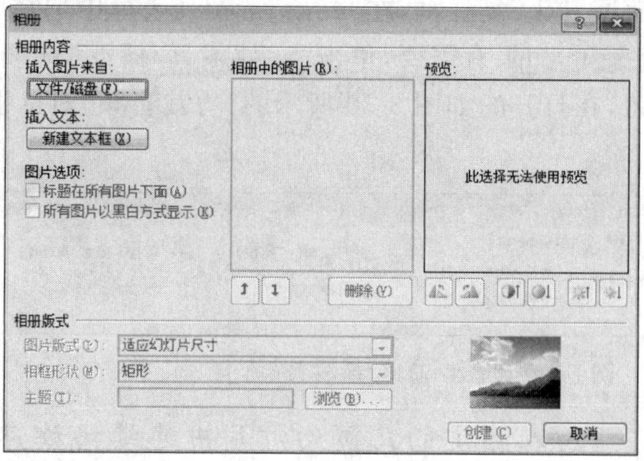

图 3-27 “相册”对话框

④通过“预览”框下方的 6 个按钮，可以旋转选中的图片，以及改变图片的对比度和亮度等。

⑤相册的版式设计。在“图片版式”下拉列表框中，可以指定每张幻灯片中图片的数量和是否显示图片标题。在“相框形状”下拉列表框中，可以为相册中的每一张图片指定相框的形状。单击“主题”文本框右侧的“浏览”按钮，可以为幻灯片指定一个合适的主题。

⑥以上操作完成之后，单击对话框中的“创建”按钮，PowerPoint 就自动生成一个电子相册。如果需要进一步地对相册效果进行美化，还可以对幻灯片辅以一些文字说明，以及设置背景音乐、过渡效果和切换效果等。

3.3 PowerPoint 中的多媒体

在用 PowerPoint 制作幻灯片时，使用恰当的声音、视频、Flash 动画等多媒体元素，可以使幻灯片更加具有感染力。本节将介绍在 PowerPoint 2010 中使用声音、视频和 Flash 动画的技巧。

3.3.1 声音

恰到好处的声音可以使幻灯片具有更出色的表现力，利用 PowerPoint 可以向幻灯片中插入 CD 音乐和 WAV、MID 和 MP3 文件，以及录制旁白。

声音的使用

1. 连续播放声音

在某些场合，声音需要连续播放，如相册中的背景音乐，在幻灯片切换的时候需要保持连续。具体操作步骤如下。

①把光标定位到要出现声音的第一张幻灯片，单击“插入”选项卡中的“媒体”组中的“音频”按钮，在打开的“插入音频”对话框中选择合适的声音文件插入幻灯片，幻灯片中出现如图 3-28 所示的音频图标，在此可以预览音频播放效果，调整播放进度和音量大小等。

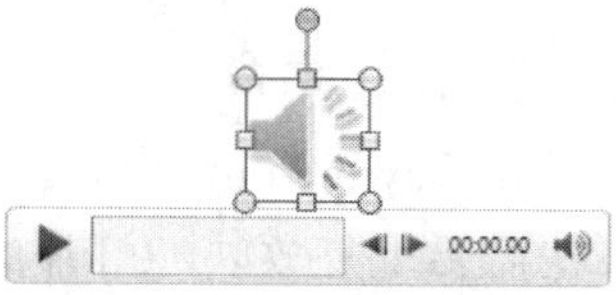

图 3-28 音频图标

②确保选中刚刚插入的音频图标，在“音频工具/播放”选项卡中的“音频选项”组中选择“放映时隐藏”、“循环播放，直到停止”、“播完

返回开头”复选框，在“开始”下拉列表框中选择“跨幻灯片播放”，如图 3-29 所示。

③如果有需要，单击“音频工具/播放”选项卡中的“编辑”组中的“剪裁音频”按钮，在打开的如图 3-30 所示的“剪裁音频”对话框中可以对音频进行剪裁。

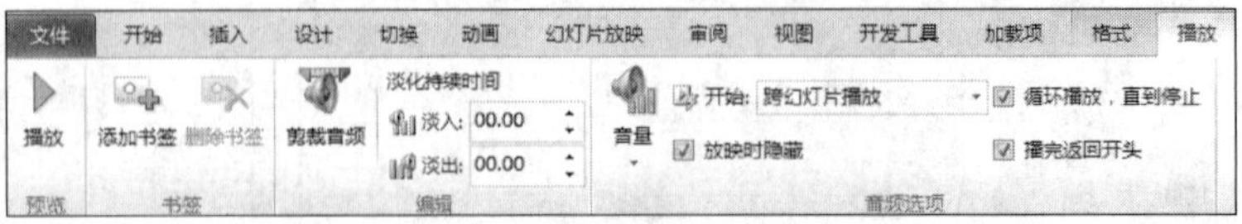

图 3-29 “音频工具/播放”选项卡

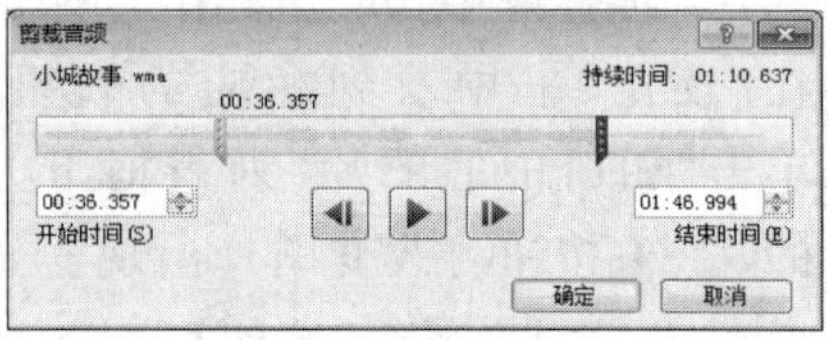

图 3-30 “剪裁音频”对话框

2. 在指定的几页幻灯片中连续播放声音

使用跨幻灯片播放声音的方式，能够使声音在切换幻灯片时保持连续，但是不能指定播放若干张幻灯片后停止播放。在一些特殊情况下，可能会想要声音在播放几张幻灯片后停止，具体操作步骤如下。

①把光标定位到要出现声音的第一张幻灯片，单击“插入”选项卡中的“媒体”组中的“音频”按钮，在打开的“插入音频”对话框中选择合适的声音文件插入幻灯片。

②确保选中刚刚插入的音频图标，在“音频工具/播放”选项卡中的“音频选项”组中选择“放映时隐藏”、“循环播放，直到停止”、“播完返回开头”复选框，在“开始”下拉列表框中选择“自动”。

③单击“动画”选项卡中的“高级动画”组中的“动画窗格”按钮，打开“动画窗格”任务窗格，单击该声音对象动画上的下拉按钮，从下拉列表中选择“效果选项”命令，如图 3-31 所示。

④弹出“播放音频”对话框，在“停止播放”栏中设置在 4 张幻灯片后停止播放，如图 3-32 所示。这样，声音就会连续地播放，并在播完 4 张幻灯片后自动停止播放。

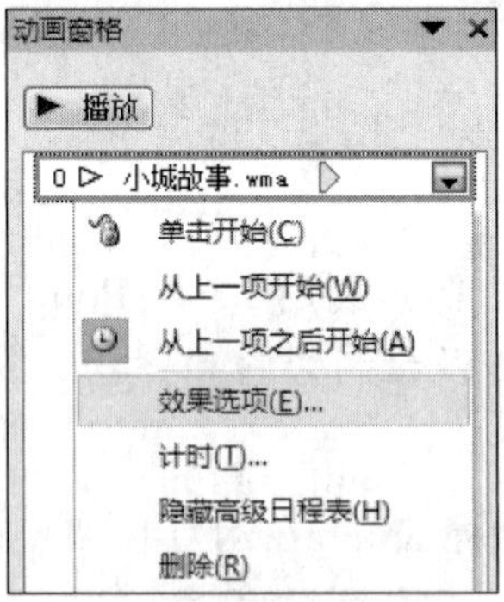

图 3-31 “动画窗格”任务窗格

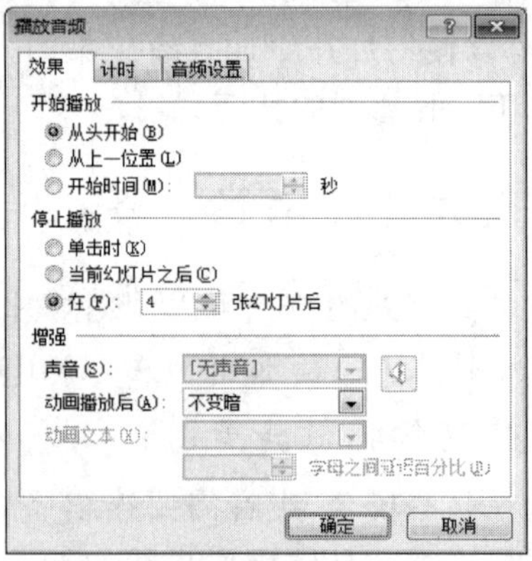

图 3-32 “播放音频”对话框

3. 录制旁白

在 PowerPoint 中，可以为幻灯片放映录制旁白，对幻灯片进行解说配音，适用于某些需要重复放映幻灯片的场合。录制旁白的具体操作步骤如下。

①在计算机上安装设置好麦克风。

②单击“幻灯片放映”选项卡中的“设置”组中的“录制幻灯片演示”下拉按钮，从下拉列表中选择“从当前幻灯片开始录制”，如图 3-33 所示。

③弹出“录制幻灯片演示”对话框，选择“幻灯片和动画计时”和“旁白和激光笔”复选框，如图 3-34 所示，单击“开始录制”按钮，进入幻灯片放映状态，一边播放幻灯片一边对着麦克风讲解旁白。

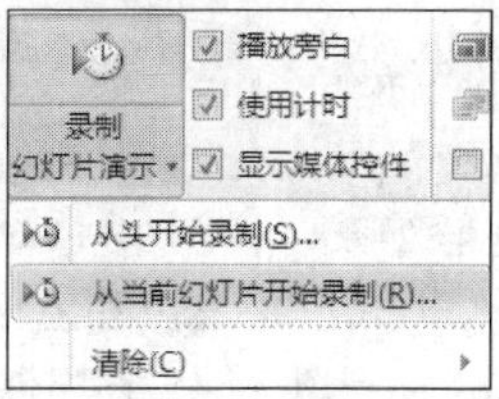

图 3-33 “录制幻灯片演示”下拉菜单

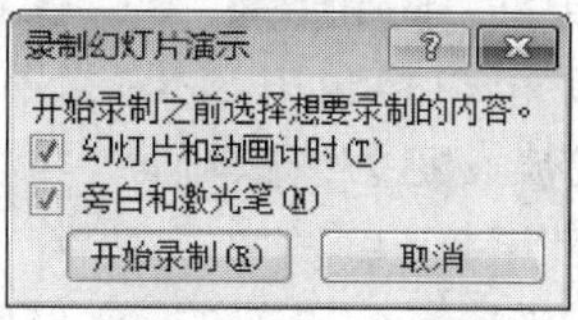

图 3-34 “录制幻灯片演示”对话框

④录制完毕后，在每张幻灯片的右下角会自动显示一个音频图标，可以在此试听每张幻灯片的录制效果。如果某张幻灯片不需要旁白，则可以将该幻灯片中的音频图标删除。如果想删除所有幻灯片中的旁白，可以单击“幻灯片放映”选项卡中的“设置”组中的“录制幻灯片演示”下拉按钮，从下拉列表中选择“清除”→“清除所有幻灯片中的旁白”命令。

3.3.2 视频

在演示文稿中添加一些视频并进行相应的处理，可以使演示文稿变得更加美观。PowerPoint 2010 提供了丰富的视频处理功能，下面从以下几个方面介绍 PowerPoint 2010 中视频的使用方法。

视频的使用

1. 插入视频

单击“插入”选项卡中的“媒体”组中的“视频”按钮，从打开的“插入视频文件”对话框中选择要插入幻灯片的视频文件，然后调整视频的大小，如图 3-35 所示。在 PowerPoint 2010 中，既可以在非放映状态下也可以在放映状态下控制视频的播放，进行播放进度、声音大小等调整。

为了进一步美化，可以对视频设置一些效果。单击“视频工具/格式”选项卡中的“视频样式”组中的“视频形状”下拉按钮，可以设置视频播放界面的外形，单击“视频效果”下拉按钮可以设置视频的效果。设置了“椭圆”形状和“半映像，4pt 偏移量”效果的视频播放效果如图 3-36 所示。

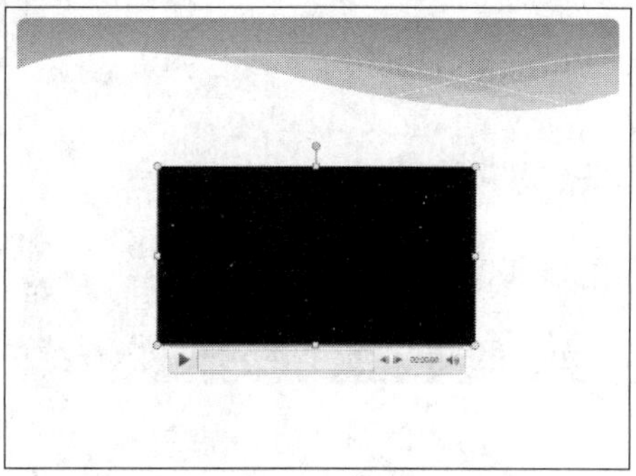

图 3-35 调整了大小后的视频

图 3-36 设置了形状和效果的视频

2. 为视频添加封面

当插入视频时，一般默认显示的是黑色的屏幕，看起来不美观。为了使演示文稿更加专业，可以根据需要为插入到幻灯片的视频设计一个封面。视频的封面可以是事先制作的图片，也可以是当前视频中某一帧的画面。

若要把视频中某一帧的画面作为封面，可以先定位到该帧画面，然后单击"视频工具/格式"选项卡中的"调整"组中的"标牌框架"下拉按钮，在如图 3-37 所示的"标牌框架"下拉列表中选择"当前框架"命令。这样，视频的封面就被设定为该帧画面，并在视频底下显示"标牌框架已设定"字样。

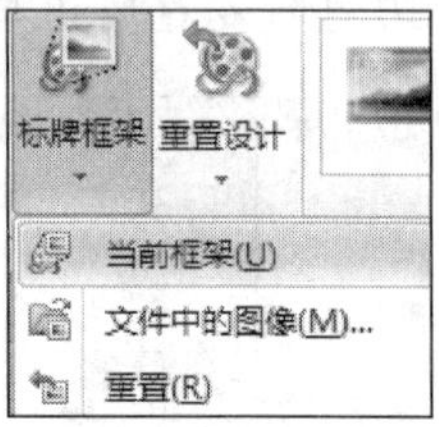

图 3-37　标牌框架下拉菜单

若要恢复到以前的面貌，可以单击"视频工具/格式"选项卡中的"调整"组中的"标牌框架"下拉按钮，在"标牌框架"下拉列表中选择"重置"命令清除封面。

若要使用事先制作的图片做封面，则可以在"标牌框架"下拉列表中选择"文件中的图像"命令，从打开的"插入图片"对话框中选择某一幅图片作为视频封面。

3. 为视频添加书签

一个视频通常可以分为几个精彩片段，在演示文稿中观看视频的时候，可能会想要快速跳转到某个精彩片段。在 PowerPoint 2010 中，可以通过添加书签的形式轻松地实现在视频中快速的跳转，具体操作步骤如下。

将鼠标定位在要跳转的位置，单击"视频工具/播放"选项卡中的"书签"组中的"添加书签"按钮，便出现了黄色的书签圆点，可以根据需要添加多个书签，如图 3-38 所示。

在播放视频时，只需要单击书签就可以实现快速跳转。按组合键 Alt＋Home 可以快速定位到当前位置的前一个书签处开始播放，按组合键 Alt＋End 可以跳转到当前位置的下一个书签处开始播放。

如果想要删除书签，选择要删除的书签，单击"视频工具/播放"选项卡中的"书签"组中的"删除书签"按钮即可。

4. 剪辑视频

在 PowerPoint 2010 中，无需下载专业软件，即可进行专业的视频剪辑。选中视频，单击"视频工具播放"选项卡中的"编辑"组中的"剪裁视频"按钮，弹出"剪裁视频"对话框，设置视频的开始和结束位置，如图 3-39 所示，单击"确定"按钮即可完成视频的剪辑。

图 3-38　添加了书签的视频

图 3-39　"剪裁视频"对话框

3.4 演示文稿的修饰

在用 PowerPoint 2010 制作演示文稿时，可以利用主题、幻灯片母版来统一幻灯片的风格，达到快速修饰演示文稿的目的。为了使幻灯片更加协调、美观，还可以对幻灯片进行一些美化和修饰，如背景设置等。

3.4.1 主题

PowerPoint 主题是一组统一的设计元素，包括主题颜色、主题字体和主题效果等内容。利用设计主题，可以快速对演示文稿进行外观效果的设置。PowerPoint 2010 提供了一些内置主题可以供用户直接使用，用户也可以修改主题进一步满足自己的需求。

主题

1. 主题的应用

一般情况下，一个演示文稿通常应用一个主题。用户可以在如图 3-40 所示的“设计”选项卡中的“主题”组中选择合适的主题即可，也可以单击“主题”组中的“其他”按钮打开如图 3-41 所示的主题库，这里有更多的主题可供选择。在应用主题前可以看到实时预览，只需将指针停留在主题库的缩略图上，即可看到应用了该主题后的演示文稿效果。

图 3-40 “设计”选项卡

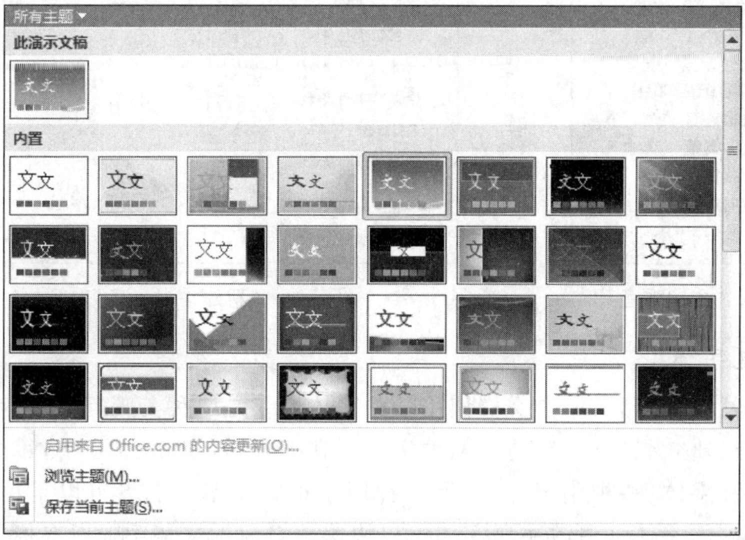

图 3-41 主题库

在一些特殊的情况下，演示文稿也可以包含两种或者更多的主题，具体的操作方法是：选中欲应用主题的幻灯片，右击“设计”选项卡中的“主题”组中合适的主题，在弹出的快捷菜单中选择“应用于选定幻灯片”命令即可。

在实际应用时，可以根据需要直接使用默认的主题，也可以在应用了某个主题后，再对主题颜色、主题字体和主题效果进行调整。如果希望长期应用，可以在如图 3-41 所示的主题库中选择“保存当前主题”命令把主题保存为自定义主题。

2. 主题颜色

主题颜色包含了文本、背景、文字强调和超链接等颜色。通过更改主题颜色可以快速地调整演示文稿的整体色调。

单击“设计”选项卡“主题”组中的“颜色”下拉按钮，打开如图 3-42 所示的主题颜色库。主题颜色库显示了内置主题中的所有颜色组，单击其中的某个主题颜色即可更改演示文稿的整体配色。若不想修改整个演示文稿的配色，只想要修改部分幻灯片的配色，可以先选中要设置配色的幻灯片，然后单击“设计”选项卡中的“主题”组中的“颜色”下拉按钮，右击主题颜色库中相应的主题颜色，在弹出的快捷菜单中选择“应用于选定幻灯片”命令。

若要创建用户自定义的主题颜色，可以选择主题颜色库中的“新建主题颜色”命令，弹出如图 3-43 所示的“新建主题颜色”对话框，共有 12 种颜色可以设置。前 4 种颜色用于文本和背景，接下来的 6 种用于强调文字颜色，最后两种颜色用于超链接和已访问的超链接。

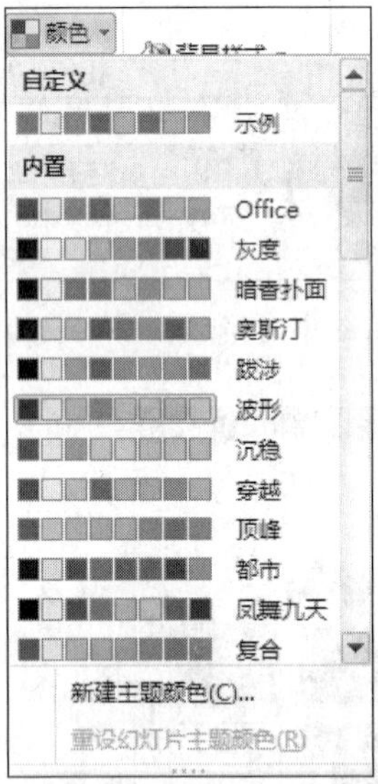

图 3-42　主题颜色库

图 3-43　“新建主题颜色”对话框

3. 主题字体

在幻灯片设计中，对整个文档使用一种字体始终是一种美观且安全的设计选择，当需要营造对比效果时，可以使用两种字体。在 PowerPoint 2010 中，每个内置主题均定义了两种字体：一种用于标题，另一种用于正文文本。二者可以是相同的字体，也可以是不同的字体。更改主题字体可以快速地对演示文稿中的所有标题和正文文本进行更新。

单击“设计”选项卡“主题”组中的“字体”下拉按钮，打开如图 3-44 所示的主题字体库。主题字体库显示了内置主题中的所有字体组，单击其中的某个主题字体即可更改演示文稿的所有标题和正文文本的字体。

若要创建用户自定义主题字体，可以单击主题字体库中的“新建主题字体”命令，弹出如图 3-45 所示的“新建主题字体”对话框，设置好标题字体和正文字体之后单击“保存”按钮。

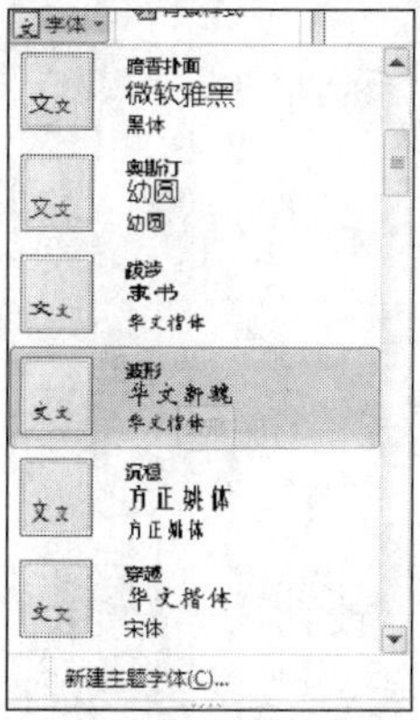

图 3-44　主题字体库

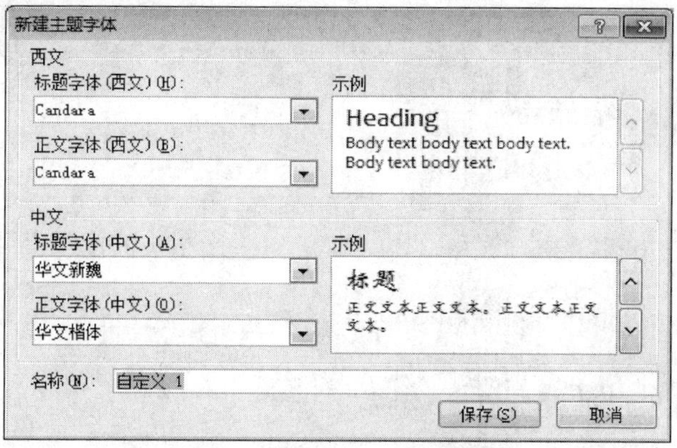

图 3-45　“新建主题字体”对话框

4. 主题效果

主题效果主要是设置幻灯片中图形线条和填充效果的组合，包含了多种常用的阴影和三维设置组合。主题效果可以应用于图表、SmartArt 图形、形状、图片、表格、艺术字和文本。通过使用主题效果库，可以替换不同的效果以快速更改这些对象的外观。

用户不能创建自己的主题效果，但单击“设计”选项卡中的“主题”组中的“效果”下拉按钮，可以打开如图 3-46 所示的主题效果库，然后选择要在自己的主题中使用的效果即可。

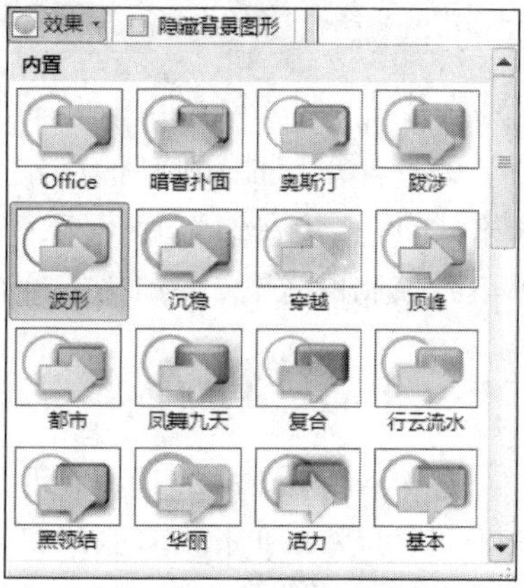

图 3-46　主题效果库

3.4.2　母版

PowerPoint 的母版可以分成 3 类：幻灯片母版、讲义母版和备注母版。幻灯片母版是一种特殊的幻灯片，用于存储有关演示文稿的主题和幻灯片版式的信息，包括背景、颜色、字体、效果、占位符大小和位置等。讲义母版主要用于控制幻灯片以讲义形式打印的格式，备注母版主要用于设置备注幻灯片的格式。下面介绍的主要是幻灯片母版。

母版与版式

使用幻灯片母版的目的是使幻灯片具有一致的外观，用户可以对演示文稿中的每张幻灯片进行统一的样式更改。使用幻灯片母版时，由于无需在多张幻灯片上键入相同的信息，因此节省了时间。每个演示文稿至少包含一个幻灯片母版。

打开一个空白演示文稿，然后单击“视图”选项卡中的“母版视图”组中的“幻灯片母版”按钮，可以看到如图 3-47 所示的幻灯片母版视图。这里显示了一个具有默认相关版式的空白幻灯片母版。在幻灯片缩略图窗格中，第一张较大的幻灯片图像是幻灯片母版,位于幻灯片母版下方的是相关版式的母版。

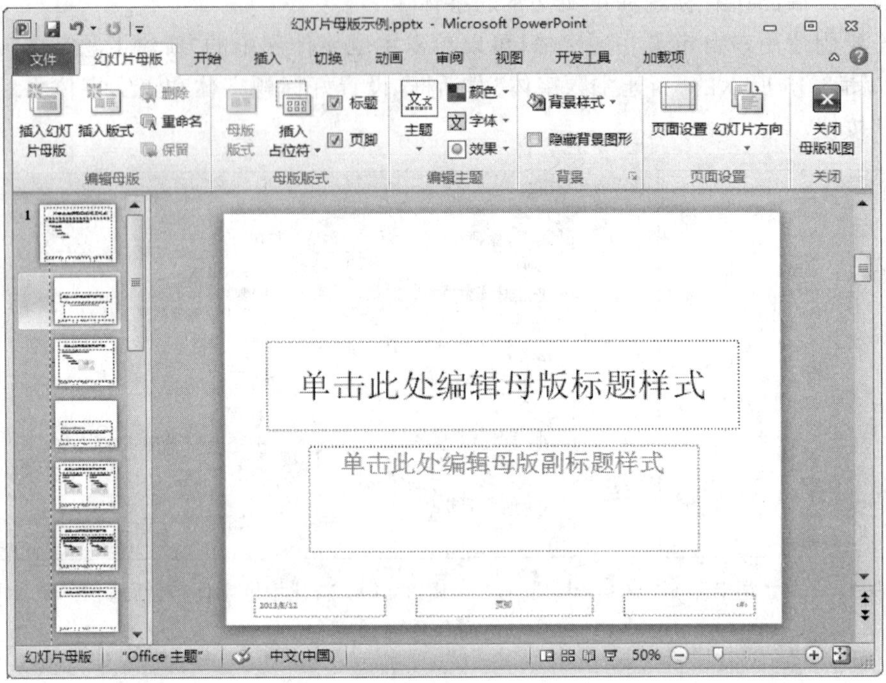

图 3-47　幻灯片母版视图

幻灯片母版能影响所有与它相关的版式母版,对于一些统一的内容、图片、背景和格式,可直接在幻灯片母版中设置,其他版式母版会自动与之一致。版式母版也可以单独控制配色、文字和格式等。

3.4.3　背景

在 PowerPoint 2010 中,用户可以为幻灯片设置不同的颜色、图案或者纹理等背景,不仅可以为单张或多张幻灯片设置背景,而且可对母版设置背景,从而快速改变演示文稿中所有幻灯片的背景。

改变幻灯片背景的具体操作步骤如下。

①单击"设计"选项卡中的"背景"组的"背景样式"下拉按钮,在如图 3-48 所示的背景样式下拉列表中选择合适的背景样式,整个演示文稿的背景就设置好了。

②若要对指定的幻灯片设置背景,可以先选中目标幻灯片,再单击"设计"选项卡中的"背景"组中的"背景样式"下拉按钮,然后右击合适的背景样式,在弹出的快捷菜单中选择"应用于所选幻灯片"命令。

③若不想使用默认的背景样式,可以在背景样式下拉列表中选择"设置背景格式"命令,打开如图 3-49 所示的"设置背景格式"对话框,用户可以根据需要设置双色渐变、预设颜色、纹理、图案、图片等各种效果的背景。设置好需要的效果后,如果要将更改应用到当前选中的幻灯片,可单击"关闭"按钮,如果要将更改应用到所有的幻灯片,可单击"全部应用"按钮。

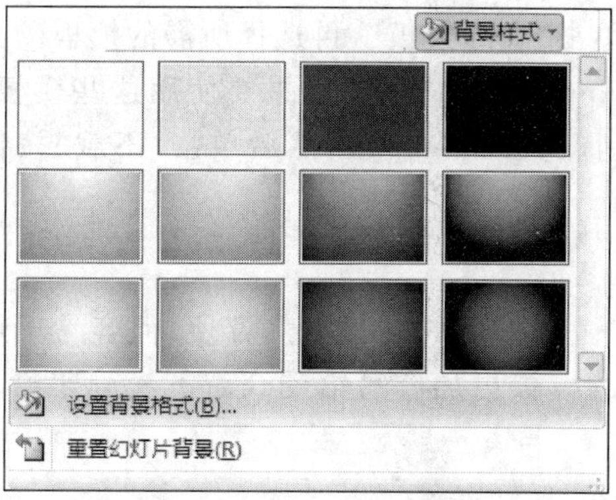

图 3-48　背景样式下拉列表

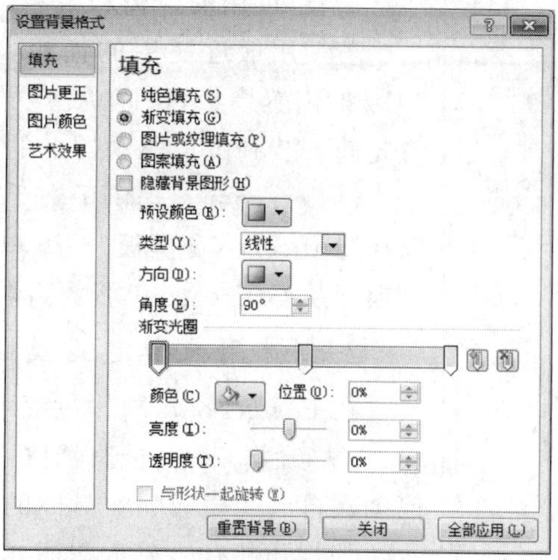

图 3-49　“设置背景格式”对话框

3.4.4　模板

模板是一种用来快速制作幻灯片的已有文件，其扩展名为“potx”，它可以包含演示文稿的版式、主题颜色、主题字体、主题效果和背景样式，甚至还可以包含内容。使用模板的好处是可以方便、快速地创建一系列主题一致的演示文稿。

1. 根据已有模板生成演示文稿

用户若想要根据已有模板生成演示文稿，可以应用 PowerPoint 2010 的内置模板、自己创建并保存到计算机中的模板、从 Office. com 或第三方网站下载的模板。具体的操作步骤如下。

①在“文件”选项卡中选择“新建”命令，打开如图 3-50 所示的新建演示文稿窗口。

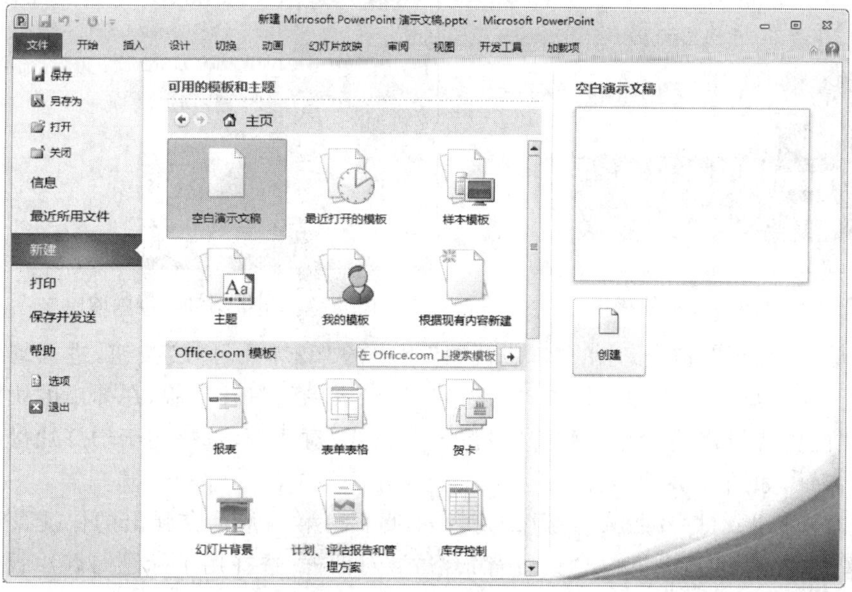

图 3-50　新建演示文稿窗口

②在“可用的模板和主题”下，可以选择以下操作。

若使用最近使用的模板，可以单击“最近打开的模板”；若要使用 PowerPoint 2010 的内置模板，可以单击“样本模板”，再选择所需的模板；若要使用自定义模板或者先前安装到本地驱动器上的模板，可以单击“我的模板”，再选择所需的模板。

Office. com 上提供了数千个免费的 PowerPoint 模板，若想要使用这些模板，可以在“Office. com 模板”栏下单击模板类别，选择一个模板，然后单击“下载”按钮将该模板从 Office. com 下载到本地驱动器。

2. 创建用户自定义模板

在 PowerPoint 制作过程中，直接应用微软提供的模板固然方便，但容易千篇一律，失去新意，一个自己设计的、清新别致的模板更加容易给受众留下深刻印象。如何创建自己的模板呢？具体的操作步骤如下。

①打开现有的演示文稿或模板。

②更改演示文稿或模板以符合需要。

③选择“文件”选项卡中的“另存为”命令。

④在“文件名”下拉列表框中为设计模板输入名字。

⑤在“保存类型”下拉列表框中，选择类型为“PowerPoint 模板(* . potx)”。

演示文稿模板文件默认保存在“Microsoft\Templates”文件夹下。如果将模板文件保存在默认的文件夹下，新模板会出现在新建演示文稿窗口的“我的模板”中。如果改变了模板文件的保存位置，可以通过“文件”选项卡中的“打开”命令打开。

下面介绍一个创建用户自定义模板的例子。

①首先准备好两张图片，一张用于标题幻灯片版式母版，如图 3-51 所示，一张用于幻灯片母版，如图 3-52 所示。打开 PowerPoint 2010 并新建一个空白的演示文稿文档。

图 3-51 用于标题幻灯片版式母版的图片

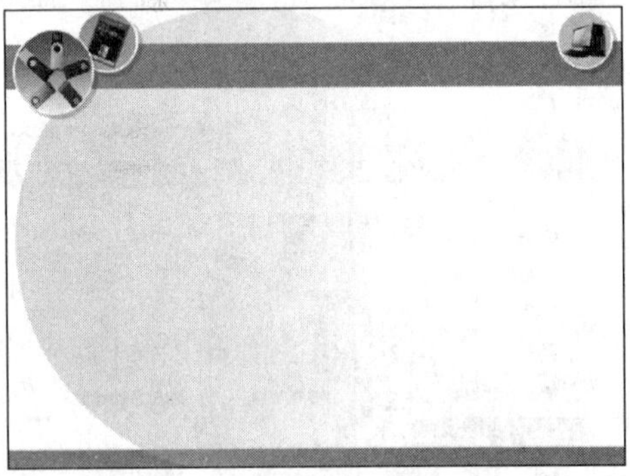

图 3-52 用于幻灯片母版的图片

②单击“视图”选项卡中的“母版视图”组中的“幻灯片母版”按钮，进入幻灯片母版视图。在幻灯片缩略图窗格中，右击第一张较大的幻灯片母版，在弹出的快捷菜单中选择“设置背景格式”命令，弹出“设置背景格式”对话框，选择用于幻灯片母版的图片作为背景，如图 3-53 所示。

③右击标题幻灯片版式母版(幻灯片母版下的第一张)，在弹出的快捷菜单中选择“设置背景格式”命令，弹出“设置背景格式”对话框，选择用于标题幻灯片版式母版的图片作为背景，如图 3-54 所示。

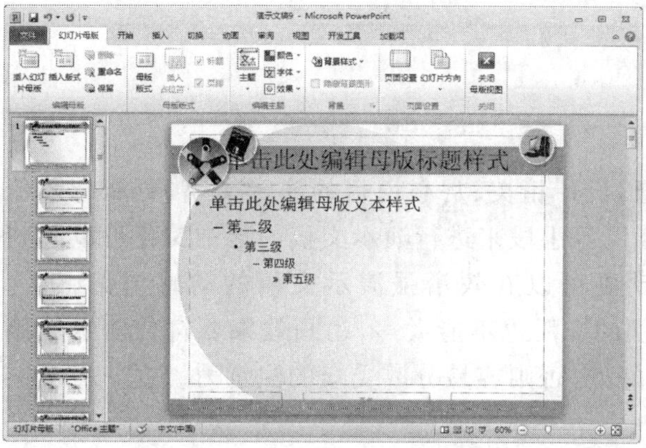

图 3-53　设置了统一背景的幻灯片母版

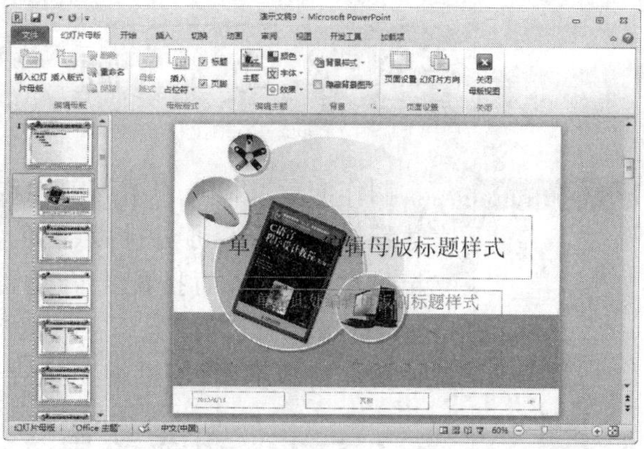

图 3-54　设置了单独背景的标题幻灯片版式母版

④单击“幻灯片母版”选项卡中的“编辑主题”组中的“字体”下拉按钮，将主题字体设为“波形”，即标题字体为“华文新魏”，正文字体为“华文楷体”。

⑤在标题幻灯片版式母版中，调整占位符的大小和位置，在“开始”选项卡中的“字体”组中，把标题占位符的字体颜色设为“深蓝色”，把副标题占位符的字体颜色设为“白色”。在“幻灯片母版”选项卡中的“母版版式”组中，取消选择“页脚”复选框。设置好后的标题幻灯片版式母版效果如图 3-55 所示。

⑥在标题和内容版式母版中，删除日期区和页脚区，调整占位符的大小和位置，在“开始”选项卡中的“字体”组中，把标题占位符和页码区的颜色设为“白色”，把正文占位符的颜色设为“深蓝色”。设置好后的标题和内容版式母版效果如图 3-56 所示。

图 3-55　设置好的标题幻灯片版式母版

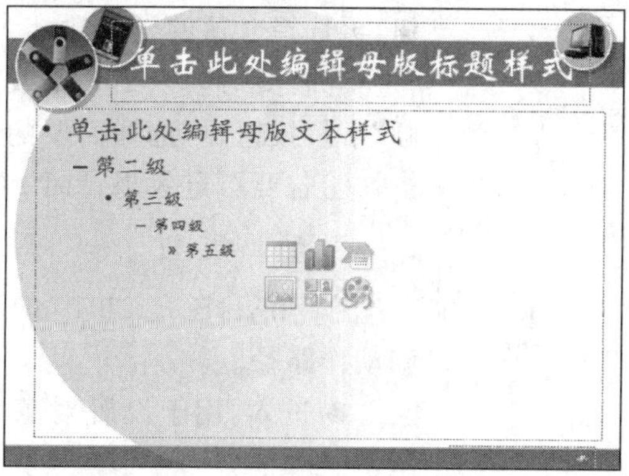

图 3-56　设置好的标题和内容版式母版

⑦根据需要对其他版式的母版进行类似的设置。

⑧单击“幻灯片母版”选项卡中的“关闭”组中的“关闭母版视图”按钮，选择“文件”选项卡中的“保存”命令，弹出“另存为”对话框，在“保存类型”下拉列表中选择“PowerPoint 模版(＊.potx)”，保存位置采用默认，在“文件名”下拉列表框中输入一个便于记忆的名字，单击“保存”按钮。

一个用户自定义模板就创建好了，新模板会出现在新建演示文稿窗口的“我的模板”中供用户使用。

3.5 动　画

制作演示文稿是为了有效地沟通,设计精美、赏心悦目的演示文稿,更能有效地表达精彩的内容。通过排版、配色、插图等手段来进行演示文稿的装饰美化可以起到立竿见影的效果,而搭配上合适的动画可以有效增强演示文稿的动感与美感,为PowerPoint的设计锦上添花。但动画的应用也不能太多,动画效果要符合演示文稿整体的风格和基调,不显突兀又恰到好处,否则容易分散受众的注意力。

3.5.1 动画效果

动画基础

若要对文本或对象添加动画,一般的操作步骤如下。

①在幻灯片中选中要设置动画的对象,在如图3-57所示的“动画”选项卡中的“动画”组中,从动画库中选择一个动画效果。

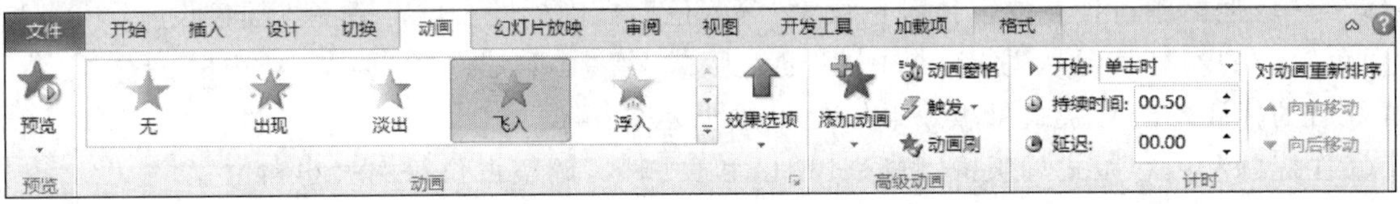

图3-57　“动画”选项卡

②若要更改文本或对象的动画方式,可以单击“动画”组中的“效果选项”下拉按钮,再选择合适的效果。

③若要对同一个文本或对象添加多个动画,可以单击“高级动画”组中的“添加动画”下拉按钮,再选择需要的动画效果。

④若要指定效果计时,可以使用“动画”选项卡中的“计时”组中的命令。

1. 动画类型

在PowerPoint 2010的动画库中,共有4种类型的动画,分别是进入、强调、退出和动作路径。

● 进入:用于设置对象进入幻灯片时的动画效果。常见的进入效果如图3-58所示。

● 强调:用于强调已经在幻灯片上的对象而设置的动画效果。常见的强调效果如图3-59所示。

图3-58　进入动画效果

图3-59　强调动画效果

● 退出:用于设置对象离开幻灯片时的动画效果。常见的退出效果如图 3-60 所示。

● 动作路径:用于设置按照一定路线运动的动画效果。常见的动作路径效果如图 3-61 所示。

图 3-60　退出动画效果

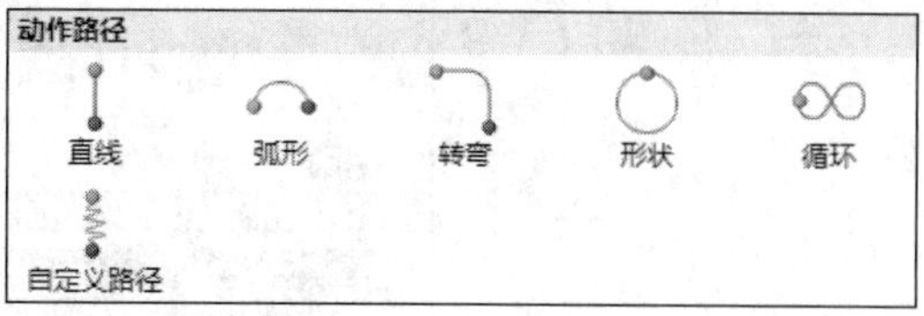

图 3-61　动作路径动画效果

2. 为动画添加声音效果

在幻灯片设计中,一般要尽量少用动画和声音,避免喧宾夺主。但在有的场合,适当的动画配上声音也会取得不错的效果。要对动画添加声音效果,具体操作步骤如下。

①单击"动画"选项卡中的"高级动画"组中的"动画窗格"按钮,打开"动画窗格"任务窗格,显示应用到幻灯片中文本或对象的动画效果的顺序、类型和持续时间。

②单击要添加声音的动画效果右边的下拉按钮,选择"效果选项"命令,如图 3-62 所示,打开相应的对话框。

③在如图 3-63 所示的"效果"选项卡中的"声音"下拉列表框中,选择合适的声音效果,单击"确定"按钮,幻灯片将播放加入声音的动画预览。

图 3-62　动画窗格

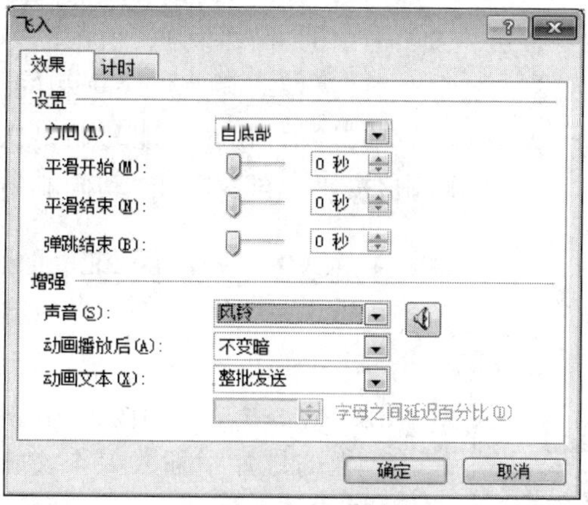

图 3-63　"效果"选项卡

3. 对动画重新排序

在如图 3-64 所示的幻灯片上有多个动画效果,在每个动画对象上显示了一个数字,表示对象的动画播放顺序。可以根据需要对动画进行重新排序,具体操作可以使用以下两种方法之一。

①选中某个动画对象,单击“动画”选项卡中的“计时”组中的“对动画重新排序”下的“向前移动”按钮或“向后移动”按钮。

②在“动画窗格”任务窗格中,可以通过向上或向下拖动列表中的动画对象来更改顺序,也可以单击“重新排序”按钮进行设置。

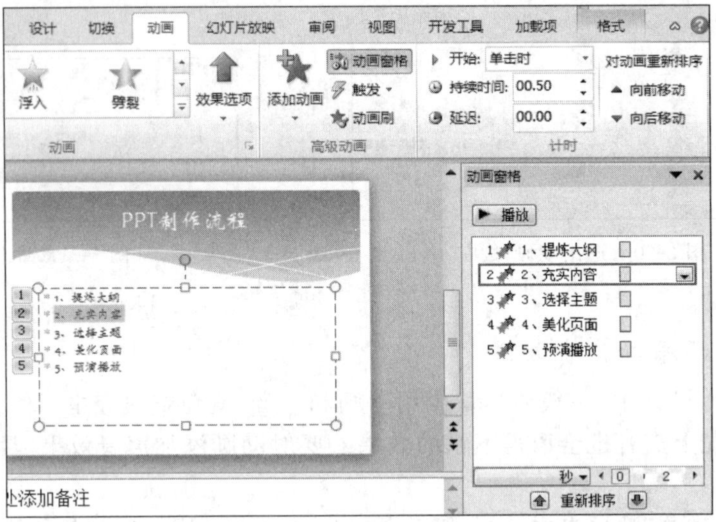

图 3-64　含有多个动画的幻灯片

4. 动画刷

在演示文稿制作过程中,总会有很多对象需要设置相同的动画,实际操作中用户不得不大量重复相同的动画设置。PowerPoint 2010 提供了一个类似格式刷的工具,叫作动画刷。利用动画刷可以轻松、快速地复制动画效果,方便对多个对象设置相同的动画效果。

动画刷的用法和格式刷类似,选择已经设置了动画效果的某个对象,单击“动画”选项卡中的“高级动画”组中的“动画刷”按钮,然后单击想要应用相同动画效果的某个对象,两者动画效果完全相同。

单击“动画刷”只能复制一次动画效果,若想要多次应用“动画刷”,可以双击“动画刷”按钮。再次单击“动画刷”按钮或者按 Esc 键可取消动画刷的选择。

3.5.2　动画实例

1. 滚动字幕

滚动字幕

在 PowerPoint 2010 中制作一个从右向左循环滚动的字幕的具体步骤如下。

①在幻灯片中插入一个文本框,在文本框中输入文字,如“滚动的字幕”,设置好字体、格式等。把文本框对象拖到幻灯片的最左边,并使得最后一个字刚好拖出。

②在“动画”选项卡中,进入动画效果选择“飞入”,效果选项选择“自右侧”,“开始”选择“上一动画之后”,持续时间设为 10.00。

③单击“动画”选项卡中的“高级动画”组中的“动画窗格”按钮,在打开的“动画窗格”任务窗格中单击文本框动画效果右边的下拉按钮,选择“效果选项”,如图 3-65 所示。

④在“计时”选项卡中把“重复”设为“直到下一次单击”,如图 3-66 所示,单击“确定”按钮,一个从右向左循环滚动的字幕就完成了。

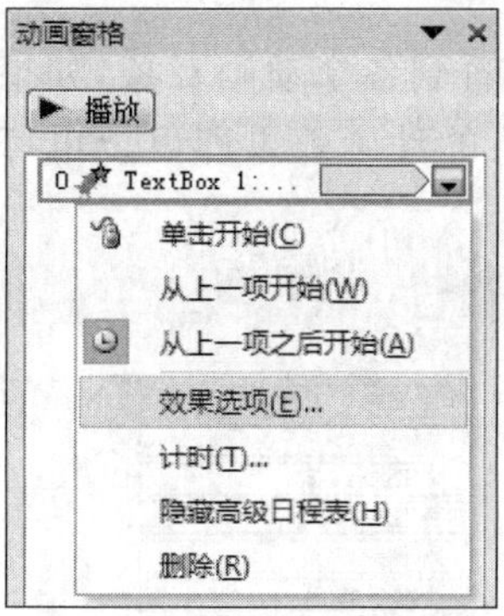

图 3-65 “动画窗格”任务窗格

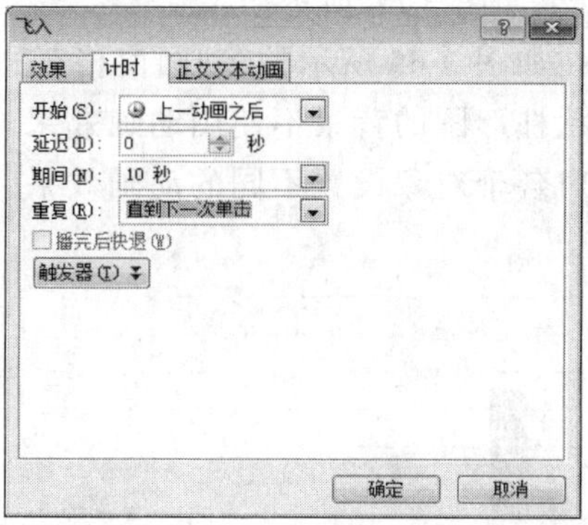

图 3-66 “计时”选项卡

2. 动态图表

在幻灯片中要把如表 3-1 所示的销售额比较表的数据以动态三维簇状柱形图的方式呈现，具体操作步骤如下。

①单击“插入”选项卡中的“插图”组中的“图表”按钮，打开“插入图表”窗口，选择“三维簇状柱形图”，如图 3-67 所示，单击“确定”按钮。

动态图表

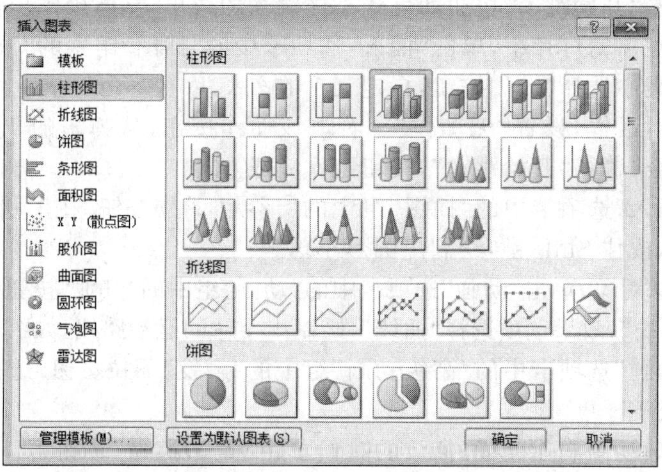

图 3-67 “插入图表”窗口

②把表 3-1 的数据输入相应的工作表中，退出数据编辑状态，生成三维簇状柱形图。

表 3-1 销售额比较表

姓名	张三	李四	王五
第一季度	20.4	30.6	45.9
第二季度	27.4	38.6	46.9
第三季度	30	34.6	45
第四季度	20.4	31.6	43.9

③在“动画”选项卡中，进入动画效果选择“擦除”，效果选项选择“自底部”和“按系列中的元素”，“开始”选择“上一动画之后”。

这样一个动态的图表设置就完成了，各数据柱形将以自底部擦除的形式逐步显现,效果如图 3-68 所示。

在如图 3-69 所示的"动画窗格"任务窗格中可以看到各个动画对象,如果想要三维簇状柱形图的背景不使用动画效果,只要删除背景的动画效果即可。也可以根据需要对各个对象设置不同的动画效果。

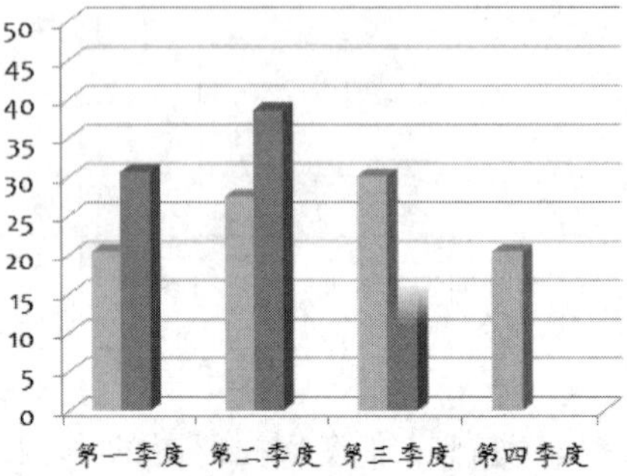

图 3-68 动态图表效果图

图 3-69 "动画窗格"任务窗格

3. 跳动的小球

触发器应用

要实现单击"开始跳动"按钮即可让小球跳动的效果,具体操作步骤如下。

①在一张空白幻灯片中,单击"插入"选项卡中的"插图"组中的"形状"下拉按钮,在形状下拉列表中选择"动作按钮:自定义",在幻灯片右下角拉出一个动作按钮,弹出"动作设置"对话框,设置"无动作"。右击该动作按钮,从弹出的快捷菜单中选择"编辑文字"命令,输入"开始跳动",按钮制作完成。

②单击"插入"选项卡中的"插图"组中的"形状"下拉按钮,在形状下拉列表中选择"椭圆"按钮,按住 Shift 键,绘制出圆形小球。

③选中小球对象,单击"动画"选项卡中的"动画"组中的"其他"按钮,在动作路径中选择"自定义路线",效果选项选择"曲线",绘制出小球的运动路线,如图 3-70 所示。

④单击"动画"选项卡中的"高级动画"组中的"触发"下拉按钮,选择"单击"→"动作按钮:自定义 1"。

跳动的小球动画制作完成,播放的时候单击"开始跳动"按钮可以触发小球的动画。如果想要对该动画进行进一步设置,如要求小球重复跳动 3 次,可以在"动画窗格"任务窗格中单击椭圆动画效果右边的下拉按钮,选择"效果选项"命令,弹出如图 3-71 所示的对话框,在"计时"选项卡中把重复次数设为"3"。

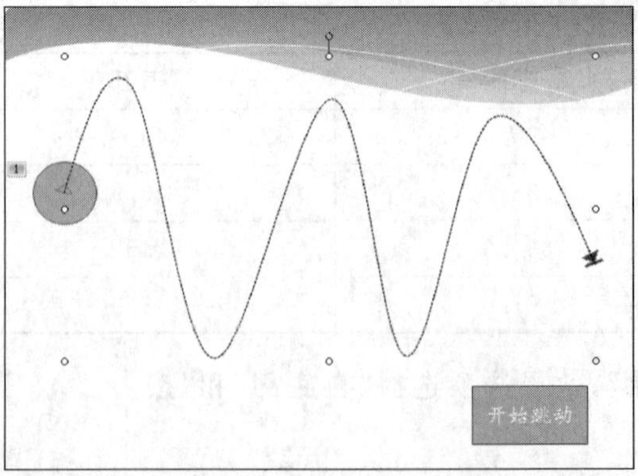

图 3-70 小球的运动路线

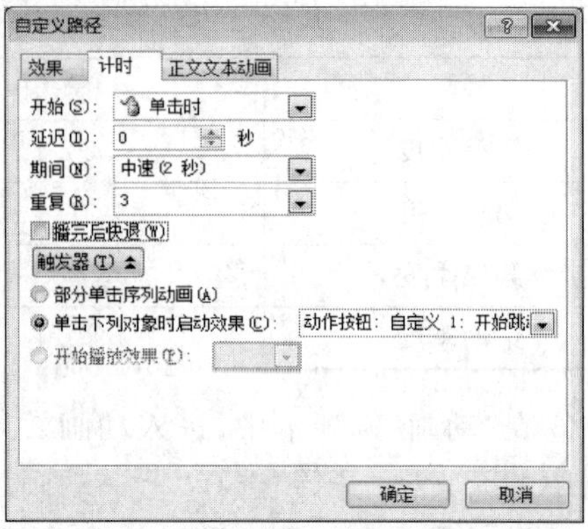

图 3-71 "计时"选项卡

4. 选择题制作

在如图 3-72 所示的幻灯片中，插入了 3 个文本框对象，内容分别是选择题的题目、选项 A 和选项 B，另外还插入了 2 个声音文件，分别用于回答正确和回答错误的声音提示。要实现单击选项 A 时出现回答正确的声音提示，单击选项 B 时出现回答错误的声音提示，具体操作步骤如下。

①单击“开始”选项卡中的“编辑”组中的“选择”下拉按钮，在下拉列表中选择“选择窗格”命令，在打开的“选择和可见性”任务窗格中，分别给相应的对象命名为“题目”、“选项 A”、“选项 B”、“回答正确提示声音”和“回答错误提示声音”，如图 3-73 所示。

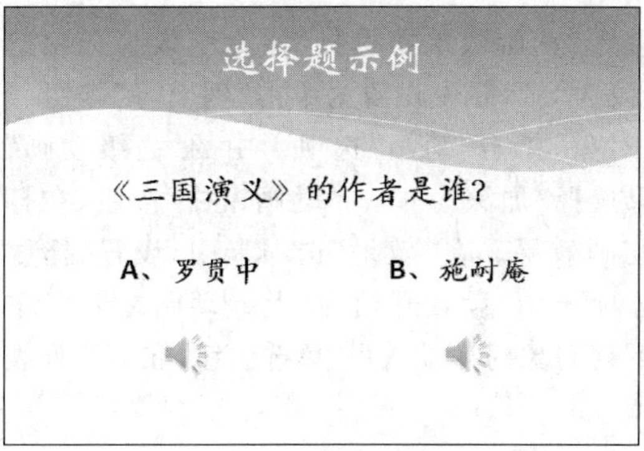

图 3-72 “选择题示例”幻灯片

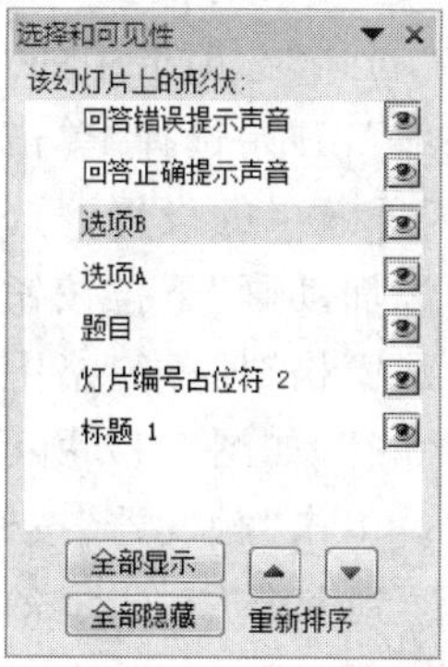

图 3-73 “选择和可见性”任务窗格

②选中“回答正确提示声音”对象，在“动画”选项卡中的“动画”组中选择“播放”，在“高级动画”组中单击“触发”下拉按钮，选择“单击”→“选项 A”，如图 3-74 所示。

③选中“回答错误提示声音”对象，在“动画”选项卡中的“动画”组中选择“播放”，在“高级动画”组中单击“触发”下拉按钮，选择“单击”→“选项 B”。

至此，选择题动画制作完成。单击“动画”选项卡中的“高级动画”组中的“动画窗格”按钮，可以看到如图 3-75 所示的动画序列。

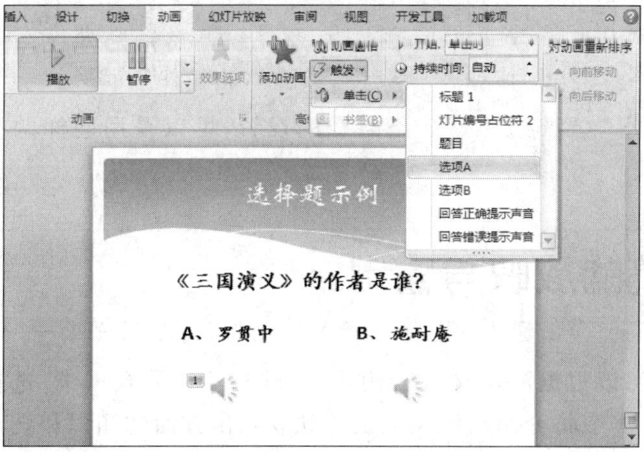

图 3-74 触发器设置

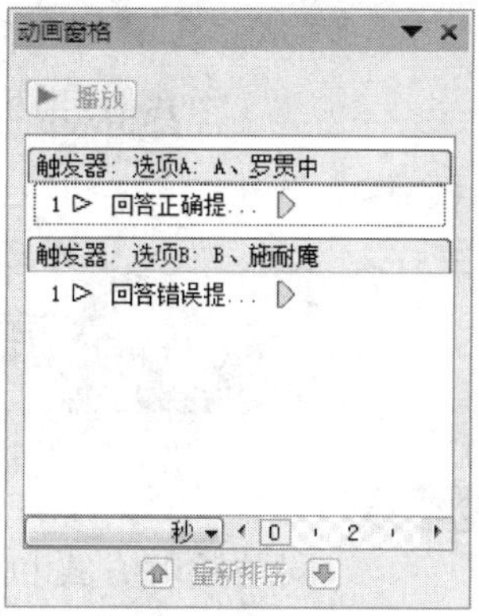

图 3-75 触发器动画序列

5. 嘉兴的地理位置

在如图 3-76 所示的幻灯片中，用动画呈现嘉兴的地理位置，实现以下效果：单击

“到上海”按钮时，显示一条5pt粗的红色路线从嘉兴到上海行进，到了以后加深3次，然后消失，单击“到杭州”等按钮时，也实现同样的效果。

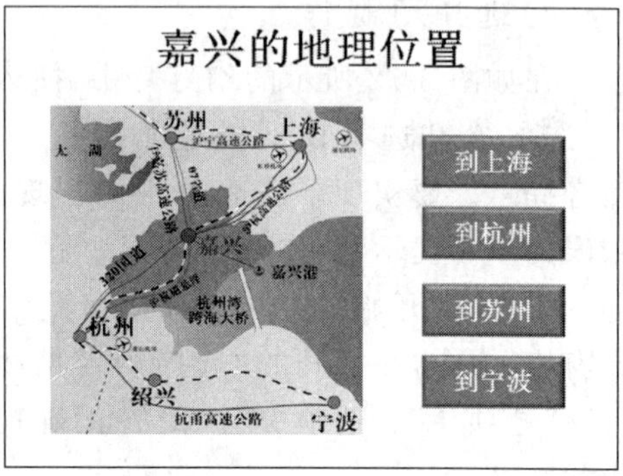

图3-76　嘉兴的地理位置

操作步骤如下。

①单击“插入”选项卡中的“插图”组中的“形状”下拉按钮，在形状下拉列表中选择“曲线”，然后在图上绘制从嘉兴到上海的曲线，把线条设置为5pt粗的红色实线。

②行进效果的设置。选中绘制的曲线对象，在“动画”选项卡中的“动画”组中，“进入”动画效果中选择“擦除”，效果选项选择“自底部”，开始选择“单击时”，持续时间设为“3”，触发设置为单击“到上海”按钮。

③闪烁效果的设置。选中绘制的曲线对象，单击“动画”选项卡中的“高级动画”组中的“添加动画”下拉按钮，强调动画效果选择“加深”。单击“动画窗格”按钮，在打开的“动画窗格”任务窗格中，双击该曲线动画效果。在“效果”选项卡中，设置“播放动画后隐藏”，如图3-77所示。在“计时”选项卡中，设置开始为“上一动画之后”，重复为“3”。单击“触发器”按钮，选择“单击下列对象时启动效果”单选按钮，在下拉列表框中选择“到上海”按钮对象，如图3-78所示。

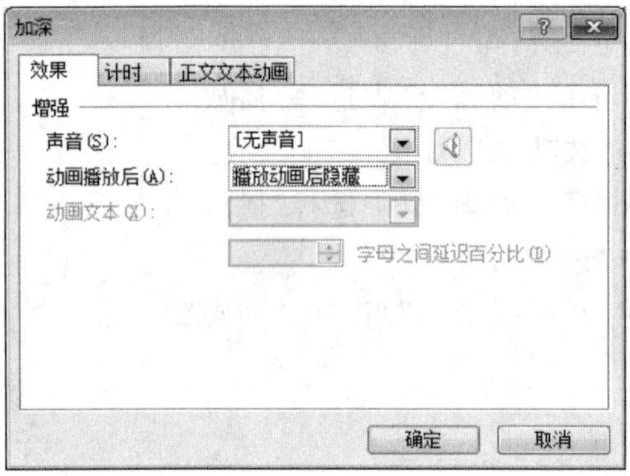

图3-77　设置“播放动画后隐藏”

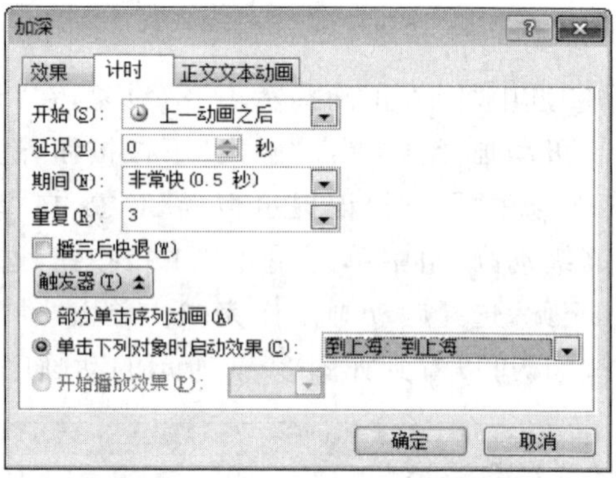

图3-78　加深效果的“计时”选项卡

④其他“到杭州”“到苏州”“到宁波”等3条路线的设置，可以采用同样的方法完成。

3.6 演示文稿的放映与输出

一个演示文稿创建后，可以根据演示文稿的用途、放映环境或受众需求，选择不同的放映方式和输出形式。本节将介绍演示文稿的放映和输出方面的知识和技巧。

3.6.1　演示文稿的放映

在不同的场合，不同的需求下，演示文稿需要有不同的放映方式，PowerPoint 2010为用户提供了多种幻灯片放映方式。

1. 幻灯片切换

幻灯片切换效果是指在幻灯片放映过程中，当一张幻灯片转到下一张幻灯片上时所出现的特殊效果。为演示文稿中的幻灯片增加切换效果后，可以使得演示文稿放映过程中的幻灯片之间的过渡衔接更加自然、流畅。

切换效果

PowerPoint 2010 提供了很多超炫的幻灯片切换效果。选中一个或多个要添加切换效果的幻灯片，在如图 3-79 所示的“切换”选项卡中进行以下设置。

①选择合适的切换方式及切换效果。

②设置幻灯片的切换速度和声音。

③在“计时”组中的“换片方式”区域，可选择幻灯片的换页方式。

④如果要将幻灯片切换效果应用到所有幻灯片上，则单击“全部应用”按钮。

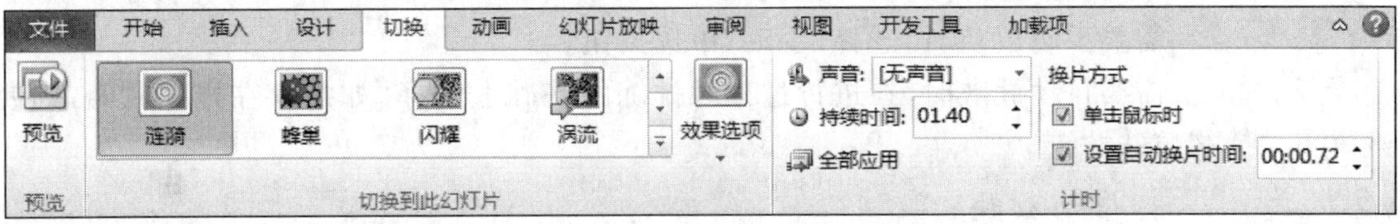

图 3-79 “切换”选项卡

2. 放映方式

设置幻灯片放映方式的操作步骤如下。

单击“幻灯片放映”选项卡中的“设置”组中的“设置幻灯片放映”按钮，弹出“设置放映方式”对话框，如图 3-80 所示。

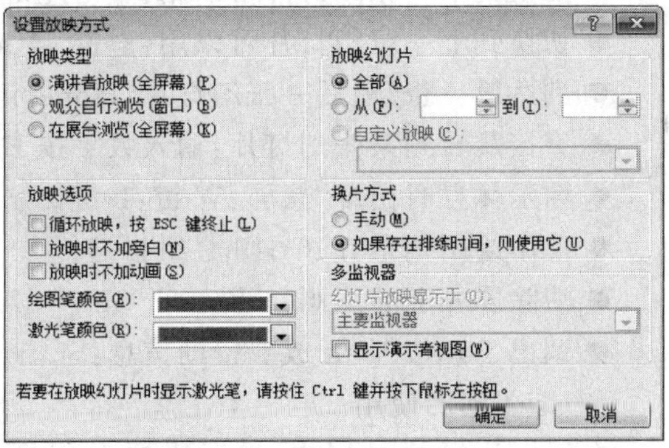

图 3-80 “设置放映方式”对话框

在“设置放映方式”对话框中，可以进行以下设置：

(1)设置幻灯片的放映类型

①演讲者放映：此方式是最为常用的一种放映方式。在放映过程中幻灯片全屏显示，演讲者自动控制放映全过程，可采用自动或人工方式控制幻灯片，同时还可以暂停幻灯片放映、添加记录、录制旁白等。

②观众自行浏览：此放映方式适用于小规模的演示，幻灯片显示在小窗口内。该窗口提供相应的操作命令，允许移动、复制、编辑和打印幻灯片。通过该窗口上的滚动条，可以从一张幻灯片移到另一张幻灯片，同时打开其他程序。

③在展台浏览：这种方式一般适用于大型放映，如在展览会场等，此方式自动放映演示文稿，不需专人管理便可达到交流的目的。用此方式放映前，要事先设置好放映参数，以确保顺利进行。放映时可自动循环放映，鼠标不起作用，按 Esc 键终止放映。

(2)设置幻灯片的放映选项

如果选择“循环放映，按 Esc 键终止”复选框，则循环放映演示文稿。当放映完最后一张幻灯片后，再次切换到第一张幻灯片继续进行放映，若要退出放映，可按 Esc 键。如果选择“在展台浏览(全屏幕)”单选按钮，则自动选中该复选框。

如果选择“放映时不加旁白”复选框，则在放映幻灯片时，将隐藏伴随幻灯片的旁白，但并不删除旁白。

如果选择“放映时不加动画”复选框，则在放映幻灯片时，将隐藏幻灯片上的对象的动画效果，但并不删除动画效果。

（3）设置幻灯片的放映范围

在“放映幻灯片”栏中，如果选择“全部”单选按钮，则放映整个演示文稿。如果选择“从”单选按钮，则可以在“从”数值框中，指定放映的开始幻灯片编号，在“到”数值框中，指定放映的最后一张幻灯片编号。

如果要进行自定义放映，则可以选择“自定义放映”单选按钮，然后在下拉列表框中选择自定义放映的名称。

（4）设置幻灯片的换片方式

需要手动放映时，选择“手动”单选按钮。

需要自动放映时，在进行过计时排练的基础上选择“如果存在排练时间，则使用它”单选按钮。

3. 手动放映

手动放映是最为常用的一种放映方式，在放映过程中幻灯片全屏显示，采用人工的方式控制幻灯片。下面是手动放映时经常要用到的一些技巧。

（1）在幻灯片放映时的一些常用快捷键

- 切换到下一张幻灯片可以用：单击左键、→键、↓键、Space 键、Enter 键、N 键。
- 切换到上一张幻灯片可以用：←键、↑键、Backspace 键、P 键。
- 到达第一张/最后一张幻灯片：Home 键/End 键。
- 直接跳转到某张幻灯片：输入数字按 Enter 键。
- 演示休息时白屏/黑屏：W 键/B 键。
- 使用绘图笔指针：Ctrl＋P 组合键。
- 清除屏幕上的图画：E 键。
- 调出 PowerPoint 放映帮助信息：Shift＋？组合键。

（2）绘图笔的使用

在幻灯片播放过程中，有时需要对幻灯片画线注解，可以利用绘图笔来实现，具体操作如下。

在播放幻灯片时右击，在弹出的快捷菜单中选择“指针选项”→“笔”，如图 3-81 所示，就能在幻灯片上画图或写字了。要擦除屏幕上的痕迹，按 E 键即可。

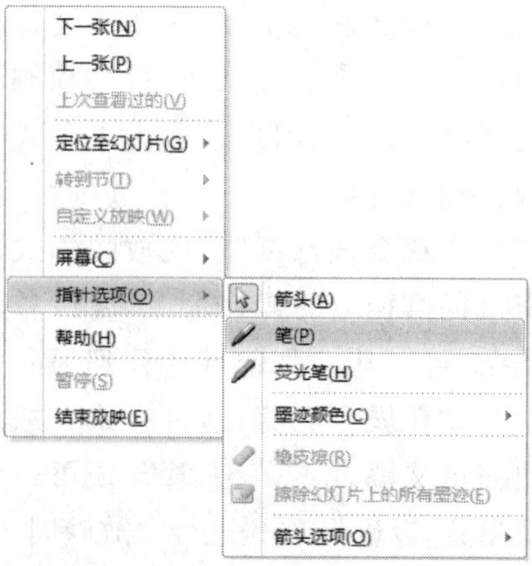

图 3-81　绘图笔

（3）隐藏幻灯片

如果演示文稿中有某些幻灯片不必放映，但又不想删除它们，以备后用，可以隐藏这些幻灯片，具体操作步骤如下。

选中目标幻灯片，单击“幻灯片放映”选项卡中的“设置”组中的“隐藏幻灯片”按钮即可。

幻灯片被隐藏后，在放映幻灯片时就不会被放映了。想要取消隐藏，再次单击“隐藏幻灯片”按钮。

4. 自动放映

自动放映一般用于展台浏览等场合，此放映方式自动放映演示文稿，不需要人工控制，大多数采用自动循环放映。自动放映也可以用于演讲场合，随着幻灯片的放映，同时讲解幻灯片中的内容。这种情况下，必须设置排练计时，在排练放映时自动记录每张幻灯片的使用时间。排练计时的设置方法如下。

单击“幻灯片放映”选项卡中的“设置”组中的“排练计时”按钮，此时开始排练放映幻灯片，同时开始计时。在屏幕上除显示幻灯片外，还有一个“预演”对话框，如图3-82 所示，在该对话框中显示有时钟，记录当前幻灯片的放映时间。当幻灯片放映时间到，准备放映下一张幻灯片时，单击带有箭头的换页按钮，即开始记录下一张幻灯片的放映时间。如果认为该时间不合适，可以单击“重复”按钮，对当前幻灯片重新计时。放映到最后一张幻灯片时，屏幕上会显示一个确认的消息框，如图 3-83 所示，询问是否接受已确定的排练时间。

幻灯片的放映时间设置好以后，就可以按设置的时间进行自动放映。

图 3-82 “预演”对话框

图 3-83 “确认排练计时”对话框

5. 自定义放映

自定义放映可以称作演示文稿中的演示文稿，可以对现有演示文稿中的幻灯片进行分组，以便给特定的受众放映演示文稿的特定部分。

创建自定义放映的操作步骤如下。

①单击“幻灯片放映”选项卡中的“开始放映幻灯片”组中的“自定义幻灯片放映”下拉按钮，在下拉列表中选择“自定义放映”命令，弹出“自定义放映”对话框，如图 3-84 所示。

②单击“新建”按钮，弹出“定义自定义放映”对话框，如图 3-85 所示。在该对话框的左边列出了演示文稿中的所有幻灯片的标题或序号。

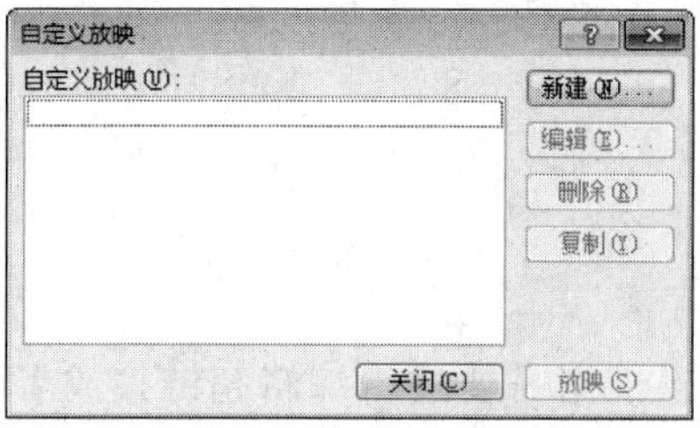

图 3-84 “自定义放映”对话框

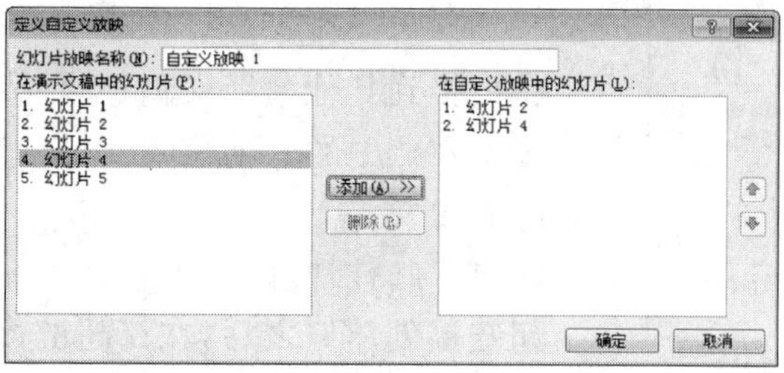

图 3-85 “定义自定义放映”对话框

③选择要添加到自定义放映的幻灯片后，单击“添加”按钮，这时选定的幻灯片就出现在右边列表框中。当右边列表框中出现多个幻灯片标题时，可通过右侧的上、下箭头调整播放顺序。

④如果右边列表框中有不想要的幻灯片，选中幻灯片后，单击“删除”按钮就可以从自定义放映幻灯片中删除，但它仍然在演示文稿中。选取幻灯片并调整完毕后，在“幻灯片放映名称”文本框中输入名称，单击“确定”按钮，回到“自定义放映”对话框。

⑤在“自定义放映”对话框中，选择相应的自定义放映名称，单击“放映”按钮就可以实现自定义的放映了。

⑥如果要添加或删除自定义放映中的幻灯片，单击“编辑”按钮，重新进入“定义自定义放映”对话框，利用“添加”或“删除”按钮进行调整。如果要删除整个自定义幻灯片放映，可以在“自定义放映”对话框中选择要删除的自定义放映名称，然后单击“删除”按钮，则自定义放映被删除，但原来的演示文稿仍存在。

6. 交互式放映

放映幻灯片时，默认顺序是按照幻灯片的次序进行播放。可以通过设置超链接和动作按钮来改变幻灯片的播放次序，从而提高演示文稿的交互性，实现交互式放映。

(1)超链接

可以在演示文稿中添加超链接，然后利用它跳转到不同的位置。例如，跳转到演示文稿的某一张幻灯片、其他文件、Internet 上的 Web 页等。

插入超链接的具体操作步骤如下。

选择要创建超链接的对象，可以是文本或者图片，单击“插入”选项卡“链接”组中的“超链接”按钮，弹出“插入超链接”对话框，如图 3-86 所示。根据需要，用户可以在此建立以下几种超链接。

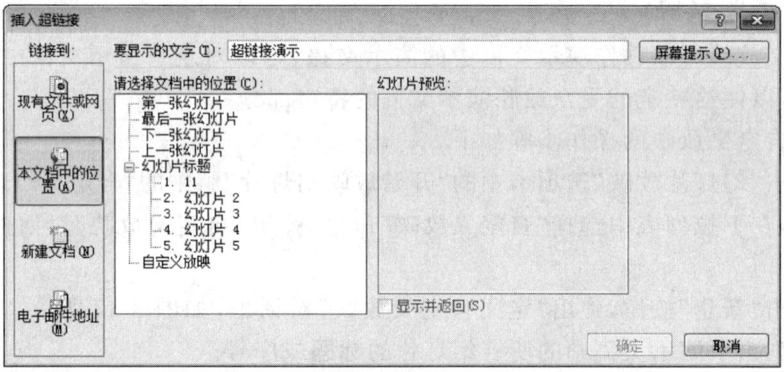

图 3-86 “插入超链接”对话框

①链接到其他演示文稿、文件或 Web 页

②本文档中的其他位置

③新建文档

④电子邮件地址

超链接创建好之后，在该超链接上右击，可以根据需要进行编辑超链接或者取消超链接等操作。

(2)动作按钮

动作按钮是一种现成的按钮，可将其插入到演示文稿中，也可以为其定义超链接。动作按钮包含形状(如右箭头和左箭头)及通常被理解为用于转到下一张、上一张、第一张、最后一张幻灯片和用于播放影片或声音的符号。动作按钮通常用于自运行演示文稿，如在人流密集区域的触摸屏上自动、连续播放的演示文稿。

插入动作按钮的操作步骤如下。

单击“插入”选项卡中的“插图”组中的“形状”下拉按钮，在形状下拉列表中的“动作按钮”区域选择需要的动作按钮，在幻灯片的合适位置拖出大小合适的动作按钮，然后在打开的如图 3-87 所示的“动作设置”对话框中进行相应的设置。

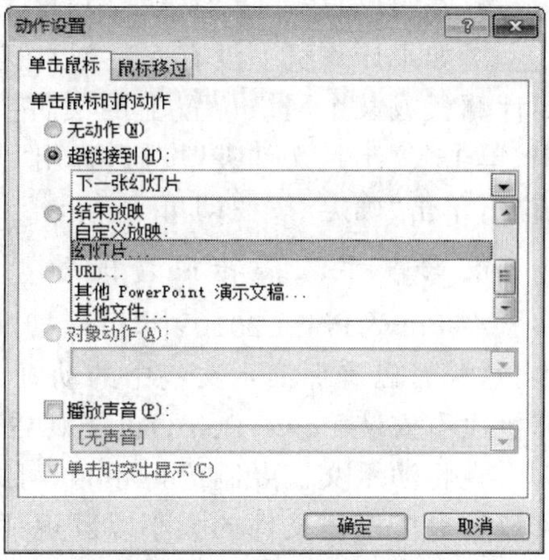

图 3-87 “动作设置”对话框

3.6.2 演示文稿的输出

演示文稿制作完成以后，PowerPoint 2010 提供了多种输出方式，可以将演示文稿打包成 CD、转换为视频等。

1. 将演示文稿打包成 CD

为了便于在未安装 PowerPoint 的计算机上播放演示文稿，需要把演示文稿打包输出，包括所有链接的文档和多媒体文件，以及 PowerPoint 播放程序。PowerPoint 2010 提供了把演示文稿打包成 CD 的功能，可打包演示文稿、链接文件和播放支持文件等，并能从 CD 自动运行演示文稿。具体操作步骤如下。

①打开要打包的演示文稿，将空白的可写入 CD 插入到刻录机的 CD 驱动器中。

②选择“文件”选项卡下的“保存并发送”命令，单击“将演示文稿打包成 CD”下的“打包成 CD”按钮，弹出如图 3-88 所示的“打包成 CD”对话框。

③在“将 CD 命名为”文本框中输入 CD 名称。

④若要添加其他演示文稿或其他不能自动包括的文件，可以单击“添加”按钮。默认情况下，演示文稿被设置为按照“要复制的文件”列表中排列的顺序进行自动运行，若要更改播放顺序，可选择一个演示文稿，然后单击向上按钮或向下按钮，将其移动到列表中的新位置。若要删除演示文稿，选中后单击“删除”按钮。

⑤若要更改默认设置，可以单击“选项”按钮，弹出如图 3-89 所示的“选项”对话框，然后执行下列操作之一：若要包含链接的文件，可以选择“链接的文件”复选框；若要包括 TrueType 字体，可以选择“嵌入的 TrueType 字体”复选框；若在打开或编辑打包的演示文稿时需要密码，可以在“增强安全性和隐私保护”栏下设置要使用的密码。

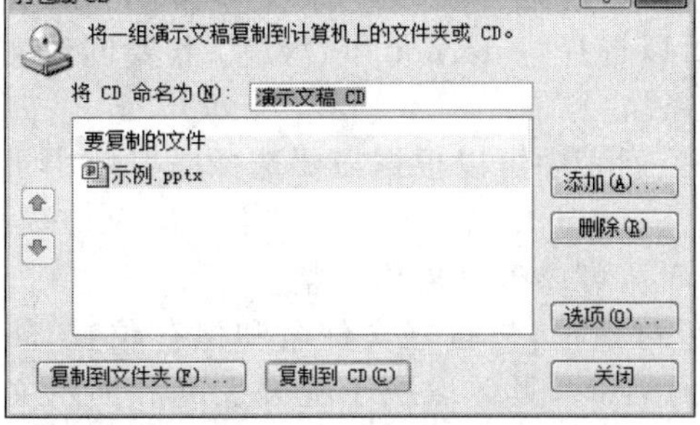

图 3-88 “打包成 CD”对话框

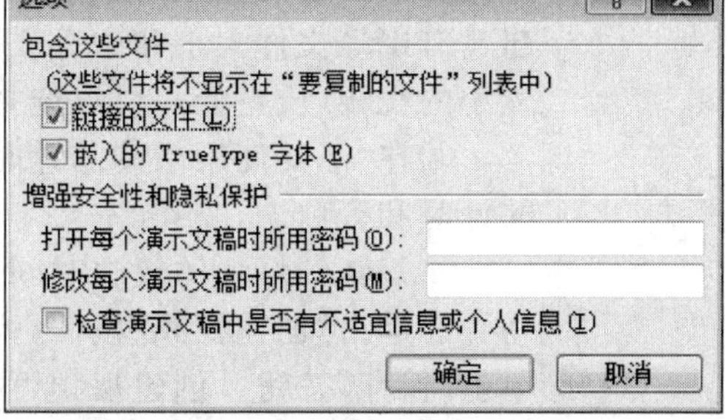

图 3-89 “选项”对话框

⑥在“打包成 CD”对话框中，单击“复制到 CD”按钮。

⑦如果计算机上没有安装刻录机，可使用以下方法将一个或多个演示文稿打包到计算机或某个网络位置上的文件夹中，而不是在 CD 上。在“打包成 CD”对话框中，单击“复制到文件夹”按钮，弹出“复制到文件夹”对话框，然后提供相应的文件夹信息，单击“确定”按钮即可。

2. 将演示文稿转换为视频

在 PowerPoint 2010 中，可以把演示文稿保存为 Windows Media 视频(.wmv)文件，这样可以确保演示文稿中的动画、旁白和多媒体内容顺畅播放，即使观看者的计算机没有安装 PowerPoint，也能观看。

在将演示文稿录制为视频时，可以在视频中录制语音旁白和激光笔运动轨迹，也可以控制多媒体文件的大小以及视频的质量，还可以在视频中包括动画和切换效果。即使演示文稿中包含嵌入的视频，该视频也可以正常播放，而无需加以控制。

根据演示文稿的内容，创建视频可能需要一些时间。创建冗长的演示文稿和具有动画、切换效果和多媒体内容的演示文稿，可能会花费更长时间。

将演示文稿转换为视频的具体操作步骤如下。

①打开欲转换为视频的演示文稿，选择“文件”选项卡中的“保存并发送”命令，单击“创建视频”按钮，如图 3-90 所示。

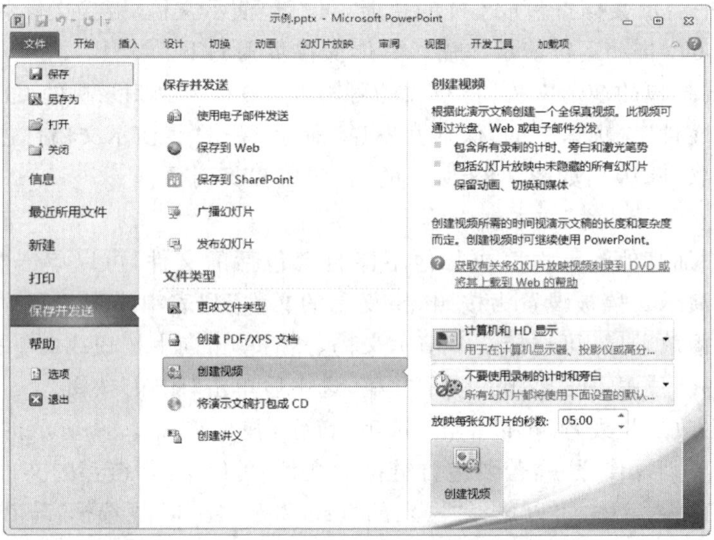

图 3-90 创建视频

②在“创建视频”下的“计算机和 HD 显示”下拉列表中有 3 种质量的视频可供选择。若要创建高质量的视频(文件会比较大)，可以选择“计算机和 HD 显示”；若要创建具有中等文件大小和中等质量的视频，可以选择“Internet 和 DVD”；若要创建文件最小的视频(质量低)，可以选择“便携式设备”。

③在“不要使用录制的计时和旁白”下拉列表中可以根据需要选择是否使用录制的计时和旁白。

④每张幻灯片的放映时间默认设置为 5 s，可以根据需要调整。

⑤单击“创建视频”按钮，弹出“另存为”对话框，设置好文件名和保存位置，然后单击“保存”按钮。创建视频可能会需要几个小时，具体取决于视频长度和演示文稿的复杂程度。

第4章 Outlook 2010高级应用

Outlook 2010 是 Microsoft office 2010 套装软件的组件之一。Outlook 2010 的功能很多，可以用它来收发电子邮件、管理联系人信息、记日记、安排日程、分配任务等。

4.1 邮箱配置

Outlook 不是电子邮箱的提供者，它是 Windows 操作系统的一个收、发、写、管理电子邮件的自带软件，即收、发、写、管理电子邮件的工具，使用它收发电子邮件十分方便。

使用 Outlook 收发电子邮件，首先必须在 Outlook 中设置电子邮件账户，只有正确设定了邮件账户，Outlook 才能连上邮件服务器从而实现收发邮件。

通常在某个网站注册了自己的电子邮箱后，要收发电子邮件，需登入该网站，进入电子邮件网页，输入账户名和密码，然后进行电子邮件的收、发、写操作。

使用 Outlook 后，这些顺序便一步跳过。只要打开 Outlook 界面，Outlook 便自动与注册的网站电子邮箱服务器联机工作，接收电子邮件；发信时，可以使用 Outlook 创建新邮件，通过网站服务器联机发送。所有电子邮件可以脱机阅览。另外，Outlook 在接收电子邮件时，会自动把发信人的电子邮箱地址存入通讯簿，供以后调用。还有，当单击网页中的电子邮箱超链接时，如某些网页上的“联系我们”按钮，会自动弹出写邮件界面，该新邮件已自动设置好了对方(收信人)的电子邮件地址，只要写上内容，单击“发送”按钮即可。

4.1.1 邮件账户

1. 自动配置邮件账户

首次启动 Outlook 2010 会出现配置账户向导，帮助用户完成必要的设置，如图 4-1 所示。也可以在“文件”选项卡的“信息”任务窗格中单击“添加账户”按钮，启动配置账户向导，如图 4-2 所示。

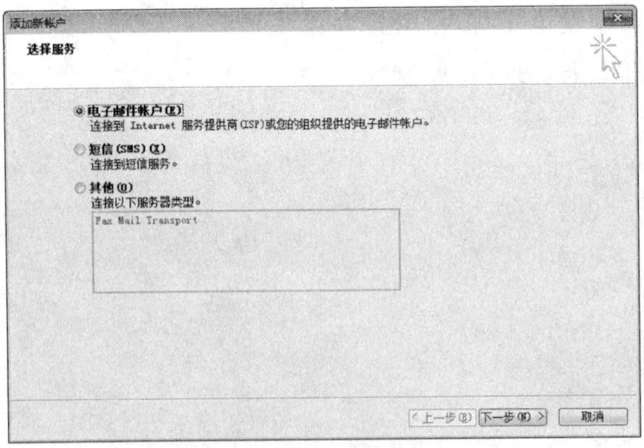

图 4-1 配置账户向导

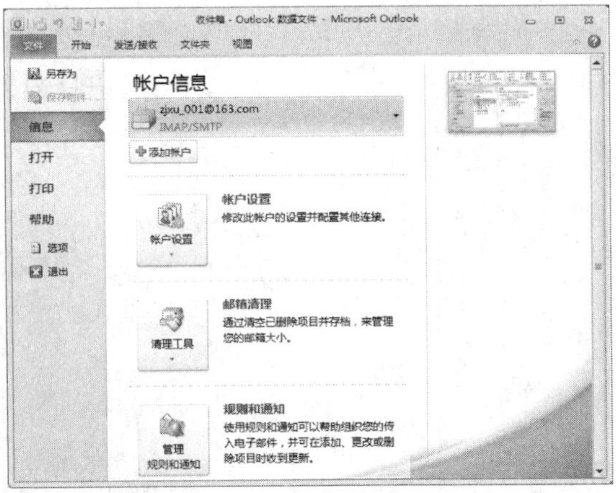

图 4-2 “信息”任务窗格

在配置账户向导中，首先选择“电子邮件账户”单选按钮，然后单击“下一步”按钮，进入自动账户设置界面。

在自动账户设置界面中输入“您的姓名”“电子邮件地址”和“密码”，如图 4-3 所示，则发件人姓名和电子邮件地址等信息将会出现在以后所发出的电子邮件之中，然后单击“下一步”按钮，显示“允许该网站配置服务器”提示对话框，单击“允许”按钮，进入正在配置界面。

Outlook 便会自动连接电子邮件服务器，测试电子邮件账户的设置是否能符合正常运作条件。自动配置邮件账户依次完成“建立网络连接”、“搜索××服务器设置”和“登录到服务器并发送一封测试电子邮件”，当提示“IMAP 电子邮件账户配置成功”时，单击“完成”按钮，进入 Outlook 主界面。在当前账户的收件箱中，如果接收到 Microsoft Outlook 测试消息，表示电子邮件账户的设置值是正确的，电子邮件账户已经自动配置完成。

2. 手动配置邮件账户

手动配置账户

如果自动配置不成功，或者需要添加新账户，可以利用手动配置邮件账户功能实现。在“文件”选项卡的“信息”任务窗格中单击“添加账户”按钮，启动配置账户向导。在如图 4-1 所示的选择服务界面中，选择“电子邮件账户”单选按钮，然后单击“下一步”按钮，在自动账户设置界面中，选择“手动配置服务器设置或其他服务器类型”单选按钮，如图 4-4 所示，然后单击“下一步”按钮，再次进入选择服务界面，如图 4-5 所示。

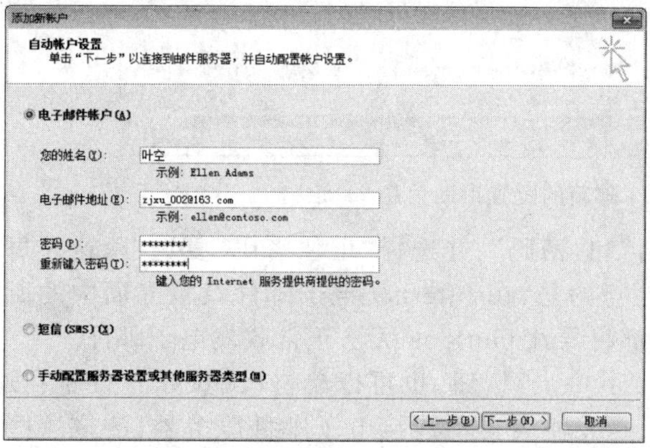

图 4-3 自动账户设置界面

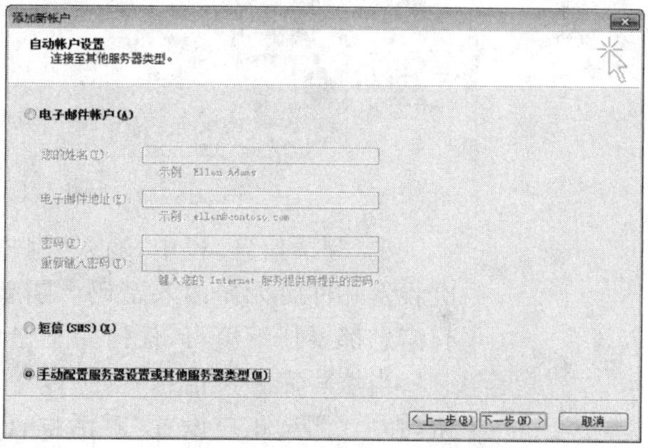

图 4-4 手动配置服务器设置

在选择服务界面中，选择“Internet 电子邮件”单选按钮，然后单击“下一步”按钮，进入 Internet 电子邮件设置界面，如图 4-6 所示。

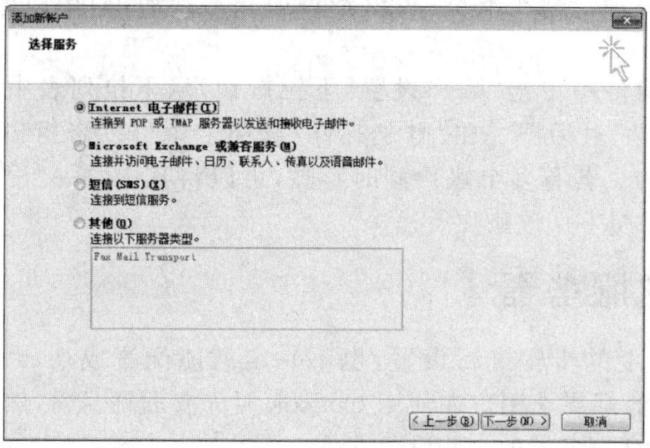

图 4-5 选择服务界面

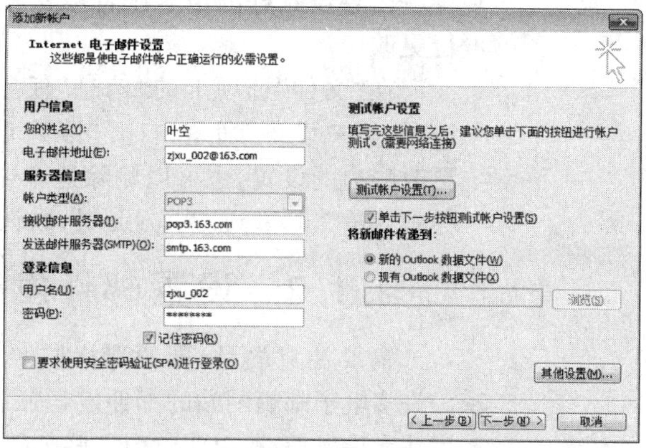

图 4-6 Internet 电子邮件设置界面

在 Internet 电子邮件设置界面中，在“用户信息”栏中输入“您的姓名”和“电子邮件地址”，在“服务器信息”栏中设置“账户类型”、“接收邮件服务器”和“发送邮件服务器”，账户类型选择“POP3”这一项。很多国内的电子邮箱都支持这种 POP3 邮件的收发，如 163、Sina、Sohu 等，它们都有自己的 POP3 电子邮件服务器，若不清楚邮件服务器名称，可以在相应电子邮件服务商站点的帮助信息中查找到，163 邮箱的配置帮助信息如图 4-7 所示。

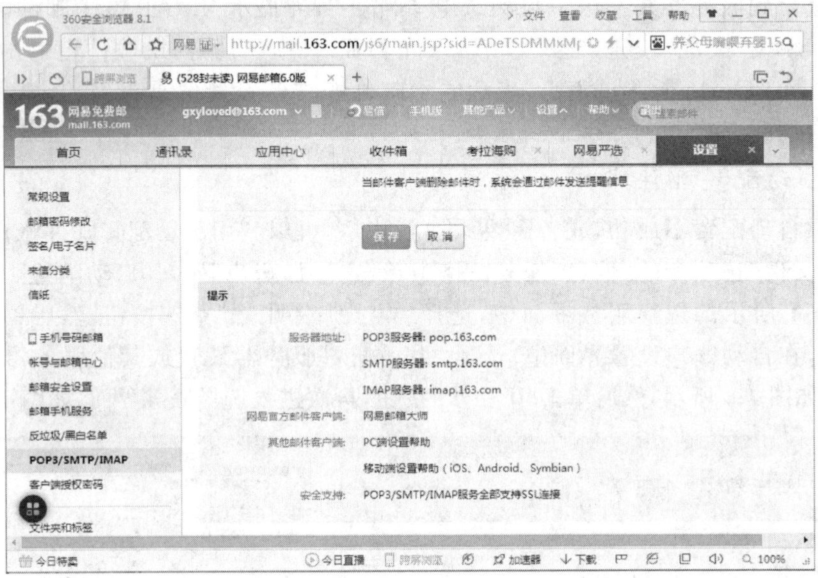

图 4-7　163 邮箱的配置帮助信息

在“登录信息”栏中，输入“用户名”和“密码”，并选择“记住密码”复选框，这样每次收发邮件时无需输入密码。需要注意的是，在 Internet 电子邮件设置界面中的所有信息都要仔细填写，任何一个错误都将导致 Outlook 无法正常收发电子邮件。

当填写完相关信息后，可以单击“下一步”按钮，也可以单击“测试账户设置”按钮，弹出“测试账户设置”对话框，Outlook 便会自动连接电子邮件服务器，测试这些电子邮件账户的设置值是否能正常运作，当提示“已完成所有测试”，单击“关闭”按钮，弹出测试成功对话框窗口，单击“完成”按钮，即成功完成新账户的设置。

3. 修改邮件账户

已经设置好的电子邮件账户并不是一成不变的，可以根据需要对原有的设置进行更改。

在“文件”选项卡的“信息”任务窗格中单击“账户设置”下拉按钮，从下拉列表中选择“账户设备”命令，打开“账户设置”对话框。在“电子邮件”选项卡中可以修复和更改账户的设置，也可以删除这个账户。若有多个账户同时存在，可以将其中之一“设为默认值”，则进入 Outlook 时，默认情况下从该账户发送。

4.1.2　设置邮件发送服务器

需要注意的是，即便严格按照以上的步骤进行设置，也不一定就能配置成功，因为许多电子邮箱网站的邮件发送服务器都要求用户在使用 Outlook 时先要验证身份，然后才允许发信，所以要学会一些邮件发送服务器的一些设置方法。

在如图 4-6 所示的“Internet 电子邮件设置”界面中，单击“其他设置”按钮，弹出“Internet 电子邮件设置”对话框。在“发送服务器”选项卡中，选择“我的发送服务器（SMTP）要求验证”复选框，再选中“使用与接收邮件服务器相同的设置”单选按钮，如图 4-8(a)所示；在“高级”选项卡中，选择“在服务器上保留邮件的副本”复选框，如图 4-8(b)所示，这样即使客户端上删除了邮件，也不影响服务器上的副本。

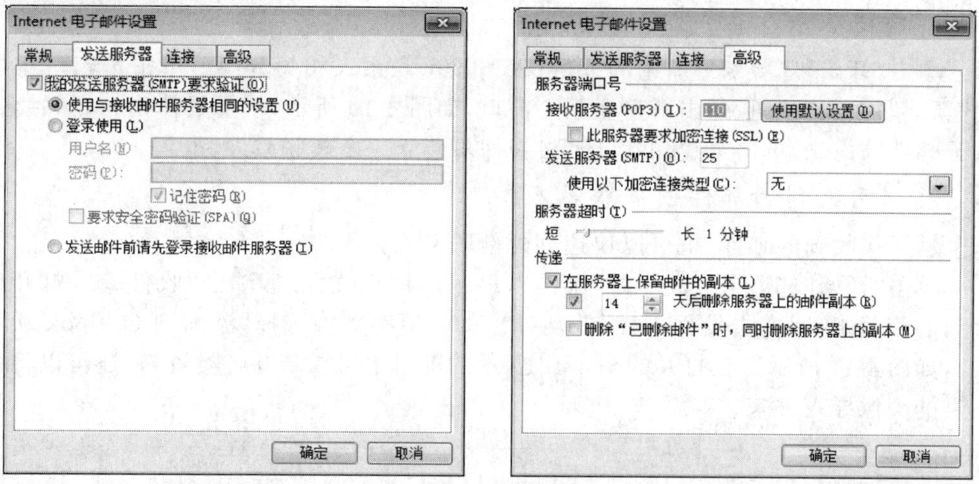

(a)　　　　　　(b)

图 4-8　“Internet 电子邮件设置”对话框

4.2　联系人管理

在日常生活中，人们会将一些常用的电话号码记在电话本中，以便需要时能立即查阅。Outlook 的“联系人”列表也具有相似的作用，可以建立一些同事和亲朋好友的通讯簿，不仅能记录他们的电子邮件地址，还可以包括电话号码、联系地址和生日等各类资料。

单击“开始”选项卡导航中的“联系人”，可以显示当前账户联系人的相关信息，如图 4-9 所示。对联系人可以进行添加联系人、新建联系人组、查找信息和备份信息等管理操作。

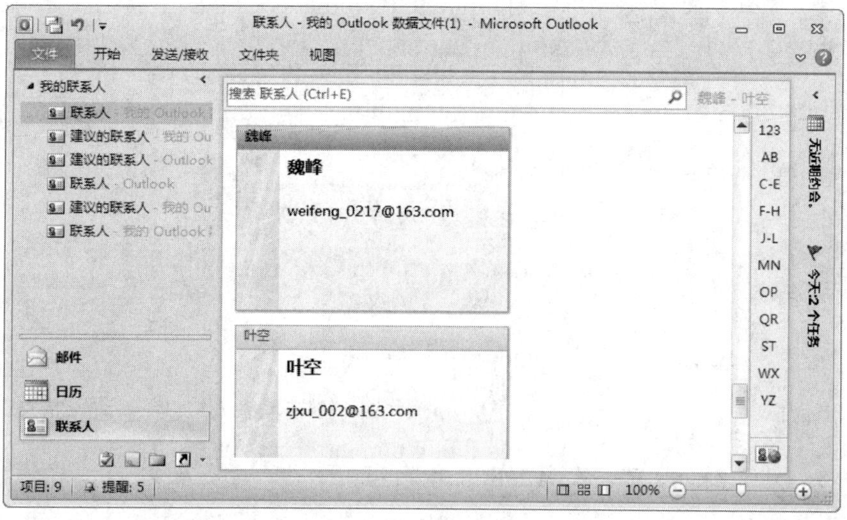

图 4-9　“联系人”信息

4.2.1 添加联系人

1. 新建联系人

单击“开始”选项卡导航中的“联系人”，显示联系人相关分组。单击“新建”组中的“新建联系人”按钮，弹出新建联系人窗口，如图 4-10 所示，填上具体内容，如姓名、电子邮件等信息，单击“保存并关闭”按钮即可建立一个新联系人。

2. 利用收到的邮件创建联系人

利用接收到的邮件，也可以快速创建新联系人。

单击“开始”选项卡导航中的“邮件”，显示邮件相关分组，单击“收件箱”，打开接收到的相关邮件，右击发件人姓名，从弹出的快捷菜单中选择“添加到 Outlook 联系人”，如图 4-11 所示。在打开的图 4-12 所示的窗口中可以填写各类资料，还可以将联系人的头像导入进来。

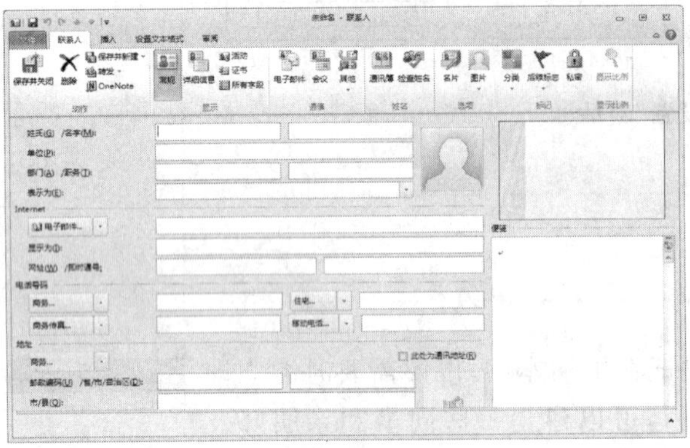

图 4-10　新建联系人窗口

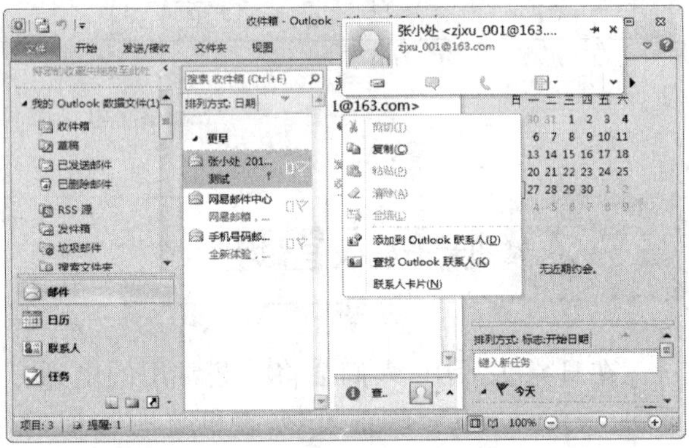

图 4-11　根据收到的邮件创建联系人

“联系人”列表还能发挥更强大的功能，建议填写得越详细越好，例如，联系人的生日、纪念日、职业、配偶和昵称等。单击“联系人”选项卡中的“显示”组中的“详细信息”按钮，打开如图 4-13 所示的窗口，这些信息都可以在里面记录下来。单击“保存并关闭”按钮即可快速建立一个新联系人。

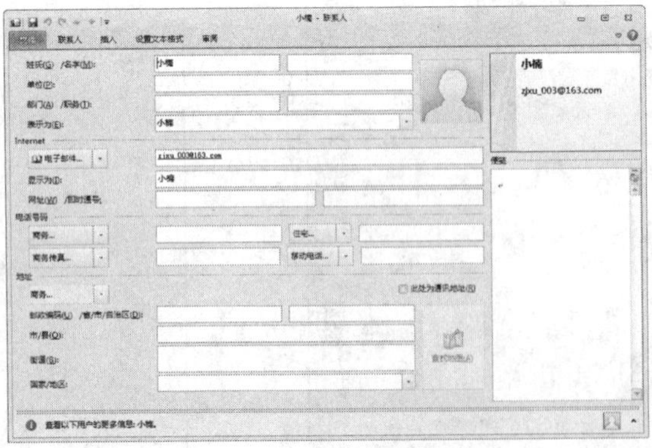

图 4-12　创建联系人窗口——常规

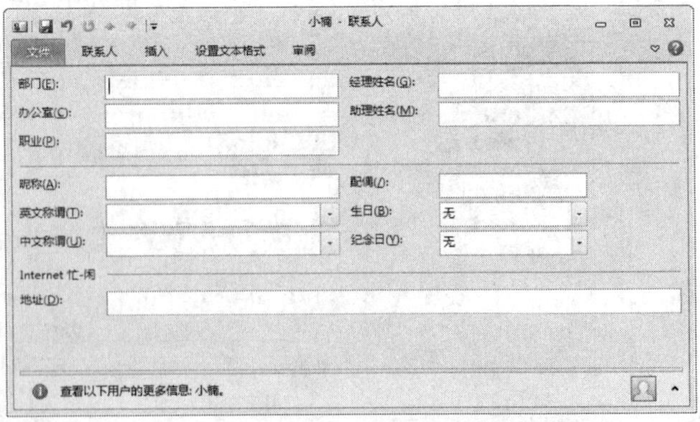

图 4-13　创建联系人窗口——详细信息

4.2.2 建立联系人组

可以将相关的几个联系人加入到一个通讯组中，发信时选择了这个通讯组，就相当于选择了这个组中的所有人，这样就方便多了。

单击“开始”选项卡导航中的“联系人”，单击“开始”选项卡中的“新建”组中的“新建联系人”按钮，打开联系人组窗口。输入联系人组名称，单击“添加成员”下拉按钮，成员可以来自 Outlook 联系人、通讯簿或者直接新建电子邮件联系人，输入各成员的名称、邮件地址等信息，将同类型的联系人放在一个组内进行管理，如图 4-14 所示。

在发送邮件时，只需要在选择联系人的时候，选择相应的组就可以了。

图 4-14　新建联系人组窗口

4.2.3　建议联系人

默认情况下，创建的联系人信息直接存储在默认数据文件的联系人文件夹中，但如果有多个账户数据文件，那么会配备相应的“建议联系人”。

“建议联系人”是指通过某个账户发邮件时，收件人的地址不在已有联系人列表中，而是通过手工输入邮件地址，Outlook 自动将该地址列入“建议的联系人”文件夹中，如图 4-15 所示。

若只是偶尔使用某收件人地址，不希望自动纳入“建议联系人”，也可利用“Outlook 选项”窗口取消该功能，如图 4-16 所示。

图 4-15　指定账户的建议联系人

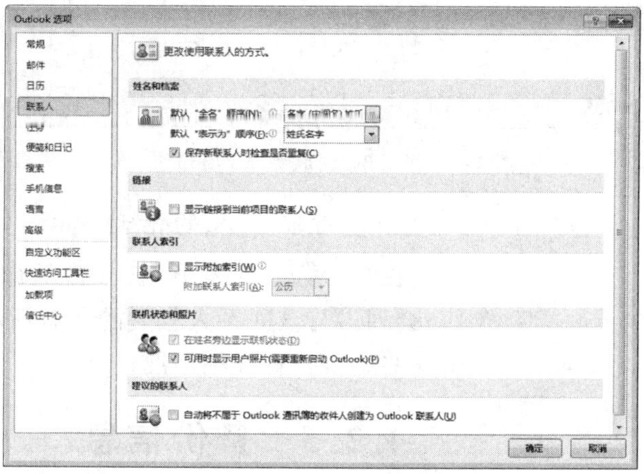

图 4-16　联系人选项设置

4.2.4　查找信息

1. 查找联系人

当联系人太多需要快速找到联系人时，可以采用以下几种方法：

（1）字母定位

“联系人”列表中的联系人是按照姓氏拼音的开头字母的前后顺序排列的，所以使用“拼音索引”按钮可以很快地寻找到联系人。在联系人区域的最右边单击联系人名字的第一个字母，可以快速定位联系人。

（2）按类别排序

为了方便识别和查找，Outlook 还允许为众多的联系人分类。在“联系人”窗口中右击联系人条目，在弹出的快捷菜单中选择“类别”命令，即可弹出“类别”对话框，在此可以为该联系人设定属于哪种类别。联系人的分类不是唯一的，一个联系人可以属于多个不同的类别。

（3）利用“查找联系人”下拉列表框

单击“开始”选项卡导航中的“联系人”，在“查找”组中的“查找联系人”下拉列表框中输入要查找的联系人的姓名，可以直接进行搜索。

（4）利用“通讯簿”按钮

单击“开始”选项卡导航中的“联系人”，单击“查找”组中的“通讯簿”按钮，打开“通讯录：联系人”窗口，如图 4-17 所示。在“搜索”文本框中输入要查找的联系人的姓名，满足条件的联系人即可显示出来。也可以单击“高级查找”链接，打开“查找”对话框，如图 4-18 所示，在“查找包含以下字符的名称”文本框中输入待查找信息，单击“确定”按钮，满足条件的联系人即可显示出来。

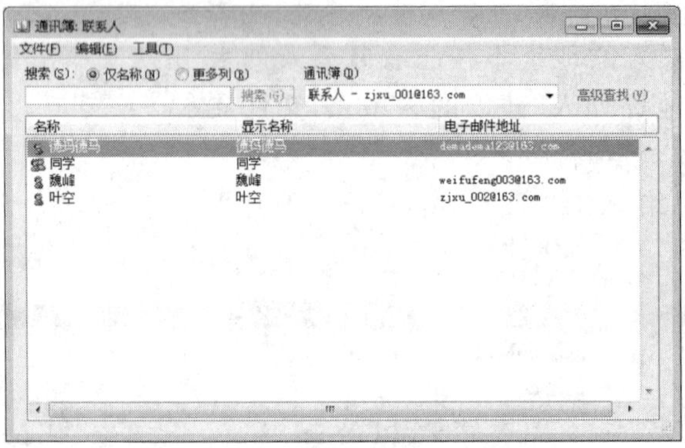

图 4-17 “通讯录：联系人”窗口

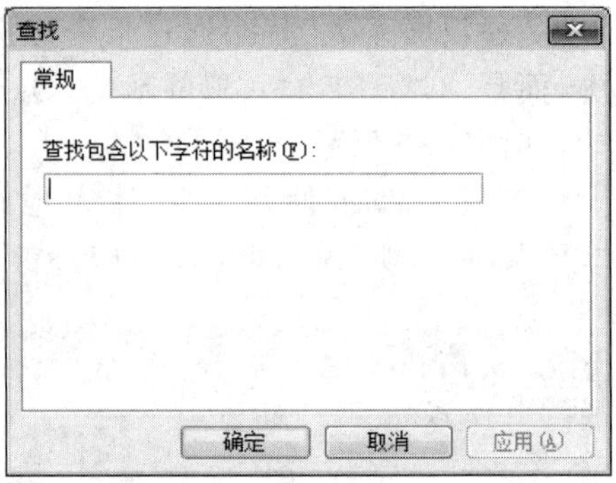

图 4-18 “查找”对话框

2. 查看联系人的活动

在“联系人”列表中，双击想要查看的联系人信息，单击“显示”组中的“活动”按钮，会列出与该联系人相关的所有活动信息，包括邮件往来、约会事件等，可以直接双击这些条目查看详细情况。

4.2.5 备份信息

做好联系人信息的备份，可以防止重要信息的丢失。Outlook 2010 提供了联系人导入和导出功能，用户可以备份 Outlook 通讯录，也可以将联系人信息导入到 Outlook。

1. 导出联系人

在如图 4-19 所示的“文件”选项卡的“打开”任务窗格中，单击“导入”按钮，打开“导入和导出向导”对话框。

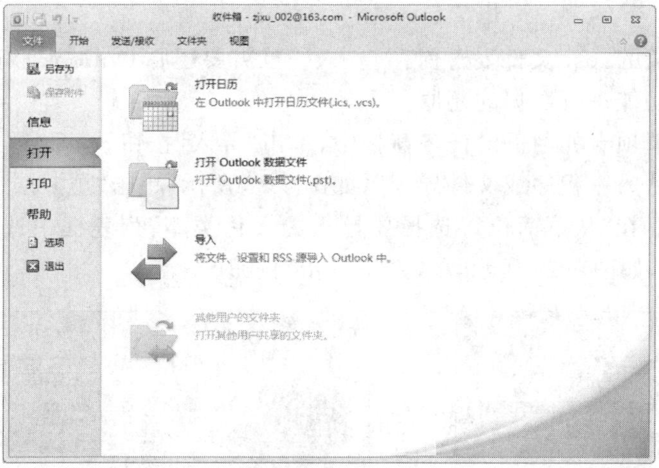

图 4-19 “文件”选项卡中的“打开”任务窗格

在“导入和导出向导”对话框中选择“导出到文件”,如图 4-20 所示,单击“下一步”按钮,打开“导出到文件”对话框。选择创建文件的类型,指定生成的文件类型,选择“Outlook 数据文件(.pst)”,如图 4-21 所示,单击“下一步”按钮,打开“导出 Outlook 数据文件”对话框,如图 4-22(a)所示。

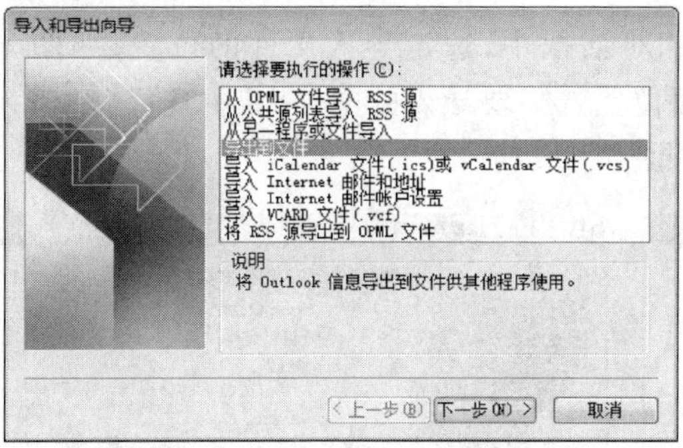

图 4-20 “导入和导出向导”对话框

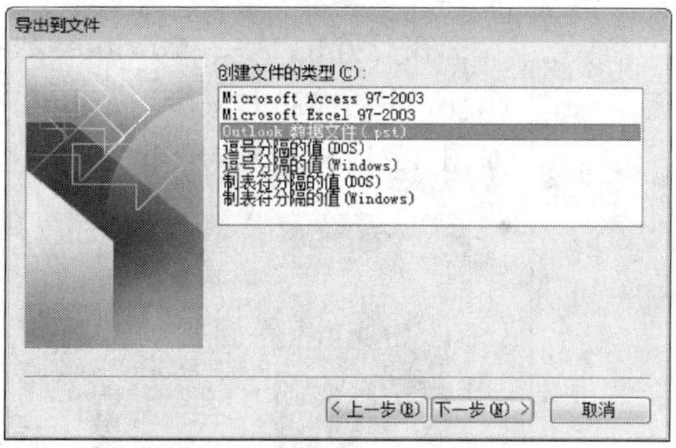

图 4-21 “导出到文件”对话框

在“导出 Outlook 数据文件”对话框中选定导出的文件夹,如选定“联系人”,单击“下一步”按钮,在“将导出文件另存为”文本框中输入或选择保存位置,如图 4-22(b)所示,单击“完成”按钮,数据导出完成,生成 backup.pst 文件。

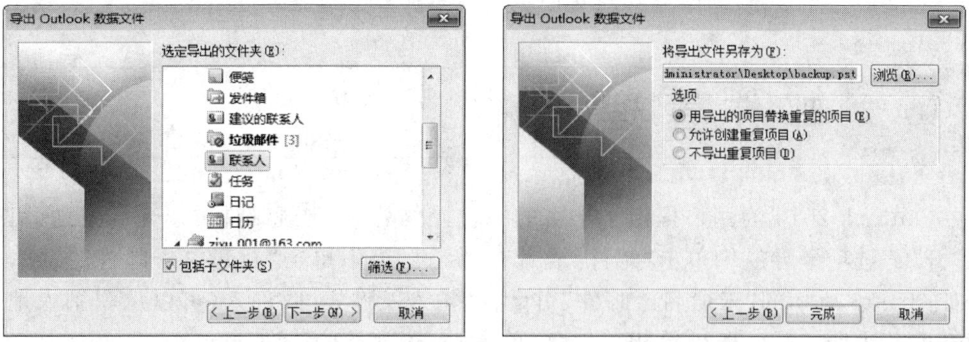

(a) (b)

图 4-22 “导出 Outlook 数据文件”对话框

2. 导入联系人

可以将生成的.pst文件妥善保存起来，一旦需要还原Outlook联系人的信息，可以执行“导入”功能进行数据的还原。

在“文件”选项卡的“打开”任务窗格中，单击“导入”按钮，打开“导入和导出向导”对话框，选择“从另一程序或文件导入”，如图4-23所示，单击“下一步”按钮，打开“导入文件”对话框，在“从下面位置选择要导入的文件类型”列表框中选择“Outlook数据文件(.pst)”，如图4-24所示，单击“下一步”按钮。

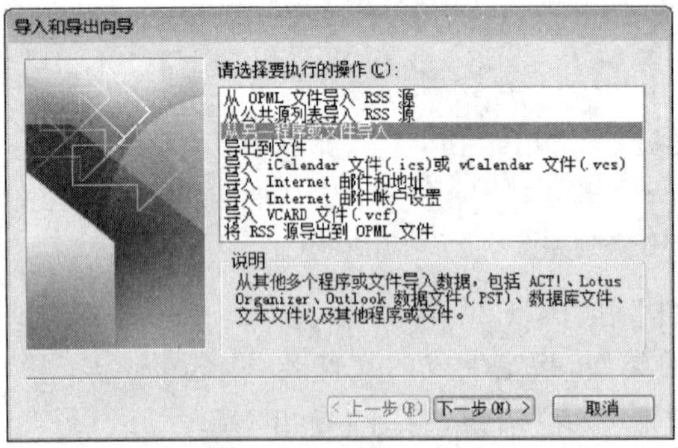

图 4-23 “导入和导出向导”对话框

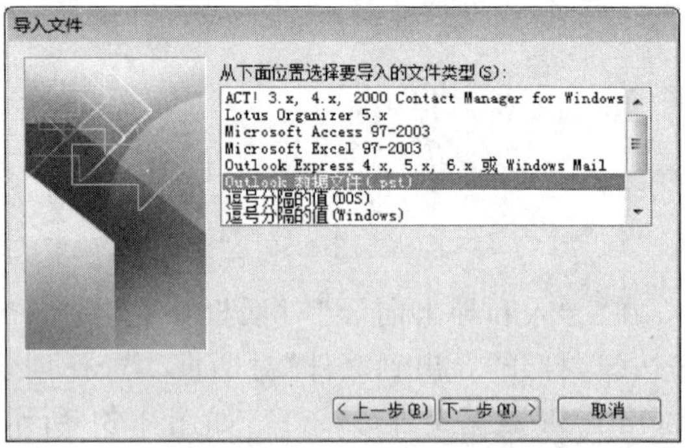

图 4-24 “导入文件”对话框

在打开的“导入Outlook数据文件”对话框中，选定导入文件的位置，如图4-25(a)所示，单击“下一步”按钮，在“从下面位置选择要导入的文件夹”中选择“联系人”，如图4-25(b)所示，单击“完成”按钮，数据导入成功。

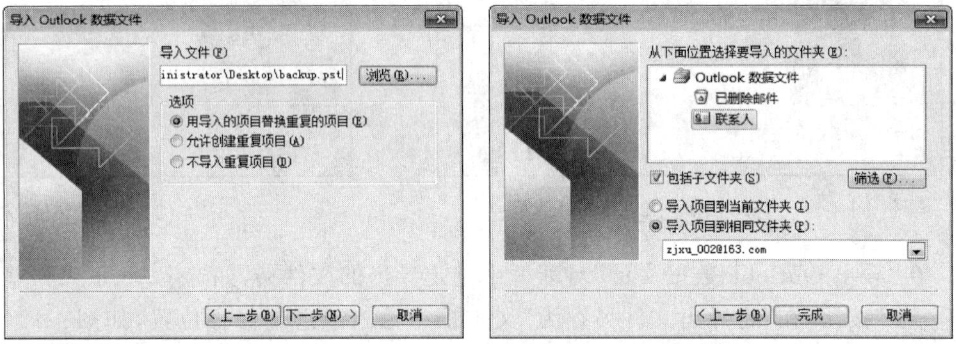

(a) (b)

图 4-25 “导入Outlook数据文件”对话框

4.3 邮件管理

Outlook 2010为用户提供了丰富的邮件操作功能，常规邮件的新建和发送，可以在“开始”选项卡导航中单击“邮件”或者在“新建”组中单击“新建电子邮件”按钮，打开如图4-26所示的“未命名—邮件”对话框，输入发件人、收件人(可以从联系人地址簿选取)、主题、正文、附件等相关信息，单击“发送”按钮完成发送。

除了常规的邮件收发，Outlook还提供了自动收发邮件、标记邮件、创建个性化签名和邮件回执等功能。

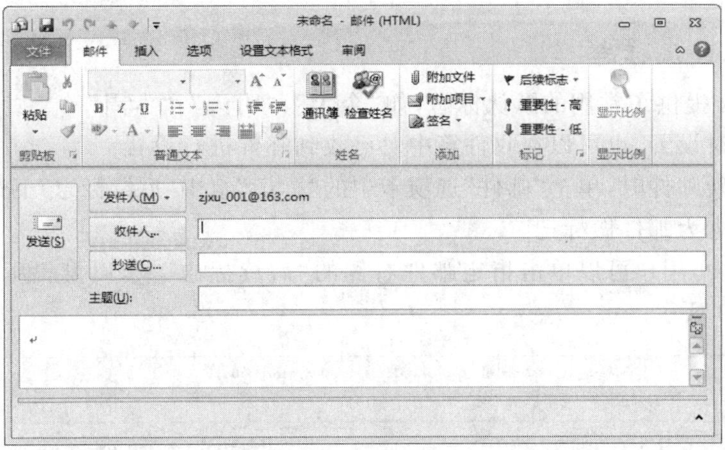

图 4-26 “未命名—邮件”对话框

4.3.1 自动收发邮件

单击“文件”选项卡中“选项”按钮，打开“Outlook 选项”窗口，单击“高级”标签，打开“高级”选项卡，如图 4-27 所示。单击“发送和接收”栏中的“发送/接收”按钮，打开“发送/接收组”对话框，如图 4-28 所示。

图 4-27 “Outlook 选项”对话框

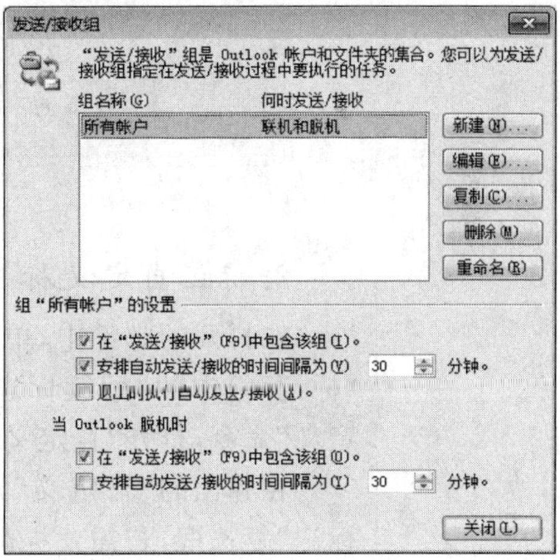

图 4-28 “发送/接收组”对话框

在“组‘所有账户’的设置”组中，选择“安排自动/发送的时间间隔为”复选框，在后面可以设定自动收发邮件的时间间隔，例如：15 min（默认是 30 min）。

还可以指定时间自动发送。在“邮件”窗口中单击“选项”选项卡“其他选项”组中的“延迟传递”按钮，打开“属性”对话框。在“属性”对话框中，如果选中“传递不早于”复选框，就可在后面的下拉列表中指定想要发送此邮件的日期和时间，Outlook 将会按时自动发送此邮件。

4.3.2 标记邮件

标记电子邮件有助于跟踪对发送的邮件响应，以及对收到的邮件执行后续工作。

无论是哪种情况，都可以包含一条提醒通知。设置的邮件标志显示在电子邮件视图中。

1. 标记默认标志

Outlook 提供了常用的默认标志，如“今天”、“明天”、“本周”等。默认标志可以在新建邮件时设置，也可以在收件箱中对已收到邮件进行设置。

在创建新邮件时，单击“邮件”选项卡中的“标记”组中“后续标志”下拉按钮，选择某个默认标志为邮件做标记。

收件箱中，用户可以单击指定邮件右侧的“后续标志”，以设置所需的默认标志，如图 4-29 所示。

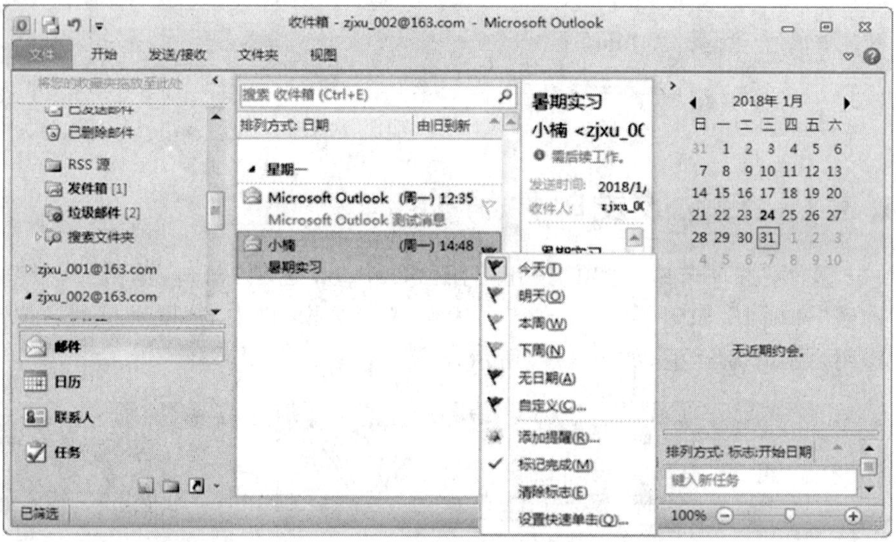

图 4-29　默认邮件标志

2. 标记自定义标志

在打开的邮件中，单击“邮件”选项卡中的“标记”组中的“后续标志”下拉按钮，选择“自定义”命令，打开“自定义”对话框。

在弹出的“自定义”对话框中，选中“为我标记”复选框，若需要提醒，则选中“提醒”复选框，设定日期与时间，如图 4-30 所示。可以用同样的方法为收件人设置标记和提醒。

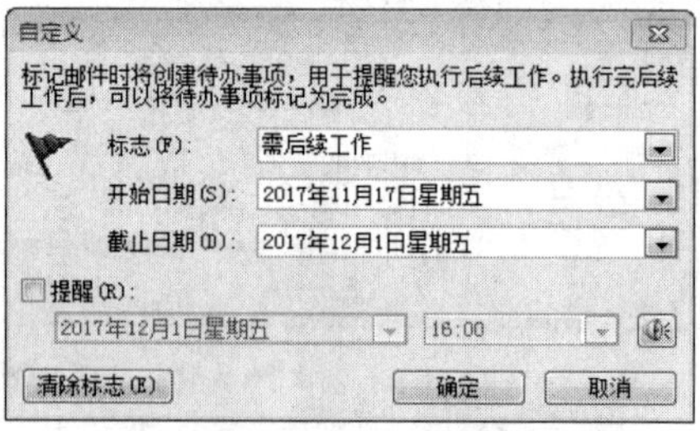

图 4-30　“自定义”对话框

3. 给邮件添加重要性标志

在“新邮件”窗口中，“邮件”选项卡中的“标记”组中的红色感叹号“重要性－高”和向下蓝色箭头“重要性－低”，这就是重要性标志。发送前单击重要性标志按钮，可以标记邮件的重要性，当收件人收到标有重要性标志的邮件后，收件人就可以看到邮件后面有一个红色的感叹号或者蓝色的向下箭头，以了解邮件的重要程度。

4. 查看设置标志结果

发件人在“已发送邮件”文件夹中打开做过标记的邮件，在信息栏中可以看到设置的所有“标记”。收件人打开接收到的邮件，信息栏处可以看到发件人设置的标记。

4.3.3 创建个性化签名

在写完一封邮件之后，一般要在结尾处署上姓名、E-mail 地址等信息，非常麻烦。Outlook 具有“自动签名”功能，可以将签名自动添加到新邮件中，省去了很多重复的操作。

单击“文件”选项卡导航中的“选项”按钮，打开“Outlook 选项”窗口，如图 4-31 所示，在“撰写邮件”栏中单击“签名”按钮，打开“签名和信纸”对话框，如图 4-32 所示，也可以在邮件窗口中单击“邮件”选项卡中的“添加”组中的“签名”下拉按钮，在下拉列表中选择“签名”命令，同样可以打开“签名和信纸”对话框。

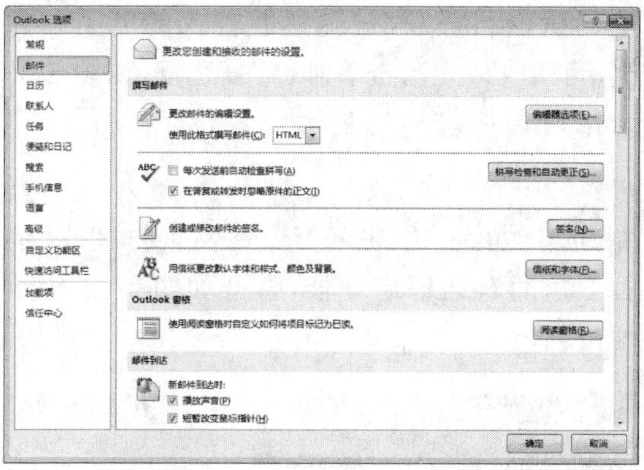

图 4-31 “Outlook 选项”对话框

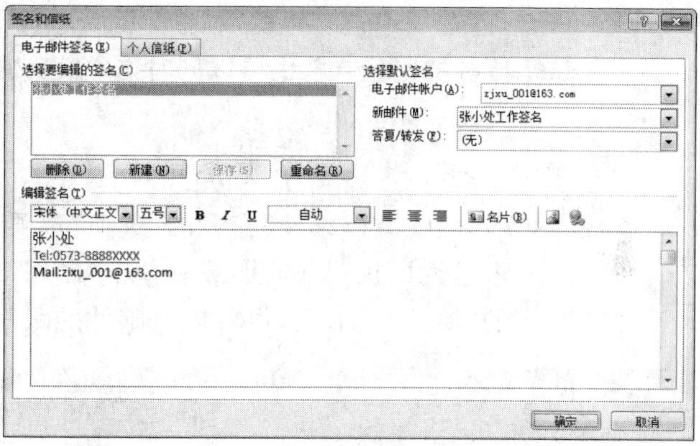

图 4-32 “签名和信纸”对话框

在“签名和信纸”对话框“电子邮件签名”选项卡中，单击“新建”按钮，打开“新签名”对话框。在“键入此签名的名称”文本框中输入名称，如图 4-33 所示，单击“确定”按钮。

在“签名和信纸”对话框的“编辑签名”处，编辑自己的签名，输入内容，利用工具栏设置签名的字体、字号、对齐方式等，还可以在签名中插入名片、图片等对象，如图 4-34 所示。

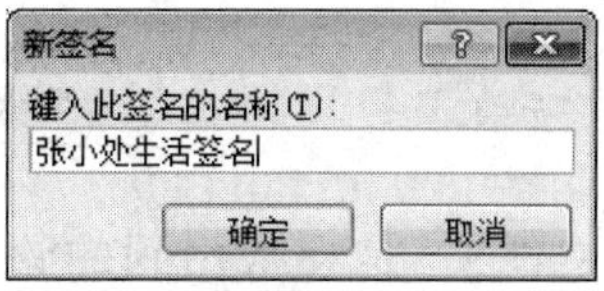

图 4-33 “新签名”对话框

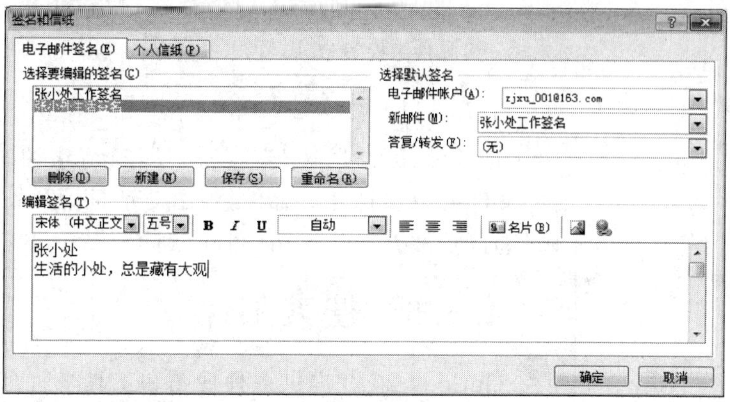

图 4-34 “签名和信纸”对话框

创建好签名之后，可以在“邮件”窗口中单击“邮件”选项卡“添加”组中的“签名”下拉按钮，选择需要的签名添加到新邮件末尾。

4.3.4 跟踪邮件

跟踪邮件

给邮件添加跟踪功能，以便跟踪电子邮件产生的操作，可以使发件人及时了解邮件的到达、阅读情况。其中，“送达”回执表示发送的电子邮件已经送达收件人的邮箱，但不表示收件人已经看到或阅读它，“已读”回执表示发送的邮件已经被打开。

在 Outlook 2010 中，邮件收件人可以选择拒绝发送“已读”回执，还存在不发送“已读”回执的其他情况，因为有的收件人的电子邮件程序不支持“已读”回执。

1. 跟踪所有发送的邮件

单击“文件”选项卡导航中的“选项”按钮，打开“Outlook 选项”窗口，切换到“邮件”选项卡，在“跟踪”栏中，可以选中“送达回执，确认邮件已送达收件人的电子邮件服务器”复选框，也可以同时选中“已读回执，确认收件人已查看邮件”复选框，如图 4-35 所示。

2. 跟踪单个重要邮件

在“新建邮件”窗口的“选项”选项卡中，选中“跟踪”组中的“请求送达回执”或“请求已读回执”复选框，或者单击“跟踪”组右下角的对话框启动器，打开如图 4-36 所示的“属性”对话框，也可以对邮件的跟踪进行设置。

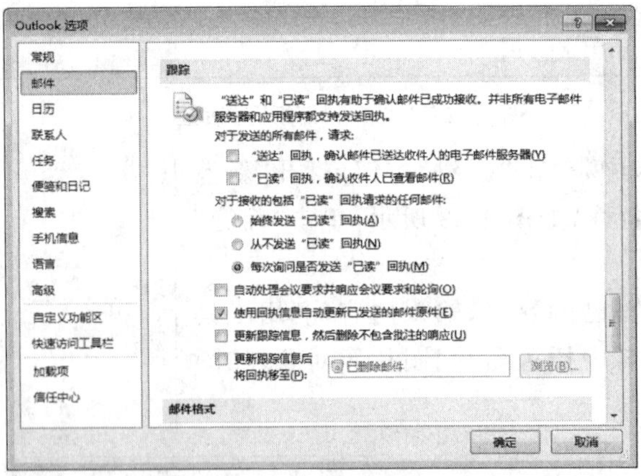

图 4-35 多邮件跟踪设置

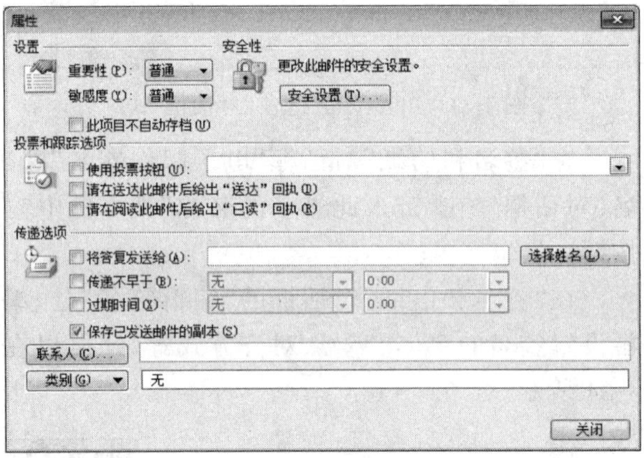

图 4-36 单个邮件跟踪设置

3. 跟踪回执响应

打开设置了“送达”或“已读”回执请求的邮件原件，该邮件通常位于“已发送邮件”文件夹中。打开该邮件，弹出对话框，显示发送回执请求。当收件人第一次打开邮件时，发件人的收件箱中就收到了一个回执。

4.3.5 搜索邮件

管理邮件

Outlook 2010 提供多种视图和工具来管理邮件，“搜索文件夹”是经常用到的管理工具，它可以使用户减少手动归档邮件的工作量。

用户有时需要搜集保存于不同文件夹中的信息。例如，设置了标记的邮件存放在不同文件夹中，若手动查找带标记的邮件，效率十分低下。通过创建“搜索文件夹”，根据要求定义条件，就能快速将带标记的邮件查找出来。所以针对收到的大量邮件，搜索文件夹是一个很好的方法，能够使用户快速区分来自不同发件人的邮件。

1. 系统提供的常用搜索文件夹

下面以账号 zjxu_001@163. com 为例创建“搜索文件夹”。

单击“文件夹”选项卡，选择账号 zjxu_001@163. com，单击“新建”组中的“新建搜索文件夹”按钮，弹出“新建搜索文件夹”对话框。

在“新建搜索文件夹”对话框中选择“来自人员和列表的邮件”栏中的“来自特定人员发来的邮件”，如图 4-37 所示，单击“选择”按钮，通过联系人通讯录选择联系人，在“搜索邮件位置”下拉列表框中选择 zjxu_001@163. com 文件夹，单击“确定”按钮。显示了指定账号下对应搜索条件的该发件人的所有邮件。

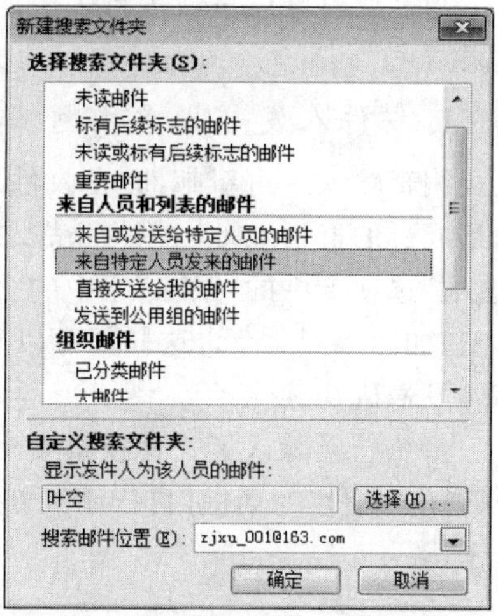

图 4-37 “新建搜索文件夹”对话框

2. 自定义搜索文件夹

Outlook 2010 除了常用的搜索模式，还提供了“自定义搜索文件夹”功能，可以满足用户的特殊要求，实现有条件地搜索。

单击“文件夹”选项卡中的“新建”组中的“新建搜索文件夹”按钮，打开“新建搜索文件夹”对话框。

选择“自定义”栏中的“创建自定义搜索文件夹”，如图 4-38 所示，单击“选择”按钮，打开自定义搜索文件夹对话框，如图 4-39 所示，在“名称”文本框中输入文件夹名，如“会议”，单击“条件”按钮，打开“搜索文件夹条件”对话框。在“搜索文件夹条件”对话框中，选择“邮件”选项卡，输入“查找文字”“文字出现的位置”“发件人”“收件人”信息，注意不要单击“发件人”和“收件人”按钮从联系簿中选择联系人，必须手工输入才有效。可以设置时间限制，最后单击“确定”按钮。

条件设置完成后，在“自定义搜索文件夹”对话框中单击“浏览”按钮，弹出“选定文件夹”对话框。在对话框中选择指定的文件夹，单击“确定”按钮，重新回到“新建搜索文件夹”对话框，单击“确定”按钮，在邮件账户窗格中，单击刚刚定义的搜索文件夹“会议”，邮件窗格就显示满足条件的邮件，每封邮件主题均包含“会议”文字。

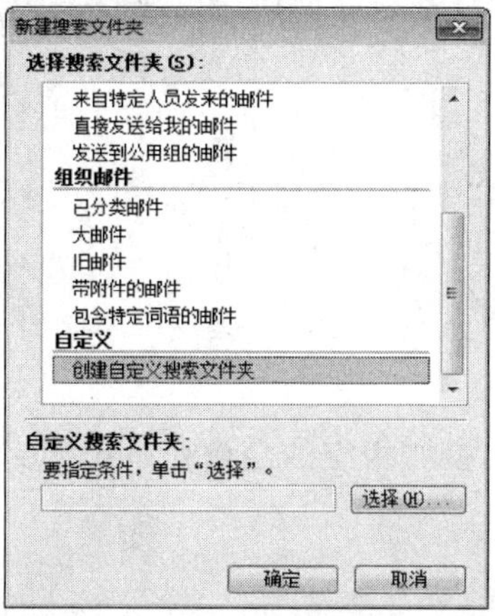

图 4-38 “新建搜索文件夹”对话框

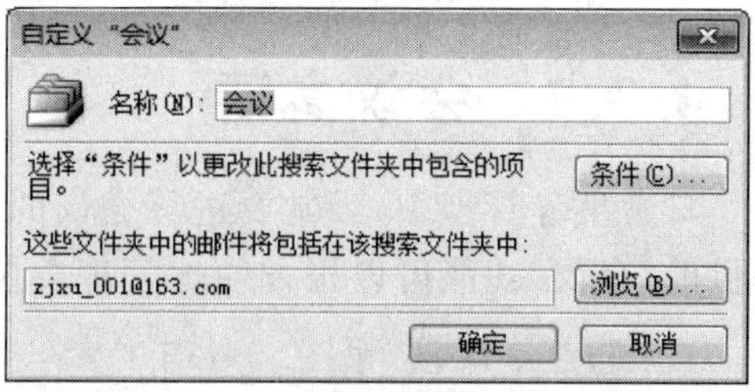

图 4-39 自定义搜索文件夹设置

4.3.6 添加“投票”功能

创建投票

当需要对某件事情进行表决时，可以利用 Outlook 中的投票功能实现并统计出结果。

1. 发件人发起投票主题

编辑输入一封新邮件，在收件人框中输入所有参与投票的成员的邮箱地址（也可以是成员的群发地址），输入主题、邮件正文，如说明投票要求、最终截止时间等；单击“选项”选项卡中的“跟踪”组中的“使用投票按钮”下拉按钮，从下拉列表中选择投票类型，如图 4-40 所示，这样就可以在邮件中使用“投票”功能，最后单击“发送”按钮，邮件发送成功。

系统已经默认了三种投票类型，如果默认的投票类型不够，可以单击“自定义”命令，弹出“属性”对话框，自行添加新的投票按钮。例如，添加“同意/不同意”，如图 4-41 所示。

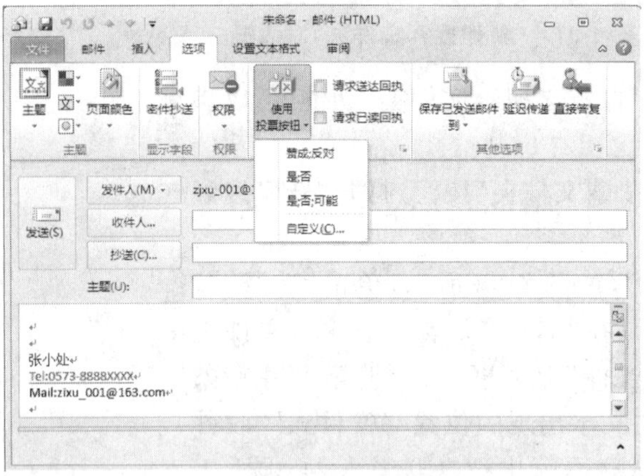

图 4-40　邮件中插入投票按钮

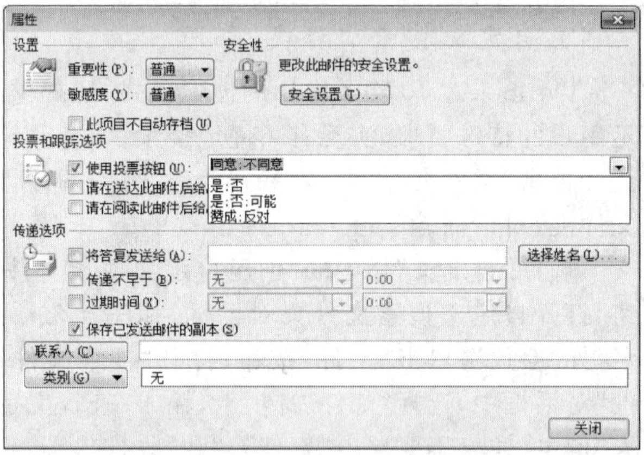

图 4-41　自定义投票类型

2. 收件人开始投票

当各个收件人接收并打开邮件后，通过工具栏“响应”组中的“投票”下拉按钮，选择相应命令进行投票。单击“邮件”选项卡中的“响应”组中的“投票”下拉按钮，选择“投票”或“反对”命令，若选择“发送前编辑响应”，则打开新邮件窗口。发件人会分别收到返回的结果，发件人收到投票人的回执。

3. 发件人查看投票结果

收件人投票后，发件人可以在“已经发送的邮件”中打开原邮件，选择工具栏“显示”中的“跟踪”，可以看到所有投票人的意见。

4.3.7 会议邀请

安排会议

日常事务管理中，经常要进行会议的安排，并且参加相应的会议。Outlook 2010 提供的“会议”功能可以很方便地管理会议。

1. 发起会议邀请

单击“开始”选项卡中的“新建项目”下拉按钮，在下拉列表中选择“会议”命令，打开“会议”窗口，如图 4-42 所示。

在会议窗口中，单击“发件人”下拉按钮，选择会议发起者；单击“收件人”按钮，选择与会者账号；输入“主题”和“地址”，设置会议的开始时间和结束时间，输入正文文本；还可以单击“会议”选项卡中的“选项”组中的“重复周期”按钮，打开“约会周期”对话框，如图 4-43 所示，设置约会时间、定期模式和重复范围后，单击“确定”按钮，则每次周期例会的通知都可由 Outlook 自动发送。当答复后，显示为各与会者的响应统计。

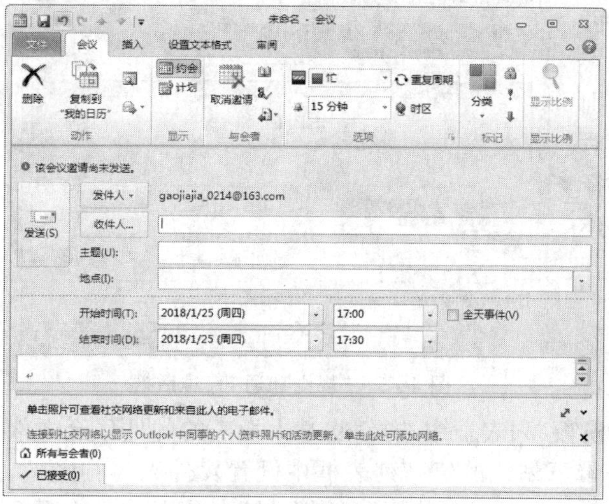

图 4-42　会议窗口

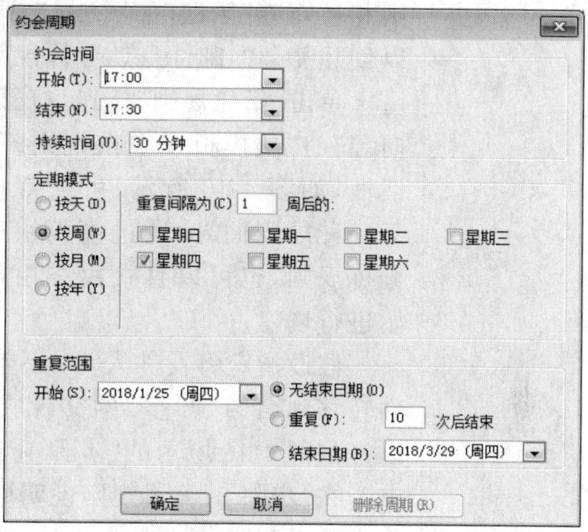

图 4-43　“约会周期”对话框

2. 收件人答复邀请

发件人发出会议邀请后，受邀请者收到会议邀请邮件。用户可以直接在阅读窗格中进行答复，也可以打开邮件进行答复，方式有接受、暂定、拒绝，并以邮件的形式发送给会议组织者。

4.3.8　新建邮件文件夹

收件箱里的邮件会随着时间的推移越来越多，虽然可以用查找功能来整理这些邮件，但每次都这样做就会浪费很多的时间和精力，可以通过建立新的文件夹来存放同类的邮件以便管理。例如，可以将好朋友发来的邮件全都存放在名为“朋友的来信”的文件夹中，这样，就可以很快从自定义的文件夹中找到这一类邮件了。

单击“文件夹”选项卡中的“新建”组中的“新建文件夹”按钮，打开“新建文件夹”对话框，在“名称”文本框中输入新文件夹的名称，在“文件夹包含”下拉列表框中选择包含项目，在“选择放置文件夹的位置”列表框中指定新文件夹要放在哪里，如图 4-44 所示，最后单击“确定”按钮，文件夹新建完成。

图 4-44　“新建文件夹”对话框

建立好自己定义的文件夹后，就可以将邮件分类保存了。打开收件箱，先选择邮件，然后按住鼠标左键不放并拖曳至相应的文件夹图标上释放鼠标即可。

4.3.9 邮件的自动分拣

现实生活中寄出的信件是经过邮局的拣信和分信处理才投递到我们的信箱中的。Outlook 也提供了自动分拣邮件的功能，它可以帮助我们执行邮件的分类。

单击“文件”选项卡中的“信息”，单击“管理规则和通知”按钮，打开“规则和通知”对话框，如图 4-45 所示，可以创建复杂的邮件自动分拣规则。

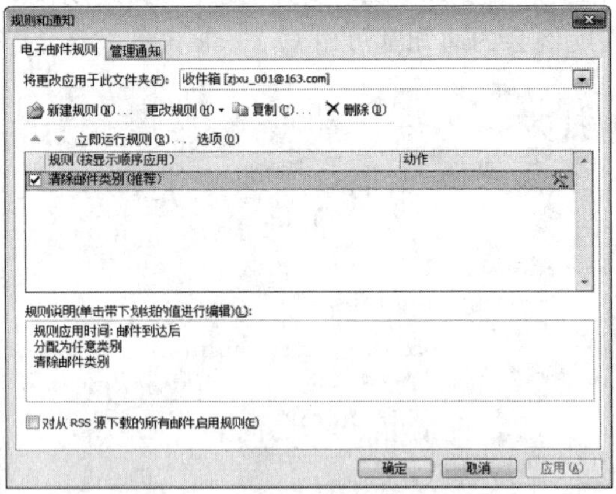

图 4-45 “规则和通知”对话框

单击“新建规则”按钮，打开“规则向导”的“从模板或空白规则开始”对话框，如图 4-46 所示，可以直接选择某一种规则向导，通过模板快速创建分拣规则，也可以直接由空白规则开始进行创建。

假设指定将发件人为“叶空”的邮件转移到名为“叶空”的文件夹中，可以在如图 4-46 所示的“步骤 1：选择模板”列表框中选择“将某人发来的邮件移至文件夹”，在“步骤 2：编辑规则说明（单击带下划线的值）”列表框中设置发件人为“叶空”，将它移动到“叶空”文件夹中，单击“下一步”按钮，打开“规则向导”中分别设置检测条件、如何处理邮件和是否有例外等步骤的对话框。

最后，可以在图 4-47 中指定规则的名称，并选择“立即对已在‘收件箱’中的邮件运行此规则”和“启用此规则”复选框，对收件箱中的曾经收到的所有邮件按此规则进行自动分拣。

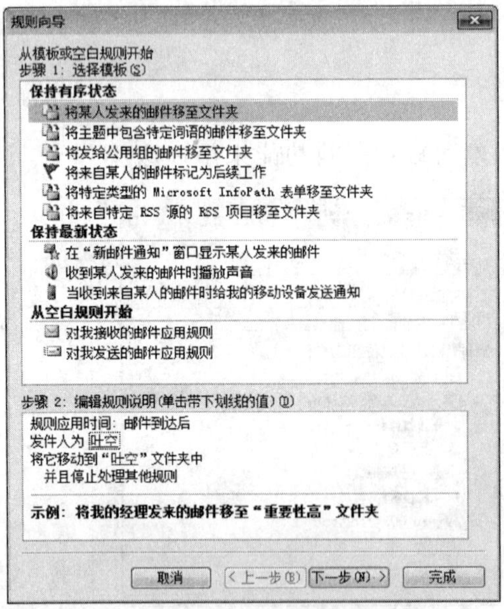

图 4-46 “规则向导”的“从模板或空白规则开始”对话框

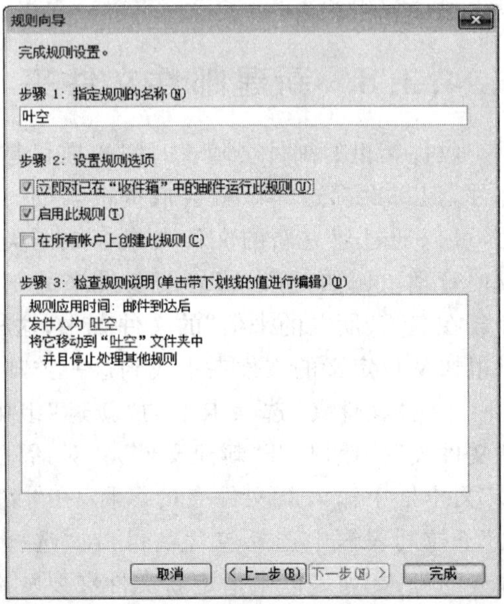

图 4-47 “规则向导”的“完成规则设置”对话框

最后要说明的是，Outlook 允许设置多条分拣邮件的规则，这些规则都列在“规则和通知”对话框中的列表里，优先级由上到下依次排列。可以对某条规则的内容进行修改，只要单击选中这条规则，然后单击“更改规则”按钮即可。

4.4 日历管理

Outlook 2010 日历充分集成了电子邮件、联系人和其他功能。使用日历可以创建约会和事件、组织会议、查看小组日程和发送日历等。

4.4.1 创建约会和事件

此操作和在笔记本中书写一样，可以单击 Outlook 日历中的任何时间段，然后开始输入约会和事件的相关内容。可以选择使用声音或消息来提醒约会、会议和事件，并且可以给项目添加颜色以便快速标识。

单击“开始”选项卡导航中的“日历”，显示日历相关选项卡。单击“开始”选项卡中的“新建”组中的“新建约会”按钮，打开新建约会窗口，如图 4-48 所示；也可以右击日历网格中的时钟，在弹出的快捷菜单中选择“新建约会”命令也可以打开“新建约会”窗口。

在“主题”文本框中，输入约会主题；在“地点”下拉列表框中，输入约会地点；输入会议开始和结束时间，还可以在“开始时间”和“结束时间”下拉列表框中输入特定的字词和短语，而不是日期。例如，可以输入“今天”“明天”“元旦”“从明天开始的两周”“元旦前的三天”及大多数节假日名称。

若要向他人表明在此期间的空闲状况，可在“约会”选项卡上的“选项”组中的“显示为”下拉列表框中选择“闲”“暂定”“忙”或“外出”。

若要将约会设置为定期约会，可在“约会”选项卡中的“选项”组中单击“重复周期”按钮，打开“约会周期”对话框，如图 4-49 所示。在“约会周期”对话框中，单击想让约会重复发生的频率（“按天”“按周”“按月”“按年”），然后选定该频率的选项，单击“确定”按钮，向约会中添加重复周期后，“约会”选项卡将更改为“约会系列”选项卡。

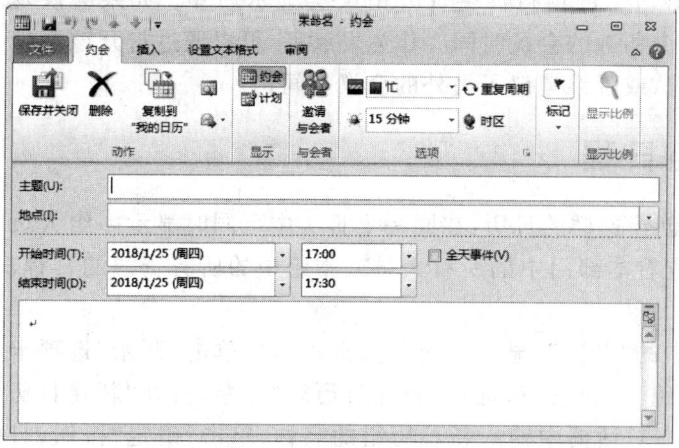

图 4-48 新建约会窗口

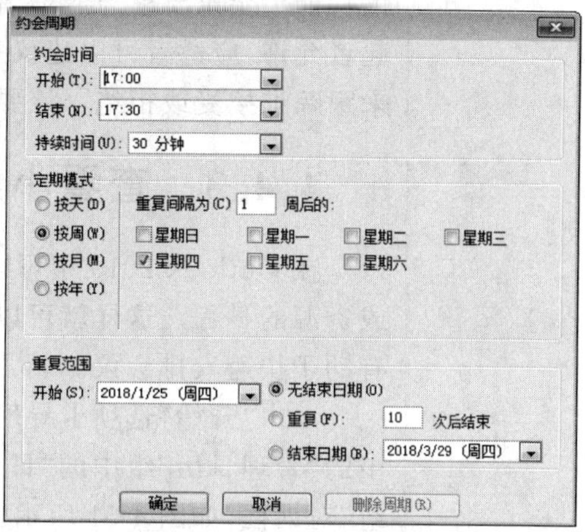

图 4-49 “约会周期”对话框

默认情况下，在约会开始前 15 min 就会显示提醒；若要更改提醒的显示时间，可在“约会”选项卡中的“选项”组中的“提醒”下拉列表框中选择新的提醒时间。若要关闭提醒，可选择“无”。

在“约会”选项卡中的“动作”组中，单击“保存并关闭”按钮。

4.4.2 组织会议

选择日历上的某个时间，单击“开始”选项卡中的“新建”组中的“新建会议”按钮，打开如图 4-50 所示的新建会议窗口，在此创建会议要求，并选择要邀请的人。Outlook 可帮助查找所有应邀者都空闲的最早时间。

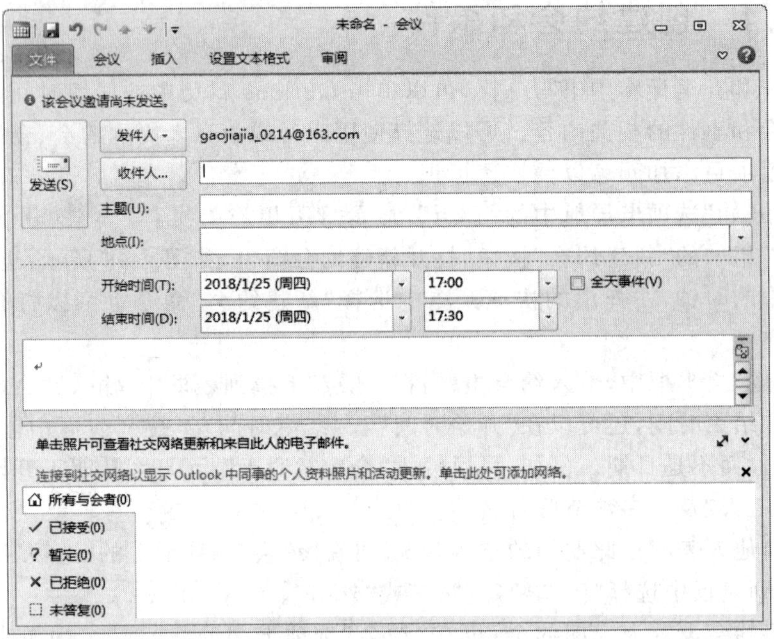

图 4-50 新建会议窗口

当发起者通过电子邮件发送会议要求后，应邀者将在其“收件箱”中收到该要求。应邀者打开该要求时，他们可以通过单击一个按钮接受、暂时接受或拒绝发起者的会议。如果会议要求与应邀者日历上的项目冲突，Outlook 会显示通知。如果会议发起者允许，应邀者可以建议一个备选的会议时间。作为发起者，可以通过打开该要求来跟踪谁接受或拒绝了该要求，或者谁建议了另外的会议时间。

4.4.3 查看小组日程

在 Outlook 2010 中可以创建这样的日历：在同一个日历中可同时显示一组人员或资源的日程。这样就可以查看本部门中的所有人员或本组中的所有资源的日程，有助于快速安排会议。

单击“开始”选项卡导航中的“日历”，显示日历相关选项卡。单击“开始”选项卡中的“管理日历”组中的“日历组”下拉按钮，选择“新建日历组”命令，打开“新建日历组”对话框，如图 4-51 所示。在对话框中输入新日历组的名称，单击“确定”按钮，打开“选择姓名：联系人”对话框，如图 4-52 所示，在对话框中选择组成员，单击“确定”按钮，日历组创建成功。

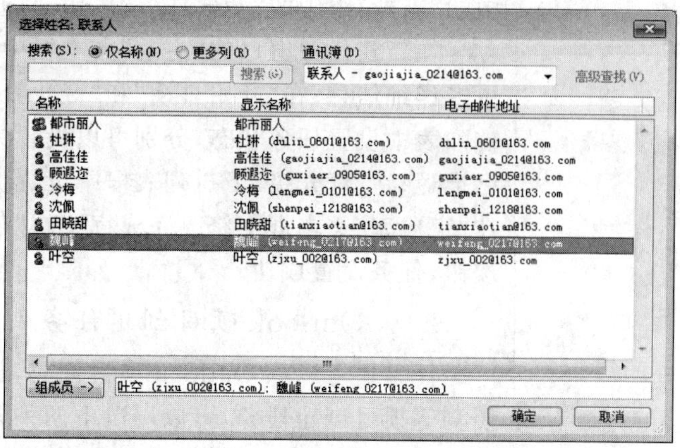

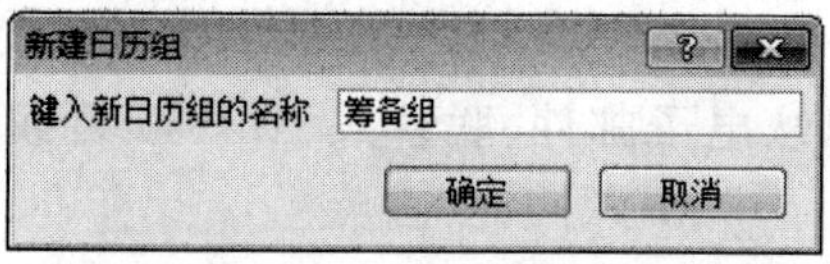

图 4-51 “新建日历组”对话框

图 4-52 “选择姓名:联系人”对话框

4.4.4 发送日历

在 Outlook 2010 中可以将日历作为 Internet 日历发送给邮件收件人,同时对要共享的信息量保持控制。

日历信息作为 Internet 日历附件出现在电子邮件正文中,发件人可在发送之前编辑日历快照,例如,可以更改字体或突出显示日期或约会。通过电子邮件共享的日历以邮件附件的形式发送到收件人的收件箱中,邮件正文中显示日历快照。

使用日历

单击“开始”选项卡中的“共享”组中的“电子邮件日历”按钮,打开如图 4-53 所示的“通过电子邮件发送日历”对话框,在此通过下拉列表框指定日历,在“日期范围”下拉列表框中,单击想让日历显示的时间段,输入或选择所需的任何其他选项,然后单击“确定”按钮,打开邮件窗口,对正文中的日历内容进行编辑,发送邮件。

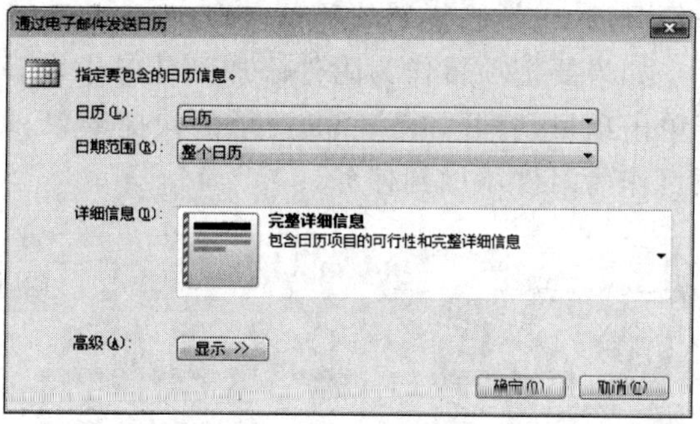

图 4-53 “通过电子邮件发送日历”对话框

通过电子邮件接收日历的用户可以选择在 Outlook 中打开日历快照。

4.5 任务管理

4.5.1 创建任务

许多人会将待办事项列表列在纸上、记在电子表格中或使用纸和电子方式双管齐下。在 Outlook 2010 中,可以将各种列表合为一体、获得提醒以及跟踪任务进度。

1. 从任务窗口创建任务

单击“开始”选项卡导航中的“任务”,显示任务相关选项卡。单击“开始”选项卡中的“新建”组中的“新建任务”按钮，打开新建任务窗口。

在新建任务窗口的“主题”文本框中，键入任务的名称，还可以在任务正文中添加更多详细信息；在“开始日期”和“截止日期”下拉列表框中分别选定日期；在“状态”下拉列表中设置任务状态，分别可以设置为未开始、进行中、已完成、正在等待其他人和已推迟；在“优先级”下拉列表框中设置优先级，分别可以设置为低、普通和高，还可以在“完成率”文本框中修改完成率。在“任务”选项卡的“动作”组中单击“保存并关闭”按钮，任务设置成功。

2. 从 Outlook 项目创建任务

任务还可以从 Outlook 项目创建，也就是可以从电子邮件、联系人、日历项目或便笺等项目创建任务，可以用以下两种方法实现。

(1)将电子邮件拖到“待办事项”

将电子邮件拖到“待办事项”前，先将“待办事项栏”按“开始日期”或“截止日期”排列，再把电子邮件拖到“待办事项栏”的任务列表部分，当想要放置任务的位置出现一条两端带有箭头的红线时，释放鼠标按钮，则将电子邮件就被拖到了“任务”中。

(2)将项目拖到“任务”

将需要创建到任务的项目直接拖到导航窗格上的“任务”选项卡上，释放鼠标按钮，打开“新建任务”窗口，如图 4-54 所示。

将项目拖到导航窗格中的“任务”中，则可使用任务项目的所有功能。在图 4-57 中，项目的内容除附件外，都复制到任务的正文中。即使以后删除了原始项目，该任务仍可用，包括已复制的项目内容。

如果要把项目作为附件添加到任务中，而不是将文本粘贴到任务正文中，可以右键单击项目，打开如图 4-55 所示的快捷菜单，单击“作为带附件的任务复制到此”，则项目作为附件添加到任务。

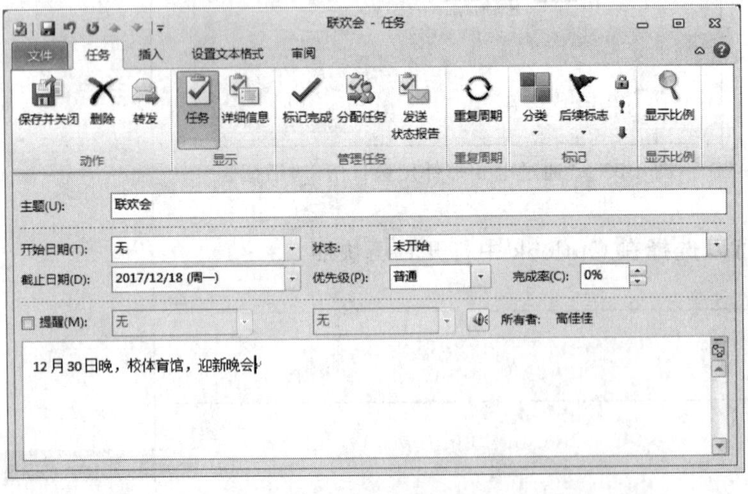

图 4-54 “新建任务”窗口

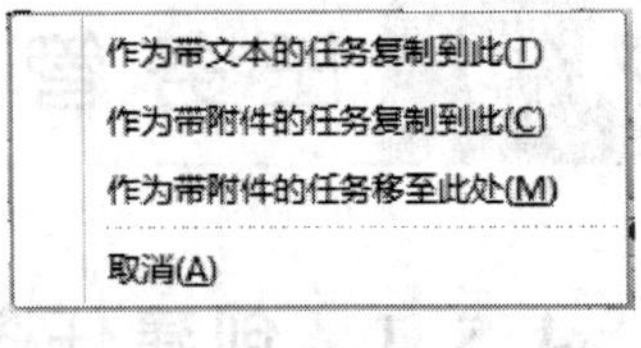

图 4-55 创建任务快捷菜单

3. 在“待办事项栏”中创建任务

默认情况下，“待办事项栏”出现在所有 Outlook 视图中，但有时也需要被隐藏起来，若要打开或隐藏“待办事项栏”，可以单击“视图”选项卡上的“布局”组中“待办事项栏”按钮，然后选择“普通”“最小化”或“关闭”等状态，这样的操作将仅更改当前视图而不是所有视图中的“待办事项栏”的显示和隐藏状态。如果要在“待办事项栏”中创建任务，可以用以下两种方法实现。

①在“待办事项栏”中，在“键入新任务”文本框中输入任务说明，按回车键完成。这样，新建任务就会显示在待办事项列表中，包含当天的日期。

②在“待办事项栏”中双击“键入新任务”框，打开新建任务窗口，这样就可以输入更多详细信息，最后单击“保存并关闭”按钮。

4. 在日历中的“日常任务列表”中创建任务

单击“开始”选项卡导航中的“日历”，将显示“日常任务列表”，“日常任务列表”只出现在 Outlook 日历的日视图和周视图中。如果要打开或隐藏“日常任务列表”，可以在导航窗格单击“日历”，在“日历”的“视图”选项卡上，单击“布局”组中“日常任务列表”下拉按钮，并选择“普通”“最小化”或“关闭”状态。

在“日历”中的“日常任务列表”中创建任务，先将指针停留在所需日期下的“日常任务列表”中，当显示“单击可添加任务”时，如图 4-56 所示，单击此文本框，也可以直接单击空白文本框，在空白文本框中键入任务的主题，然后按回车键，创建任务完成。

默认情况下，会将插入任务的那一天设置为开始日期和截止日期，如果要更改任务的开始日期或截止日期，可以把任务拖到所需要的那一天；如果需要手动更改开始日期或截止日期，可以双击任务，打开“任务”窗口，在窗口中可以进行相应修改。

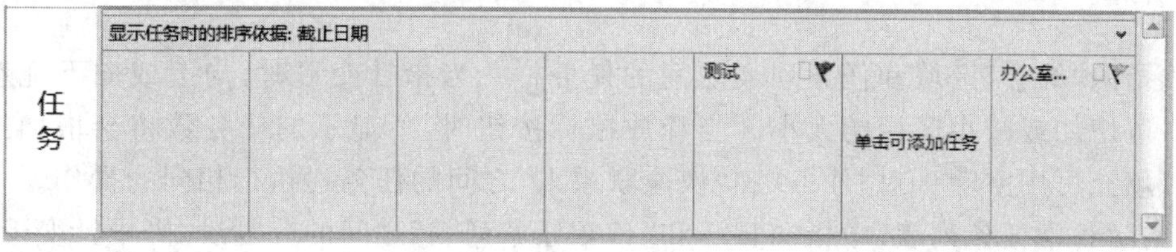

图 4-56 “日常任务列表”

4.5.2 管理任务

任务包含了用户所创建的任务以及标记的邮件。使用文件夹列表可以在“已标记项目和任务”与“任务”之间切换。Outlook 2010 提供了很多管理任务列表的工具。

1. 显示方式管理

单击“开始”选项卡导航中的“任务”，单击“视图”选项卡中的“当前视图”组中的“更改视图”下拉按钮，在下拉列表中选择“管理任务”、“当前视图”、“标记”等组，可以对任务列表中的任务做各种设置；也可以直接在“开始”选项卡的“当前视图”组中选择视图。使用任务列表顶部的排序功能可以来选择要看的显示顺序。可以按图标、优先级、附件、任务主题、状态、截止日期等排序。

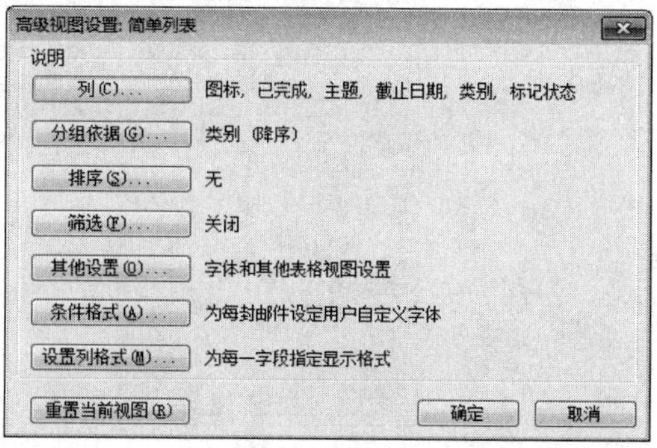

图 4-57 “高级视图设置”对话框

单击“视图”选项卡“当前视图”组中的“视图设置”按钮，打开“高级视图设置”对话框，如图 4-57 所示，在对话框中，可以分别对列、分组依据、排序、筛选、其他设置、条件格式和设置列格式等进行高级视图进行设置，如果对当前高级视图设置不满意，还可以单击“重置当前视图”按钮，恢复原有视图设置。

2. 创建新的颜色类别

在 Outlook 中使用颜色类别可以方便地标识相关项目，对其进行分类。例如，将颜色类别指定给一组相关的项目（如便笺、联系人、约会和电子邮件），用户能快速跟踪和组织它们。利用颜色分类可以直接使用系统提供的类别，也可自定义颜色类别。

单击“开始”选项卡导航中的“任务”，单击“开始”选项卡“标记”组中的“分类”下拉按钮，打开的下拉列表中包含颜色类别，可以单击系统提供的颜色进行分类，也可以在列表框中选择“所有类别”命令，打开“颜色类别”对话框，在此可以对颜色类别进行新建、重命名、删除等操作，单击“完成”按钮，新的颜色类别就创建好了。

3. 更改所显示的任务数

Outlook 允许更改设置“待办事项栏”“日常任务列表”中显示的任务数。

单击“开始”选项卡导航中的“任务”，单击“视图”选项卡“布局”组中的“待办事项栏”按钮，打开“待办事项栏”中任务项，如图 4-58 所示，单击任务项中“日期选择区”“约会”或“任务列表”，以清除用于指示功能已启用的复选标记。这会从“待办事项栏”中删除相应功能；如果需要重新启用功能，单击需要启用的任务项，原复选标记即可。

指向“约会”区域和任务列表之间的任务栏。当指针变形时，向上或向下拖动任务栏可增加或减小区域的大小。当释放鼠标按钮时，所显示的任务数将会增加或减少以填充可用空间。对“任务”和“快速联系人”之间的任务栏执行相同的操作。

在“日常任务列表”中指向日历和“日常任务列表”之间的分割线，当指针变形时，向上或向下拖动日常任务列表，也可以增加或减小区域的大小，所显示的任务数将会增加或减少以填充可用空间。

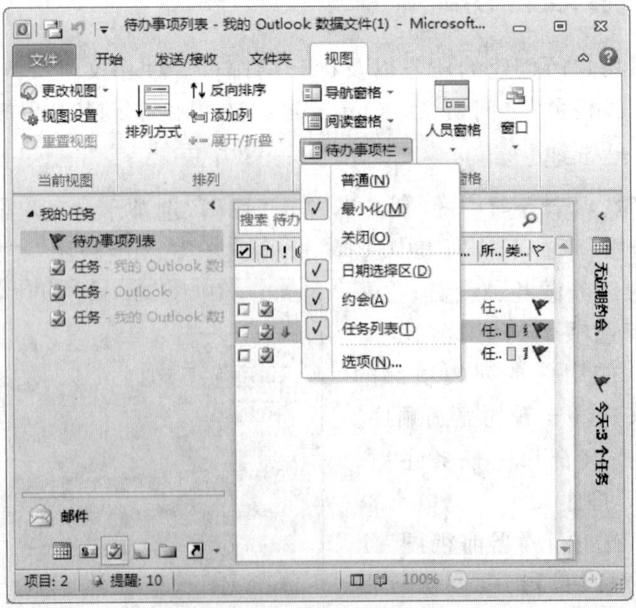

图 4-58 “待办事项栏”中任务项

4. 自定义任务外观

Outlook 2010 中可以为任务指定外观，包括指定任务的“排序”方式，“是否显示”已完成的任务，也可以选择表示“过期”任务或“已完成”任务的颜色等。

(1)按任务优先级排序

若要依据优先级顺序对任务进行排序，首先必须指定每个任务的优先级。优先级级别有重要性-高、重要性-低、私密，默认情况下，任务设置为“普通”优先级别。

单击需要更改优先级的任务，在“开始”选项卡的“标记”组的“优先级”框中，单击“重要性：高”或“重要性：低”按钮以确定分配各任务的优先级，返回任务列表，右键单击，打开快捷菜单，如图 4-59 所示，在快捷菜单中，执行“排列方式”中的“重要性”，重新排序，则任务按优先级高-低排列。

(2)更改过期或已完成任务的颜色

更改过期或完成任务的颜色可以方便查看、识别不同种类的任务。

单击“文件”选项卡，选择“选项”，打开“Outlook 选项”对话框，在“任务”选项卡的“任务选项”组中，单击打开“过期任务的颜色(O)”列表，选择所需的颜色，如图 4-60 所示。

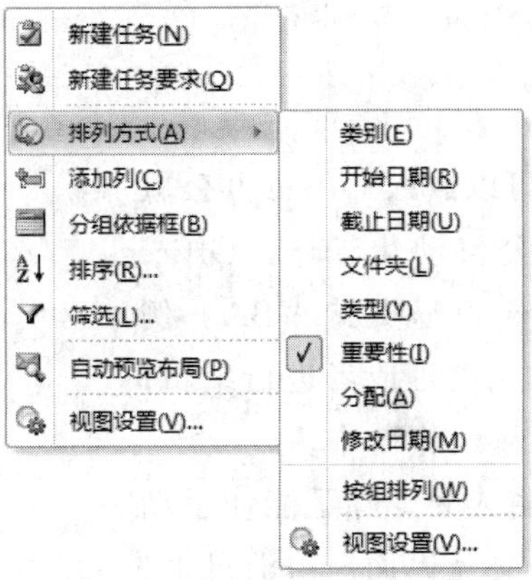

图 4-59 “待办事项列表”的快捷菜单

图 4-60 任务选项中设置“过期任务的颜色”

(3)是否显示已完成的任务

默认情况下，将某个项目标记为已完成时，它将保留在任务列表上并带有删除线。“待办事项栏”是例外，默认不显示已完成的任务。用户选择是否要在各种视图中显示已完成的任务，方法有以下两种。

①单击“开始”选项卡导航中的“任务”，选择“开始”选项卡的“当前视图”组，单击“活动”、“今天”、“随后 7 天”或“过期”，以排除标记为已完成的任务。

②在“我的任务”栏中选中“待办事项列表”，单击“视图”选项卡中“当前视图”组中的“视图设置”按钮，打开“高级视图设置”对话框，然后单击“筛选”按钮，打开“筛选”对话框，选择满足要求的任务。

(4)搜索待办事项或任务

单击“我的任务”中“待办事项列表”或“任务”，在待办事项列表上方有“搜索待办事项列表”或任务列表上方有“搜索任务”，单击“搜索”按钮，打开“搜索工具/搜索”选项卡，设置“范围”、“优化”等要求，进入搜索，搜索结果显示在列表位置。搜索结束后，单击“清除搜索”按钮，返回任务视图。

第5章 宏与VBA高级应用

VBA 是微软公司开发的程序语言，可以嵌入 Office 办公软件中，实现一些自定义的功能来完成办公自动化工作。Office 程序如 Word、Excel、PowerPoint、Access 等都支持 VBA。例如，在 Word 中，可以加入文字、进行格式化处理或者进行编辑；在 Excel 中，可以由用户自定义过程嵌入到工作簿中。

VBA 使操作更加快捷、准确并且节省人力。除了能使手动操作变成自动化操作外，VBA 还提供了交互界面——消息框、输入框和用户窗体。这些图形界面用来制作窗体和自定义对话框。VBA 可以在软件中生成用户自己的应用程序。例如，可以在 Word 中自定义一个程序使得其中的文字转换到 PowerPoint 中。

与学习其他编程语言一样，对于初学者来说，学习 VBA 也是具有很大难度的。不过初学者可以通过学习 Office 软件中的宏录制功能（在 Word 或 Excel 中）减少难度。

本章主要介绍宏录制和 VBA 简单的入门基础和实例，以宏录制功能作为学习编程的起点。

5.1 宏的录制与运行

宏是一连串可以重复使用的操作步骤,可以使用一个命令反复运行宏。例如,可以在 Word 中录制一个宏,能够自动对文档进行格式处理,用户可以在打开文档时手动或自动运行该宏。

5.1.1 宏基础

宏是一种子过程,有时候也称为子程序。宏有时候被看作是录制的代码,而不是写入的代码。本章采用宽泛的定义,将写入的代码也看作宏。

在支持录制宏的软件(Word 和 Excel 等)中,有两种方法生成宏。

(1)打开宏录制器,然后进行用户所需的一系列操作,直到关闭录制器。

(2)打开 Visual Basic 编辑器,在相应的代码窗口中编写 VBA 代码。

可以用宏录制器录制一些基本操作,然后打开录制的宏把不必要的代码删除。在对宏进行编辑时,还可以加入其他用户所需的代码、控件和用户界面等,这样宏可以实现人机交互功能。

5.1.2 录制宏

打开宏录制器,选择某个使用宏的方法(按钮或组合键),然后操作预先设计的一系列步骤,操作结束后,关闭宏录制器。在用软件进行操作时,宏录制器将操作命令以 VBA 编程语言的形式录制下来。

1. 计划宏

在录制宏之前,首先要明确宏应该完成的操作。一般情况下,首先要设计好宏步骤,然后将操作命令录制下来。

2. 打开宏录制器

单击“文件”选项卡中的“选项”,打开选项对话框。切换到“自定义功能区”选项卡,选择右侧列表框中的“开发工具”复选框,单击“确定”,功能区中即可显示“开发工具”选项卡,其中包含了“代码”组和宏命令,如图 5-1 所示。

打开宏录制器的步骤是:单击“开发工具”选项卡中的“代码”组中的“录制宏”按钮,弹出“录制宏”对话框,如图 5-2 所示。在对话框中,给出了默认的宏名(如宏 1,宏 2 等)及相关说明,用户可以默认接受它们或者更改它们。

一般情况下,必须指明宏存放的位置和宏的使用方式。如图 5-2 所示,一种方式是将宏指定到“按钮”,第二种方式是将宏指定到“键盘”。前者的宏使用方式为按钮方式,后者的宏使用方式为组合键方式。在“将宏指定到”中选择“按钮”时,可以将按钮存放在快速访问工具栏上,也可以将按钮存放在自定义选项卡内。

图 5-1　Word 中的“代码”组

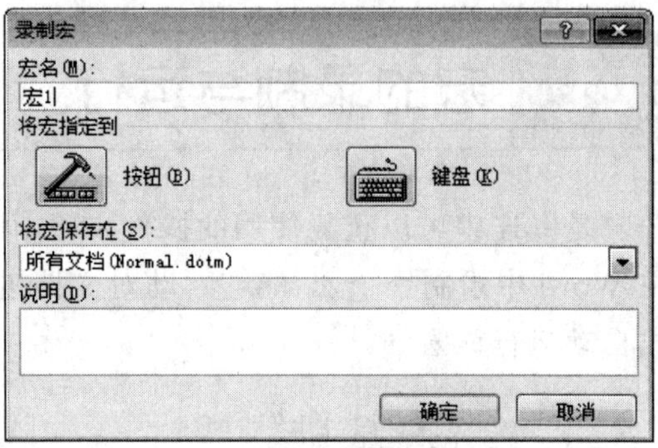

图 5-2　“录制宏”对话框

3. 设定宏的运行方式

在完成宏的命名、给出宏说明并选择存放宏的位置后，Word 和 Excel 还要求用户指定宏的运行方式：组合键方式或按钮方式，本书简单介绍这两种方式。在设定宏的运行方式时，无论在 Word 还是 Excel 中都需要按下面的方法来操作。

(1)指定在 Word 中的运行方式

①在“录制宏”对话框中，在“将宏指定到”栏中选择“按钮”，显示“Word 选项”对话框。

②在“Word 选项”窗口，可以看到左侧默认选中“快速访问工具栏”选项卡，中间的“从下列位置选择命令”列表中默认选中了“宏”，如图 5-3 所示。

③在“自定义快速访问工具栏”下拉列表框中可将宏用于默认的所有文档。当选中“Normal. Newmacros. 宏 1”，单击“添加>>”，则将“Normal. Newmacros. 宏 1”按钮存放在快速访问工具栏上。

图 5-3　指定宏的运行方式

图 5-4　新建选项卡和新建组

④如果将宏按钮设定到选项卡内，则必须将宏指定在自定义的选项卡内。在“Word 选项”切换到“自定义功能区”选项卡，然后从“从下列位置选择命令”下拉列表框，选择 “宏”，则出现如图 5-4 的“Word 选项”窗口。在右边“自定义功能区”下拉列表框中可选择“主选项卡”，单击“新建选项卡”按钮，然后选中新生成的“新建组(自定义)”，选择“Normal. Newmacros. 宏 1”，单击“添加”按钮，则出现如图 5-5 所示的状态，可以分别对选项卡名、新建的组名和录制的宏名进行重命名。

⑤在图 5-5 中，选中“新建组(自定义)”下的“Normal. Newmacros. 宏 1”，单击“重命名”按钮，将其改为“GGS”，然后单击“确定”按钮，再单击“Word 选项”窗口的“确定”按钮，此时，在功能区可以看到新建的选项卡，在该选项卡内，可以看到新建的组和宏的按钮。

将宏指定到组合键的方法可以在“录制宏”对话框中完成。在“将宏指定到”栏中选择“键盘”按钮，以显示“自定义键盘”对话框，如图 5-6 所示。单击“请按新快捷键”文本框内的插入点，再按想要输入的快捷键，如 Ctrl＋Q 等。单击“指定”按钮，以便将组合键指定给宏。

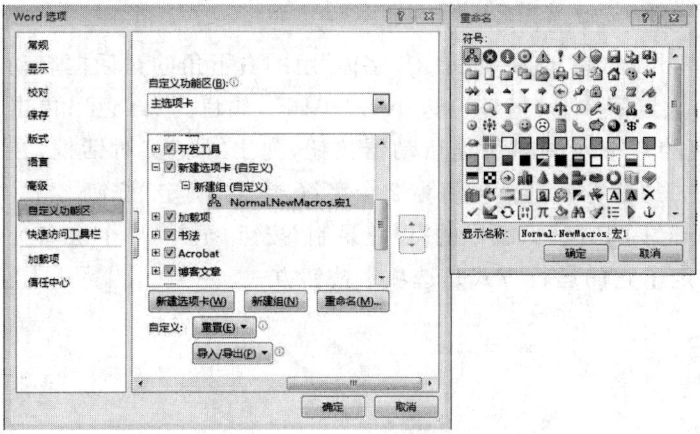

图 5-5　更改“宏 1”的名称

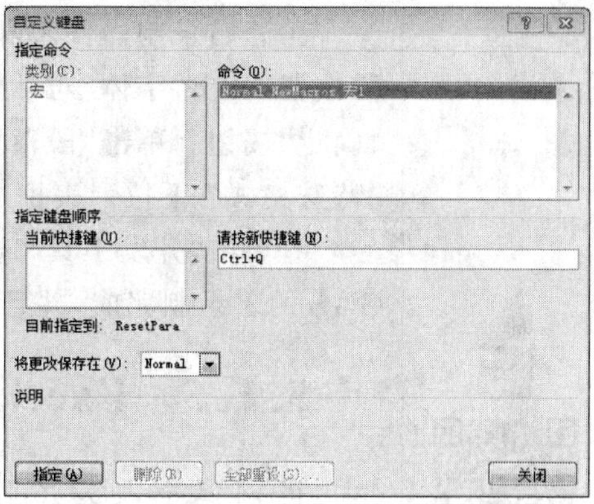

图 5-6　Word“自定义键盘”对话框

(2)指定在 Excel 中宏的运行方式

在 Excel 中录制宏只是需要指定一个 Ctrl 快捷键来运行它。如果想增加宏命令按钮到选项卡，则必须在录制宏完成之后进行添加新建选项卡等工作，类似于图 5-5 的操作。指定 Ctrl 快捷键来运行所录制的宏的操作步骤如下。

①在“请按新快捷键”文本框中输入新字母作为快捷键字母。如果希望快捷键中有 Shift 键，则按 Shift 键的同时，输入该字母。

②在“将宏保存在”下拉列表框中，指明让宏录制器把宏保存在什么位置。可以选择如下几种。

- 当前工作簿：它将宏保存在活动工作簿内。
- 个人宏工作簿：把宏和其他自定义内容保存在“个人宏工作簿”里，就能够使这些宏为所有过程使用，类似于 Word 中的 Normal. dot。

③单击“确定”按钮，以启动宏录制器。当所有操作完成后，单击“开发工具”选项卡，单击“代码”组内的“停止录制”按钮，类似于 Word 中的操作，如图 5-7 所示。

图 5-7　“停止录制”按钮

5.1.3　运行宏

运行已录制的宏，可以使用下面的任何一种方法。

- 如果录制的宏指定运行方式，则可按照指定的方式运行，如选项卡按钮等。
- 如果未指定控件，选择“视图”选项卡，单击“宏”按钮，显示“宏”对话框。在对话框中，选择某个宏，单击“运行”按钮。

5.1.4 Word 宏

Word 宏

在录制宏之前，首先设计一个宏以便完成以下操作：设置字体大小、字体、颜色和段落首行缩进 2 个字符，具体步骤如下。

①打开一个空白 Word 文档，单击“开发工具”选项卡中的“代码”组中的“录制宏”按钮，出现录制宏对话框，如图 5-2 所示。

②在对话框中输入宏名“GGS”，然后在“将宏指定到”栏中选择“按钮”，将建立的宏指定在选项卡上运行，具体设置见图 5-4 所示。

③单击对话框右下角的“确定”按钮。

④开始录制操作步骤：单击“开始”选项卡，单击“字体”组的右下角的对话框启动器按钮，弹出“字体”对话框，设置字体为“楷体”，大小为“小四”，颜色为“红色”；单击“确定”按钮。单击“段落”组的右下角的对话框启动器按钮，弹出“段落”对话框，在“特殊格式”下拉列表框中选择“首行缩进”，磅值为 2 个字符，单击“确定”按钮。

⑤单击“开发工具”选项卡中的“代码”组中的“停止录制”按钮，至此，一个宏名为 GGS 的宏录制完成，并且指定了它的运行方式是选项卡按钮方式。

5.1.5 Excel 宏

Excel 宏

1. 创建个人宏工作簿

在 Excel 中录制宏，一般需要一个“个人宏工作簿”，如果在创建宏之前，没有个人宏工作簿存在，则首先需要建立个人宏工作簿。

建立个人宏工作簿的步骤如下：

①单击“开发工具”选项卡中的“代码”组中的“录制宏”按钮，出现“录制新宏”对话框，如图 5-8 所示。

②在“保存在”下拉列表框中选择“个人宏工作簿”，单击“确定”按钮。

③单击“开发工具”选项卡中的“代码”组中的“停止录制”按钮。

④单击“视图”选项卡的“窗口”组中的“取消隐藏”按钮，显示“取消隐藏”对话框，在其对话框中选择 PERSONAL. XLSX，并单击“确定”按钮。

⑤单击“开发工具”选项卡中的“代码”组中的“宏”按钮，弹出“宏”对话框，选择刚才录制的宏，并单击“删除”按钮。至此，有了一个“个人宏工作簿”可以供用户使用了。

2. 在 Excel 中录制样本宏

在 Excel 中录制宏，首先也需要设计一组操作：新建一个工作簿，从 B2 单元格开始，B2、B3、B4 等依次输入星期一、星期二、星期三等，字体颜色为红色，大小为 20，字体为“华文行楷”，具体录制宏步骤如下。

①单击“开发工具”选项卡中的“代码”组中的“录制宏”按钮，出现“录制新宏”对话框，如图 5-8 所示。在“宏名”文本框中输入 Excel_GGS，在“快捷键”文本框中输入快捷键“q”，在“保存在”列表框中选择“个人宏工作簿”。

②单击“确定”按钮，退出“录制新宏”对话框，自动启用录制宏功能。

③选中 B2 单元格，输入“星期一”，利用填充操作，向下填充到星期日，并将文字设置为“红色”，大小为“20”，字体为“华文行楷”，如图 5-9 所示。

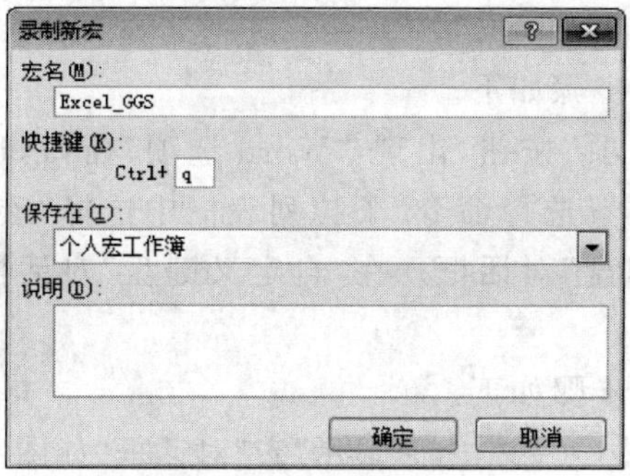

图 5-8 “录制新宏”对话框

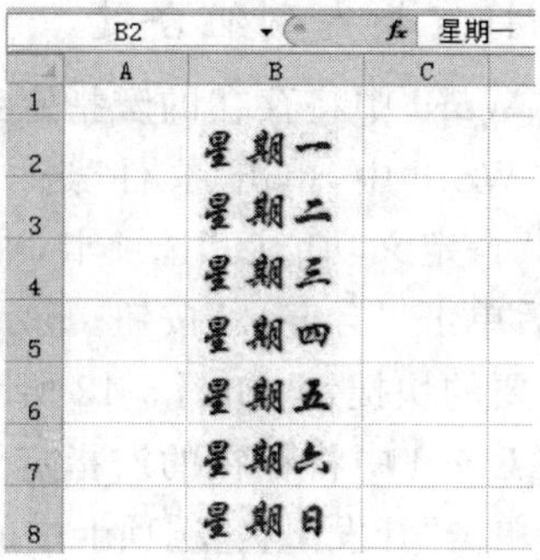

图 5-9 录制的宏的操作结果

④单击快速访问工具栏上的“保存”按钮，将该文档命名为“Excel_GGS”，并保存在合适的位置。单击“停止录制”工具栏上的“停止录制”按钮，同时，也保存个人宏工作簿，最后全部关闭。

至此，宏录制完成，并且保存文档结束，接下来可运行该宏，看看有什么结果。

5.1.6 宏操作

在前面设置和录制宏的过程中，同时也指定好了运行方式。如果没有指定宏的运行方式，只是录制了某个宏，可以将现有的宏指定到选项卡中的按钮上。

1. 将宏指定到选项卡中的按钮

因为这种宏运行方式在 Word 环境中的设置步骤与 Excel 环境中的设置步骤是一样的，所以这里仅介绍 Word 环境中的操作步骤和效果。

①单击“文件”选项卡内的“选项”按钮，出现“Word 选项”窗口。选中左侧的“自定义功能区”选项卡，然后在“从下列位置选择命令”下拉列表框中选择“宏”，在右边的“自定义功能区”下拉列表框中可选择“主选项卡”，分别单击“新建选项卡”和“新建组”按钮。然后，选中新生成的新建组(自定义)，选择需要指定的宏(如“Normal. Newmacros. GGS”)，单击中间的“添加”按钮。最后将新建的选项卡名改为“VBA”，新建的组名改为“基本 VBA”，如图 5-10 所示。

②单击“确定”按钮，生成新建的选项卡和新建的组，如图 5-11 所示。

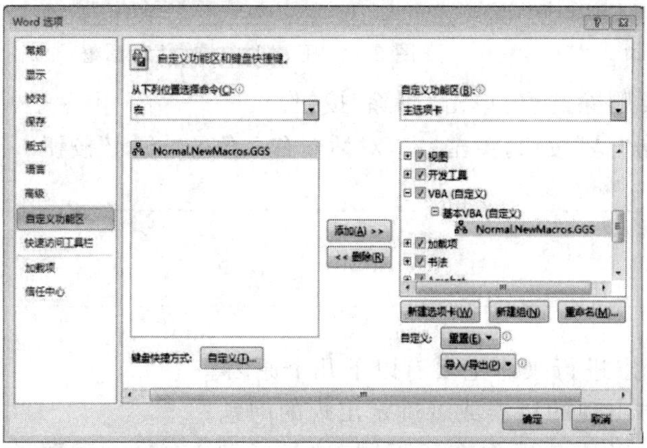

图 5-10 “Word 选项”对话框

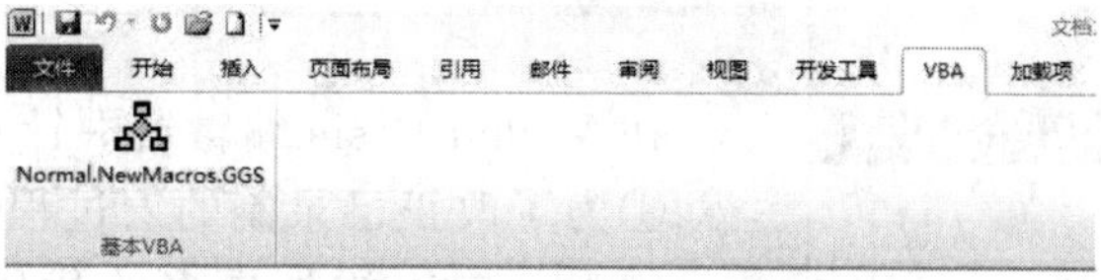

图 5-11 新建选项卡，新建组效果图

2.将宏指定到组合键

在 Word 中将存在的宏指定到组合键的步骤如下。

在 Word 中,单击“文件”选项卡中的“选项”按钮,出现 “Word 选项”窗口,选中左侧的“自定义功能区”选项卡,在“从下列位置选择命令”下拉列表框中选择“宏”命令,然后单击 “自定义”按钮,显示“自定义键盘”对话框。在“自定义键盘”对话框中输入需要的快捷键,如图 5-12 所示。

在 Excel 中将存在的宏指定到组合键的步骤如下。

①单击“开发工具”选项卡中的“代码”组中的“宏”按钮,显示“宏”对话框,如图 5-13 所示。在“宏”对话框中,选中相应的宏名,单击下方的“选项”按钮,出现“宏选项”对话框,如图 5-14 所示。

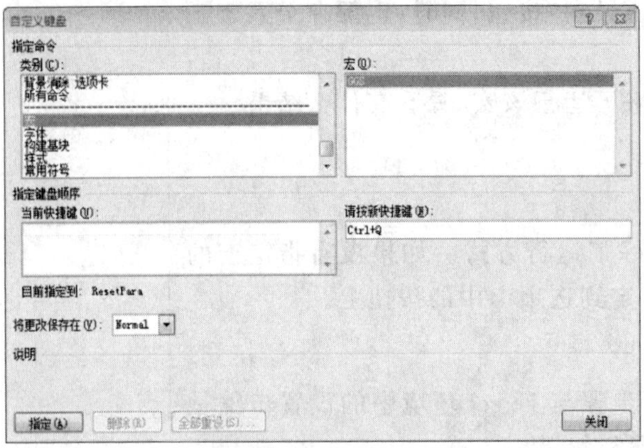

图 5-12 Word“自定义键盘”指定宏运行方式

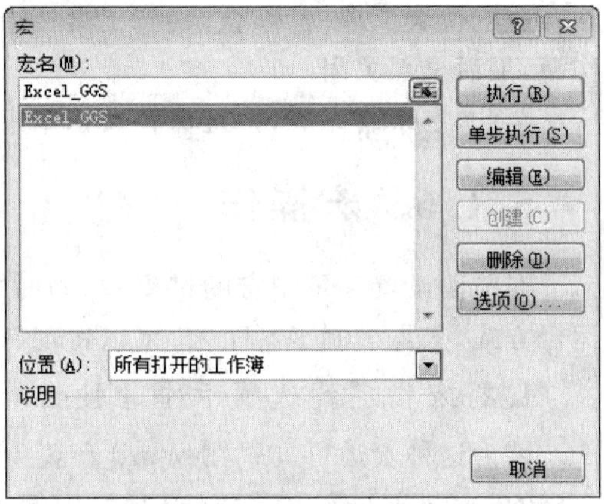

图 5-13 Excel“宏”对话框

②在“宏选项”对话框中可以看到需要设置运行方式的宏的名字,同时可以设置运行宏的快捷键,单击“确定”按钮完成。

3.删除不需要的宏

①单击 Word 或者 Excel 环境中的“开发工具”选项卡中的“代码”组中的“宏”按钮,出现“宏”对话框,如图 5-13 所示;也可以单击“视图”选项卡内的“宏”组中的“宏”按钮。

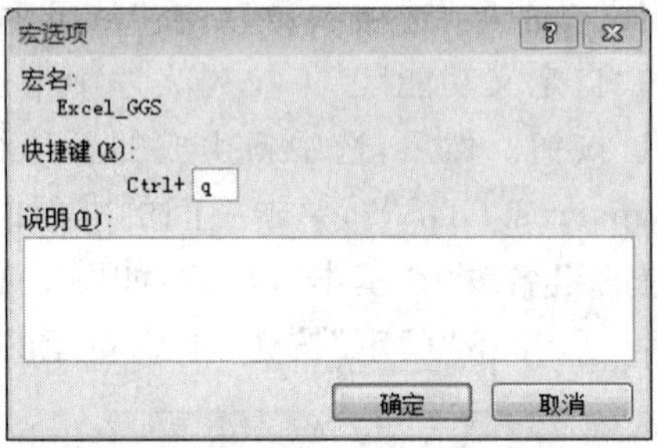

图 5-14 Excel“宏选项”对话框

②在“宏名”列表框内选择需要删除的宏,单击“删除”按钮。

③在出现的警告消息框内,单击“是”按钮,单击“宏”对话框右上角的“关闭”按钮。

5.2 编 辑 宏

在 Visual Basic 编辑器中针对宏进行操作主要有以下几个原因。

①为了改正已录制的宏过程中出现的错误或者确定出现的问题。

②为了向宏添加更多的代码,以使其操作有所不同,这是了解 VBA 的重要的途径。

③为了用 Visual Basic 编辑器中编写宏的方式，而不是录制宏的方式来创建宏。可以根据实际情况，从头开始编写新宏，或是利用已有宏的部分成果来编写新宏。

5.2.1 测试宏

1. 单步执行宏

单步执行宏就是一次执行一条命令，这样就能知道每条命令的操作效果，虽然这样做很麻烦，但是它能发现和确定问题所在。单步执行的步骤如下。

①单击“开发工具”选项卡中的“代码”组中的“宏”按钮，以显示“宏”对话框，选中需要修改的宏，最后单击“编辑”按钮。

②排列 Visual Basic 编辑器窗口和主应用程序的窗口，使二者均能看到。

③根据宏的需要，将插入点定位在应用程序窗口一个合适位置上。例如，可能需要将插入点定位在一个特定的地方，或选择一个对象，以使宏能够适当运行。

④单击 Visual Basic 编辑器窗口，将插入点定位在需要运行的宏代码中间。

⑤按 F8 功能键，以便逐条命令地单步执行宏，每按一次 F8 功能键，VBA 代码就执行一行。当执行某行时，Visual Basic 编辑器使该行增亮。所以，用户可以在应用程序窗口中观察执行效果并发现问题。图 5-15 提供了单步执行录制在 Word 里的宏的例子。接下来，简单介绍设置断点和在代码行中插入注释。

2. 设置断点

断点是程序人员设置在代码行里的暂停开关。使用断点，可以在运行宏时快速略过宏的部分功能，而停在程序员想要开始监视代码逐语句执行的地方。为了切换断点，在一个可执行代码行内右击，并在快捷菜单中选择“切换”，单击“断点”，也可以在紧挨该代码的边界标识条内单击。按默认方式，设有断点的那一行的颜色会变深。断点本身以边界标识条内一个深色圆圈来指明，如图 5-16 所示。

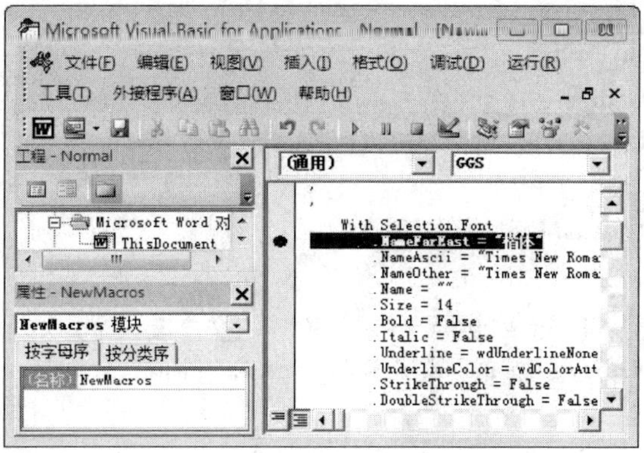

图 5-15　Word 中单步调试宏代码

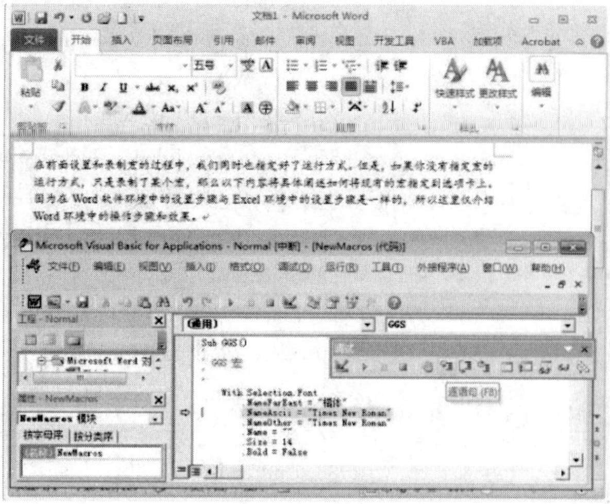

图 5-16　设置断点

5.2.2 编辑 Word 宏

现在来编辑 Word 中录制的宏 GGS，并使用它来构建另外一个新的宏。

首先，在 Visual Basic 编辑器中打开该宏，具体步骤如下：

(1)启动 Word 应用程序，按 Alt+F8，或者选择“开发工具”选项卡，单击“代码”组中的“宏”按钮，显示出“宏”对话框。

(2)选中 GGS 宏，单击“编辑”按钮。

程序清单 5-1

```
Sub GGS ()
'
'Word_GGS Macro
'
Selection. Extend
Selection. MoveDown Unit:=wdLine,Count:=4
Selection. Font. Size = 14
Selection. Font. Bold = wdToggle
WithSelection. ParagraphFormat
.LineSpacingRule = wdLineSpace1pt5
.Alignment = wdAlignParagraphJustify
.WidowControl = False
.KeepWithNext = False
.KeepTogether = False
.PageBreakBefore = False
.NoLineNumber = False
.Hyphenation = True
.FirstLineIndent = CentimetersToPoints(0.35)
.OutlineLevel = wdOutlineLevelBodyText
.CharacterUnitLeftIndent = 0
.CharacterUnitRightIndent = 0
.CharacterUnitFirstLineIndent = 2
End With
Selection. Font. Name = "华文行楷"
Selection. MoveUp Unit:=wdLine,Count:=3
Selection. MoveRight Unit:=wdCharacter,Count:=2
Selection. MoveRight Unit:=wdCharacter,Count:=12,Extend:=wdExtend
Selection. Copy
Selection. MoveRight Unit:=wdCharacter,Count:=14
Selection. MoveLeft Unit:=wdCharacter,Count:=13
Selection. MoveRight Unit:=wdCharacter,Count:=2
Application. Run MacroName:="MathTypeCommands. UIWrappers. EditPaste"
End Sub
```

1. 单步执行 GGS 宏

使用“调试”对话框，对录制的宏 GGS 进行单步调试。

(1)排列窗口，使得 Word 窗口和 Visual Basic 编辑器能同时被看到，可以右击任务栏，选中快捷菜单中的“横向平铺窗口”或“纵向平铺窗口”。

(2)在 Visual Basic 编辑器内单击，然后将插入点置于代码窗口内的 GGS 宏里面。

(3)按 F8 以单步执行代码,每次执行一个活动行,可以注意到,VBA 跳过空白行和注释行,因为他们不是活动行。当按 F8 键时,VBA 使当前语句增亮,同时能观察到 Word 窗口内的操作。

到达宏的结束处时(本例是行 33 的 End Sub 语句),Visual Basic 编辑器关闭中断模式。可以通过单击“标准”工具栏或“调试”工具栏上的“重新设置”按钮,或选择“运行”菜单下的“重新设置”按钮,也可以在任何时刻退出中断模式。

2. 运行 GGS 宏

如果该宏在单步执行时工作正常,用户可能想从 Visual Basic 编辑器来运行它,这就要单击“标准”工具栏或“调试”工具栏上的“运行子过程/用户窗体”按钮,也可以单击这个按钮,从中断模式来运行该宏,它从当前的指令开始运行。

3. 创建 Word_GGS 宏

现在可以对 GGS 宏进行少量的调整,就可以创建一个新的宏,实现一些新的功能,以此来创建一个新的宏 Word_GGS。

(1)在“代码”窗口中,选中 GGS 宏的所有代码,右击,选中“复制”命令。

(2)将插入点移动到 GGS 宏的 End Sub 代码的下面一行或几行,插入点不允许在其他代码内部。

(3)右击,选中“粘贴”命令,将 GGS 所有的内容复制过来。

(4)编辑 Sub 行,将宏的名字改为 Word_GGS。

(5)对于注释行也可以根据需要进行改动,如宏名的改变等。

(6)现在需要做的就是根据原来的宏,对于需要改变的功能进行修改或者增加或者删除部分功能。

(7)这里可以将宏 GGS 中对于“段落”对话框中默认的部分进行删除,然后增加部分功能(如文字效果为“礼花绽放”),改变字体的颜色(红色)、字型(华文中宋)和字体大小(Size 的值为 10)等。

至此根据录制的宏 GGS,来得到需要的宏,程序清单如 5-2 所示。

程序清单 5-2

```
1. SubWord_GGS()
2. 'Word_GGS Macro
3. Selection. Extend
4. Selection. MoveDown Unit:=wdLine,Count:=4
5. Selection. Font. Size = 10
6. Selection. Font. Bold = wdToggle
7. Selection. Font. Color = wdColorRed
8. WithSelection. Font
9. . Animation = wdAnimationSparkleText
10. End With
11. WithSelection. ParagraphFormat
12. . CharacterUnitFirstLineIndent = 2
13. End With
14. Selection. Font. Name = "华文中宋"
```

```
Selection. MoveRight Unit:=wdCharacter,Count:=1
Selection. MoveUp Unit:=wdLine,Count:=3
Selection. MoveRight Unit:=wdCharacter,Count:=2
Selection. MoveRight Unit:=wdCharacter,Count:=12,Extend:=wdExtend
Selection. Copy
Selection. MoveRight Unit:=wdCharacter,Count:=14
Selection. MoveLeft Unit:=wdCharacter,Count:=13
Selection. MoveRight Unit:=wdCharacter,Count:=2
Application. Run MacroName:="MathTypeCommands. UIWrappers. EditPaste"
End Sub
```

4. 保存宏

当完成上述工作之后，可以运行这个宏，如果运行效果和设计的一样，那么接下来就可以保存这个宏了。保存宏的方法很多，可以在 Visual Basic 编辑器中打开“文件”菜单，单击“保存”命令，或者直接在编辑器中的工具栏上单击“保存”按钮。

5.2.3 编辑 Excel 宏

Excel 宏
修改

这里需要将前面 Excel 中录制的宏 Excel_GGS 进行修改以便得到一个想要的宏，和 Word 中的宏一样，可以进行功能的修改，增加和删除。

1. 取消隐藏个人宏工作簿

在编辑 Excel 宏之前，如果个人工作簿当前是被隐藏的话，必须取消隐藏：

(1)选择“视图”选项卡，单击“窗口”组的“取消隐藏”按钮，显示“取消隐藏”对话框。

(2)选择 PERSONAL. XLSX，并单击“确定”按钮。

2. 打开宏

采用以下步骤可以打开宏：

(1)选择“开发工具”菜单，单击“代码”组中的“宏”按钮，显示“宏”对话框。

(2)选择需要打开的宏的名字 Excel_GGS，单击“编辑”按钮。

(3)在 Visual Basic 编辑器中显示出该宏的代码，如代码清单 5-3 所示。

程序清单 5-3

```
SubExcel_GGS()
'
'Excel_GGS Macro
'快捷键: Ctrl+q
'
Workbooks. Add
Range("B2"). Select
ActiveCell. FormulaR1C1 = "星期一"
Range("B2"). Select
Selection. AutoFill Destination:=Range("B2:B8"),Type:=xlFillDefault
Range("B2:B8"). Select
Selection. Font. ColorIndex = 3
End Sub
```

3. 编辑 Excel 宏

(1)选中行 8 到行 12。

(2)按 Ctrl+C 组合键,或者右击选中部分,单击“复制”命令。

(3)将插入点移到行 14 的起始处,单击右键,选择“粘贴”命令。得到的程序清单如 5-4 所示。

程序清单 5-4

```
1. SubExcel_GGS()
2. '
3. 'Excel_GGS Macro
4. '快捷键：Ctrl+q
5. '
6. Workbooks. Add
7. Range("B2"). Select
8. ActiveCell. FormulaR1C1 = "星期一"
9. Range("B2"). Select
10. Selection. AutoFill Destination:=Range("B2:B8"),Type:=xlFillDefault
11. Range("B2:B8"). Select
12. Selection. Font. ColorIndex = 3
13. Range("B2"). Select
14. ActiveCell. FormulaR1C1 = "星期一"
15. Range("B2"). Select
16. Selection. AutoFill Destination:=Range("B2:B8"),Type:=xlFillDefault
17. Range("B2:B8"). Select
18. Selection. Font. ColorIndex = 3
19. End Sub
```

接下来,对于以上代码进行修改:

(1)删除行 9 代码,因为此时 B2 已经被选中。同理,可以删除行 15(如果没有改变成其他操作的话)。

(2)将行 13,改为 D2 单元格为活动单元格,代码为 Range("D2"). Select。

(3)将行 14 的代码改为 ActiveCell. FormulaR1C1 = "1 月份"。

(4)将行 16 代码中的 Range 函数的参数改为 D2:D13,同样行 17 也是同样的修改。

(5)将行 18 的代码改为 Selection. Font. Color = vbBlue,这样单元格文字的颜色为蓝色。

(6)单击“保存”按钮,或者选择“文件”菜单来保存,至此,该宏的代码清单 5-5 如下:

程序清单 5-5

```
1. SubExcel_GGS()
2. '
3. 'Excel_GGS Macro
4. '快捷键：Ctrl+q
5. '
6. Workbooks. Add
```

```
Range("B2").Select
ActiveCell.FormulaR1C1 = "星期一"
Selection.AutoFill Destination:=Range("B2:B8"),Type:=xlFillDefault
Range("B2:B8").Select
Selection.Font.ColorIndex = 3
Range("D2").Select
ActiveCell.FormulaR1C1 = "1 月份"
Selection.AutoFill Destination:=Range("D2:D13"),Type:=xlFillDefault
Range("D2:D13").Select
Selection.Font.Color = vbBlue
End Sub
```

4. 保存宏

当完成了针对这个宏的操作时，工作表中已经包含了该宏，也使得工作簿有了改动，此时需要从 Visual Basic 编辑器中选择“文件”菜单中的“保存”命令，以保存工作簿，关闭 Visual Basic 编辑器，返回到 Excel。至此，完成了 Word 宏和 Excel 宏代码的修改。

5.3 VBA 概 述

VBA(Visual Basic for Application)由微软公司开发的面向对象的程序设计语言，它内嵌在 Office 应用程序中，是 Office 软件的重要组件，具有面向对象、可视化，容易学习和实现办公自动化工作等特点。Visual Basic 编辑器(VBE)是 VBA 的开发环境。运用 VBA 编程需要了解对象是代码和数据的集合，对象的属性用于定义对象的特征，对象的方法用于描述对象的行为。

5.3.1 VBA 与 VB

初始 VBA

要介绍 VBA，不可避免的要谈论 VBA 与 Visual Basic(VB)的关系，VBA 是基于 VB 发展而来，它们具有相似的语言结构和语法特性，同时它们也有不同，主要的区别如下：

(1)VB 是设计用于创建标准的应用程序，而 VBA 是用于使已有的应用程序自动化。

(2)VB 具有自己的开发环境，而 VBA 必须寄生于已有的应用程序。

(3)要运行 Visual Basic 开发的应用程序，用户不用调用 Visual Basic 编辑环境，可直接执行。而 VBA 应用程序是寄生性的，执行它们要求用户访问“父”应用程序，如 Word、Excel。

尽管存在这些不同，Visual Basic 和 VBA 在结构上仍然非常相似。事实上，如果你已经了解了 Visual Basic，会发现学习 VBA 非常快。当学会在 Excel 中用 VBA 创建解决方案后，就已经具备了在 Word、Excel 和 PowerPoint 中用 VBA 创建解决方案的大部分知识。

5.3.2 对象、集合、属性和方法

对象是 Visual Basic 的结构基础，在 Visual Basic 中进行的所有操作几乎都与修改对象有关。Microsoft Word 的任何元素，如文档、表格、段落、书签、域等，都可用 Visual Basic 中的对象来表示。

对象代表一个 Word 元素，如文档、段落、书签或单独的字符。集合也是一个对象，该对象包含多个其他对象，通常这些对象属于相同的类型；例如，一个集合对象中可包含文档中的所有书签对象。通过使用属性和方法，可以修改单独的对象，也可修改整个的对象集合。

属性是对象的一种特性或该对象行为的一个方面。例如，文档属性包含其名称、内容、保存状态以及是否启用修订。若要更改一个对象的特征，可以修改其属性值。

在大多数情况下，方法是动作，而属性是性质。使用方法将导致发生对象的某些事件，而使用属性则会返回对象的信息，或引起对象的某个性质的改变。

5.4 VBA 实 例

在这里，主要阐述 VBA 的几个编程实例，让大家了解 VBA 编程的整个过程以及了解 Office 对象模型，为大家进一步的深入学习 VBA 编程打下基础。

5.4.1 Word 对象模型

了解 Word 对象模型，可以通过打开 Visual Basic 编辑器中的“帮助”菜单，在默认情况下（即非“显示目录”状态下），选择 Word 对象模型，可以在“帮助”窗口中查询整个对象模型，如图 5-17 所示（如果在“显示目录”状态下，则如图 5-18 所示）。

打开一个子类对象，就可以看到对应于该对象的信息，包括对象模型中属性、方法等子类别，如图 5-18 所示。

图 5-17 Word 对象模型(部分)

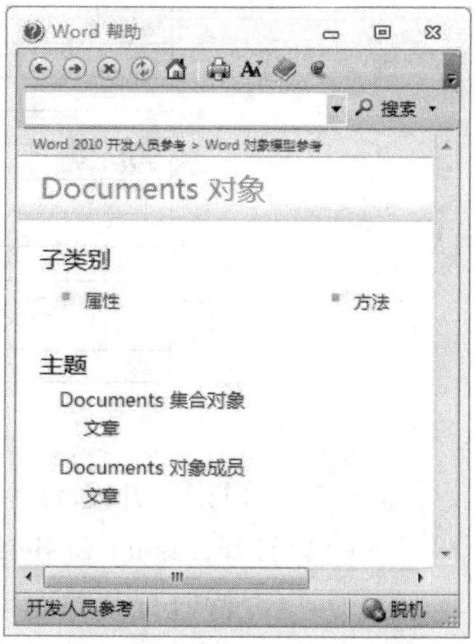

图 5-18 Documents 集合

Word 有很多可以创建的对象。Word 允许用户去访问这些常用的对象，并且可以不必通过 Application 对象去访问。常用的有 ActiveDocument 对象、ActiveWindow 对象、Documents 对象、Options 对象、Selection 对象和 Windows 集合。

接下来举例说明，如何利用 VBA 来使用 Word 对象完成一定的功能。

例 5.1 在 Word 中将格式应用于文本。

下面程序使用 Word 对象模型中的 Selection 属性将字符和段落格式应用于选定的文本。其中用 Font 属性获得字体格式的属性和方法，用 ParagraphFormat 属性获得段落格式的属性和方法，程序清单如下。

```
程序清单 5-6
Sub wFormat()
  WithSelection. Font
    . Name="隶书"
    . Size=16
  End With
  With Selection. ParagraphFormat
    . LineUnitBefore = 0.5
    . LineUnitAfter = 0.5
  End With
End Sub
```

在 Visual Basic 编辑器中，输入程序清单中的内容。然后在宿主 Word 的编辑窗口中选中某个段落，单击“调试”工具栏上的“运行子过程/用户窗口”按钮，就可以看到效果：文字为隶书，大小为 16，段落行前、行后都是 0.5 行的间距。

例 5.2 在选定的每张表格的首行应用底纹。

要引用活动文档的段落、表格、域或者其他文档元素，可使用 Selection 属性返回一个 Selection 对象，然后通过 Selection 对象访问文档元素。在此例中，同时还运用 For Each…Next 循环结构在选定内容的每张表格中循环，步骤如下：

（1）打开某个 Word 文档（或新建），在文档中插入几张表格如图 5-19 所示。

表格 1↵	↵	↵	↵	↵
↵	↵	↵	↵	↵
↵	↵	↵	↵	↵

↵

表格 2↵	↵	↵	↵	↵
↵	↵	↵	↵	↵
↵	↵	↵	↵	↵

↵

表格 3↵	↵	↵	↵	↵
↵	↵	↵	↵	↵
↵	↵	↵	↵	↵

图 5-19 插入三张空白表格

（2）打开“开发工具”选项卡，单击“代码”组内的“Visual Basic 编辑器”（或 Alt+F11）打开 Visual Basic 编辑器，输入程序清单 5-7。

（3）同时打开 Word 窗口和 Visual Basic 编辑器（最好并列摆放，便于观察效果）。在 Word 窗口中选中三张表格以及他们中间的区域（不能用 Ctrl 键来选择表格，用鼠标滑动选中或者 Shift 键+鼠标来选取连续的区域）。

(4)在 Visual Basic 编辑器中，将鼠标定位在 Table_Head 代码内部，然后单击“调试”工具栏的“运行子过程/用户窗体”按钮。

(5)观察 Word 窗口中三个表格第一行的变化，如图 5-20 所示，第一行都加了底纹。

表格 1↵	↵	↵	↵	↵
↵	↵	↵	↵	↵
↵	↵	↵	↵	↵

↵

表格 2↵	↵	↵	↵	↵
↵	↵	↵	↵	↵
↵	↵	↵	↵	↵

↵

表格 3↵	↵	↵	↵	↵
↵	↵	↵	↵	↵
↵	↵	↵	↵	↵

图 5-20　已经加了底纹的三张表格

程序清单 5-7

```
SubTabpe_Head()
Dim My_Table As Table
If Selection. Tables. Count >= 1 Then
  For Each My_Table In Selection. Tables
My_Table. Rows(1). Shading. Texture = wdTexture35Percent
NextMy_Table
End If
End Sub
```

例 5.3　删除当前文档中选定部分的空白行。

在本例中，使用到 Selection 对象中的 Paragraphs 对象，运用 For Each…Next 语句来循环删除每个空白行(空白行是指没有任何字符的行，不能有空格)。程序清单 5-8，功能实用，代码简单。

程序清单 5-8

```
Sub DelBlankLine()
For Eachi In Selection. Paragraphs
   If Len(Trim(i. Range))= 1 Then i. Range. Delete
   Next
End Sub
```

打开或新建一个 Word 文档，在里面输入或者粘贴多行文字用于测试程序用，其中包含多行空白行。同时打开 Word 窗口和 Visual Basic 编辑器。在 Word 窗口中选中文字区域(包含多行空白行)，然后在 Visual Basic 编辑器中，将鼠标置于上述代码内部，单击“运行子程序/用户窗体”按钮，运行之后看效果，可以发现制作的多行空白行已经被删除了。

例 5.4　给当前文档中所有的图片按顺序添加图注。图注的形式为“图 1.1”“图 1.2”等，具体步骤如下：

(1)打开或创建一个 Word 文档，名称为 test. docx。在文档中输入或粘贴一些文本，在其中插入几个图片，用于测试程序运行的效果。

(2)按 Alt+F11,打开 Visual Basic 编辑器,双击 Normal 工程,然后双击 NewMacros 模块,在打开的代码窗口中输入程序清单 5-9,然后保存代码。

(3)在打开的 test.docx 文档中,打开"开发工具"选项卡内的"代码"组的"宏"按钮。在弹出的宏对话框中选择 PicIndex,单击"运行",随后看到 test.docx 文档中图片加图注的效果。

程序清单:5-9

```
Sub PicIndex()
  k = ActiveDocument.InlineShapes.Count
  For j = 1 To k
    ActiveDocument.InlineShapes(j).Select
    Selection.Range.InsertAfter Chr(13) & "图 1." & j
  Next j
End Sub
```

5.4.2 Excel 对象模型

了解 Excel 对象模型,可以通过打开 Visual Basic 编辑器中的帮助菜单,打开"显示目录"按钮,选择 Excel 对象模型,可以在屏幕上观察到整个对象模型,如图 5-21 所示。

Excel 有很多可创建对象,不必明显的通过 Application 对象就可以接触到对象模型中大多数令人感兴趣的对象。在一般情况下,以下对象都是重要的对象:

①Workbooks 对象,它包含多个 Workbook 对象,表示所有打开的工作簿。在一个工作簿内,Sheets 集合包含若干个表示工作表的 Worksheet 对象,以及若干个表示图表工作表的 Chart 对象。在一个工作表上,Range 对象可以使用户访问若干个区域,从单个单元格直到整个工作表。

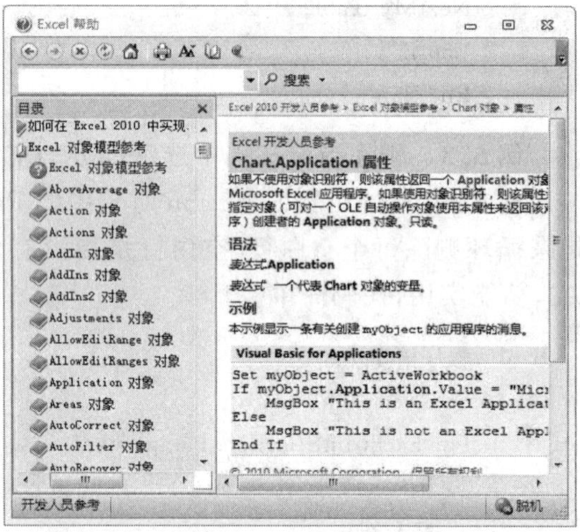

图 5-21 Excel 对象模型(部分)

②ActiveWorkbook 对象,它代表活动工作簿。

③ActiveSheet 对象,它代表活动工作表。

④Windows 集合,它包含若干个 Window 对象,表示所有打开的窗口。

⑤ActiveWindow 对象,它表示活动窗口。因为该对象总是返回当前具有焦点的那个窗口,因此使用此对象时,必须检查它所表示的窗口是不是想要操控的那种类型的窗口。

⑥ActiveCell 对象,它表示活动单元格。这个对象对于在用户选择的单元格上进行工作的简单过程(计算各种值或校正格式设置)特别有用。

接下来,举例来讲解 Excel 对象模型的用法和提供有用的 VBA 程序。

例 5.5 按自定义序列排序。

在默认情况下,Excel 允许用户按照数字或者字母顺序排列,但有时这并不能满足用户所有的需求。例如,教师信息中,经常遇到按职称由高到低的排序问题。系统默认的顺序是按照拼音字母的顺序来排列,具体顺序为:副教授、讲师、教授、助教。教师学历的排序为:博士、硕士、本科、大专等,而在 Excel 中这个序列的顺序却是:本科、博士、大专和硕士,显然也是无法满足需要的。面对这样的问题,可以通过 VBA 编程利用 Excel 的自定义序列功能来实现想要的顺序:教授、副教授、讲师、助教。具体实现步骤如下:

(1)创建一个 Excel 工作簿,在第一张工作表上建立用于测试的数据序列,如图 5-22 所示。其中的规则 1 和规则 2 表示排序的先后顺序。插入按钮的方法为:打开"开发工具"选项卡,单击"控件"组内的"插入"按钮,弹出"表单控件"面板,选择"按钮"项。

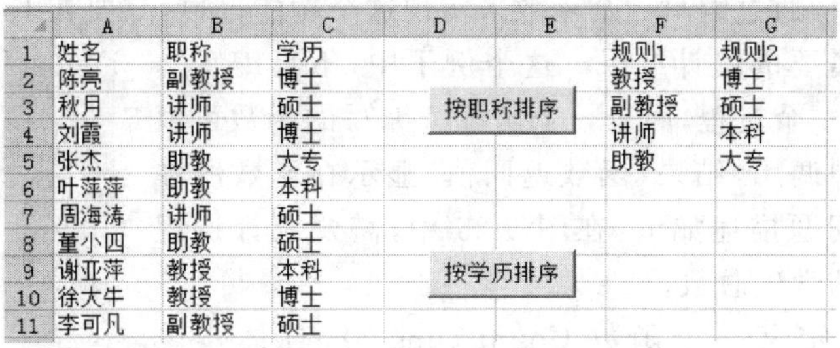

	A	B	C	D	E	F	G
1	姓名	职称	学历			规则1	规则2
2	陈亮	副教授	博士			教授	博士
3	秋月	讲师	硕士	按职称排序		副教授	硕士
4	刘霞	讲师	博士			讲师	本科
5	张杰	助教	大专			助教	大专
6	叶萍萍	助教	本科				
7	周海涛	讲师	硕士				
8	董小四	助教	硕士				
9	谢亚萍	教授	本科	按学历排序			
10	徐大牛	教授	博士				
11	李可凡	副教授	硕士				

图 5-22 测试用的表和按钮

(2)选择"表单控件"面板中的按钮,在 Excel 工作区进行拖放完毕后自动弹出"指定宏"对话框,在该对话框中单击"新建",弹出 Visual Basic 编辑器,光标自动定位在:Private Sub 按钮 1_Click()和 End Sub 之间。然后输入代码清单 5-10。

```
程序清单 5-10
Private Sub 按钮 1_Click()
Application. AddCustomList listarray:=Sheets(1). Range("F2:F5")
n =Application. GetCustomListNum(Sheets(1). Range("F2:F5"). Value)
Range("a2:c11"). Sort key1: =Range("B2"),ordercustom:=n + 1
Application. DeleteCustomList n
End Sub
```

(3)同样单击和拖放第二个按钮,在弹出 Visual Basic 编辑器后,光标自动定位在:Private Sub 按钮 2_Click()和 End Sub 之间。然后输入代码清单 5-11。

```
程序清单 5-11
Private Sub 按钮 2_Click()
Application. AddCustomList listarray:=Sheets(1). Range("G2:G5")
n =Application. GetCustomListNum(Sheets(1). Range("G2:G5"). Value)
Range("a2:c11"). Sort key1: =Range("C2"),ordercustom:=n + 1
Application. DeleteCustomList n
End Sub
```

(4)在 VBE 中单击"保存"按钮,回到 Excel 的 Sheet1 工作表内,右键单击两个按钮,分别修改问题为:"按职称排序"和"按学历排序"。接下来,当单击"按职称排序”按钮时数据就会按照职称来排序，如图 5-23 所示。当单击“按学历排序”按钮时数据就会按照学历来排序如图 5-24 所示。

	A	B	C	D	E
1	姓名	职称	学历		
2	谢亚萍	教授	本科		
3	徐大牛	教授	博士	按职称排序	
4	陈亮	副教授	博士		
5	李可凡	副教授	硕士		
6	秋月	讲师	硕士		
7	刘霞	讲师	博士		
8	周海涛	讲师	硕士		
9	张杰	助教	大专	按学历排序	
10	叶萍萍	助教	本科		
11	董小四	助教	硕士		

图 5-23　按职称排序

	A	B	C	D	E
1	姓名	职称	学历		
2	陈亮	副教授	博士		
3	刘霞	讲师	博士	按职称排序	
4	徐大牛	教授	博士		
5	秋月	讲师	硕士		
6	周海涛	讲师	硕士		
7	董小四	助教	硕士		
8	李可凡	副教授	硕士		
9	叶萍萍	助教	本科	按学历排序	
10	谢亚萍	教授	本科		
11	张杰	助教	大专		

图 5-24　按学历排序

例 5.6　计算指定区域中不重复的数据个数。

自定义 Excel 函数

统计区域中不重复数据的操作是一个很重要的操作，一般来说，可以通过数组公式来完成。这里，通过编写一个函数来实现这个功能，以后只要在 Excel 中使用该函数就可以得到需要的统计结果。这个例子中，不是编写一个事件，也不是一个过程，而是一个函数。编写的函数可以直接在 Excel 中调用，结果（函数返回值）显示在函数所在的单元格内。问题描述如下：在图 5-25 中，需要统计课程总数或者选修的学生总数。

接下来，自定义一个函数 Count_unq()，具体步骤如下：

（1）打开或者新建一个 Excel 工作簿，输入如图 5-25 所示的数据。

	A	B
1	选课名单	课程名称
2	李芳芳	计算机基础
3	李芳芳	大学物理A
4	沈斌	概率统计A
5	沈斌	C语言程序设计
6	胡锐	大学英语A
7	李建成	高等数学B
8	周正保	FLASH动画
9	周正保	C语言程序设计
10	胡锐	线性代数A
11	王迪	篮球
12	王迪	素描A
13	方莹	OFFICE办公软件
14	胡维革	化工原理

图 5-25　原始数据

（2）打开“开发工具”选项卡内“代码”组的“Visual Basic 编辑器”，在打开的编辑器中右击本 Excel 文档，在弹出的菜单中选择“插入”命令，然后选择“模块”。最后在刚才插入的模块中输入程序清单 5-12 中的内容。

程序清单 5-12

```
Function Count_unq(Rng As Range)As Long
Dim mycollection As New Collection
On Error Resume Next
For Each cel In Rng
  mycollection. Add cel. Value,CStr(cel. Value)
Next
On Error GoTo 0
Count_unq = mycollection. Count
End Function
```

（3）在此 Excel 的原始数据表内选择任意空白单元格（如 A15），输入＝Count_unq(A2:A15)，则会将统计出的结果显示在单元格 A15 中，如图 5-26 所示。

通常，自定义的函数只能在当前工作簿使用，如果该函数需要在其他工作簿中使用，则选择 “文件”选项卡内的“另存为”命令，打开“另存为”对话框，选择保存类型为“Mircosoft Excel 加载宏”，然后输入一个文件名，如“Count_unq”，单击“确定”后文件就被保存为加载宏。如有其他 Excel 文档需要加载和使用这个宏，可以通过：打开

“开发工具”选项卡内“加载项”组内的“加载项”按钮，出现“加载宏”对话框，勾选“可用加载宏”列表框中的“Count_unq”复选框即可，单击“确定”按钮后，如图 5-27 所示，就可以在本机上的所有工作簿中使用该自定义函数了。如果没有显示 Count_unq 宏，则可以通过“浏览…”按钮去打开存有这个宏的加载宏文件 Count_unq. xlam。

图 5-26　A22 中输入函数

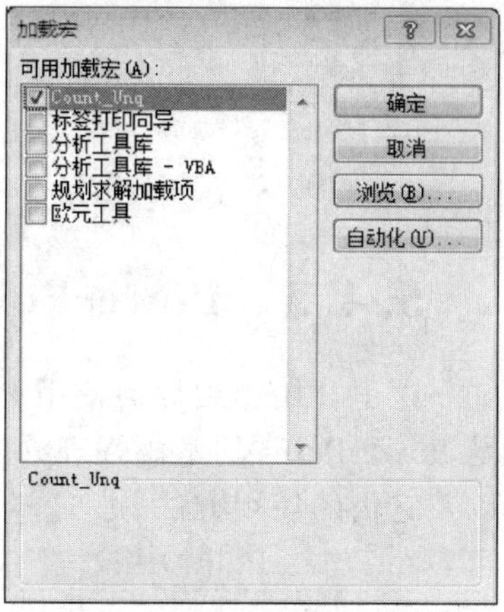

图 5-27　Excel 中加载宏

例 5.7　实现 Excel 中计算工人的工龄。

题目要求：设计如图 5-28 的一张表格，输入“姓名”“工龄”和“参加工作时间”等数据，然后编写一个函数，自动填写“工龄”信息，要求精确到月，具体步骤如下：

(1)设计工作表：新建一张工作表，按照图 5-28 设计表格内容，表格字体、字号、边框、对齐方式等自行设定即可。

(2)编写自定义函数：在此工作表显示的状态下，按 Alt+F11，打开 Visual Basic 编辑器，进入 VBA 编辑环境，在“工程窗口”选中该文件，右击这种工作表，选中“插入”，单击“模块”。

(3)在右边打开的代码窗口中，输入代码清单 5-13 中的内容。

程序清单 5-13

```
FunctionWork_Age(Work_date As Date)
Y = Year(Now)- Year(Work_date)
M = Month(Now)- Month(Work_date)
If M < 0 Then
Work_Age = (Y - 1)& "年" & (M + 12)& "个月"
Else
Work_Age = Y & "年" & M & " 个月"
End If
End Function
```

(4)在 C2 单元格中输入“=Work_Age(B2)”，然后利用填充操作向下做填充，结果如图 5-29 所示。在函数 Work_Age 中，形参 Work_date 表示日期型变量，在行 2 中计算两个“年”之间的差距，行 3 中计算两个“月”之间的差距。如果月差距小于 0，那么年应该减去 1，而月应该增加 12。行 4 到行 8 的 if 结构就表示了这两个不同情况下的输出结果。

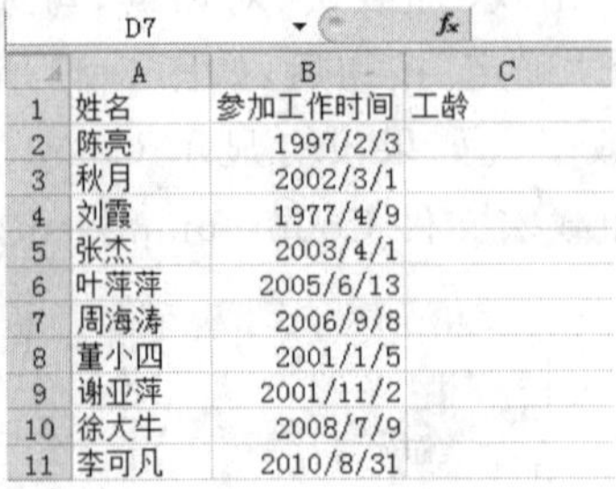

D7			
	A	B	C
1	姓名	参加工作时间	工龄
2	陈亮	1997/2/3	
3	秋月	2002/3/1	
4	刘霞	1977/4/9	
5	张杰	2003/4/1	
6	叶萍萍	2005/6/13	
7	周海涛	2006/9/8	
8	董小四	2001/1/5	
9	谢亚萍	2001/11/2	
10	徐大牛	2008/7/9	
11	李可凡	2010/8/31	

图 5-28　原始数据

C2	=work_age(B2)			
	A	B	C	D
1	姓名	参加工作时间	工龄	
2	陈亮	1997/2/3	16年3 个月	
3	秋月	2002/3/1	11年2 个月	
4	刘霞	1977/4/9	36年1 个月	
5	张杰	2003/4/1	10年1 个月	
6	叶萍萍	2005/6/13	7年11个月	
7	周海涛	2006/9/8	6年8个月	
8	董小四	2001/1/5	12年4 个月	
9	谢亚萍	2001/11/2	11年6个月	
10	徐大牛	2008/7/9	4年10个月	
11	李可凡	2010/8/31	2年9个月	

图 5-29　工龄计算结果

5.4.3　PowerPoint 对象模型

这里开始介绍如何使用 PowerPoint 对象模型进行工作。PowerPoint 对象模型是 PowerPoint 的基础性理论体系结构。本节中列举一些最常用的 PowerPoint 对象以及它们的使用方法。

在 PowerPoint 中，通过 Application 对象可以访问到 PowerPoint 应用程序的所有对象。但是，对于很多操作，可以直接使用 PowerPoint 拥有的可创建对象。最有用的可创建对象如下：

①ActivePresetation 对象，它表示活动的演示文稿。

②Presentations 集合，它包含若干个 Presentation 对象，每个对象表示一个打开的演示文稿。

③ActiveWindow 对象，它表示应用程序中的活动窗口。

④CommandBars 集合，它包含若干个 CommandBar 对象，每个对象表示 PowerPoint 应用程序中的一个命令栏（工具栏、菜单栏及快捷菜单）。通过对各种 CommandBar 对象进行操作，能够以程序方式改变 PowerPoint 的界面。

⑤SlideShowWindows 集合，它包含若干个 SildeShowWindow 对象，每个对象表示一个打开的幻灯片放映窗口。这个集合对于控制当前显示的幻灯片放映是很有用的。

在一个演示文稿中，经常要对 Slides 集合进行操作，这个集合包含表示各张幻灯片的 Slide 对象。在一张幻灯片中，大多数项目是由 Shape 对象来表示的，这些 Shape 对象汇集成为 Shapes 集合。例如，一个占位符文本被包含在 TextFrame 对象中的 TextRange 对象的 Text 属性之内，而这个 TextFrame 对象则在一张幻灯片的某个 Shape 对象之中。

要查询和学习 PowerPoint 对象模型，可以打开其中 PowerPoint 中的 Visual Basic 编辑器，然后打开“帮助”菜单，单击“PowerPoint 对象模型”，就会出现如图 5-30 的对象模型结构图。

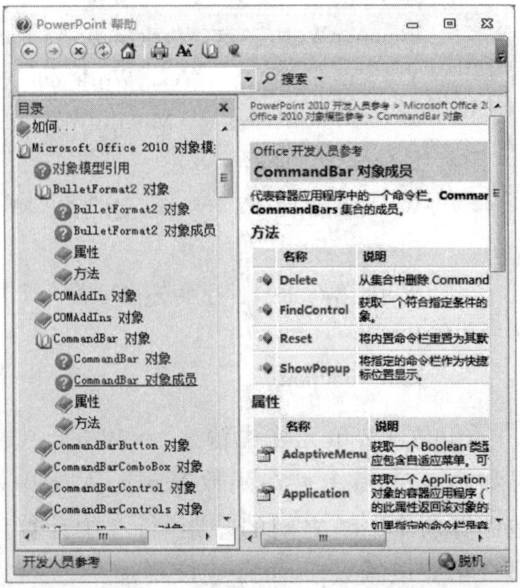

图 5-30　PowerPoint 对象模型（部分）

接下来，举例讲解 PowerPoint 对象模型中常用对象的功能和使用方法。

例 5.8 将外部幻灯片插入到当前演示文稿中。

在创建演示文稿时，有时候我们需要的幻灯片在现有的其他演示文稿中存在，此时，可以将其他文稿中的幻灯片插入到当前文稿。为此，可以利用 Slides 集合的 InsertFromFile 方法来编写代码实现。例如，要将演示文稿“导出幻灯片为图片.pptx”，图 5-31 中第 2、3 和 4 张幻灯片插入到演示文稿“从其他文件中插入幻灯片.pptx”（图 5-32）中，具体步骤如下：

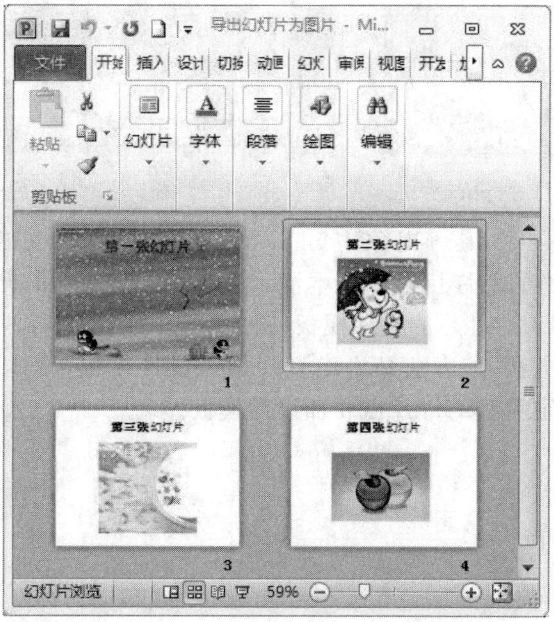

图 5-31 导出幻灯片为图片.pptx

(1)打开“从其他文件中插入幻灯片.pptx”演示文稿，按 Alt＋F11 打开 Visual Basic 编辑器。

(2)右击该演示文稿，在弹出的菜单中选择“插入”选项，然后单击“模块”，双击打开模块，右边出现“代码窗口”，在代码窗口中输入程序清单 5-14 中的内容。

程序清单 5-14

```
SubInsert_Slides()
Presentations("从其他文件中插入幻灯片.pptx").Slides.InsertFromFile _
FileName:="d:\MyPic\导出幻灯片为图片.pptx",Index:=1,SlideStart:=2,SlideEnd:=4
ActivePresentation.Slides.Range (Array(2,3,4)).ApplyTemplate _
"c:\program files\Microsoft office\templates\presentation designs\watermark.pot"
End Sub
```

(3)输入完代码清单后，单击“工具栏”上的“保存”按钮，然后，单击“调试”工具栏上的“运行子程序/用户窗体”按钮。

(4)切换“从其他文件中插入幻灯片.pptx”的视图为“幻灯片浏览”视图，可看到如图 5-33 的运行结果。

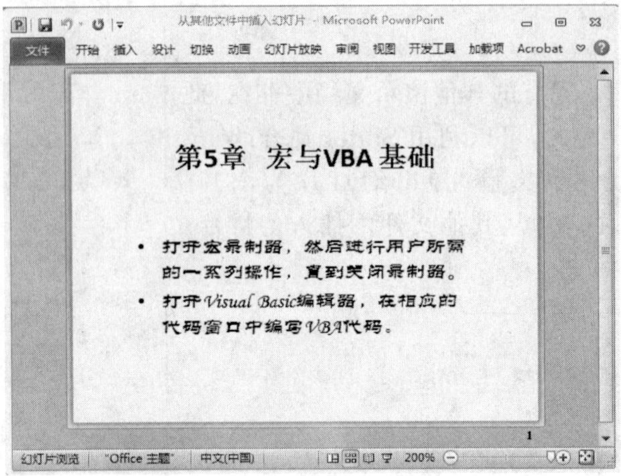

图 5-32 从其他文件中插入幻灯片.pptx

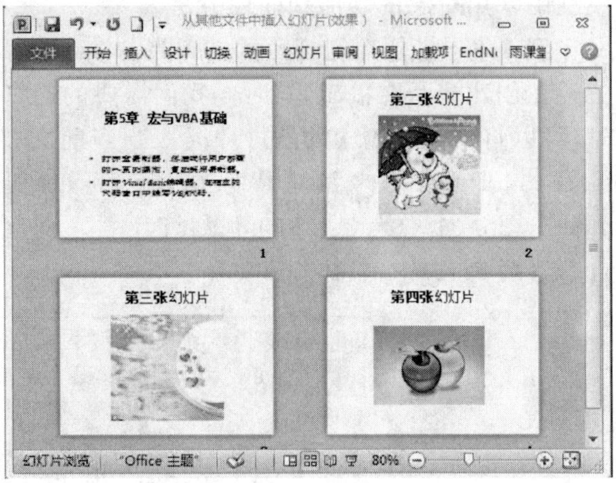

图 5-33 插入后的效果

本例用到了 Presentation 对象中 Slides 对象的 InsertFromFile 方法，该方法可以将其他演示文稿中的幻灯片插入到本演示文稿中。但是，由于该方法只是插入幻灯片，并没有同时插入幻灯片的设计模板，因此在代码行 4 和行 5 中加入 Slides 对象的 ApplyTemplate 方法，该方法是将幻灯片加上设计模板，具体可以用 Slides 对象的 Range 属性来确定哪些幻灯片需要加设计模板。

第6章

Visio 2010高级应用

Visio 2010 是一款非常流行的绘图软件，它将强大的功能与简单操作完美地结合在一起，使得制图简单规范、结构清晰、逻辑性强、便于描述和理解。它可以广泛应用于众多领域，如软件设计与开发、项目策划与管理、企业管理、建筑规划、机械制图、电子电路设计、生产工艺、系统集成等。Visio 2010 版本比早期的版本有了很大改进，增加了许多新的功能，同时更新了一些原有功能，使用户能更加容易地创建图表。

6.1 Visio的操作环境

启动 Visio 2010 后即可看到 Visio 2010 的绘图环境，在绘图环境下，可以实现绘图文件的创建、保存、打开和关闭。

6.1.1 绘图环境

Visio 2010 的绘图环境与 Word 2010、Excel 2010 的窗口界面基本相似，其中包含了标题栏、工具选项卡、功能区、形状窗格、绘图窗格、状态栏等内容，如图 6-1 所示。

1. 标题栏

在图 6-1 中，第 1 行就是标题栏，它由 Visio 控制菜单、快速访问工具、文件名、窗口管理按钮等组成。

2. 工具选项卡

在图 6-1 中，第 2 行左边的内容就是工具选项卡，它提供了多种按钮，允许用户进行功能区切换。

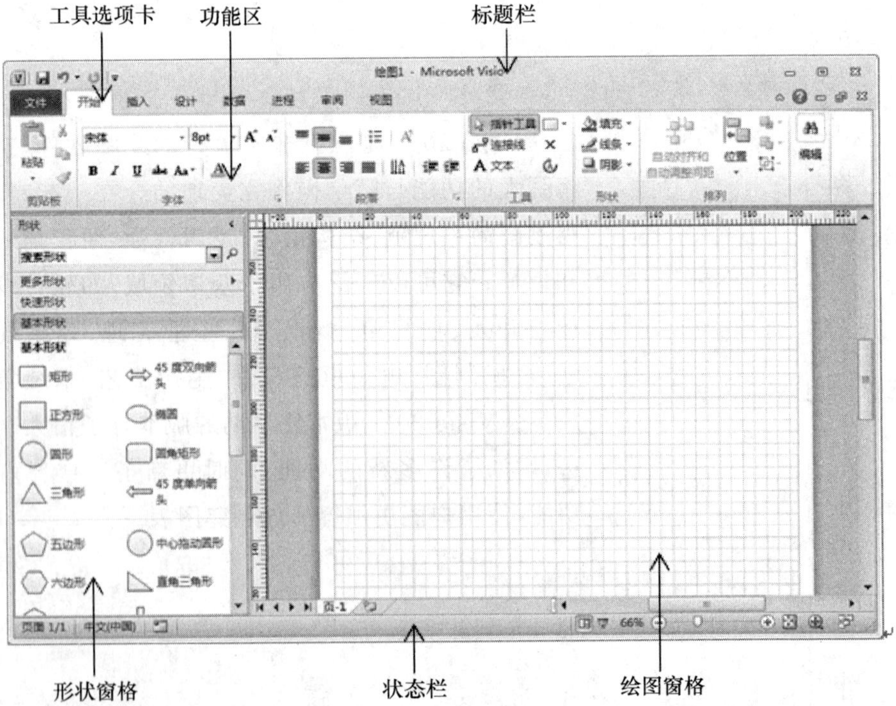

图 6-1　Visio 2010 绘图环境

3. 功能区

在图 6-1 中，第 3 行内容就是各个工具选项卡所对应的功能区。功能区中的工具是分组排列的，各组之间用分隔线隔开。

4. 形状窗格

在图 6-1 中，中间窗口的左边部分就是形状窗格。在形状窗格中有多种模具组和形状，供用户使用。

5. 绘图窗格

在图 6-1 中，中间窗口的右边部分就是绘图窗格。在绘图窗格中包括了标尺、绘图页、网格、页标签等工具，用户可以绘制各种图形、设置绘图页的名称等。

6. 状态栏

状态栏位于窗口的最下面，它用于显示绘图页或绘图页上各种对象的状态，供用户参考。

6.1.2 绘图文件的创建和保存

根据不同需要，可以用不同的方法来创建绘图文件。

1. 创建空白绘图文件

在 Visio 2010 中，要创建一个全新的绘图文件，可以单击“文件”选项卡，单击“新建”，从中选择“空白绘图”，再单击右侧的“创建”按钮，如图 6-2 所示。另外，也可以用组合键 Ctrl＋N 直接创建空白的绘图文件。

2. 利用现有的绘图文件创建

在现有绘图文件的基础上，要创建一个新的绘图文件，可以单击“文件”选项卡，单击“新建”，从中选择“根据现有内容新建”，再从打开的对话框中选定文件，单击“新建”按钮，如图 6-3 所示。

图 6-2　创建空白绘图文件示意图

图 6-3　“根据现有绘图新建”对话框

3. 根据模板创建

要在系统提供的模板基础上创建一个新的绘图文件，可以单击“文件”选项卡，单击“新建”，从“模板类别”中选择具体的模板(如选择“常规”)；再从打开的模板类别中选择模板，单击“创建”按钮，如图 6-4 所示。

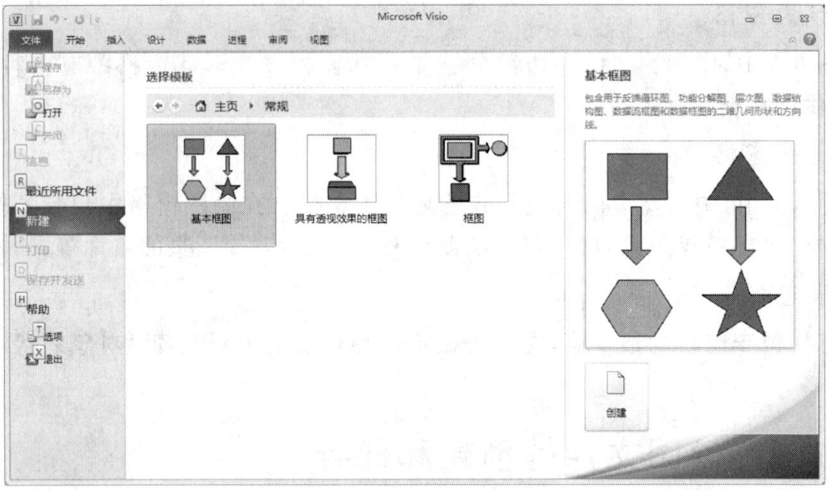

图 6-4　根据模板创建新的绘图文件

4. 绘图文件的保存

要保存一个新建的绘图文件，可以单击“文件”选项卡，单击“保存”，如图 6-5 所示，然后在弹出的“另存为”对话框中选择保存绘图文件的路径并输入文件名，单击“保存”按钮，如图 6-6 所示。另外，若要将绘图文件保存为其他格式，可以单击“文件”选项卡，单击“另存为”，然后在弹出的“另存为”对话框中选择保存类型的其他格式，单击“保存”按钮即可。

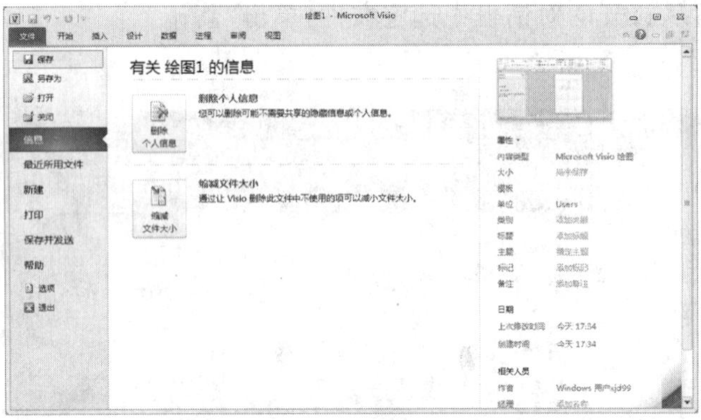

图 6-5　保存绘图文件

图 6-6　“另存为”对话框

6.2　形状和文本

在 Visio 2010 的绘图文件中，所有的元素对象都可以称为形状，如剪切画、图片、线条、圆、文本框等。为了使绘图文件中的内容更加清晰、明了，可以使用文本内容对形状进行进一步的注释和说明。

6.2.1　形状分类

按照形状各自不同的行为方式，可以将形状分为两种类型：一维形状和二维形状。

1. 一维形状

选定形状后，只有一个起点和一个终点的形状称为一维形状；当改变起点或终点位置时，只有一个维度方向会发生改变。直线是最典型的一维形状，如图 6-7 所示。

2. 二维形状

选定形状后，不分起点和终点，而且有 8 个选择手柄的形状称为二维形状。当改变手柄的位置时，可以调整形状的长度和高度。矩形是最典型的二维形状，如图 6-8 所示。

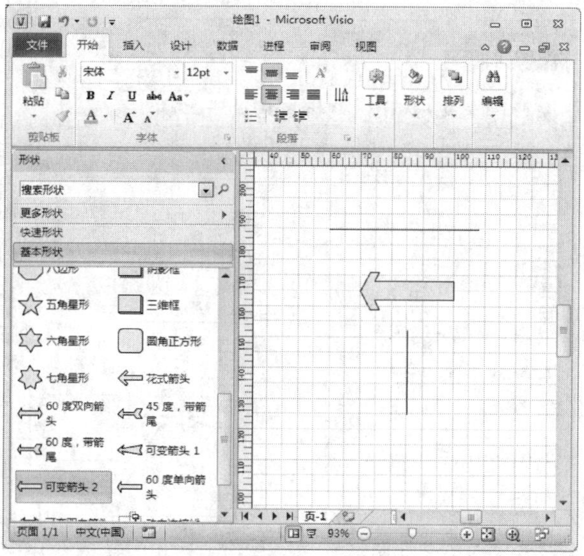

图 6-7　一维形状

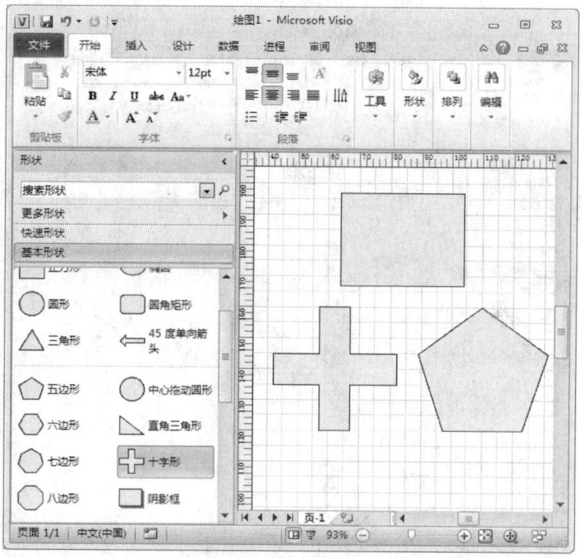

图 6-8　二维形状

6.2.2　形状操作

在 Visio 2010 中存储了数百个内置的形状，可以直接在形状窗格中，将形状拖放到绘图窗格中即可。当然，也可以使用绘图工具，自己绘制一些其他的形状。

对于放置在绘图文件中的形状，可以对它们进行一些基本的操作，如形状的移动、翻转、旋转、形状的链接、组合、添加文本等。

1. 选择形状

要对形状实施操作，必须先选定形状。先用鼠标单击“开始”选项卡中的“工具”组中的“指针工具”按钮，然后单击需要被选定的形状即可。若要选定多个形状，先用鼠标单击“开始”选项卡中的“工具”组中的“指针工具”按钮，然后选定第一个形状，再按住 Ctrl 键或 Shift 键，逐个选择其他的形状。对于其他的选择方法，可以用鼠标单击“开始”选项卡中的“编辑”组中的“选择”下拉按钮，并从弹出的下拉按钮中作进一步的选择操作。

2. 连接形状

为了更好地表示形状之间的相互关系，需要将形状连接在一起。

(1)自动连接形状

在 Visio 2010 中，提供了“自动连接”功能，用它可以实现形状与周围形状的连接。具体方法是：先选择“视图”选项卡中的“视觉帮助”组中的“自动连接”复选框，然后选择形状，待形状的四周显示 4 个三角形箭头后，单击箭头即可自动绘制连接线，将形状与其他形状连接起来，如图 6-9 所示。

(2)用连接符连接形状

连接线是常用的连接符，选择“开始”选项卡中的“工具”组中的“连接线”按钮，当光标滑过形状的中心时，就可以拖动鼠标向目标形状的中心绘制连接线，如图 6-10 所示。

另外，还可以选择形状窗格中的“更多形状”，在其中再选择“其他 Visio 方案”→“连接符”命令，并把需要的连接符拖到形状的连接点即可。

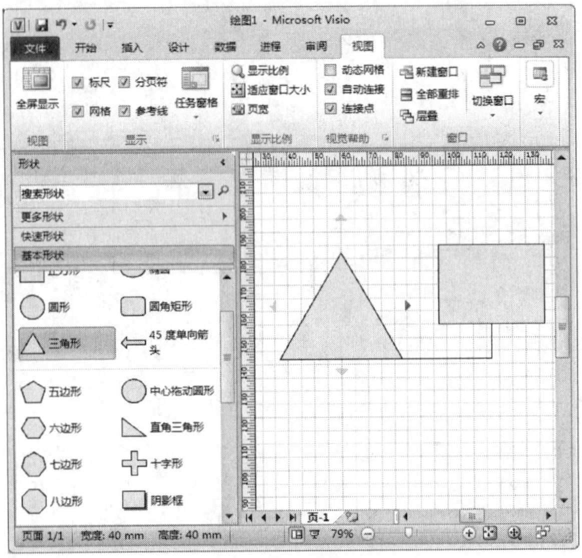

图 6-9　自动连接形状

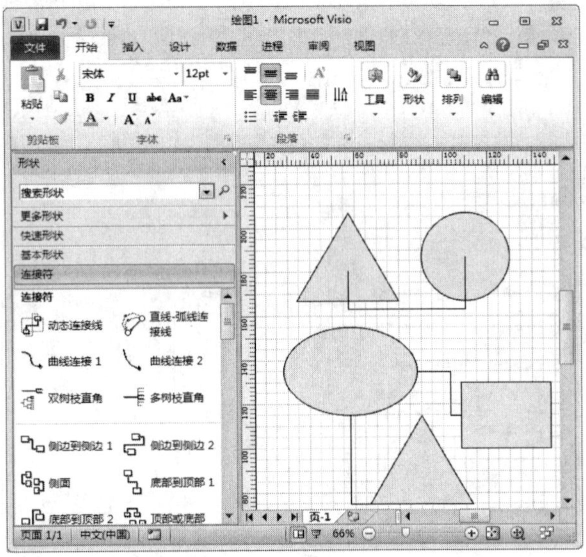

图 6-10　用连接符连接形状

3. 翻转和旋转形状

将形状围绕一个轴方向进行转动称为翻转形状，将形状围绕一个点进行转动称为旋转形状。

1)翻转形状

选定需要翻转的形状，然后选择“开始”选项卡中的“排列”组中的“位置”下拉按钮，接着选择“旋转形状”→“垂直翻转”或“水平翻转”命令，即可垂直或水平翻转形状，如图 6-11 所示(直角三角形是水平翻转)。

2)旋转形状

要旋转形状，可以采用下面 3 种方法来实现。

(1)使用旋转手柄

选定需要旋转的形状，将鼠标放到形状上方蓝色的旋转手柄上，拖动旋转手柄到需要的角度即可，如图 6-12 所示。

(2)旋转 90°

选定需要旋转的形状，然后选择“开始”选项卡中的“排列”组中的“位置”下拉按钮，接着选择“旋转形状”→“向右旋转 90°”或“向左旋转 90°”命令，即可旋转形状，如图 6-12 所示。

(3)旋转任意角度

选定需要旋转的形状，然后选择“视图”选项卡“显示”组中的“任务窗格”下拉按钮，接着选择“大小和位置”，并在“角度”文本框中输入任意角度值（如 78），按 Enter 键确认，如图 6-12 所示。

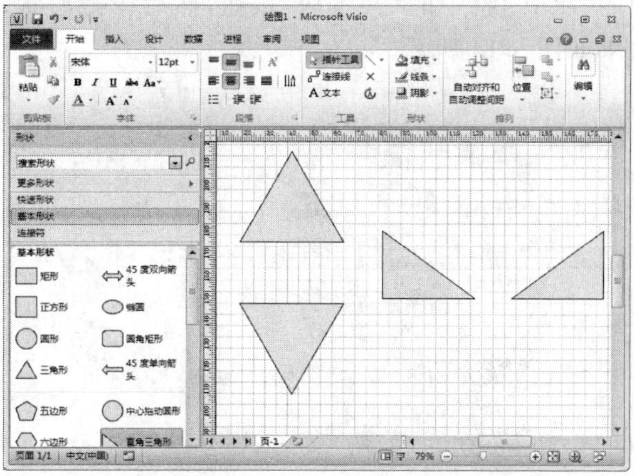

图 6-11　形状翻转

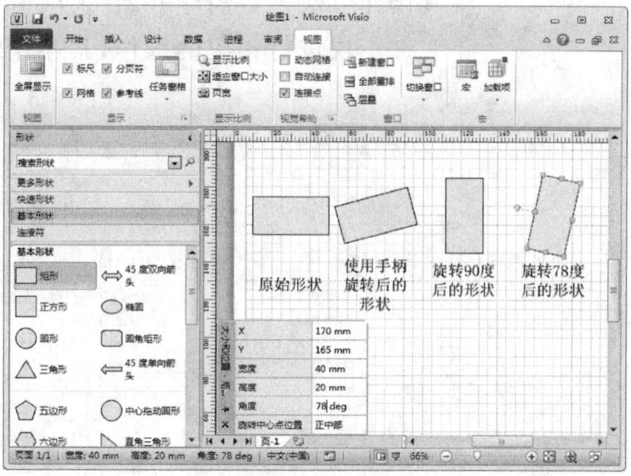

图 6-12　形状旋转

4. 组合形状

将多个相互关联的形状合并成一个形状，以便于统一操作的过程称为组合形状。选定需要组合的各个形状，然后选择“开始”选项卡中的“排列”组中的“组合”下拉按钮，接着在下拉列表中选择“组合”，即可对形状进行组合，如图 6-13(a)所示。若要取消组合，只要在“组合”下拉列表中选择“取消组合”即可，如图 6-13(b)所示。

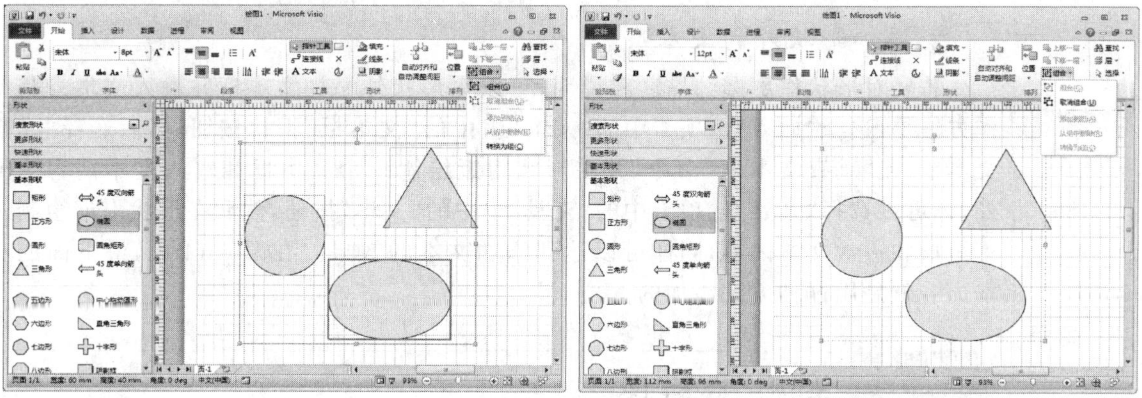

(a)　(b)

图 6-13　组合形状

6.2.3　添加文本

在绘图文件中添加文本，可以对形状作进一步的注释和说明，使得文件内容更加清晰、明了。

1. 添加形状自带的文本

在形状中有一个隐含的文本框，只要在绘图窗格中双击该形状，系统就会自动进入文本编辑状态，输入和编辑文本后，鼠标单击其他地方或按 Esc 键退出编辑。另外，还可以选择“开始”选项卡中的“工具”组中的“文本”按钮，直接单击形状，也会进入文本编辑状态。文本所在的区域称为文本块，它会随着形状的变化而变化。当然，也可以单独对文本块实施操作，如移动文本块、旋转文本块、调整文本块的大小等。其操作方法是：选择“开始”选项卡中的“工具”组中的“文本块”按钮，然后单击形状，对文本块进行相应的操作，其操作效果如图 6-14 所示。

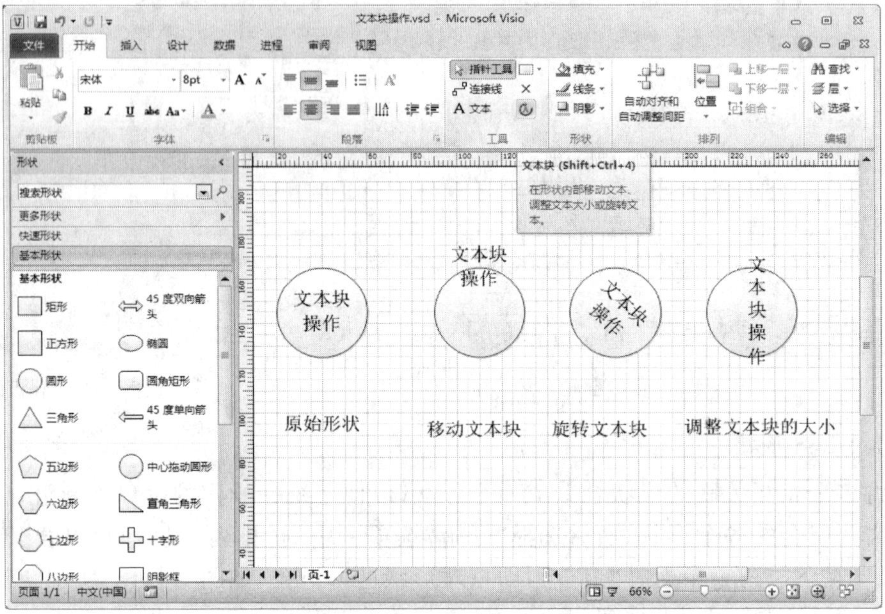

图 6-14　文本块操作

2. 添加形状外的文本

若要对形状作更多的描述和说明，可以在形状外添加文本框并输入文本。其操作方法是：选择“插入”选项卡中的“文本”组中的“文本框”下拉按钮，然后选择“横排文本框”或“垂直文本框”命令，并在形状附近绘制一个文本框和输入文本内容。另外，还可以选择“开始”选项卡中的“工具”组中的“文本”按钮，然后在形状附近绘制一个矩形和输入文本内容，同样可以达到添加文本的效果。在图 6-14 中，最下面的文本内容就是用这种方法添加的。

6.3　制作流程图

流程图是以图的形式来表示流程的过程，它可以展示过程、指示工作流、分析进程、跟踪成本与效益等信息。在 Visio 2010 中，系统提供了基本流程图、工作流程图、跨职能流程图等，其中基本流程图是日常工作和学习中接触最多的流程图。

基本流程图的绘制

6.3.1　算法流程图

在程序设计中，算法就是为了解决某一问题而采用的方法和步骤。算法也可以用流程图表示。

1. 问题和算法描述

在程序设计中，如果要设计一个累加问题，如 S=1+2+…+N，其中，N 为正整数,S为累加和,I=1,2,3,…,N称为当前项。其算法描述如下。

①设累加和的初值为0,即S=0;当前项I的值为1,即I=1。

②从键盘输入N。

③判断当前值I是否越过N的值,若是,则结束累加。

④计算新的累加和S,其值等于当前累加和S加上当前值I,即S=S+I。

⑤取下一个当前值I,其值等于当前I加上步长1,即I=I+1,然后转到③。

2. 创建流程图中的形状和文本

在Visio 2010中,选择"文件"选项卡中的"新建",再选择"流程图"及其中的"基本流程图",然后单击右侧的"创建"按钮,新建一个绘图文件。从左侧的"基本流程图形状"中,拖出1个"判定"形状,2个"开始/结束"形状,3个"流程"形状到右侧的绘图页上,并输入各个形状相应的文本内容,调整形状的大小和位置,其效果如图6-15所示。

3. 添加流程线

在图6-15中,选择"视图"选项卡中的"视觉帮助"组中的"连接点"复选框,利用形状上的连接点,将各个形状与周围需要连接的形状连接起来,流程线就添加好了。对于需要添加文本的流程线,双击该流程线,输入需要的文本内容即可。为了更改所有流程线的格式,需要选定所有的流程线,单击"开始"选项卡中的"形状"组中的"线条"下拉按钮,然后选择"线条选项"命令,打开"线条"对话框(或者右击选定的流程线,在快捷菜单上选择"格式"→"线条"命令,同样可以打开"线条"对话框),如图6-16所示。在"线条"对话框中,将"粗细"设为3磅,其他采用默认值。最后,插入一个垂直文本框,输入需要的标题内容,累加算法的流程图就设计完毕,其效果如图6-17(a)所示。在图6-17(a)的基础上,将它另存为JPG文件,就能得到如图6-17(b)所示的流程图。

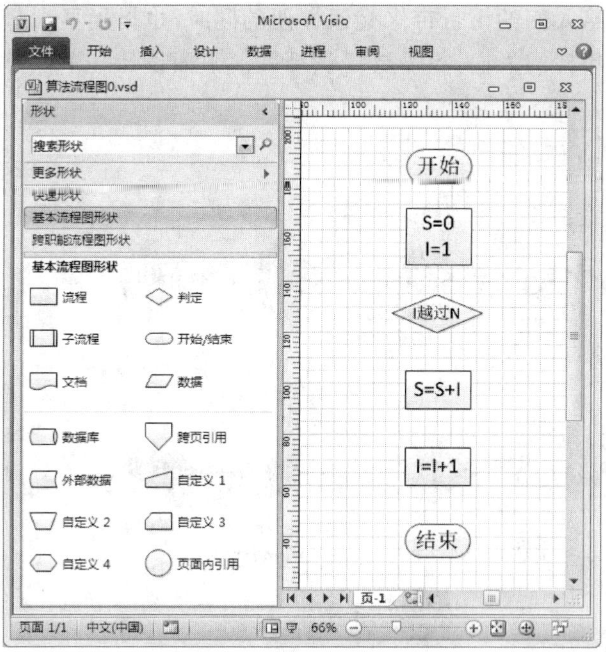

图 6-15 基本形状和文本

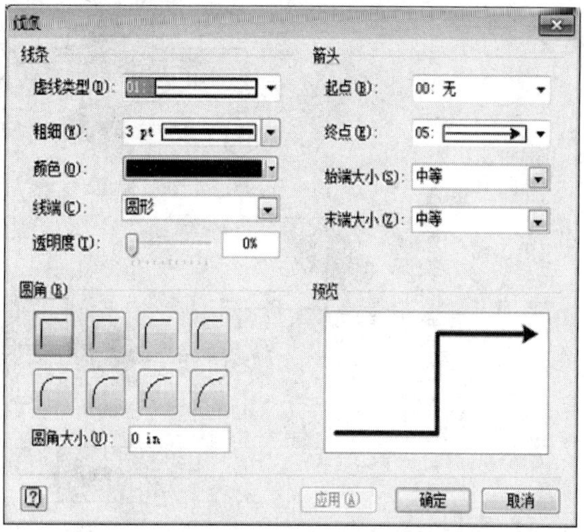

图 6-16 "线条"对话框

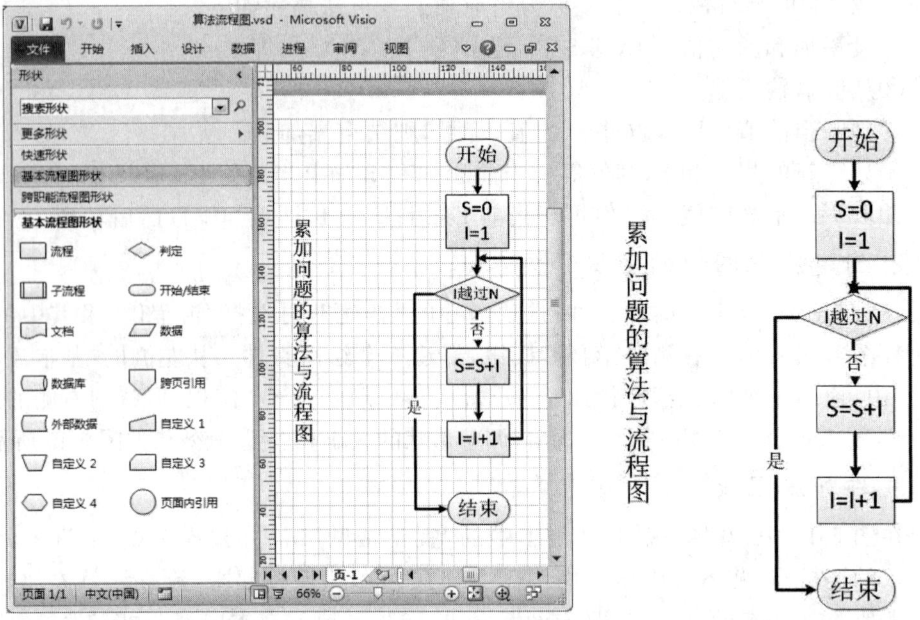

(a) (b)

图 6-17 累加算法流程图

6.3.2 工作流程图

为了便于工作，提高办事效率，在进行具体的工作时，先浏览一下工作流程图，使办事人员做到心中有数，起到事半功倍的效果。

1. 问题描述

时下汽车已走进千家万户，它给人们的出行带来交通方便的同时，也增加了大量的年检工作，尤其是初次参加汽车年检的人们，更需要提供帮助。下面设计一个汽车年检工作流程图，如图 6-18 所示。

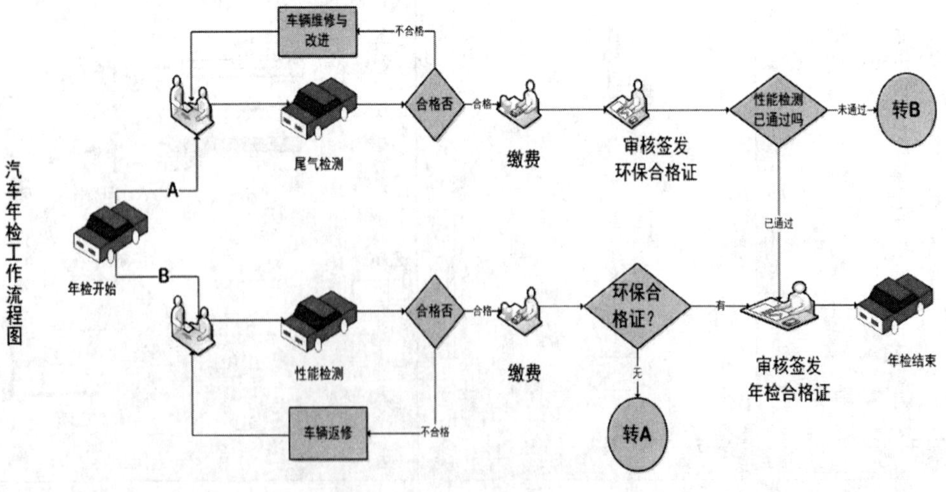

图 6-18 汽车年检工作流程图

2. 制作基本形状和连接线

根据图 6-18 所示，先进行页面设置。单击“设计”选项卡中的“页面设置”组中的对话框启动按钮，打开“页面设置”对话框，如图 6-19 所示。在“打印设置”选项卡中选择“横向”单选按钮，单击“确定”按钮。

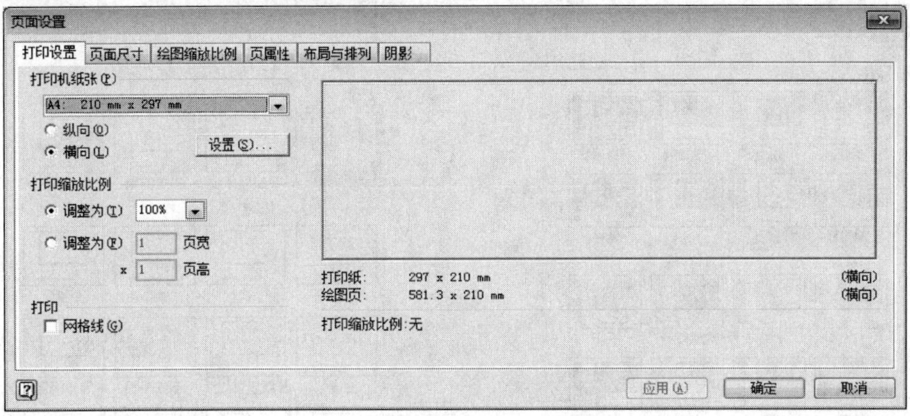

图 6-19 “页面设置”对话框

在形状的搜索框中输入“汽车”，将搜索到的汽车按需要拖到绘图页上。单击“更多形状”，选择“流程图”→“工作流步骤”命令，将 2 个“提交”形状拖到绘图页上，再单击“更多形状”，选择“流程图”→“部门”命令，分别将 2 个“财务”形状和 2 个“审核”形状拖到绘图页上；最后单击“更多形状”，选择“常规”→“方块”命令，将其余形状拖到绘图页上。

根据汽车年检工作流程的走向，在各个形状之间，添加上合适的流程线。在形状内或形状附近，添加相应的文本内容，包括流程线上的文本内容。调整形状、流程线、文本内容的位置和大小，得到初始的汽车年检工作流程图，如图 6-20 所示。

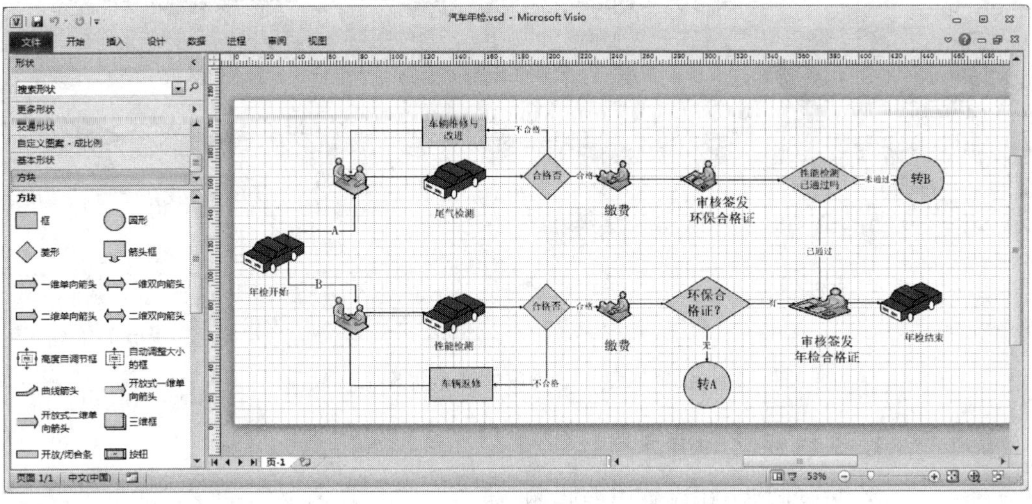

图 6-20 初始的汽车年检工作流程图

3. 设置颜色和效果

在初始汽车年检工作流程图的基础上，可以进一步设置颜色和效果，以达到美化流程图的效果。单击“设计”选项卡中的“主题”组中的“颜色”下拉按钮，弹出如图 6-21 所示的颜色下拉列表，选择其中的“溪流”，再单击“效果”下拉按钮，弹出如图 6-22 所示的效果列表，选择其中的“幻觉斜角”。其效果如图 6-23 所示。

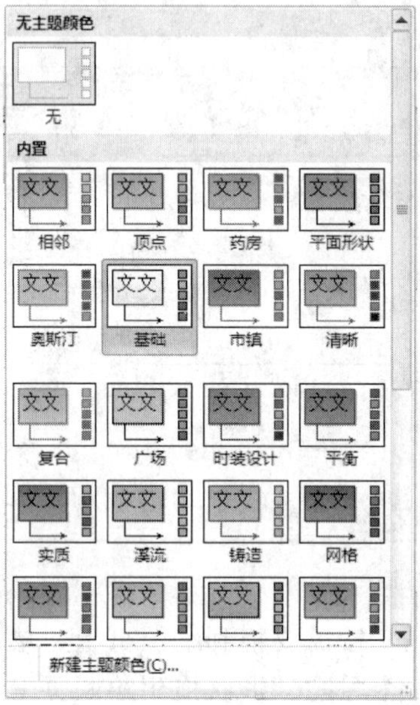

图 6-21　颜色下拉列表

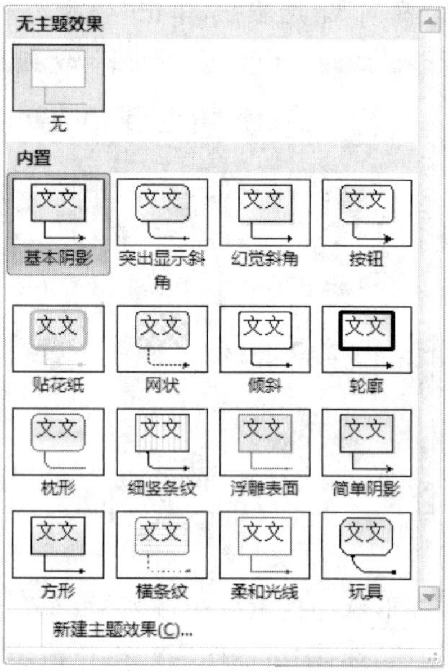

图 6-22　效果下拉列表

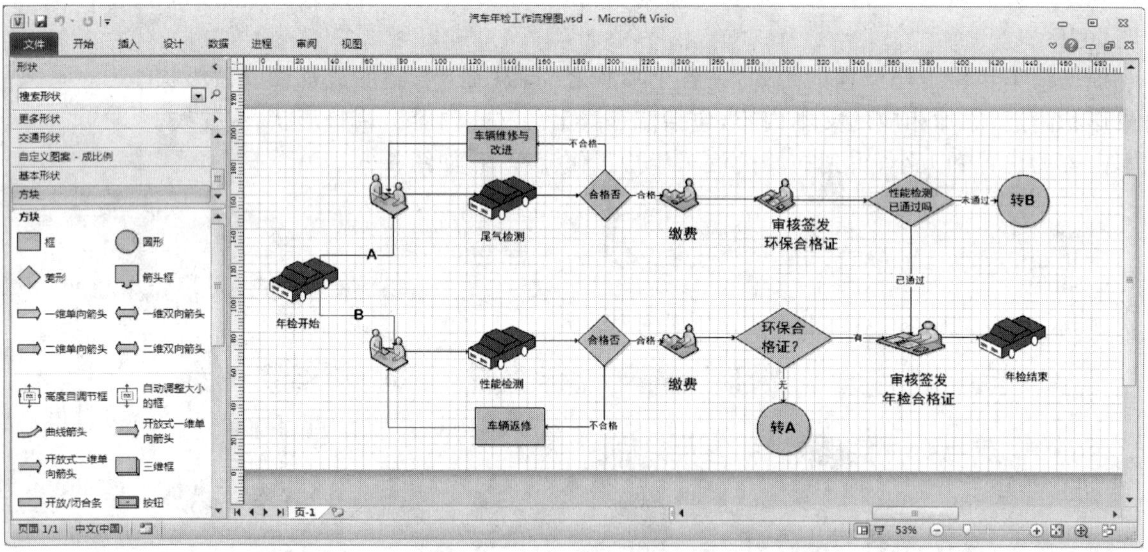

图 6-23　设置颜色和效果后的汽车年检工作流程图

4. 添加标题和背景

在汽车年检工作流程图的左侧，插入一个垂直文本框，输入“汽车年检工作流程图”，调整位置和大小，完成了标题的添加。单击“设计”选项卡中的“背景”组中的“背景”下拉按钮，在弹出的背景下拉列表中选择“水平渐变”，即可得到完整的汽车年检工作流程图，如图 6-24 所示。在图 6-24 的基础上，将它另存为.jpg 文件，就能得到如图 6-18 所示的汽车年检工作流程图。

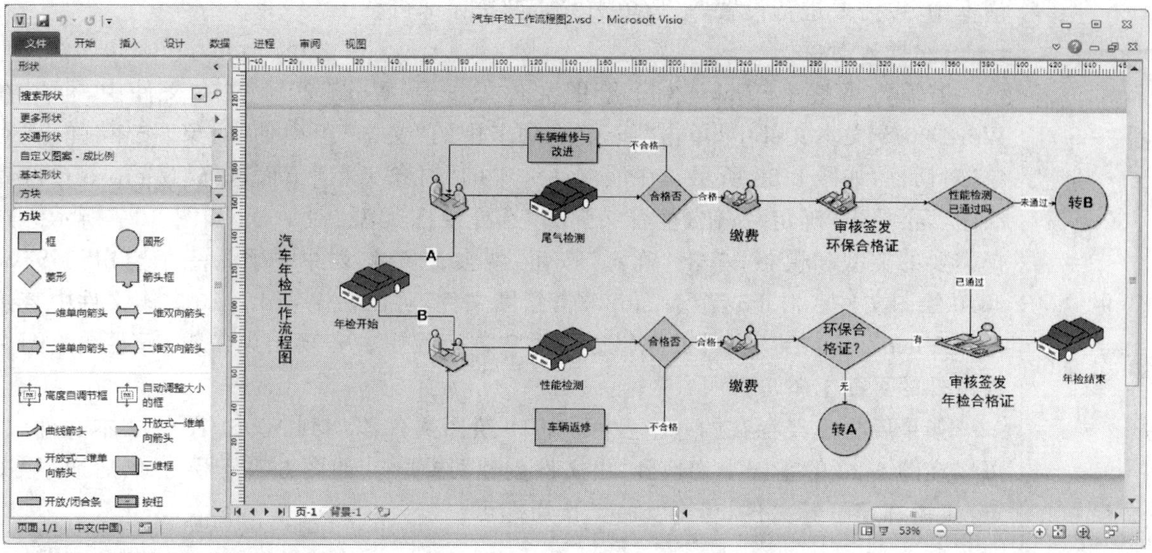

图 6-24 设置标题和背景后的汽车年检工作流程图

6.4 文件转换

在 Visio 2010 的绘图文件中，有时需要使用其他软件中的内容，即将这些内容加入到绘图文件中。同样，在使用其他软件过程中，有时需要加入绘图文件中的内容。

6.4.1 Visio 与 Word 的文件转换

共享绘图

Word 2010 是一个常用的文字处理软件，它可以与 Visio 2010 进行相互转换，实现资源共享，两者的完美结合，可以使文件内容更加生动、形象地呈现出来。

1. 将 Word 2010 文本文件转换到 Visio 2010 绘图文件

在 Visio 2010 绘图文件中，可以添加 Word 2010 文本文件中的文字、图片等内容，甚至可以插入整个文本文件。具体可以通过复制和粘贴、插入对象两种方法来实现。

2. 将 Visio 2010 绘图文件转换到 Word 2010 文本文件

在 Word 2010 文本文件中，可以添加 Visio 2010 绘图文件中的文字、图片、流程图等内容，甚至可以插入整个绘图文件。

(1)复制和粘贴

要将 Visio 2010 绘图文件中的文字、图片、流程图等内容复制到 Word 2010 文本文件中，可以先进入 Visio 2010 绘图文件中，选定需要复制的内容，单击“开始”选项卡中的“剪贴板”组中的“复制”按钮，然后转到 Word 2010 文本文件中，在指定的地方单击，最后单击“开始”选项卡中的“剪贴板”组中的“粘贴”按钮，即可将需要的内容复制到文本文件中。

若单击了“开始”选项卡中的“剪贴板”组中的“粘贴”下拉按钮，并在下拉列表中选择了“选择性粘贴”命令，就会弹出一个“选择性粘贴”对话框，如图 6-25 所示，在该对话框中,按需要进行设置,最后单击“确定”按钮即可。

(2)插入对象

若需要将整个 Visio 2010 绘图文件添加到 Word 2010 文本文件中,可以在 Word 2010 文本文件中,单击“插入”选项卡中的“文本”组中的“对象”按钮,弹出“对象”对话框,如图 6-26 所示。在该对话框中的“对象类型”下面选择“Microsoft Visio 绘图”,再单击“确定”按钮,接着又弹出“选择绘图类型”对话框,如图 6-27 所示。选择需要的类型和模板,单击“确定”按钮,就会在文本文件中插入一个空白的 Visio 2010 绘图文件。对于这个 Visio 2010 绘图文件,可以在 Word 2010 文本文件中直接按照 Visio 2010 绘图文件的编辑方式对它进行编辑。若要结束编辑,只要在绘图文件以外的页面上单击即可。

如果要将已经存在的一个 Visio 2010 绘图文件添加到 Word 2010 文本文件中,可以在图 6-26 的基础上切换到“由文件创建”选项卡,如图 6-28 所示。然后通过“浏览”按钮选定目标文件,单击“确定”按钮即可。

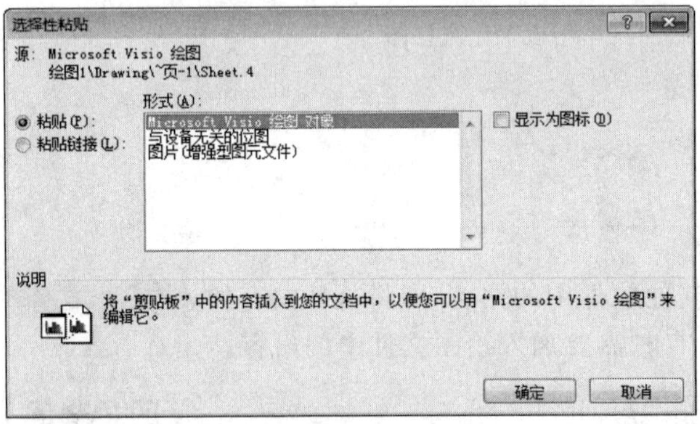

图 6-25 “选择性粘贴”对话框

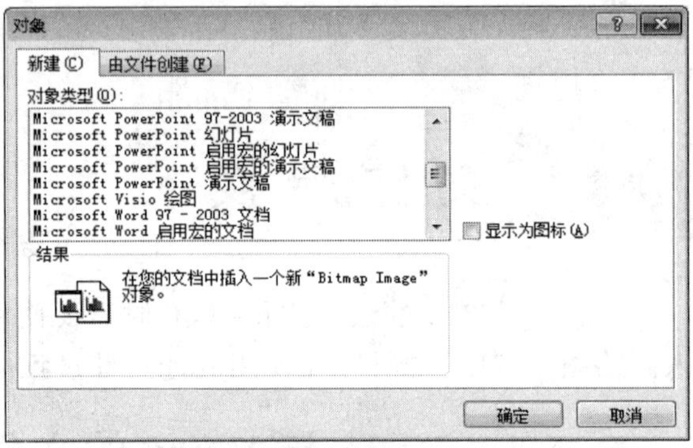

图 6-26 “对象”对话框

图 6-27 “选择绘图类型”对话框

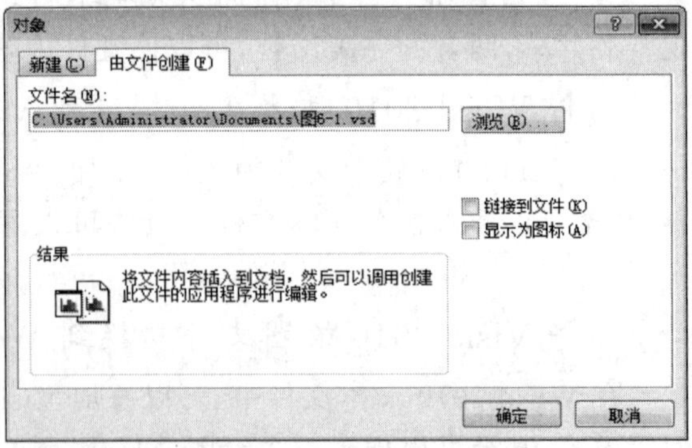

图 6-28 “对象”对话框

6.4.2 Visio 与 Excel 的文件转换

Excel 2010 是一个常用的电子表格处理软件,它可以与 Visio 2010 进行相互转换,实现资源共享,两者的有机结合,可以使文件内容更加完美。

1. 将 Excel 2010 电子表格文件转换到 Visio 2010 绘图文件

在 Visio 2010 绘图文件中,可以添加 Excel 2010 电子表格中的数字、文字、图片等内容，甚至可以插入整个电子表格文件。具体可以通过复制和粘贴、插入对象、使用组织结构数据表三种方法来实现。

2. 将 Visio 2010 绘图文件转换到 Excel 2010 电子表格文件

在 Excel 2010 电子表格文件中，可以添加 Visio 2010 绘图文件中的文字、图片、流程图等内容，甚至可以插入整个绘图文件。

1)复制和粘贴

要将 Visio 2010 绘图文件中的文字、图片、流程图等内容复制到 Excel 2010 电子表格文件中，可以先进入 Visio 2010 绘图文件中，选定需要复制的内容，单击“开始”选项卡中的“剪贴板”组中的“复制”按钮，然后转到 Excel 2010 电子表格文件中，在指定的地方单击，最后单击“开始”选项卡中的“剪贴板”组中的“粘贴”按钮，即可将需要的内容复制到 Excel 2010 电子表格文件中。

若单击了“开始”选项卡中的“剪贴板”组中的“粘贴”下拉按钮，并在下拉列表中选择了“选择性粘贴”命令，就会弹出一个“选择性粘贴”对话框，如图 6-29 所示。在该对话框中，按需要进行设置，最后单击“确定”按钮即可。

2)插入对象

若需要将整个 Visio 2010 绘图文件添加到 Excel 2010 电子表格文件中，可以在 Excel 2010 电子表格文件中单击“插入”选项卡中的“文本”组中的“对象”按钮，弹出“对象”对话框，如图 6-30 所示。在该对话框中的“对象类型”列表框中选择“Microsoft Visio 绘图”，再单击“确定”按钮，接着弹出“选择绘图类型”对话框，如图 6-31 所示。选择需要的类型和模板，单击“确定”按钮，就会在电子表格文件中插入一个空白的 Visio 2010 绘图文件。对于这个 Visio 2010 绘图文件，可以在电子表格文件中直接按照 Visio 2010 绘图文件的编辑方式对它进行编辑。若要结束编辑，只要在绘图文件以外的页面上单击即可。

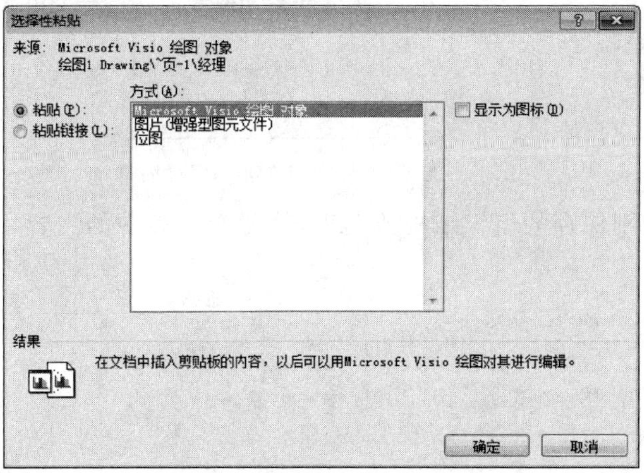

图 6-29 “选择性粘贴”对话框

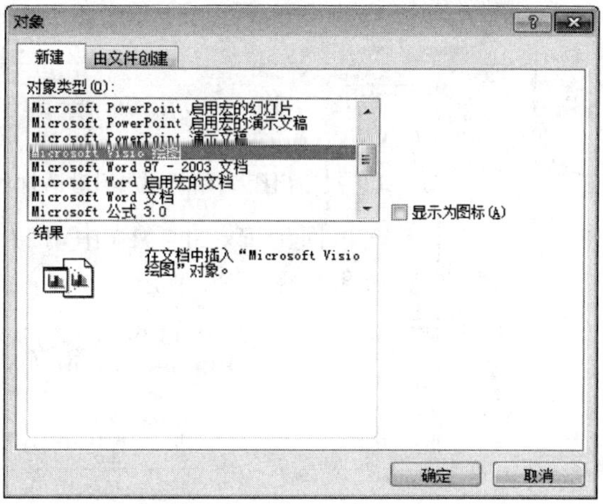

图 6-30 “对象”对话框

如果要将已经存在的一个 Visio 2010 绘图文件添加到 Excel 2010 电子表格文件中，可以在图 6-30 的基础上切换到“由文件创建”选项卡，如图 6-32 所示，然后通过“浏览”按钮选定目标文件，单击“确定”按钮即可。

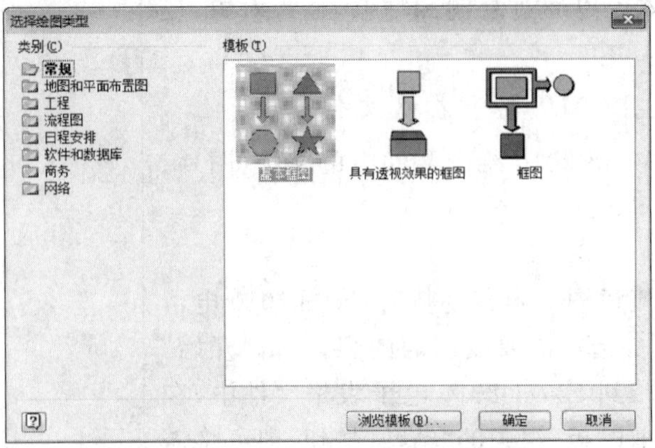

图 6-31 “选择绘图类型”对话框

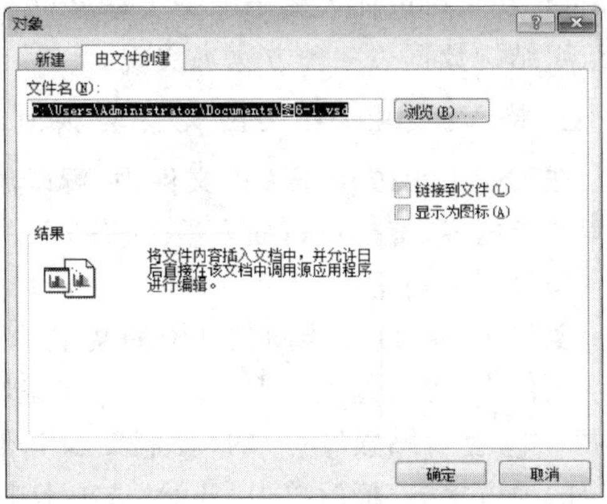

图 6-32 “对象”对话框

3)使用组织结构图

使用 Visio 2010 绘图文件中的组织结构图，可以生成 Excel 2010 的组织结构数据表。先打开一个具有组织结构图的 Visio 2010 绘图文件，单击“组织结构图”选项卡中的“组织数据”组中的“导出”按钮，弹出“导出组织结构数据”对话框，如图 6-33 所示，然后按需要设置文件的路径和文件名，单击“保存”按钮，系统会自动弹出表示导出成功的“组织结构图”对话框，如图 6-34 所示。

图 6-33 “导出组织结构数据”对话框

图 6-34 “组织结构图”对话框

再回到 Excel 2010 中，打开刚刚保存的组织结构数据表，就能看到表中的内容，其效果如图 6-35 所示。

图 6-35 “组织结构数据表”示意图

第2篇

Office 2010高级应用案例

- ◆ 第7章 Word 2010高级应用案例
- ◆ 第8章 Excel 2010高级应用案例
- ◆ 第9章 PowerPoint 2010高级应用案例
- ◆ 第10章 Outlook 2010高级应用案例
- ◆ 第11章 宏与VBA高级应用案例
- ◆ 第12章 Visio 2010高级应用案例

本篇为办公软件高级应用案例精选，共精选了14个不同应用领域的案例，其中Word案例4个，Excel案例4个，PowerPoint案例2个，Outlook案例1个，宏与VBA案例2个，Visio案例1个。这些案例均来自学习和工作中有一定代表性和难度的日常事务操作，每个案例均从“问题描述”“知识要点”“操作步骤”和“练习提高”4个方面进行详细论述。这些案例从不同侧面反映了Office 2010在日常办公事务处理中的重要作用以及使用Office的操作技巧，读者可以加以学习和借鉴。

第7章

Word 2010高级应用案例

本章是 Word 2010 理论知识的实践应用讲解，包含 4 个典型案例，分别是“Word 2010 高级应用”学习报告、毕业论文排版、期刊论文排版与审阅、会议通知单和学生成绩单制作。4 个案例囊括了 Word 2010 的绝大部分重点知识。通过本章的学习，使读者能够掌握利用 Word 2010 实现长文档排版的技巧。

7.1 “Word 2010 高级应用”学习报告

7.1.1 问题描述

同学们学习了“Word 2010 高级应用”章节的内容后，任课老师给出了一篇长文档，要求同学们按排版要求进行排版，以总结、应用 Word 2010 的排版技巧，具体要求如下。

①章名使用样式“标题 1”，居中；编号格式为“第 X 章”，编号和文字之间空一格，字体为“三号，黑体”，左缩进 0 个字符，其中 X 为自动编号(标题格式形如“第 1 章 ×××”)。

②节名使用样式“标题 2”，左对齐；编号格式为多级列表编号(形如“X. Y”，X 为章序号，Y 为节序号)，编号与文字之间空一格，字体为“四号，隶书”，左缩进 0 个字符，其中，X 和 Y 均为自动编号(节格式形如“1.1 ×××”)。

③新建样式，名为“样式 0001”，并应用到正文中除章节标题、表格、表和图的题注外的所有文字。样式 0001 的格式为：中文字体为“仿宋”，西文字体为“Times New Roman”，字号为“小四”；段落格式为左缩进 0 个字符，首行缩进 2 个字符，1.5 倍行距。

④对正文中出现“1.，2.，3.，…”的编号进行自动编号，编号格式不变；对出现的“1)，2)，3)，…”编号进行自动编号，编号格式不变；对第 3 章中出现的“1)，2)，3)，…”的段落编号重新设置为项目符号，符号为实心的五角星，如“★”。

⑤对正文中的图添加题注，位于图下方文字的左侧，居中对齐，并使图居中。标签为“图”，编号为“章序号－图序号”，如第 1 章中的第 1 张图，题注编号为“1-1”。对正文中出现“如下图所示”的“下图”使用交叉引用，改为“图 X-Y”，其中“X-Y”为图题注的对应编号。

⑥对正文中的表添加题注，位于表上方文字的左侧，居中对齐，并使表居中。标签为“表”，编号为“章序号－表序号”，如第 1 章中的第 1 张表，题注编号为“1-1”。对正文中出现“如下表所示”的“下表”使用交叉引用，改为“表 X-Y”，其中“X-Y”为表题注的对应编号。

⑦对全文中出现的“word”修改为“Word”,并加粗显示。

⑧对正文中出现的第1张表(Word版本)添加表头行,输入表头内容“时间”及“版本”,对整个表采用“三线表”表格样式,外边框线宽1.5 pt,内边框线宽0.75 pt,黑色。

⑨对正文中的第3个图(公司组织结构),在其右侧插入一个SmartArt图,与其结构、内容完全相同,图形宽度和高度分别为7 cm和5 cm,并删除正文中的原图。

⑩ 对正文中的第2个表(学生成绩表),通过公式计算每个学生的总分及平均分,并保留一位小数,同时,计算每门课程的最高分,最低分。将计算结果保存在相应的单元格中。

⑪为全文中所有的“Word 2010”建立引文题注,类别为“规则”。

⑫制作文字水印,水印名称为“Word 2010 高级应用”,字号40,黑色。

⑬在正文之前按顺序插入4个分节符,分节符类型为“下一页”,每节内容如下:

● 第1节:标题目录,标题文字“目录”使用样式“标题1”,删除自动编号,居中,自动生成标题目录项。

● 第2节:图目录,标题文字“图目录”使用样式“标题1”,删除自动编号,居中,自动生成图目录项。

● 第3节:表目录,标题文字“表目录”使用样式“标题1”,删除自动编号,居中,自动生成表目录项。

● 第4节:引文目录,标题文字“引文目录”使用样式“标题1”,删除自动编号,居中,自动生成引文目录项。

⑭添加正文的页眉。对于奇数页,页眉中的文字为“章序号+章名”;对于偶数页,页眉中的文字为“节序号+节名”。

⑮添加页脚。使用域,在页脚中插入页码,居中显示;首页不显示页码,正文前的页码采用“i,ii,iii,…”格式,页码连续;正文页码采用“1,2,3,…”格式,页码从1开始,页码连续;更新目录、图目录、表目录和引文目录。

7.1.2 知识要点

①字符格式、段落格式的设置。

②样式的建立、修改及应用;章节编号的自动生成,项目符号和自动编号的使用。

③标题目录、图表目录和引文目录的生成和更新。

④题注、交叉引用的使用。

⑤分节的设置。

⑥水印、SmartArt图形的生成和编辑。

⑦表格数据的运算。

⑧页眉和页脚的设置。

⑨域的插入与更新。

7.1.3 操作步骤

1. 章名和节名标题的自动编号

第1题章名和第2题节名的自动编号可以放在一起进行操作,利用多级列表结合标题1样式和标题2样式来实现,详细操作步骤如下。

(1)单击“开始”选项卡中的“段落”组中的“多级列表”下拉按钮,弹出如图7-1所示的下拉列表。

(2)选择下拉列表中的"定义新的多级列表"命令,弹出"定义新多级列表"对话框。单击对话框左下角的"更多"按钮,对话框变成如图 7-2 所示。

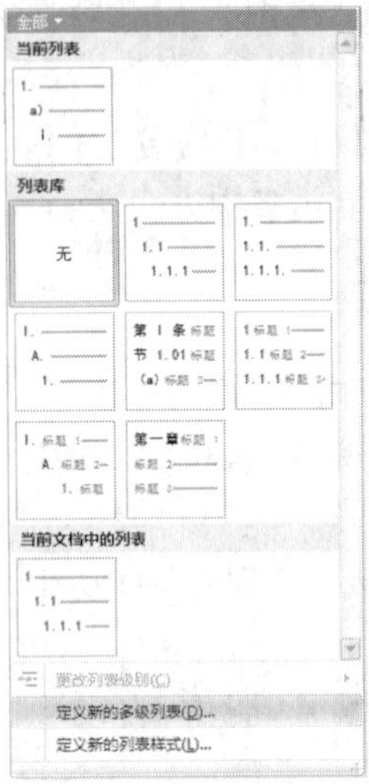

图 7-1 下拉列表

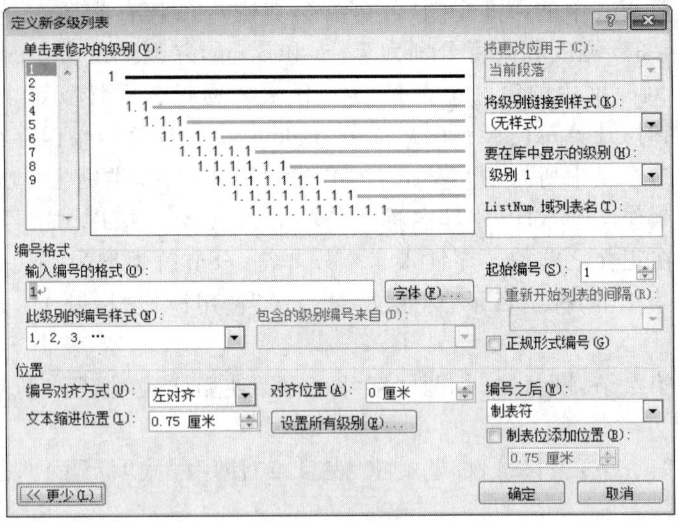

图 7-2 "定义新多级列表"对话框

①章名标题的自动编号:在"定义新多级列表"对话框中的"单击要修改的级别"中选择"级别"为"1"的项,即用来设定章名标题编号。在"此级别的编号样式"下拉列表框中选择"1,2,3,…"格式的编号样式,在"输入编号的格式"文本框中将会自动出现带灰色底色的数字"1",在数字"1"的前面和后面分别输入"第"和"章"。编号对齐方式选择"左对齐",对齐位置设置为"0 厘米",文本缩进位置设置为"0 厘米",在"编号之后"下拉列表框中选择"空格",在"将级别链接到样式"下拉列表框中选择"标题 1"样式。

②节名标题的自动编号:在"定义新多级列表"对话框中的"单击要修改的级别"中选择"级别"为"2"的项,即用来设定节名标题编号。在"包含的级别编号来自"下拉列表框中选择"级别 1",在"输入编号的格式"文本框中将自动出现带灰色底色的数字"1",然后在数字"1"的后面输入"."。在"此级别的编号样式"下拉列表框中选择"1,2,3,…"格式的编号样式。在"输入编号的格式"文本框中将出现带灰色底色的数字"1.1"。编号对齐方式选择"左对齐",对齐位置设置为"0 厘米",文本缩进位置设置为"0 厘米",在"编号之后"下拉列表框中选择"空格"项,在"将级别链接到样式"下拉列表框中选择"标题 2"样式。

③单击"确定"按钮完成章名、节名标题的自动编号设置。

(3)在"开始"选项卡中的"样式"组中的快速样式库中将会出现标题 1 和标题 2 样式,分别形如"第 1 章 标题 1"和"1.1 标题 2",如图 7-3 所示。

各级标题的缩进值设置还可以采取以下方法:在"定义新多级列表"对话框中单击"设置所有级别"按钮,弹出"设置所有级别"对话框,如图 7-4 所示,将各级标题设为统一的缩进值,如"0 厘米"。

图 7-3 标题 1 和标题 2 样式

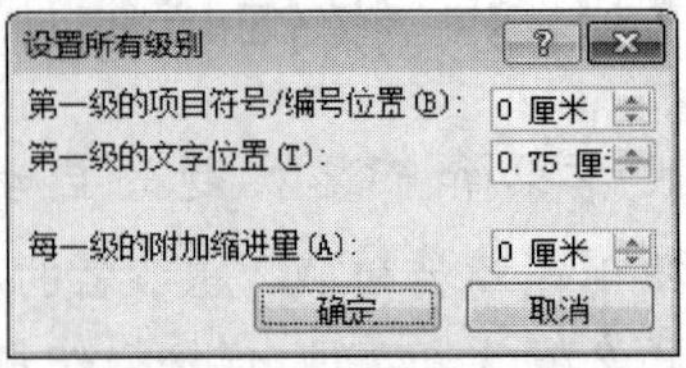

图 7-4 "设置所有级别"对话框

2. 章名和节名标题样式的修改及应用

(1)章名和节名标题样式的修改

操作步骤如下。

①章名标题样式的修改。在快速样式库中右击样式“第 1 章 标题 1”,从弹出的快捷菜单中选择“修改”命令,弹出“修改样式”对话框,如图 7-5 所示。在该对话框中,字体选择“黑体”,字号为“三号”,单击“居中”按钮;单击对话框左下角的“格式”下拉按钮,在弹出的下拉列表中选择“段落”命令,弹出“段落”对话框,进行段落格式设置,设置左缩进为 0 个字符;单击“确定”按钮返回“修改样式”对话框;单击“确定”按钮完成设置。

②节名标题样式的修改。在快速样式库中右击“1.1 标题 2”,从弹出的快捷菜单中选择“修改”命令,弹出“修改样式”对话框,如图 7-6 所示。在该对话框中,字体选择“隶书”,字号为“四号”,单击“左对齐”按钮;单击对话框左下角的“格式”下拉按钮,在弹出的下拉列表中选择“段落”命令,弹出“段落”对话框,进行段落格式设置,设置左缩进为 0 个字符。单击“确定”按钮返回“修改样式”对话框。单击“确定”按钮完成设置。

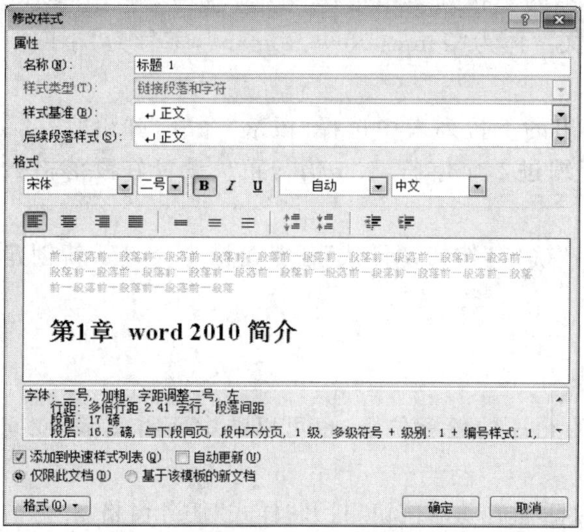

图 7-5 “修改样式”对话框(标题 1)

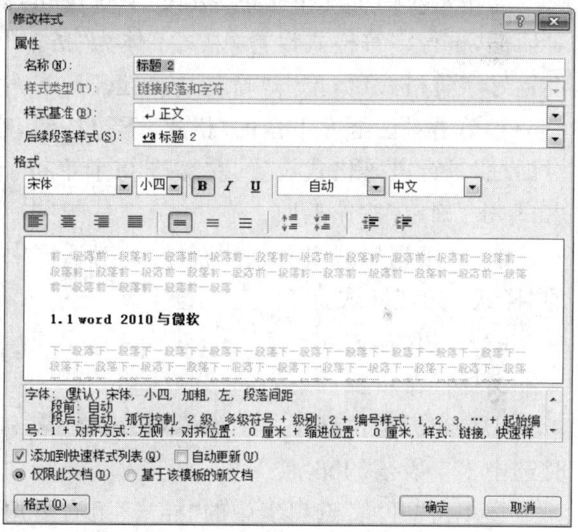

图 7-6 “修改样式”对话框(标题 2)

(2)章名和节名标题样式的应用

操作步骤如下。

①章名。将光标定位在文档中的章名所在行的任意位置,单击快速样式库中的“第 1 章 标题 1”,则章名将自动设为指定的样式格式,然后删除原有的章名编号。其余章名的应用样式方法类似,也可用格式刷进行格式复制实现相应操作。

②节名。将光标定位在文档中的节名所在行的任意位置,单击快速样式库中的“1.1 标题 2”,则节名将自动设为指定的样式格式,然后删除原有的节名编号。其余节名的应用样式方法类似,也可用格式刷进行格式复制实现相应操作。

(3)标题样式的显示

在 Word 2010 中,快速样式库中的部分样式在使用前是隐藏的,甚至在“样式”任务窗格中也找不到其样式名称,可以按照下面的操作显示隐藏的样式,并以修改后的样式格式进行显示。

单击“开始”选项卡中的“样式”组右下角的对话框启动器按钮,打开“样式”任务窗格。选中任务窗格下部的“显示预览”复选框,窗口中显示为最新修改过的各个样式。单击“样式”任务窗格右下角的“选项”链接，打开“样式窗格选项”对话框，在“选择要显示的样式”下拉列表框中选择“所有样式”，如图 7-7 所示，单击“确定”按钮返回。“样式”任务窗格中将显示 Word 2010 的所有样式，包括修改后的标题样式。

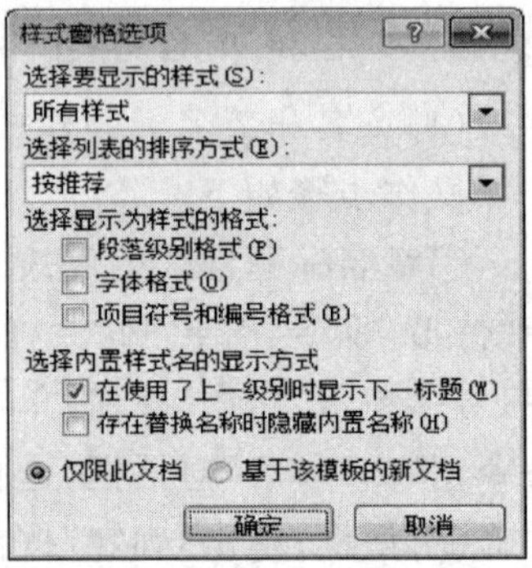

图 7-7 “样式窗格选项”对话框

3.“样式 0001”的建立与应用

(1)新建“样式 0001”

具体操作步骤如下。

①将光标定位到正文中除各级标题行的任意位置。

②单击“开始”选项卡中的“样式”组右下角的对话框启动器按钮，打开“样式”任务窗格。单击“样式”任务窗格左下角的“新建样式”按钮，打开“根据格式设置创建新样式”对话框。

③在“名称”文本框中键入新样式的名称为“样式 0001”。

④在“样式类型”下拉列表框中选择“段落”；在“样式基准”下拉列表框中选择“正文”。

⑤单击对话框左下角的“格式”下拉按钮，在弹出的下拉列表中选择“字体”命令，弹出“字体”对话框，进行字符格式设置，中文字体为“仿宋”，西文字体为“Times New Roman”，字号为“小四”。设置好字符格式后，单击“确定”按钮返回。

⑥单击对话框左下角的“格式”下拉按钮，在弹出的下拉列表中选择“段落”命令，弹出“段落”对话框，进行段落格式设置，左缩进 0 个字符，首行缩进 2 个字符，1.5 倍行距。设置好段落格式后，单击“确定”按钮返回。

⑦在“根据格式设置创建新样式”对话框中单击“确定”按钮，“样式”任务窗格中会显示新创建的“样式 0001”样式。

(2)应用“样式 0001”

具体操作步骤如下。

①将光标定位到正文中除标题、表格、表和图的题注的任意位置，也可以选中所需文字，或同时选中多个段落的文字。

②单击“开始”选项卡中的“样式”组右下角的对话框启动器按钮，打开“样式”任务窗格。

③选择“样式 0001”，光标所在段落或选中的文字部分即自动设置为所选样式。

④用相同的方法将“样式 0001”应用于正文中其他段落文字。

4.编号与项目符号

(1)添加自动编号

操作步骤如下。

①将光标定位在正文中第一处出现形如“1.,2.,3.,…”的段落中的任意位置，或选中该段落，或通过按 Ctrl 键加鼠标拖动方式选中要设置自动编号的多个段落，然后单击“开始”选项卡中的“段落”组中的“编号”下拉按钮，将弹出如图 7-8 所示的编号下拉列表。

②在下拉列表中选择与正文编号一样的编号类型即可。如果没有格式相同的编号，选择“定义新编号格式”命令，打开“定义新编号格式”对话框，如图 7-9 所示，设置好编号格式后单击“确定”按钮。

③光标所在段落前面将自动出现编号“1.”，其余段落可以通过步骤①和②实现，也可采用格式刷进行自动编号格式复制。插入自动编号后，原来文本中的编号需人工删除。

④插入自动编号后，编号数字将以递增的方式出现。根据实际需要，当编号在不同的章节出

现时，其起始编号应该重新从1开始编号，然而上述方法无法自动更改。若使编号重新从1开始，操作方法是：右击该编号，在弹出的快捷菜单中选择"重新开始于1"命令即可。

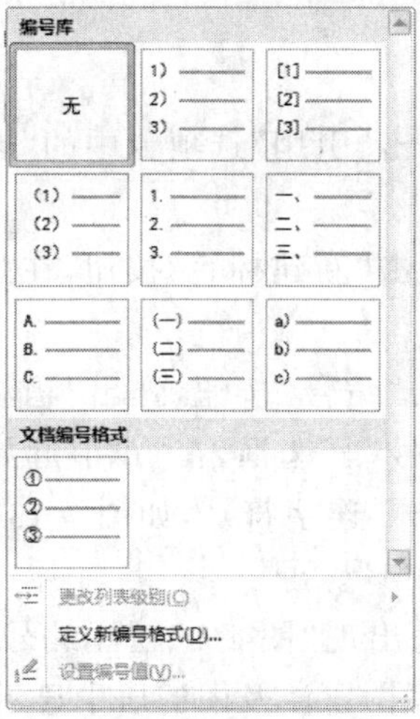

图 7-8　编号下拉列表

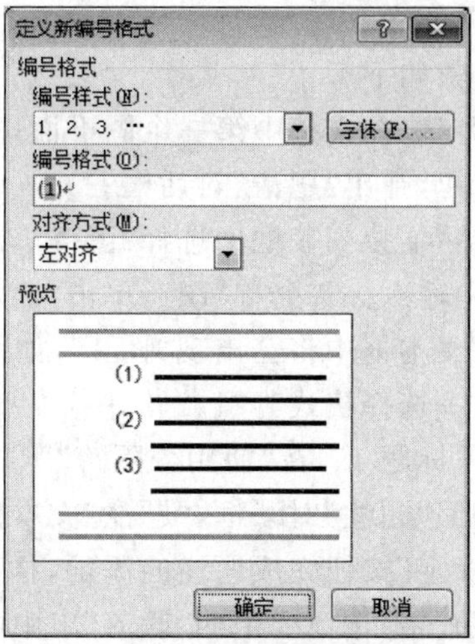

图 7-9"定义新编号格式"对话框

对于形如"1)，2)，3)，…"的自动编号的设置方法，可参照前述编号"1.，2.，3.，…"的设置方法。

(2)添加项目符号

操作步骤如下。

①将光标定位在第3章首次出现"1)，2)，3)，…"的段落编号中的任意位置，或选中段落，或通过按Ctrl键加鼠标拖动方式选中要设置项目符号的多个段落，单击"开始"选项卡中的"段落"组中的"项目符号"下拉按钮，将弹出如图7-10所示的项目符号下拉列表。

②在下拉列表中选择所需的项目符号即可。如果没有所需的项目符号，选择"定义新项目符号"命令，打开"定义新项目符号"对话框，如图7-11所示。

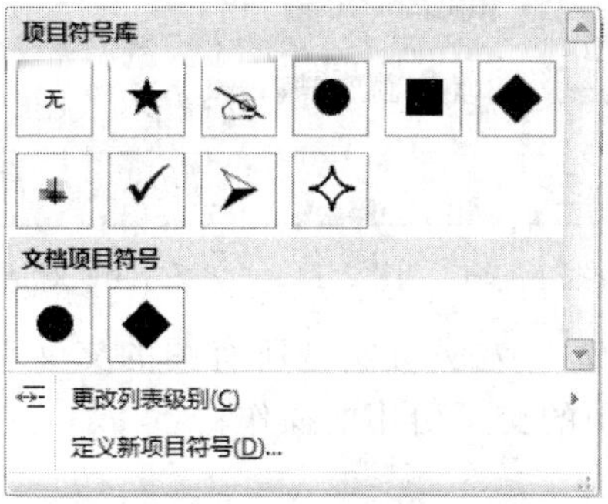

图 7-10　项目符号下拉列表

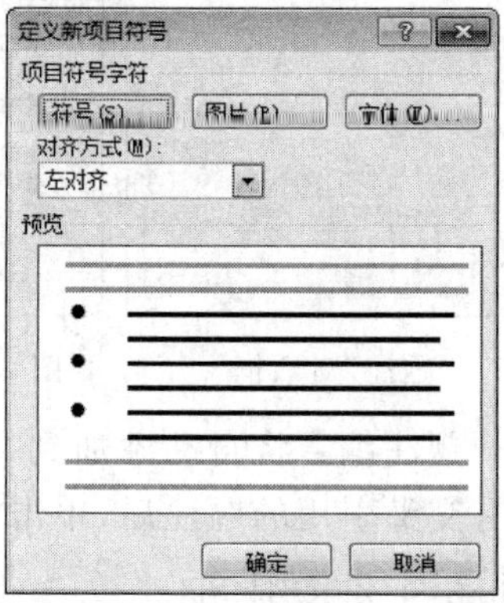

图 7-11　"定义新项目符号"对话框

③单击"定义新项目符号"对话框中的"符号"或"图片"按钮，将弹出"符号"对话框或"图片项目符号"对话框，根据需要选择所需的项目符号。利用这种方法可以将某张图片作为项目符号添加到选择的段落中。本题直接选择实心的五角星"★"，然后单击"确定"按钮。

④光标所在段落前面将自动出现项目符号"★"，其余段落可以通过步骤①～步骤③实现，也可采用格式刷自动添加项目符号。

5. 图题注和交叉引用

首先要建立图题注，然后才能对其进行交叉引用。

(1)创建图题注

其操作步骤如下。

①将光标定位在文档中第一个图下面一行文字的左侧，单击“引用”选项卡中的“题注”组中的“插入题注”按钮，弹出“题注”对话框。

②在“标签”下拉列表框中选择“图”。若没有标签“图”，单击“新建标签”按钮，在弹出的“新建标签”对话框中输入标签名称“图”，单击“确定”按钮返回。

③“题注”文本框中将会出现“图 1”，如图 7-12 所示。单击“编号”按钮，弹出“题注编号”对话框。在对话框中选择格式为“1,2,3,…”类型，选中“包含章节号”复选框，在“章节起始样式”下拉列表框中选择“标题 1”，在“使用分隔符”下拉列表框中选择“-（连字符）”，如图 7-13 所示。单击“确定”按钮返回“题注”对话框，“题注”文本框中将会出现“图 1-1”。

④单击“确定”按钮完成题注的添加，插入点位置将会自动出现“图 1-1”题注编号。选中图题注及图，单击“开始”选项卡中的“段落”组中的“居中”按钮，实现图题注及图的居中显示。

⑤重复步骤①和②，可以插入其他图的题注，或者将第一个图的题注编号“图 1-1”复制到其他图下面一行文字的前面，并通过更新域操作实现题注编号的自动更新，即选中题注编号，按功能键 F9，或右击，从弹出的快捷菜单中选择“更新域”命令。

(2)图题注的交叉引用

其操作步骤如下。

①选中文档中第一个图对应的正文中的“下图”文字并删除。单击“引用”选项卡中的“题注”组中的“交叉引用”按钮，弹出“交叉引用”对话框。

②在“引用类型”下拉列表框中选择“图”，在“引用内容”下拉列表框中选择“只有标签和标号”，在“引用哪一个标题”列表框中选择要引用的题注，如图 7-14 所示，单击“插入”按钮。

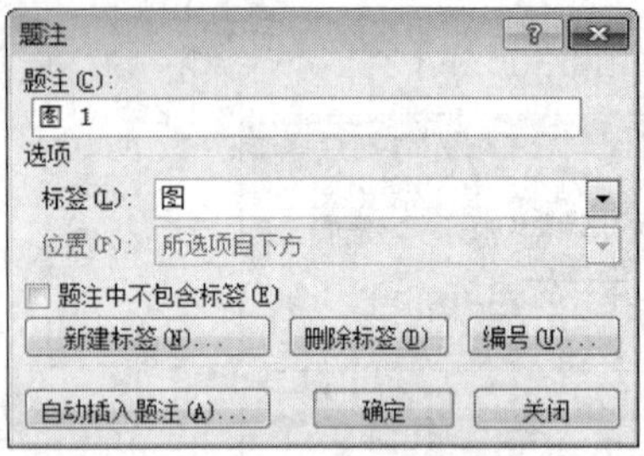

图 7-12 “题注”对话框

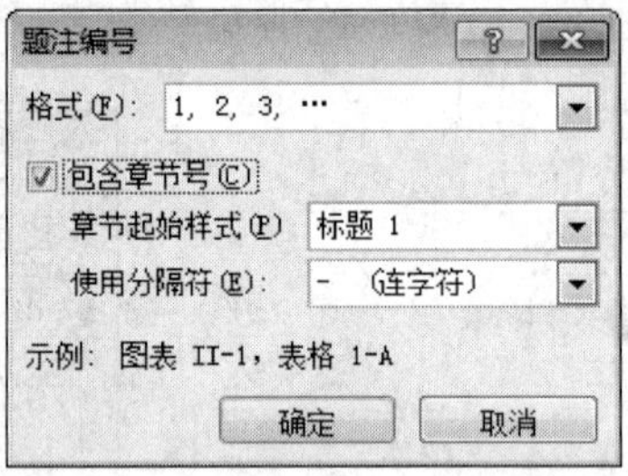

图 7-13 “题注编号”对话框

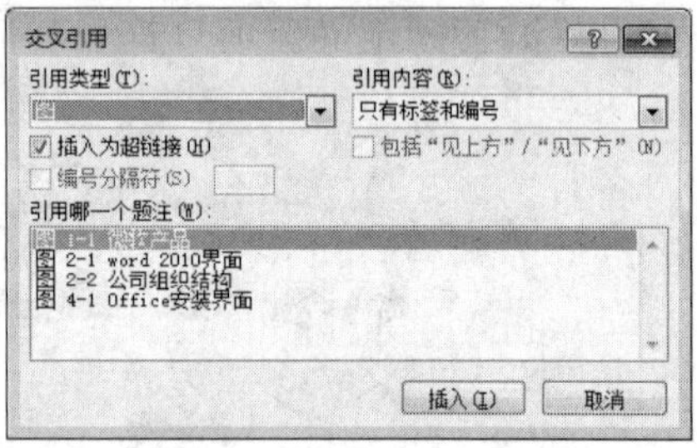

图 7-14 “交叉引用”对话框

③选择的题注编号将自动添加到文档中。按照步骤②的方法可实现所有图的交叉引用。插入需要的所有交叉引用的题注后，单击“关闭”按钮，完成图的交叉引用的操作。

6. 表题注与交叉引用

首先要建立表题注，然后才能对其进行交叉引用。

(1)创建表题注

其操作步骤如下。

①将光标定位在文档中第一张表上面一行文字的左侧，单击“引用”选项卡中的“题注”组中的“插入题注”按钮，弹出“题注”对话框。

②在“标签”下拉列表框中选择“表”。若没有标签“表”，单击“新建标签”按钮，在弹出的“新建

标签”对话框中输入标签名称“表”,单击“确定”按钮返回。

③“题注”文本框中将会出现“表 1”。单击“编号”按钮,将弹出“题注编号”对话框。在“题注编号”对话框中选择“格式”为“1,2,3,…”,选中“包含章节号”复选框,在“章节起始样式”下拉列表框中选择“标题 1”,在“使用分隔符”下拉列表框中选择“-(连字符)”。单击“确定”按钮返回“题注”对话框,“题注”文本框中将会出现“表 1-1”。

④单击“确定”按钮完成表题注的添加,插入点位置将会自动出现“表 1-1”题注编号。单击“居中”按钮,实现表题注的居中显示。右击表格任意单元格,在弹出的快捷菜单中选择“表格属性”命令,弹出“表格属性”对话框,选择“表格”选项卡中的“居中”对齐方式,单击“确定”按钮完成表格居中设置。

⑤重复步骤①和②,可以插入其他表的题注,或者将第一个表的题注编号“表 1-1”复制到其他表上面一行文字的前面,并通过更新域操作实现题注编号的自动更新。

(2)表题注的交叉引用

其操作步骤如下。

①选中第一张表对应的正文中的“下表”文字并删除。单击“引用”选项卡中的“题注”组中的“交叉引用”按钮,弹出“交叉引用”对话框。

②在“引用类型”下拉列表框中选择“表”,在“引用内容”下拉列表框中选择“只有标签和标号”,在“引用哪一个标题”列表框中选择要引用的题注,单击“插入”按钮。

③选择的题注编号将自动添加到文档中。按照步骤②的方法可实现所有表的交叉引用。插入需要的所有交叉引用的题注后,单击“关闭”按钮,完成表的交叉引用操作。

7. 查找和替换

本题利用“查找和替换”功能实现相关操作,操作步骤如下。

①将光标定位于正文中的任意位置,单击“开始”选项卡中的“编辑”组中的“替换”按钮,弹出“查找和替换”对话框,如图 7-15(a)所示。

②在“查找内容”下拉列表框中输入查找的内容“word”,在“替换为”下拉列表框中输入目标内容“Word”。

③单击对话框左下角的“更多”按钮,弹出更多选项。将光标定位于“替换为”下拉列表框中,也可选择其中的内容。

④单击对话框左下角的“格式”下拉按钮,在弹出的下拉列表中选择“字体”命令,弹出“替换字体”对话框,选择字形为“加粗”,单击“确定”按钮返回“查找和替换”对话框。

⑤单击“全部替换”按钮,出现如图 7-15(b)所示的提示对话框,单击“确定”按钮完成全文中的替换操作。单击对话框中的“关闭”按钮退出“查找和替换”对话框。

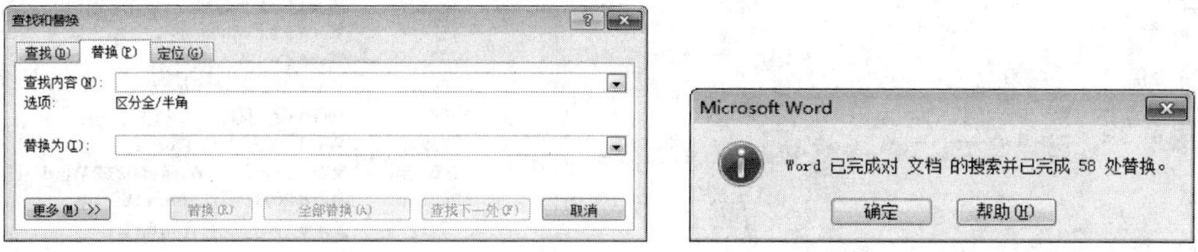

(a) (b)

图 7-15 查找和替换

8. 表格设置

本题实现对表格行的增加及表格边框的格式设置,操作步骤如下。

①将光标定位于“表 1-1 Word 版本”表格第一行中的任意一个单元格中，或选中表格第一行。单击“表格工具/布局”选项卡中的“行和列”组中的“在上方插入”按钮，将在表格第一行的上方自动插入一个新空白行。

②分别在第一行的左、右单元格中输入表头内容：“时间”和“版本”。

③拖动鼠标，选中整个表格，也可以单击出现在表格左上角的按钮⊞选中整个表格。单击“表格工具/设计”选项卡中的“表格样式”组中的“边框”下拉按钮，从下拉列表中选择“边框和底纹”命令，将弹出“边框和底纹”对话框，如图 7-16(a)所示。

④在“设置”栏中选择“自定义”，在“宽度”下拉列表框中选择“1.5 磅”，在“预览”栏的表格中，将显示表格的所有边框线。直接单击表格的 3 条竖线及表格内部的横线和竖线以去掉所对应的边框线，即仅剩下表格的上边线和下边线。

⑤单击“确定”按钮，表格将变成如图 7-16(b)所示的样式。

⑥选中表格的第 1 行，按前述步骤进入“边框和底纹”对话框。单击“自定义”，在“宽度”下拉列表框中选择“0.75 磅”，在“预览”栏的表格中，直接单击表格的下边线。预览中的表格样式如图 7-16(c)所示。

⑦单击“确定”按钮，表格将变成如图 7-16(d)所示的排版结果。

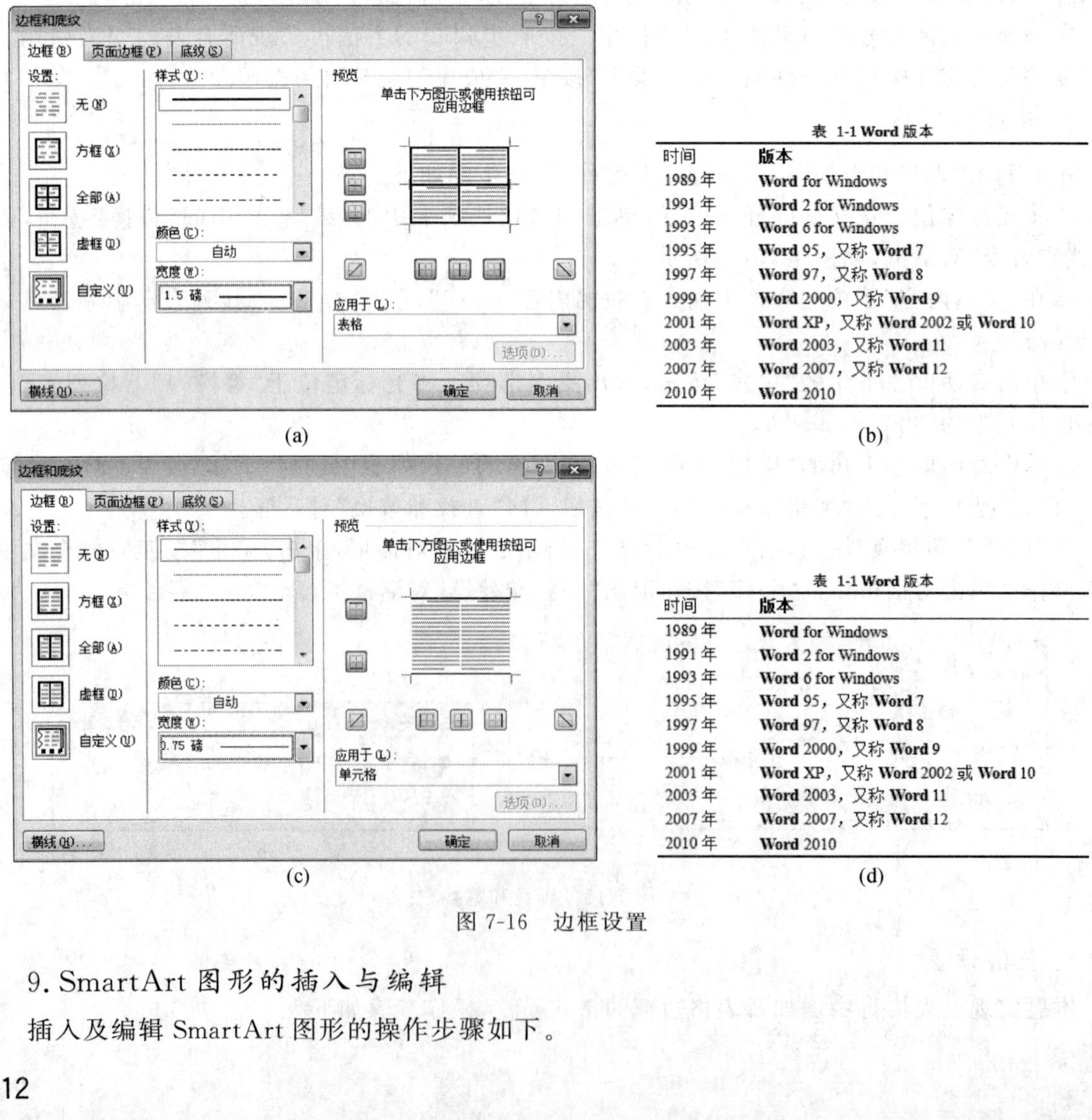

时间	版本
1989 年	Word for Windows
1991 年	Word 2 for Windows
1993 年	Word 6 for Windows
1995 年	Word 95，又称 Word 7
1997 年	Word 97，又称 Word 8
1999 年	Word 2000，又称 Word 9
2001 年	Word XP，又称 Word 2002 或 Word 10
2003 年	Word 2003，又称 Word 11
2007 年	Word 2007，又称 Word 12
2010 年	Word 2010

图 7-16　边框设置

9. SmartArt 图形的插入与编辑

插入及编辑 SmartArt 图形的操作步骤如下。

①将光标定位在文档中“图 2-2 公司组织结构”图形的右侧，单击“插入”选项卡中的“插图”组中的“SmartArt”按钮，弹出“选择 SmartArt 图形”对话框，如图 7-17 所示。

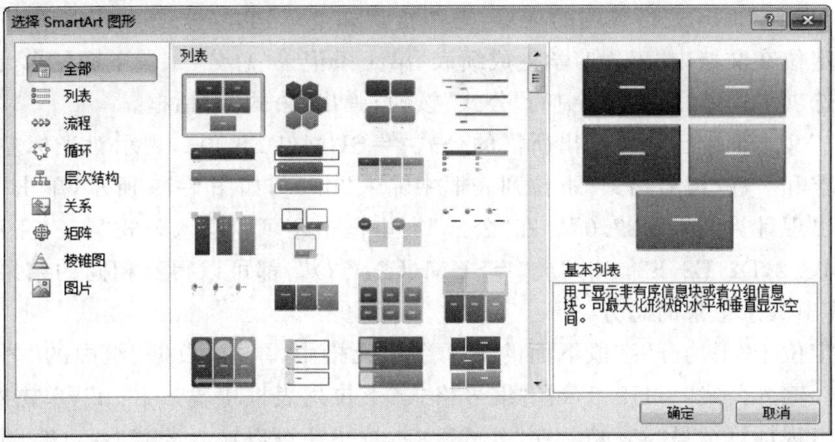

图 7-17 “选择 SmartArt 图形”对话框

②在对话框左边的列表中选择“层次结构”，然后在右边窗格中选择图形样式“组织结构图”。

③单击“确定”按钮，在光标处将自动插入一个基本组织结构图。

④在各个文本框中直接输入相应的文字，如图 7-18(a)所示。

⑤选择“项目总监”所在的文本框，单击“SmartArt 工具/设计”选项卡中的“创建图形”组中的“添加形状”下拉按钮，在弹出的下拉列表中选择“在下方添加形状”命令，将在“项目总监”文本框的下方自动添加一个文本框，输入文字“规划部”。单击“项目总监”文本框与“规划部”文本框之间的连接线，再单击“SmartArt 工具/设计”选项卡中的“创建图形”组的“布局”中的“标准”命令。

⑥选择“技术总监”文本框，单击“创建图形”组中的“添加形状”下拉按钮，在弹出的列表中选择“在下方添加形状”命令，将在“技术总监”文本框的下方添加一个文本框，输入文字“方案执行部”即可。重复此步骤，可在“方案执行部”文本框的后面添加“技术支持部”文本框，设置时，方向选择“在后面添加形状”。

⑦按照上述操作方法，可以将“政府事业”文本框与“企业”文本框添加进去。单击“创建图形”组中的“布局”下拉按钮，利用弹出的下拉列表中的布局选项可以实现布局调整。

⑧右击 SmartArt 图形的边框，在弹出的快捷菜单中选择“其他布局选项”命令，将弹出“布局”对话框。切换到“大小”选项卡，在高度和宽度处分别输入“5 厘米”和“7 厘米”，单击“确定”按钮。完成的 SmartArt 图形如图 7-18(b)所示。

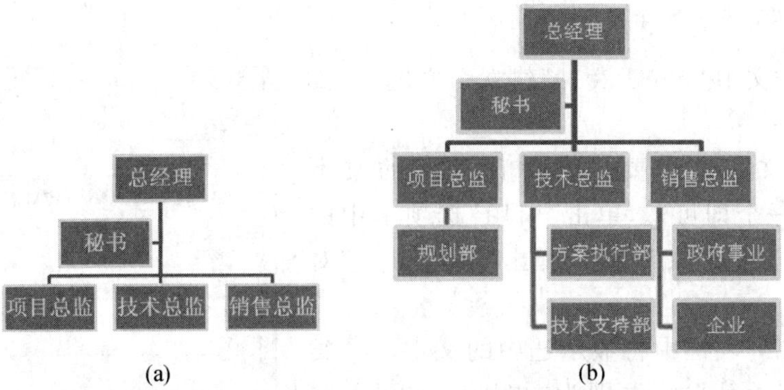

图 7-18 创建 SmartArt 图形

⑨选中文档中的原图,按 Delete 键删除。

10.表格计算

本题实现 Word 2010 表格数据的计算,操作步骤如下。

①将光标定位在文档中"表 2-1 学生成绩表"第 1 条记录"总分"字段下面的单元格中,单击"表格工具/布局"选项卡中的"数据"组中的"公式"按钮,弹出"公式"对话框。

②在"公式"文本框中已经显示出所需的公式"=SUM(LEFT)",表示对光标左侧的所有数值型单元格数据求和。在"编号格式"下拉列表框中输入"0.0",如图 7-19 所示,单击"确定"按钮,目标单元格中将出现计算结果"427.0"。在"公式"文本框中还可以输入公式"=C2+D2+E2+F2+G2"或"=SUM(C2,D2,E2,F2,G2)"或"=SUM(C2:G2)",都可以得到相同的结果。按照类似的方法,可以计算出其余记录的总分。

③将光标定位于"平均分"字段下面的第 1 个单元格中,单击"数据"组中的"公式"按钮,弹出"公式"对话框。输入公式"=H2/5",在"编号格式"下拉列表框中输入"0.0",单击"确定"按钮,目标单元格中将出现计算结果"85.4"。在"公式"文本框中还可以输入公式"=(C2+D2+E2+F2+G2)/5"或"=SUM(C2,D2,E2,F2,G2)/5"或"=SUM(C2:G2)/5"或者用求平均值函数 AVERAGE 来实现,得到的结果相同。按照类似的方法,可以计算出其余记录的平均分。

④将光标定位于"最大值"右侧的第 1 个单元格中,单击"数据"组中的"公式"按钮,弹出"公式"对话框,删除其中的默认公式,输入等号"=",在"粘贴函数"下拉列表框中选择函数"MAX",然后在函数后面的括号中输入"ABOVE",或者输入"C2,C3,C4,C5,C6,C7,C8"或"C2:C8",单击"确定"按钮,目标单元格中将出现计算结果"92"。按照类似的方法,可以计算出其余课程对应的最大值。

⑤最小值的计算方法类似于最大值,只不过选择的函数名为"MIN"。

⑥表格计算的结果如图 7-20 所示。

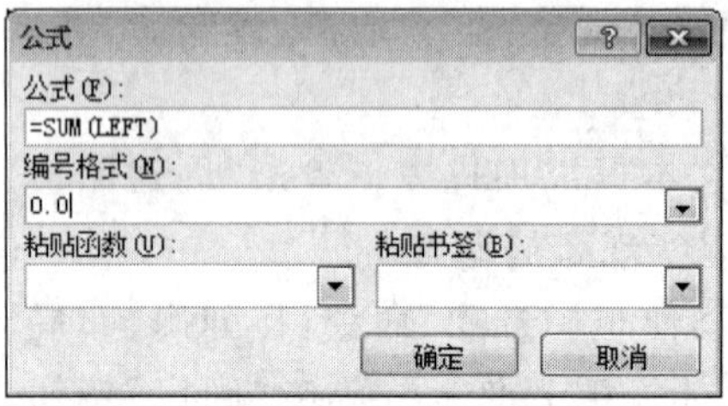

图 7-19 "公式"对话框

表 2-1 学生成绩表

学号	姓名	英语 1	计算机	高数	概率统计	体育	总分	平均分
201643885301	曾远善	78	90	82	83	94	427.0	85.4
201643885303	庞娟	85	80	79	92	83	419.0	83.8
201643885304	王相云	78	90	84	90	92	434.0	86.8
201643885306	赵杰武	83	89	83	80	86	421.0	84.2
201643885308	詹元杰	92	83	80	87	92	434.0	86.8
201643885309	吴天	82	93	84	83	79	421.0	84.2
201643885310	熊招成	86	90	81	77	87	421.0	84.2
最大值		92	93	84	92	94		
最小值		78	80	79	77	79		

图 7-20 表格计算结果

11.引文题注

本题将实现为全文中"Word 2010"建立引文题注,其操作步骤如下。

①在文档的正文中选中要创建标记引文的文本"Word 2010"(选择一个即可)。单击"引用"选项卡中的"引文目录"组中的"标记引文"按钮,弹出"标记引文"对话框。

②在"所选文字"列表框中将显示选中的文本,在"类别"下拉列表框中选择引文的类别为"规则",如图 7-21 所示。

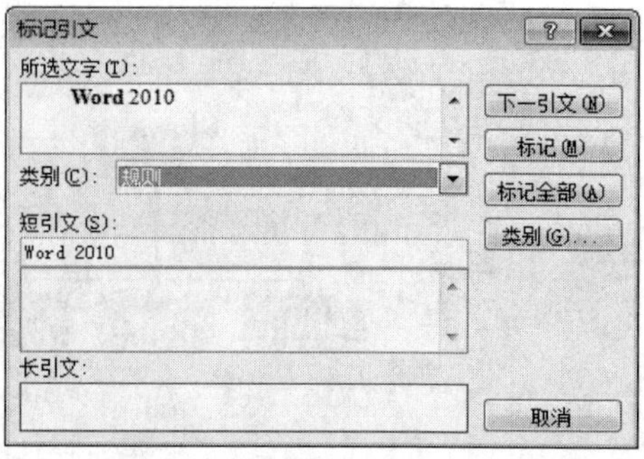

图 7-21 "标记引文"对话框

③单击“全部标记”按钮，文档中所有的“Word 2010”将自动加上引文标记“{TA \s ″Word 2010″}”。

④单击“关闭”按钮完成标记引文的操作。

⑤单击“开始”选项卡中的“段落”组中的“显示/隐藏编辑标记”按钮，用来隐藏引文标记，再次单击，可显示引文标记。

12. 制作水印

制作水印的详细操作步骤如下。

①单击“页面布局”选项卡中的“页面背景”组中的“水印”下拉按钮，在弹出的下拉列表中选择“自定义水印”命令，弹出“水印”对话框，如图 7-22(a)所示。

②在该对话框中，选择“文字水印”单选按钮，在“文字”下拉列表框中输入文字“Word 2010 高级应用”，字号选择“40”，颜色选择“黑色”，其余默认。

③单击“确定”按钮，完成水印设置。图 7-22(b)为插入文字水印后的效果。

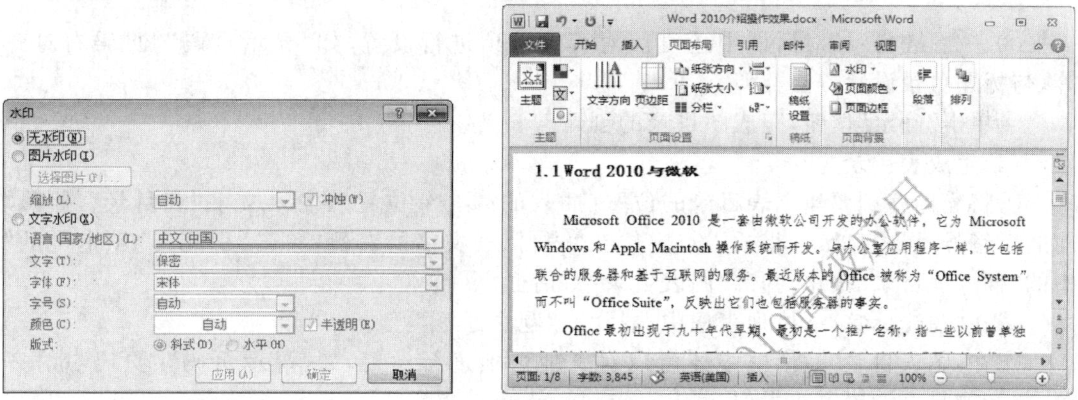

(a)　　　　(b)

图 7-22　水印及操作结果

13. 建立标题目录、图表目录和引文目录

(1)分节

将光标定位在正文的最前面，单击“页面布局”选项卡中的“页面设置”组中的“分隔符”下拉按钮，在分节符类型中选择“下一页”，单击“确定”按钮，完成一节的插入。重复此操作，插入另外 3 个分节符。

(2)生成标题目录

①将光标定位在要插入目录的第 1 行(插入的第 1 节位置)，输入文字“目录”，删除“目录”前的章编号，居中显示。将插入点定位在“目录”文字的右侧，单击“引用”选项卡中的“目录”组中的“目录”下拉按钮，在弹出的下拉列表中单击“插入目录”命令，打开“目录”对话框，如图 7-23 所示。

②在该对话框中确定目录显示的格式及级别，如“显示页码”“页码右对齐”“制表符前导符”“格式”“显示级别”等，或选择默认值。

③单击“确定”按钮，完成创建标题目录的操作。

(3)生成图目录

①将光标移到要建立图目录的位置(插入的第 2 节位置)，输入文字“图目录”，删除“图目录”前的章编号，居中显示。将插入点定位在“图目录”文字的右侧，单击“引用”选项卡中的“题注”组中的“插入表目录”按钮，弹出“图表目录”对话框。

②在“题注标签”下拉列表框中选择“图”题注标签类型，如图 7-24 所示。

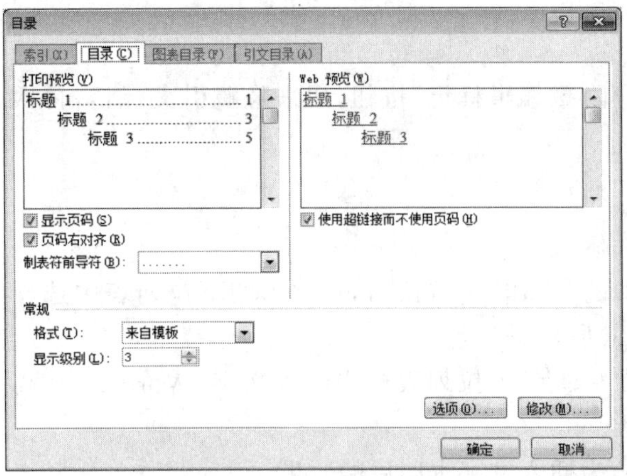

图 7-23 “目录”对话框

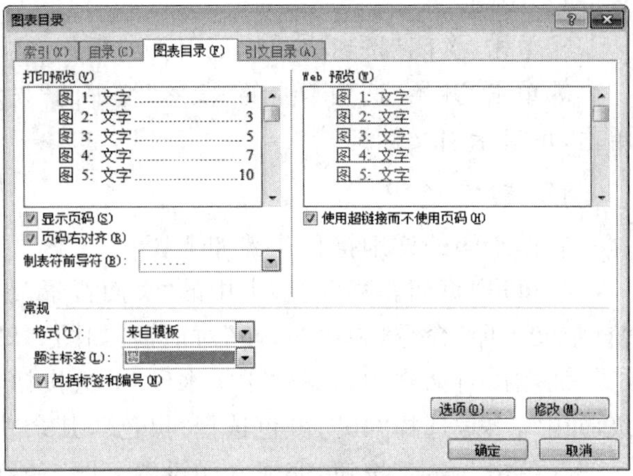

图 7-24 “图表目录”对话框

③在“图表目录”对话框中还可以对其他选项进行设置，如“显示页码”“页码右对齐”“格式”等，与标题目录设置方法类似。

④单击“确定”按钮，完成图目录的创建。

(4)生成表目录

①将光标移到要建立表目录的位置(插入的第 3 节位置)，输入文字“表目录”，删除“表目录”前的章编号，居中显示。将插入点定位在“表目录”文字的右侧，单击“引用”选项卡中的“题注”组中的“插入表目录”按钮，弹出“图表目录”对话框。

②在“题注标签”下拉列表框中选择“表”题注标签类型。

③在“图表目录”对话框中还可以对其他选项进行设置，如“显示页码”“页码右对齐”“格式”等，与标题目录设置方法类似。

④单击“确定”按钮，完成表目录的创建。

(5)生成引文目录

①将光标移到要建立引文目录的位置(插入的第 4 节位置)，输入文字“引文目录”，删除“引文目录”前的章编号，居中显示。将插入点定位在“引文目录”文字的右侧，单击“引用”选项卡中的“引文目录”组中的“插入引文目录”按钮，弹出“引文目录”对话框，如图 7-25 所示。

②对话框中的各个参数取默认值。

③单击“确定”按钮，完成引文目录的创建，创建效果如图 7-26 所示。

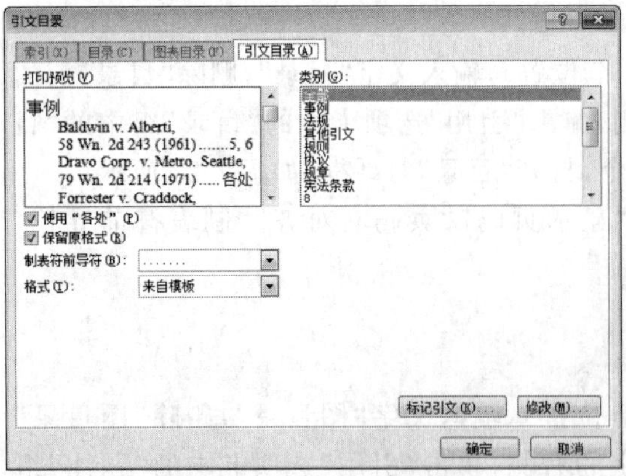

图 7-25 “引文目录”对话框

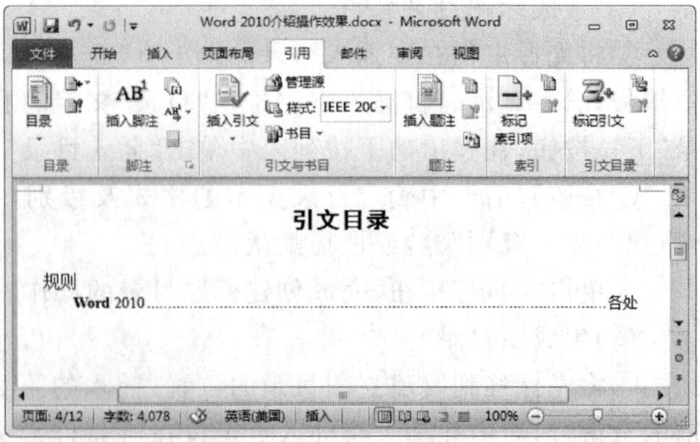

图 7-26 引文目录排版效果

14. 页眉

页眉设置包括正文前(标题目录、图表目录及引文目录)的页眉设置和正文页眉设置。本题不包括正文前页眉的设置,直接设置正文的页眉,其详细操作步骤如下。

①将光标定位在正文部分的首页,即“第 1 章”所在页,单击“插入”选项卡中的“页眉和页脚”组中的“页眉”下拉按钮,在弹出的下拉列表中选择“编辑页眉”命令。

②进入页眉和页脚编辑状态,同时显示“页眉和页脚工具/设计”选项卡。选择“选项”组中的“奇偶页不同”复选框,或单击“页面布局”选项卡中的“页面设置”组中右下角的对话框启动器按钮,打开“页面设置”对话框。选择“版式”选项卡,在“页眉和页脚”栏中选中“奇偶页不同”复选框,在“应用于”下拉列表框中选择“整篇文档”,单击“确定”按钮。

③将光标定位到正文第一页页眉处,即奇数页页眉处,单击“页眉和页脚工具/设计”选项卡中的“导航”组中的“链接到前一条页眉”按钮,取消与前一奇数页眉的链接关系(若链接关系为灰色显示,表示无链接关系,否则一定要单击,表示去掉链接),然后删除页眉中的原有内容。

④单击“插入”选项卡中的“文本”组中的“文档部件”下拉按钮,在弹出的下拉列表中选择“域”命令,将弹出“域”对话框。

⑤在“类别”下拉列表框中选择“链接和引用”,在“域名”列表框中选择“StyleRef”,并在“样式名”列表框中选择“标题 1”,选中“插入段落编号”复选框,如图 7-27 所示,单击“确定”按钮,在页眉中添加章序号。

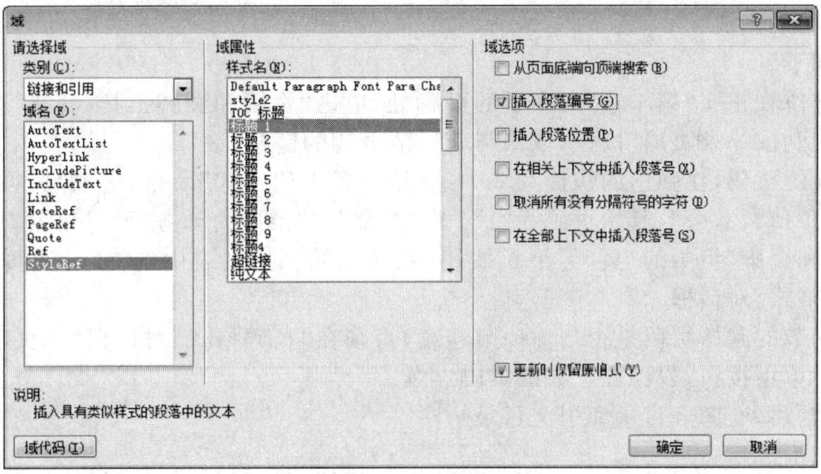

图 7-27 “域”对话框

⑥用同样的方法打开“域”对话框。在“域名”列表框中选择“StyleRef”,并在“样式名”列表框中选中“标题 1”,若已经选中了“插入段落编号”复选框,则再次单击复选框以取消选中“插入段落编号”复选框。选中“插入段落位置”复选框,单击“确定”按钮,实现在页眉中添加章名。

⑦按组合键 Ctrl+E,使页眉中的文字居中显示。

⑧将光标定位到正文第 2 页页眉处,即偶数页页眉处,单击“页眉和页脚工具/设计”选项卡中的“导航”组中的“链接到前一条页眉”按钮,取消与前一偶数页眉的链接关系(若链接关系为灰色显示,表示无链接关系,否则一定要单击,表示去掉链接)。用上述方法添加页眉,不同的是在“域”对话框中的“样式名”列表框中选择“标题 2”。

⑨偶数页页眉设置后,双击非页眉和页脚区域,即可退出页眉和页脚编辑状态;或单击“页眉和页脚工具/设计”选项卡中的“关闭”组中的“关闭页眉和页脚”按钮,完成本题操作。

15. 页脚

文档页脚的内容通常是页码,实际上就是如何生成页码的过程。页脚设置包括正文前(标题目录、图表目录及引文目录)的页码生成和正文的页码生成。

(1)正文前页码的生成

操作步骤如下。

①进入“页眉和页脚”编辑状态,并将光标定位在目录所在页的页脚处,单击“页眉和页脚工具/设计”选项卡中的“页眉和页脚”组中的“页码”下拉按钮,在弹出的下拉列表中选择“页面底端”中的“普通数字 2”命令,页脚中将会自动插入形如“1,2,3,…”的页码格式,并自动为居中显示,或单击“插入”选项卡中的“页眉和页脚”组中的“页码”下拉按钮,在弹出的下拉列表中选择“页面底端”中的“普通数字 2”命令,可直接实现居中显示。

②右击插入的页码,在弹出的快捷菜单中选择“设置页码格式”命令,弹出“页码格式”对话框,设置编号格式为“i,ii,iii,…”,起始页码为“i”,如图 7-28 所示,单击“确定”按钮;或单击“页眉和页脚工具/设计”选项卡中的“页眉和页脚”组中的“页码”下拉按钮,在弹出的下拉列表中选择“设置页码格式”命令,也会弹出“页码格式”对话框。

③由于文档中插入了分节符,而且设置为奇偶页不同,所以步骤②的操作仅实现了当前分节符中奇数页页脚格式的设置,还需要设置偶数页及不同节的页脚格式设置。将插入点定位在偶数页页脚中重复步骤②,可实现偶数页页脚的设置。对于其他节的页脚,其格式默认为“1,2,3,…”,可以按照步骤②的操作步骤将其页码格式修改为指定格式。需要注意在“页码格式”对话框的“页码编号”栏中必须选择“续前节”单项按钮,以保证正文前的页码连续。

(2)正文页码的生成

操作步骤如下。

①将光标定位在正文“第 1 章”所在页的页脚处,单击“页眉和页脚工具/设计”选项卡中的“导航”组中的“链接到前一条页眉”按钮,取消与前一节页脚的链接。

②右击插入的页码,在弹出的快捷菜单中选择“设置页码格式”命令,出现“页码格式”对话框,设置编号格式为“1,2,3,…”,起始页码为“1”,单击“确定”按钮;或单击“页眉和页脚工具/设计”选项卡中的“页眉和页脚”组中的“页码”下拉按钮,在弹出的下拉列表中选择“设置页码格式”命令,也会弹出“页码格式”对话框。

③查看每一节的起始页码是否与前一节连续,否则在“页码格式”对话框的“页码编号”栏中必须选择“续前节”单项按钮,以保证正文的页码连续。

(3)更新标题目录、图表目录和引文目录

操作步骤如下。

①右击目录中的任意位置,在弹出的快捷菜单中选择“更新域”命令,弹出“更新目录”对话框,选择“更新整个目录”单选按钮,如图 7-29 所示,单击“确定”按钮完成目录的更新。

②重复步骤①的操作,可以更新图表目录和引文目录。

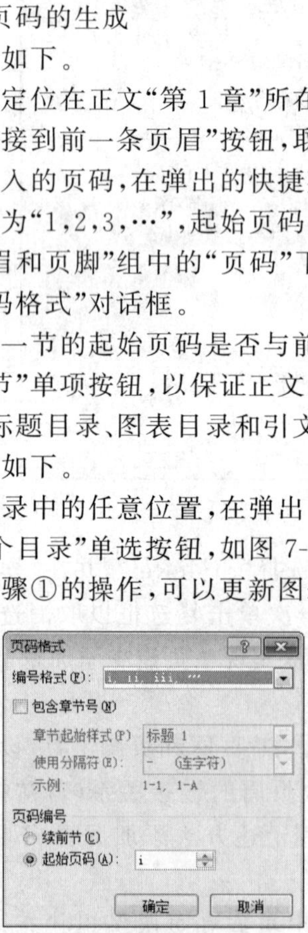

图 7-28 插入页码

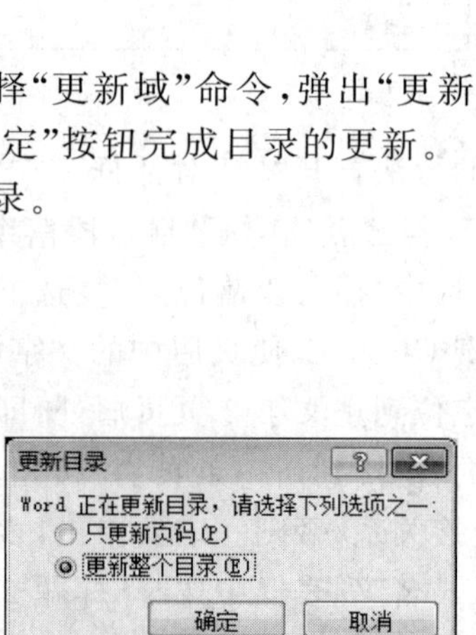

图 7-29 “更新目录”对话框

16. 排版效果

文档排版结束后,其部分效果如图 7-30 所示。

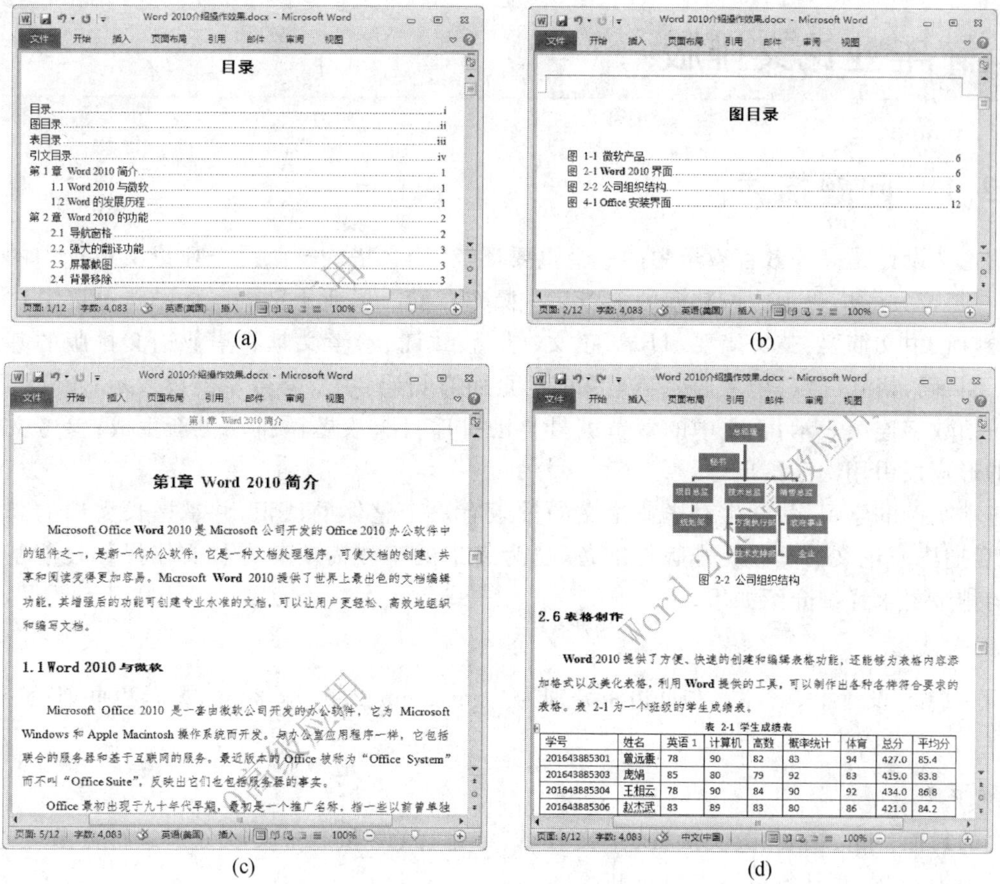

图 7-30 排版效果

7.1.4 练习提高

(1)修改一级标题(章名)样式:从第 1 章开始自动编号,小二号,黑体,加粗,段前 1 行,段后 1 行,单倍行距,左缩进 0 个字符,居中对齐。

(2)修改二级标题(节名)样式:从 1.1 开始自动编号,小三号,黑体,加粗,段前 1 行,段后 1 行,单倍行距,左缩进 0 个字符,左对齐。

(3)将第 1 章 1.1 节的内容(不包括标题)分成两栏显示,其余选项采用默认值。

(4)将第 1 章的所有内容(包括标题)分为一节,并使该节内容以横向方式显示。

(5)设置表边框,将"表 2-1 学生成绩表"设置成以下边框格式:表格为三线表,外边框为双线,1.5 pt,内边框为单线,0.75 pt。

(6)将文档中的 SmartArt 图形图 7-19(b)改成如图 7-31 所示的结构。

(7)将全文中的"Office 2010"改为加粗显示。

(8)将全文中的"Office 2010"添加一个"协议"

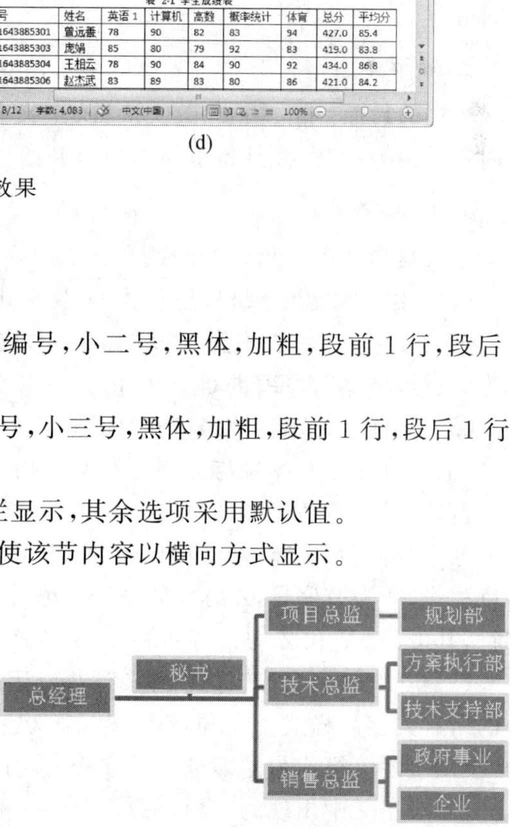

图 7-31 公司的组织结构图

引文标记,并更新引文目录。

(9)启动修订功能,删除文档中最末一页的最后一行文本。

7.2 毕业论文排版

7.2.1 问题描述

毕业论文设计是高等教育教学中的一个重要环节,论文格式排版是毕业论文设计中的重要组成部分,是每位大学毕业生应该掌握的文档基本操作技能。毕业论文的整体结构主要分成以下几大部分:封面、中文摘要、英文摘要、目录、正文、结论、致谢、参考文献。毕业论文排版的基本要求是:封面无页码,格式固定;中文摘要至正文前的页面有页码,用罗马数字连续表示;正文部分的页码用阿拉伯数字连续表示;正文中的章节编号自动排序;图、表题注自动更新生成;参考文献用自动编号的形式按引用次序给出等。

通过本案例的学习,使学生对毕业论文的排版有一个整体的认识,并掌握长文档的高级排版技巧,为后期毕业论文的撰写及排版作准备,也为将来的工作需要奠定长文档操作技能基础。毕业论文的排版要求详细介绍如下。

1. 整体布局

采用A4纸,设置上、下、左、右页边距分别为2 cm、2 cm、2.5 cm、2 cm,页眉和页脚距边界均为1.5 cm。

2. 分节

论文的封面、中文摘要、英文摘要、正文各章、结论、致谢和参考文献分别进行分节处理,每部分内容单独为一节,并且每节从奇数页开始。

3. 正文格式

正文是指从第1章开始的论文文档内容,排版格式的详细要求如下。

(1)一级,二级和三级标题样式,具体要求如下。

①一级标题(章名)使用样式"标题1",居中;编号格式为"第X章",编号和文字之间空一格,字体为"三号,黑体",左缩进0个字符,其中X为自动编号,标题格式形如"第1章 ×××"。

②二级标题(节名)使用样式"标题2",左对齐;编号格式为多级列表编号(形如"X.Y",X为章序号,Y为节序号),编号与文字之间空一格,字体为"四号,黑体",左缩进0个字符,其中,X和Y均为自动编号,节格式形如"1.1 ×××"。

③三级标题(次节名)使用样式"标题3",左对齐;编号格式为多级列表编号(形如"X.Y.Z",X为章序号,Y为节序号,Z为次节序号),编号与文字之间空一格,字体为"小四,黑体",左缩进0个字符,其中,X、Y和Z均为自动编号,次节格式形如"1.1.1 ×××"。

(2)新建样式,名为"样式0002",并应用到正文中除章节标题、表格、表和图的题注、自动编号外的所有文字。样式0002的格式为:中文字体为"宋体",西文字体为"Times New Roman",字号为"小四";段落格式为左缩进0个字符,首行缩进2个字符,1.5倍行距。

(3)对正文中出现的"(1),(2),(3),…"段落进行自动编号,编号格式不变。对正文中出现的"●"项目符号重新设置为"★"项目符号。将自动编号及项目符号的段落格式设为左缩进0个字符，首行缩进 2 个字符，1.5 倍行距。

(4)对正文中的图添加题注，位于图下方文字的左侧，居中对齐，并使图居中。标签为“图”，编号为“章序号－图序号”，如第 1 章中的第 1 张图，题注编号为“1-1”。对正文中出现“如下图所示”的“下图”使用交叉引用，改为“图 X-Y”，其中“X-Y”为图题注的对应编号。

(5)对正文中的表添加题注，位于表上方文字的左侧，居中对齐，并使表居中。标签为“表”，编号为“章序号－表序号”，如第 1 章中的第 1 张表，题注编号为“1-1”。对正文中出现“如下表所示”的“下表”使用交叉引用，改为“表 X-Y”，其中“X-Y”为表题注的对应编号。

(6)在正文第 1 页一级标题末尾插入脚注，脚注内容为“计算机科学与技术 141 班”。

(7)结论部分的格式设置与正文各章节格式设置相同。致谢、参考文献的标题使用建立的样式“标题 1”，并删除标题编号；致谢的内容部分，排版格式使用定义的样式“样式 0002”；参考文献内容为自动编号，格式为[1]，[2]，…。根据作者提示，在正文中的相应位置交叉引用参考文献的编号并设为上标形式。

4. 中英文摘要

(1)中文摘要格式：标题使用建立的样式“标题 1”，并删除自动编号；作者及单位为“宋体，五号”，1.5 倍行距，居中显示。文字“摘要：”为“黑体，四号”，其余摘要内容为“宋体，小四号”；首行缩进 2 个字符，1.5 倍行距。文字“关键词：”为“黑体，四号”，其余关键词段落内容为“宋体，小四号”；首行缩进 2 个字符，1.5 倍行距。

(2)英文摘要格式：所有英文字体为“Time New Roman”；标题使用定义的样式“标题 1”，删除自动编号；作者及单位为“五号”，居中显示，1.5 倍行距。字符“Abstract：”为“四号，加粗”，其余摘要内容为“小四”，首行缩进 2 个字符，1.5 倍行距；字符“Keywords：”为“四号，加粗”，其余关键字段落内容为“小四”，首行缩进 2 个字符，1.5 倍行距。

5. 目录

在正文之前按照顺序插入 3 节，分节符类型为“奇数页”，每节内容如下：

- 第 1 节：目录，文字“目录”使用样式“标题 1”，删除自动编号，居中，并自动生成目录项。
- 第 2 节：图目录，文字“图目录”使用样式“标题 1”，删除自动编号，居中，并自动生成图目录项。
- 第 3 节：表目录，文字“表目录”使用样式“标题 1”，删除自动编号，居中，并自动生成表目录项。

6. 论文页眉

(1)封面不显示页眉，摘要至正文部分(不包括正文)的页眉显示“×××大学本科生毕业论文(设计)”。

(2)使用域，添加正文的页眉。对于奇数页，页眉中的文字为“章序号＋章名”；对于偶数页，页眉中的文字为“节序号＋节名”。

(3)使用域，添加结论、致谢、参考文献的页眉为相应章的标题名，不带章编号。

7. 论文页脚

在页脚中插入页码；封面不显示页码；摘要至正文前采用“i，ii，iii，…”格式，页码连续并居中；正文页码采用“1，2，3，…”格式，页码从 1 开始，各章节页码连续，直到参考文献所在页；正文奇数页的页码位于右侧，偶数页的页码位于左侧；更新目录、图目录和表目录。

7.2.2 知识要点

(1)页面设置;字体、段落格式设置。

(2)样式的建立、修改及应用;章节编号的自动生成;项目符号和编号的使用。

(3)目录、图目录、表目录的生成和更新。

(4)题注、脚注、交叉引用的建立与使用。

(5)分节的设置。

(6)页眉、页脚的设置。

(7)域的插入与更新。

7.2.3 操作步骤

1. 整体布局

利用页面设置功能,将毕业论文各页面设置为统一的布局,操作步骤如下。

①单击“页面布局”选项卡中的“页面设置”组右下角的对话框启动器按钮,打开“页面设置”对话框。

②在“页面设置”对话框的“页边距”选项卡中,设置页边距的上、下、左、右边距分别为“2 厘米”“2 厘米”“2.5 厘米”“2 厘米”。在“应用于”下拉列表框中选择“整篇文档”,如图 7-32 所示。

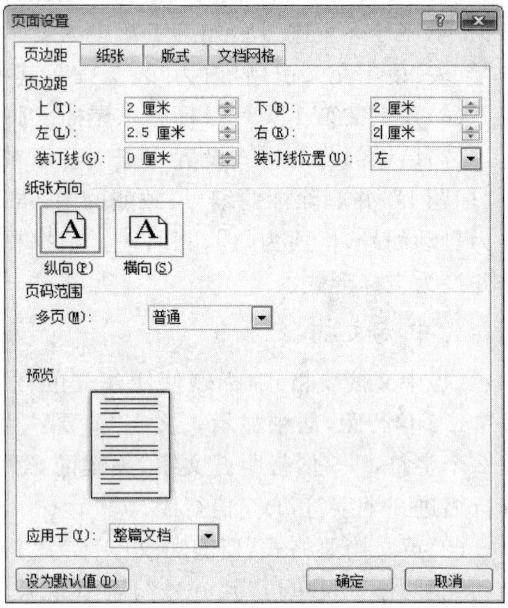

图 7-32 “页面设置”选项卡

③在对话框中单击“纸张”选项卡,选择纸张大小为“A4”;在对话框中单击“版式”选项卡,设置页眉、页脚边距均为“1.5 厘米”。

④单击“确定”按钮,完成页面设置。

2. 分节

根据双面打印毕业论文的一般习惯,毕业论文各部分内容(封面、中文摘要、英文摘要、目录、正文各章节、结论、致谢、参考文献)应从奇数页开始,因此每节应该设置成从奇数页开始。操作步骤如下。

①将光标定位在中文摘要所在页的标题文本的最前面,单击“页面布局”选项卡中的“页面设置”组中的“分隔符”下拉按钮,弹出下拉列表。

②在下拉列表中的“分节符”区域选择分节符类型为“奇数页”,完成分节符的插入。

如果光标定位在封面所在页的最后面,然后再插入分节符,此时在中文摘要内容的最前面会产生一空行,需人工删除。

③重复操作步骤①和②,用同样的方法在中文摘要、英文摘要、正文各章、结论、致谢所在页的后面插入分节符。参考文献所在页已经位于最后一节,所以在其后面不必插入分节符。

如果插入分节符时选择的是“下一页”,还可以通过如下方法实现每节从奇数页开始的设置:单击“页面布局”选项卡中的“页面设置”组右下角的对话框启动器按钮,弹出“页面设置”对话框,单击“版式”选项卡,在“节的起始位置”下拉列表框中选择“奇数页”,在“应用于”下拉列表框中选择“整篇文档”,单击“确定”按钮即可。

3. 正文格式

1)一级、二级、三级标题自动编号

一级、二级、三级标题的自动编号可以放在一起进行操作，利用多级列表结合标题 1 样式、标题 2 样式和标题 3 样式来实现，详细操作步骤如下。

(1)单击“开始”选项卡中的“段落”组中的“多级列表”下拉按钮，弹出如图 7-1 所示的下拉列表。

(2)选择下拉列表中的“定义新的多级列表”命令，弹出“定义新多级列表”对话框。单击对话框左下角的“更多”按钮，对话框变成如图 7-2 所示。

①一级标题(章名)的自动编号。操作步骤请详见 7.1.3 小节中的“1. 章名和节名标题的自动编号”内容。

②二级标题(节名)的自动编号。操作步骤请详见 7.1.3 小节中的“1. 章名和节名标题的自动编号”内容。

③三级标题(次节)的自动编号。在“定义新多级列表”对话框的“单击要修改的级别”列表框中选择“级别”为“3”的项，即用来设定三级标题编号。在“包含的级别编号来自”下拉列表框中选择“级别 1”，在“输入编号的格式”文本框中将自动出现带灰色底色的数字“1”，然后在数字“1”的后面输入“.”。在“包含的级别编号来自”下拉列表框中选择“级别 2”，在“输入编号的格式”文本框中将自动出现“1.1”，然后在数字“1.1”的后面输入“.”，在“此级别的编号样式”下拉列表框中选择“1,2,3,…”格式的编号样式。在“输入编号的格式”文本框中将出现“1.1.1”。编号对齐方式选择“左对齐”，对齐位置设置为“0 厘米”，文本缩进位置设置为“0 厘米”，在“编号之后”下拉列表框中选择“空格”。在“将级别链接到样式”下拉列表框中选择“标题 3”样式，单击“确定”按钮完成一级、二级及三级标题的自动编号。

(3)在“开始”选项卡中的“样式”组中的快速样式库中将会出现标题 1、标题 2 和标题 3 样式。

(4)修改各级标题样式，其操作步骤如下。

①一级标题样式的修改。操作步骤请详见 7.1.3 小节中的“2. 章名和节名标题样式的修改及应用”内容。

②二级标题样式的修改。操作步骤请详见 7.1.3 小节中的“2. 章名和节名标题样式的修改及应用”内容。

③三级标题样式的修改。在快速样式库中右击样式“1.1.1 标题 3”，选择快捷菜单中的“修改”命令，弹出“修改样式”对话框。字体选择“黑体”，字号为“小四”，单击“左对齐”按钮。单击对话框左下角的“格式”下拉按钮，在弹出的下拉列表中选择“段落”命令，会弹出“段落”对话框，进行段落格式设置，设置左缩进为 0 个字符，单击“确定”按钮返回“修改样式”对话框，单击“确定”按钮完成设置。

(5)应用各级标题样式。

①一级标题(章名)。操作步骤请详见 7.1.3 小节中的“2. 章名和节名标题样式的修改及应用”内容。

②二级标题(节名)。操作步骤请详见 7.1.3 小节中的“2. 章名和节名标题样式的修改及应用”内容。

③三级标题(次节名)。将光标定位在文档中的三级标题(次节名)所在行的任意位置，单击快速样式库中的“1.1.1 标题 3”样式，则次节名将自动设为指定的格式，然后删除原有的次节名编号。其余次节名应用样式方法类似，也可用格式刷进行格式复制实现相应操作。

2)"样式 0002"的建立与应用

①新建"样式 0002"的具体操作步骤详见 7.1.3 小节中的"3.'样式 0001'的建立与应用"内容。

②应用"样式 0002"的具体操作步骤详见 7.1.3 小节中的"3.'样式 0001'的建立与应用"内容。

注意:正文中的标题、表格、表和图的题注所在段落禁止使用定义的"样式 0002"。若正文中已有自动编号或项目符号,也不可使用"样式 0002",否则原有自动编号或项目符号将自动删除。

3)编号与项目符号

(1)添加自动编号

操作步骤请详见 7.1.3 小节中的"4.编号与项目符号"内容。

(2)添加项目符号

操作步骤请详见 7.1.3 小节中的"4.编号与项目符号"内容。

(3)设置段落格式

设置自动编号和项目符号所在段落的段落格式,操作步骤如下。

①选中自动编号或项目符号所在的段落,可以只选中一个段落,也可以同时选中多个段落。

②单击"开始"选项卡中的"段落"组右下角的对话框启动器按钮,弹出"段落"对话框。

③在"段落"对话框中进行段落格式设置,左缩进"0 字符",首行缩进"2 字符",行距"1.5 倍行距"。设置好段落格式后,单击"确定"按钮返回。

④其余自动编号和项目符号所在段落的段落格式可按相同方法进行操作。

4)图题注与交叉引用

(1)创建图题注,操作步骤详见 7.1.3 小节中的"5.图题注与交叉引用"内容。

(2)图题注的交叉引用,操作步骤详见 7.1.3 小节中的"5.图题注与交叉引用"内容。

5)表题注与交叉引用

(1)创建表题注,操作步骤详见 7.1.3 小节中的"6.表题注与交叉引用"内容。

(2)表题注的交叉引用,操作步骤详见 7.1.3 小节中的"6.表题注与交叉引用"内容。

6)插入脚注

插入脚注的操作步骤如下。

①将光标定位在毕业论文正文中第 1 章标题的后面,单击"引用"选项卡中的"脚注"组中的"插入脚注"按钮,此时即可在选择的位置处看到脚注标记,或者单击"脚注"组右下角的对话框启动器按钮,弹出如图 7-33 所示的"脚注和尾注"对话框,选择"脚注"单选按钮,格式取默认设置,单击"确定"按钮。

②在页面底端光标闪烁处输入注释内容"计算机科学与技术 141 班"即可。

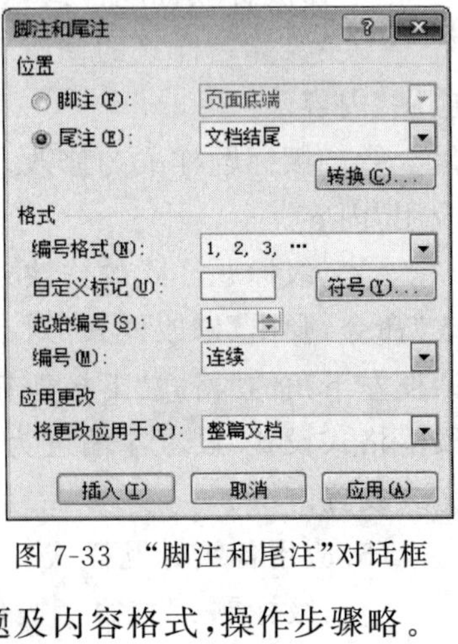

图 7-33 "脚注和尾注"对话框

7)结论、致谢、参考文献

(1)结论

结论部分的格式设置与正文各章节格式设置方法相同,包括标题及内容格式,操作步骤略。

(2)致谢、参考文献的标题格式

操作步骤如下。

①将光标定位在致谢标题行的任意位置,或选择标题行,单击"开始"选项卡中的"样式"组中的快速样式库中的"第 1 章 标题 1"样式,则致谢标题将自动设为指定的样式格式,删除自动出现的章编号,并使其居中显示即可。

②重复步骤①,可实现参考文献的标题的格式设置。

(3)致谢、参考文献内容部分的格式

操作步骤如下。

①选择除致谢标题外的内容文本,单击“样式”任务窗格中的样式“样式 0002”即可,或者通过“开始”选项卡中的“字体”组中的对应按钮实现字体设置,通过“段落”组中的相应按钮实现段落格式设置。

②若致谢内容中还有其他设置对象,可参照正文各章节对应项目的设置方法实现相应操作。

③参考文献的内容格式采用默认格式,即五号,宋体,单倍行距,左对齐。

(4)参考文献的自动编号

操作步骤如下。

①选择所有的参考文献,单击“开始”选项卡中的“段落”组中的“编号”下拉按钮,将弹出编号下拉列表。

②在下拉列表中选择“定义新编号格式”命令,打开“定义新编号格式”对话框,编号样式选择“1,2,3,…”,在“编号格式”文本框中将会自动出现数字“1”,在数字的左、右分别输入“[”和“]”,对齐方式选择“左对齐”。设置好编号格式后单击“确定”按钮。

③在每篇参考文献的前面将自动出现如“[1],[2],[3],…”形式的自动编号,删除原来的编号,操作结果如图 7-34 所示。

(5)参考文献的交叉引用

其操作步骤如下。

①将光标定位在毕业论文正文中引用第一篇参考文献的位置,删除原有参考文献标号。单击“引用”选项卡中的“题注”组中的“交叉引用”按钮,弹出“交叉引用”对话框。

②在“引用类型”下拉列表框中选择“编号项”,在“引用内容”下拉列表框中选择“段落编号”,在“引用哪一个题注”列表框中选择要引用的参考文献编号,如图 7-35 所示。

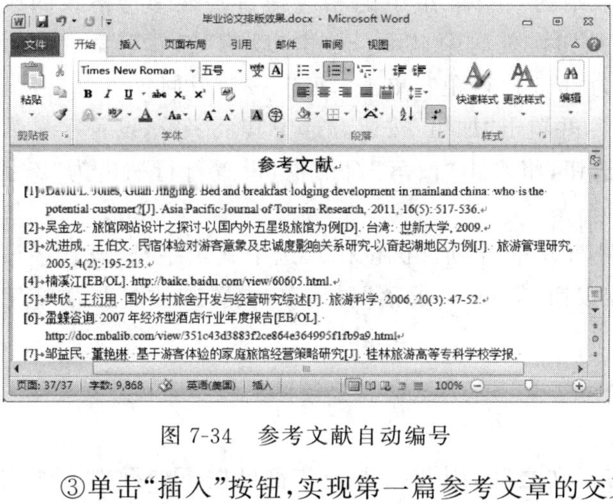

图 7-34 参考文献自动编号

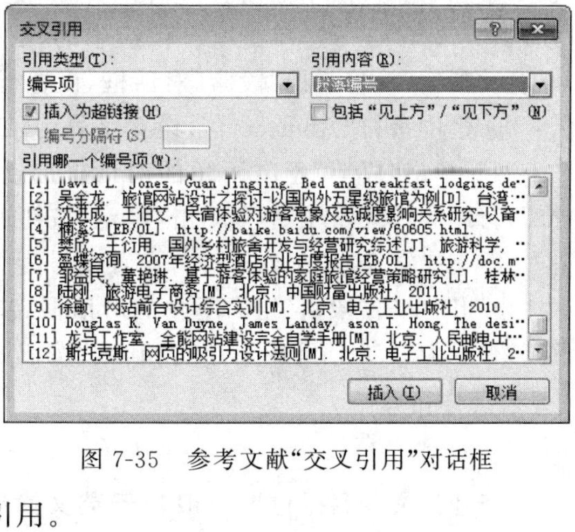

图 7-35 参考文献“交叉引用”对话框

③单击“插入”按钮,实现第一篇参考文章的交叉引用。

④重复步骤①~步骤③,可实现所有参考文献的交叉引用。单击“关闭”按钮,完成论文中所有参考文献的交叉引用的操作。

⑤选择论文中已插入交叉引用的第一篇参考文献对应的编号,如“[1]”,单击“开始”选项卡中的“字体”组中的“上标”按钮,“[1]”变成“[1]”,即为上标。或在“字体”对话框中选择“效果”列表中的“上标”复选框,也可实现上标操作,或按组合键 Ctrl+Shift+“+”添加上标。

⑥重复步骤⑤,可以将论文中所有的交叉引用编号设为上标形式。

4. 中英文摘要

1）中文摘要的格式设置

操作步骤如下。

①将光标定位在中文摘要标题行的任意位置，或选择标题行，单击“开始”选项卡中的“样式”组中的快速样式库中的“第 1 章 标题 1”样式，则标题将自动设为指定的样式格式，删除产生的章编号，单击“居中”按钮使其居中显示。

②选中作者及单位内容，单击“开始”选项卡中的“字体”组中的相应按钮实现字符格式的设置，字体选择“宋体”，字号选择“五号”，单击“段落”组中的“居中”按钮实现居中显示；单击“段落”组中的“行和段落间距”下拉列表框中的“1.5”命令，实现 1.5 倍行距的设置。

③选中文字“摘要：”，设置字体为“黑体”，字号为“四号”即可。选中其余文字，设置字体为“宋体”，字号为“小四”即可。单击“段落”组右下角的对话框启动器按钮，将弹出“段落”对话框，设置首行缩进为“2 字符”，行距为“1.5 倍行距”，单击“确定”按钮返回。

④选中文字“关键词：”，设置字体为“黑体”，字号为“四号”即可。选中其余文字，设置字体为“宋体”，字号为“小四”即可。单击“段落”组中右下角的对话框启动器按钮，将弹出“段落”对话框，设置首行缩进为“2 字符”，行距为“1.5 倍行距”，单击“确定”按钮返回。

2）英文摘要的格式设置

操作步骤如下。

①选中整个英文摘要，单击“开始”选项卡中的“字体”组中的相应按钮实现字符格式的设置，字体选择“Time New Roman”。

②将光标定位在英文摘要标题行的任意位置，或选择标题行，单击“开始”选项卡中的“样式”组中的快速样式库中的“第 1 章 标题 1”样式，则标题将自动设为指定的样式格式，删除产生的章编号，单击“居中”按钮使其居中显示。

③选中作者及单位内容，单击“开始”选项卡中的“字体”组中的相应按钮实现字符格式的设置，字号选择“五号”，单击“段落”组中的“居中”按钮实现居中显示。单击“段落”组右下角的对话框启动器按钮，将弹出“段落”对话框，设置行距为“1.5 倍行距”，单击“确定”按钮返回。

④选中字符“Abstract：”，设置字号为“四号”，并单击“加粗”按钮。选中其余字符，设置字号为“小四”，单击“段落”组右下角的对话框启动器按钮，将弹出“段落”对话框，设置首行缩进为“2 字符”，行距为“1.5 倍行距”，单击“确定”按钮返回。

⑤选择字符“Keywords：”，设置字号为“四号”，并单击“加粗”按钮。选中其余字符，设置字号为“小四”，单击“段落”组右下角的对话框启动器按钮，将弹出“段落”对话框，设置首行缩进为“2 字符”，行距为“1.5 倍行距”，单击“确定”按钮返回。

5. 目录

1）分节

毕业论文的目录位置一般位于英文摘要与正文之间，因此插入分节符可按下列操作方法实现：将光标定位在毕业论文第 1 章标题文本的左侧，或选中编号，单击“页面布局”选项卡中的“页面设置”组中的“分隔符”下拉按钮，在分节符类型中选择“奇数页”，完成一节的插入；重复此操作，插入另外两个分节符。

2）生成目录

操作步骤详见 7.1.3 小节中的“13. 建立标题目录、图表目录和引文目录”内容。

3)生成图目录

操作步骤详见7.1.3小节中的“13.建立标题目录、图表目录和引文目录”内容。

4)生成表目录

操作步骤详见7.1.3小节中的“13.建立标题目录、图表目录和引文目录”内容。

6.论文页眉

毕业论文的页眉设置包括正文前(封面、中英文摘要、目录及图表目录)的页眉设置和正文(各章节、结论、致谢及参考文献)的页眉设置,各部分的页眉内容要求也有所不同。

(1)正文前的页眉设置

操作步骤如下。

①封面为单独一页,无页眉和页脚,所以省略封面页眉和页脚的设置。方法是:将光标定位在中文摘要所在页,单击“插入”选项卡中的“页眉和页脚”组中的“页眉”下拉按钮,在弹出的下拉列表中选择“编辑页眉”命令,或直接双击页面顶部区域。

②进入页眉和页脚编辑状态,同时显示“页眉和页脚工具/设计”选项卡,单击“导航”组中的“链接到前一条页眉”按钮,取消与封面页之间的链接关系。若链接关系为灰色显示,表示无链接关系,否则一定要单击,表示去掉链接。

③在页眉中直接输入“×××大学本科生毕业论文(设计)”,并居中显示。

④双击非页眉和页脚的任意区域,返回文档编辑状态,完成正文前的页眉的设置。

(2)正文的页眉设置

操作步骤如下。

①将光标定位在毕业论文正文部分所在的首页,即“第1章”所在页。单击“插入”选项卡中的“页眉和页脚”组中的“页眉”下拉按钮,在弹出的下拉列表中选择“编辑页眉”命令。

②进入页眉和页脚编辑状态,单击“页眉和页脚工具/设计”选项卡中的“导航”组中的“链接到前一条页眉”按钮,取消与前一页页眉的链接关系,然后删除页眉中的原有内容,选中“选项”组中的“奇偶页不同”复选框。

③单击“插入”选项卡中的“文本”组中的“文档部件”下拉按钮,在弹出的下拉列表中选择“域”命令,将弹出“域”对话框。

④在“域名”列表框中选择“StyleRef”,并在“样式名”列表框中选择“标题1”,选中“插入段落编号”复选框,单击“确定”按钮,在页眉中将自动添加章序号,从键盘上输入一个空格。

⑤用同样的方法打开“域”对话框。在“域名”列表框中选择“StyleRef”,并在“样式名”列表框中选择“标题1”。如果“插入段落编号”复选框处于选中状态,单击将其取消。选中“插入段落位置”复选框,单击“确定”按钮,实现在页眉中自动添加章名。

⑥若页眉内容没有居中,可单击“居中”按钮,使页眉中的文字居中显示。

⑦将光标定位到正文的第2页页眉处,即偶数页页眉处,用同样的方法添加页眉,不同的是在“域”对话框中的“样式名”列表框中应选择“标题2”样式。

⑧偶数页页眉设置后,双击非页眉和页脚区域,即可退出页眉和页脚编辑状态,或单击“关闭”组中的“关闭页眉和页脚”按钮。

(3)添加结论、致谢和参考文献的页眉

①在页眉和页脚编辑状态下,将光标定位到论文结论所在页的页眉处,单击“页眉和页脚工具/设计”选项卡中的“导航”组中的“链接到前一条页眉”按钮,取消与前一页眉的链接关系,然后删除页眉中的内容。

②单击“插入”选项卡中的“文本”组中的“文档部件”下拉按钮，在弹出的下拉列表中选择“域”命令，弹出“域”对话框。

③在“域名”列表框中选择“StyleRef”，并在“样式名”列表框中选择“标题 1”，选中“插入段落位置”复选框，单击“确定”按钮，实现在页眉中自动添加章名。

④致谢和参考文献部分的页眉内容将会自动添加。

7. 论文页脚

毕业论文页脚的内容通常是页码，实际上就是如何生成页码的过程。毕业论文的页脚设置包括正文前（封面、中英文摘要、目录及图表目录）的页码生成和正文（各章节、结论、致谢及参考文献）的页码生成，各部分的页码格式要求也有所不同。

（1）摘要至正文前的页码生成

操作步骤如下。

①由于论文封面不加页码，所以进入页眉和页脚编辑状态后，直接将光标定位在第 2 节（中文摘要所在页）的页脚处，单击“页眉和页脚工具/设计”选项卡中的“导航”组中的“链接到前一条页眉”按钮，取消与第 1 节（论文封面）页脚之间的链接关系。单击“页眉和页脚”组中的“页码”下拉按钮，在弹出的下拉列表中选择“页面底端”中的“普通数字 2”页码格式，默认为居中显示；或单击“页眉和页脚”组中的“页码”下拉按钮，在弹出的下拉列表中选择“页面底端”中的“普通数字 1”，页脚中将会自动插入形如“1，2，3，…”的页码格式，再设置为居中显示。

②右击插入的页码，在弹出的快捷菜单中选择“设置页码格式”命令，弹出“页码格式”对话框，设置编号格式为“i，ii，iii，…”，起始页码为“i”，单击“确定”按钮；或单击“页眉和页脚工具/设计”选项卡中的“页眉和页脚”组中的“页码”下拉按钮，在弹出的下拉列表中选择“设置页码格式”命令，也会弹出“页码格式”对话框。

③由于正文前的内容插入了多个分节符，而且设置为奇偶页不同，所以步骤②仅实现了当前分节符中奇数页页脚格式的设置，还需要设置偶数页及不同分节符所在页面的页脚格式（需要的话）。将插入点定位在本节偶数页页脚中重复步骤②，可实现偶数页页脚格式的设置。对于其他节的页脚格式，默认为“1，2，3，…”，可以按照步骤②的操作进行页码格式设置，并修改为指定形式。需要注意，对于正文前的各节的页脚，在“页码格式”对话框中，必须选择“续前节”单选按钮，以保证论文正文前各页面的页码连续。

（2）正文的页码生成

操作步骤如下。

①将光标定位在论文正文“第 1 章”所在页的页脚处，单击“页眉和页脚工具/设计”选项卡中的“导航”组中的“链接到前一条页眉”按钮，取消与前一节页脚的链接关系。

②若该页页脚的页码为数字形式的“1”，即为要求的页码格式，否则需要进行修改。右击插入的页码，在弹出的快捷菜单中选择“设置页码格式”命令，出现“页码格式”对话框，设置编号格式为“1，2，3，…”，起始页码为“1”，单击“确定”按钮；或单击“页眉和页脚工具/设计”选项卡中的“页眉和页脚”组中的“页码”下拉按钮，在弹出的下拉列表中选择“设置页码格式”命令，也会弹出“页码格式”对话框。

③单击“开始”选项卡中的“段落”组中的“文本右对齐”按钮，实现奇数页页脚的页码右对齐。

④将光标定位到正文的第 2 页页脚处，即偶数页页脚处，单击“页眉和页脚工具/设计”选项卡中的“导航”组中的“链接到前一条页眉”按钮，取消与正文前页脚之间的链接关系。若该页页脚的页码为数字形式的“2”，即为要求的页码格式，否则需要插入页码。单击“页眉和页脚”组中的“页

码”下拉按钮，在弹出的下拉列表中选择“页面底端”中的“普通数字 2”页码格式，默认为居中显示。页脚中将出现数字形式的页码“2”。

⑤单击“开始”选项卡中的“段落”组中的“文本左对齐”按钮，实现偶数页页脚的页码左对齐。

⑥查看正文各节（还有结论，致谢及参考文献）的起始页面的页码是否与前一节连续，否则需选中“页码格式”对话框中的“续前节”单选按钮，以保证正文各部分的页码连续。

(3)更新目录，图目录和表目录

操作步骤详见 7.1.3 小节的“页脚”内容。

8. 排版效果

毕业论文排版结束后，其部分效果如图 7-36 所示。

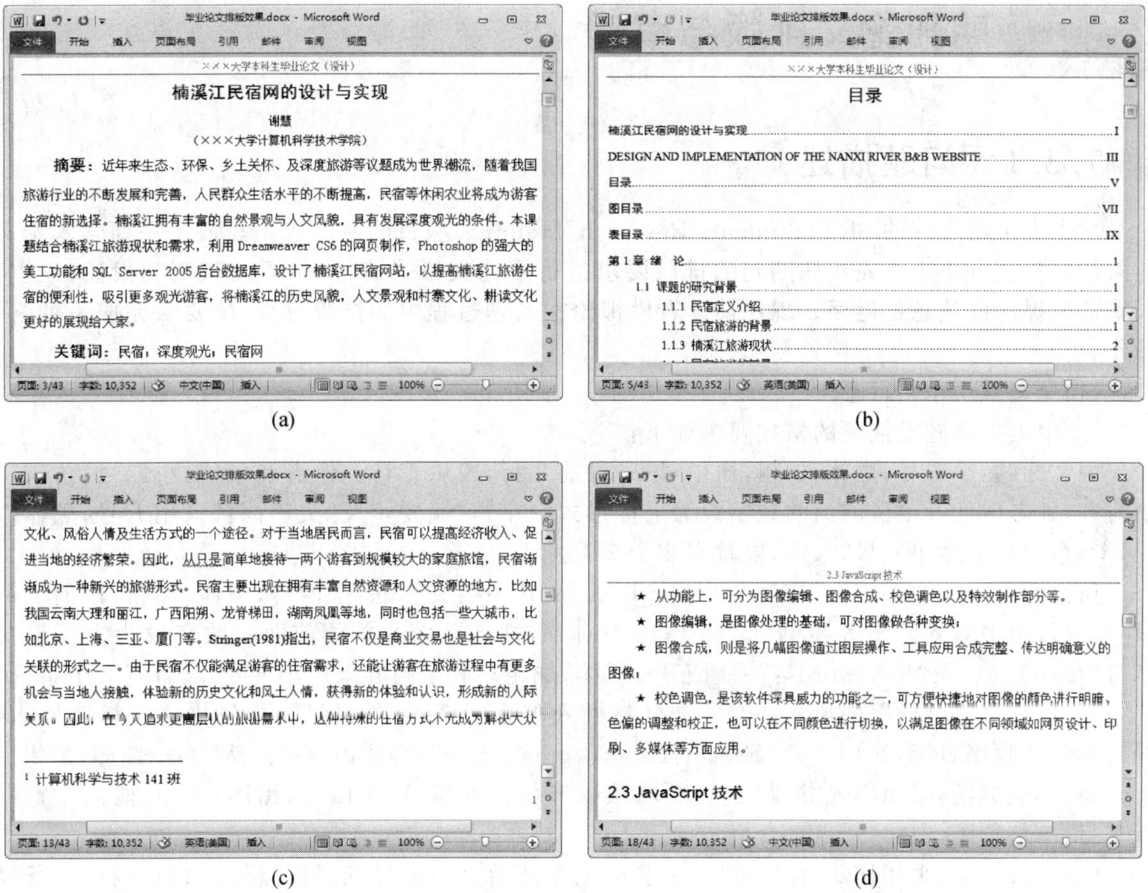

图 7-36 排版效果

7.2.4 练习提高

(1)修改一级标题样式：从第 1 章开始自动排序，小二号，黑体，加粗，段前 2 行，段后 1 行，单倍行距，左缩进 0 个字符，居中对齐。

(2)修改二级标题样式：从 1.1 开始自动排序，小三号，黑体，加粗，段前 1 行，段后 1 行，单倍行距，左缩进 0 个字符，左对齐。

(3)修改三级标题样式：从 1.1.1 开始自动排序，小四号，黑体，加粗，段前 0.5 行，段后 0.5 行，单倍行距，左缩进 0 个字符，左对齐。

(4)将正文中的表格全部改为以下格式:三线表,外边框单线,1.5 pt,内边框单线,0.75 pt。

(5)对正文中出现的"1.,2.,3.,…"编号进行自动编号,编号格式不变。

(6)将第1章中出现的"民宿网"全部改成粗体显示的"**民宿网**"。

(7)对结论所在的标题添加批注,批注内容为"此部分内容需再详细阐述。"

(8)将结论所在的内容以两栏方式显示,选项采用默认方式。

(9)将致谢所在的节的内容以横排方式显示。

(10)在第1章的标题后另起一段,插入一子文档,内容为"作者简介:谢慧,女,1996年3月生,本科生,计算机科学与技术专业",并以默认文件和默认路径进行保存。

(11)给本篇文档设置密码,打开密码为"ABCDEF",修改密码为"123456"。

7.3 期刊论文排版与审阅

7.3.1 问题描述

学生小丁将主持的SRT(Students Research Training)项目的研究成果写成了一篇学术论文,向某期刊投稿。小丁事先按照期刊的排版要求进行了论文格式编排,然后向该期刊投稿,经审稿人审稿后提出修改意见返回。现在请读者模拟论文处理过程中的排版过程,按要求完成下列格式操作。

(1)全文采用单倍行距。

(2)中英文标题及摘要的格式要求如下:

中文标题:小二号,黑体,加粗,居中对齐,段前2行,段后1行。作者和单位:小四号,仿宋,居中对齐,姓名后面及单位前面的数字设为上标形式。字符"摘要:"及"关键词:"采用五号,黑体,加粗。其余内容采用小五号,宋体,段首空2个字符。

英文标题及摘要采用字体Times New Roman,其中英文标题:小四号,黑体,加粗,段前2行,段后1行,居中对齐。作者和单位:五号,居中对齐,姓名后面及单位前面的数字设为上标形式。字符"Abstract:"及"Key words:"采用五号,黑体,加粗。其余内容采用小五号,段首空2个字符。

(3)以首页一级标题的最末一个字为标签插入脚注("概述"的"述"),标签格式与标题格式相同,内容为"收稿日期:2018-3-7　E-mail:Paper@gmail.com",脚注内容格式为六号,黑体,加粗。

(4)一级标题:采用样式"标题1"。要求从1开始自动编号,小四号,黑体,加粗,段前1行,段后1行,单倍行距,左对齐。

(5)二级标题:采用样式"标题2"。要求从1.1开始自动编号,五号,黑体,加粗,段前0行,段后0行,单倍行距,左对齐。

(6)正文(除各级标题、图表题注、表格内容、公式、参考文献外)为五号,中文字体为"宋体",英文字体为"Times New Roman",单倍行距,段首空2个字符。

(7)添加图题注,形式为"图1,图2,…",自动编号,位于图下方文字的左侧,与文字间隔一个空格,图及题注居中,并将文档中的图引用改为交叉引用方式。

(8)添加表题注,形式为"表1,表2,…",自动编号,位于表上方文字的左侧,与文字间隔一个空格,表及题注居中,并将文档中的表引用改为交叉引用方式。

(9)参考文献采用[1],[2],…格式,并自动编号。将正文中引用到的参考文献设为交叉引用方式,并设为上标形式。

(10)将正文到参考文献(包括参考文献)内容进行分栏,分为两栏,无分隔线,栏宽宽度取默认值，其中图 2(包括图及图题注内容)保留单栏形式。

(11)添加页眉，内容为论文中文标题，居中显示；添加页脚页码，格式为“1,2,3…”，居中显示。

(12)对论文的中文标题添加批注，批注内容为“标题欠妥，请修改。”。

(13)启动修订，将中文摘要中重复的“车牌”文字(红色文字)删除。

(14)在论文的最后插入子文档，文档内容为“作者简介：张三，男，1998 年 6 月生，本科生，计算机科学与技术专业”，并以默认文件名及默认路径保存。

7.3.2 知识要点

①字体、段落格式设置。

②样式的建立、修改及应用；自动编号的使用。

③分栏设置。

④题注、交叉引用的使用。

⑤表格边框的设计。

⑥脚注的编辑。

⑦页眉、页脚的设置。

⑧标注编辑。

⑨修订编辑。

⑩子文档的插入。

7.3.3 操作步骤

1. 全文行间距

拖动鼠标选中全文或按组合键 Ctrl＋A 选中全文，单击“开始”选项卡中的“段落”组中的“行和段落间距”下拉按钮，在弹出的下拉列表中选择“1.0”，即可将全文行间距设为单倍行距，或在“段落”对话框中进行设置。

2. 中英文标题及摘要格式

1)中文标题及摘要格式

操作步骤请参考 7.2.3 小节中的“4. 中英文摘要”内容，

2)英文标题及摘要格式

操作步骤请参考 7.2.3 小节中的“4. 中英文摘要”内容。

3. 插入脚注

本题实现按要求在指定位置插入符合要求的脚注，其操作步骤如下。

①将光标定位到首页一级标题行的末尾(“1 概述”行的末尾)，单击“引用”选项卡中的“脚注”组右下角的对话框启动器按钮，打开“脚注和尾注”对话框。

②在“位置”栏中选择“脚注”单选按钮，位于“页面底端”。在“自定义标记”文本框中输入标题的最后一个汉字，如“1 概述”的“述”，其他选项取默认值，如图 7-37 所示，单击“插入”按钮。此时在标题的末尾出现脚注标记“述”，页面底部出现脚注标记，分别为“1 概述[述]”和“述 ______”。

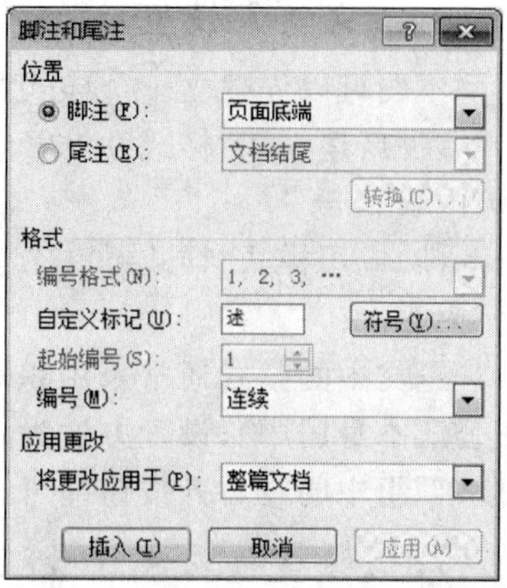

图 7-37 “脚注和尾注”对话框

③利用格式刷，将一级标题中的“概述”格式复制到题注标记“述”字上，使其格式与“概述”字符格式相同，并删除原文标题中的字符“述”。

④将光标定位到页面底端题注标记“述”的右侧，按 Backspace 键删除字符“述”，并输入文本“收稿日期：2018-3-7　E-mail：Paper@gmail.com”。选中输入的文本，在“开始”选项卡中的“字体”组中设置字体为“黑体”，字号为“六号”，单击“加粗”按钮，完成脚注的添加及格式设置。

⑤一级标题及页面底端的脚注将分别形如“1 概述”和“收稿日期：2018-3-7 E-mail：Paper@gmail.com”的格式。

4. 一级、二级标题样式的自动编号

一级标题和二级标题样式的操作可以放在一起进行操作，操作步骤如下。

(1)单击“开始”选项卡中的“段落”组中的“多级列表”下拉按钮，弹出下拉列表。

(2)选择下拉列表中的“定义新的多级列表”命令，弹出“定义新多级列表”对话框。单击对话框左下角的“更多”按钮，对话框选项将增加。

①一级标题(章名)的自动编号。操作步骤请详见 7.1.3 小节中的“1. 章名和节名标题的自动编号”内容。

②二级标题(节名)的自动编号。操作步骤请详见 7.1.3 小节中的“1. 章名和节名标题的自动编号”内容。

(3)在“开始”选项卡中的“样式”组中的快速样式库中将会出现标题 1 和标题 2 样式，分别形如“1 标题 1”和“1.1 标题 2”。

5. 一级、二级标题样式的修改及应用

(1)一级、二级标题样式的修改

操作步骤如下。

①一级标题样式的修改。操作步骤请详见 7.1.3 小节中的“2. 章名和节名标题样式的修改及应用”内容。

②二级标题样式的修改。操作步骤请详见 7.1.3 小节中的“2. 章名和节名标题样式的修改及应用”内容。

(2)一级、二级标题样式的应用

操作步骤如下。

①一级标题样式的应用。操作步骤请详见 7.1.3 小节中的“2. 章名和节名标题样式的修改及应用”内容。

②二级标题样式的应用。操作步骤请详见 7.1.3 小节中的“2. 章名和节名标题样式的修改及应用”内容。

6. 正文格式设置

本题可以先建立一个样式“样式 0003”，然后利用应用样式方法来实现相应操作。

(1)新建样式“样式 0003”，具体操作步骤请详见 7.1.3 小节中的“3. ‘样式 0001’的建立与应用”内容。

(2)应用样式“样式 0003”，具体操作步骤请详见 7.1.3 小节中的“3. ‘样式 0001’的建立与应用”内容。

论文中的公式通常采用右对齐方式(实际上是公式标号右对齐，调整公式与标号间的空格数，使公式本身居中)，设置方法为：将插入点定位在公式所在段落任意位置，单击“开始”选项卡中的“段落”组中的右对齐按钮即可，其他公式所在行也按相同方法进行设置。

7. 图题注与交叉引用

(1)创建图题注，操作步骤详见 7.1.3 小节中的“5. 图题注与交叉引用”内容。

(2)图题注的交叉引用,操作步骤详见 7.1.3 小节中的“5.图题注与交叉引用”内容。

8.表题注及交叉引用

(1)创建表题注,其操作步骤请详见 7.1.3 小节中的“6.表题注与交叉引用”内容。

(2)表题注的交叉引用,其操作步骤请详见 7.1.3 小节中的“6.表题注与交叉引用”内容。

9.参考文献

选择字符“参考文献”,单击“开始”选项卡中的“样式”组中的快速样式库中的“1 标题 1”样式,删除产生的自动编号,并使其居中显示。

对于参考文献在论文中的引用操作,首先要创建参考文献的自动编号,然后再建立参考文献的交叉引用。

(1)参考文献的自动编号,其操作步骤请详见 7.2.3 小节中的“(7)结论、致谢、参考文献”内容。

(2)参考文献的交叉引用,其操作步骤请详见 7.2.3 小节中的“(7)结论、致谢、参考文献”内容。

10.分栏

本题实现将选中内容进行分栏的功能。Word 2010 的分栏操作要求是选中的内容必须连续,中间没有间隔,由于本题要求图 2 及其题注为单栏形式,所以论文的分栏操作分成两部分单独进行,操作步骤如下。

①选择第一部分内容(从正文一级标题开始到图 2 前面的段落文字结束位置,不包括图 2)。

②单击“页面布局”选项卡中的“页面设置”组中的“分栏”下拉按钮,在弹出的下拉列表中选择“更多分栏”命令,将弹出“分栏”对话框。

③在“预设”栏中单击“两栏”,其他选项取默认值,如图 7-38 所示,单击“确定”按钮,实现选中内容的分栏。

④选择第二部分内容(从图 2 后面的段落开始到论文结束位置,不包括图 2 及其题注,也不包括论文最后一个段落符号)。

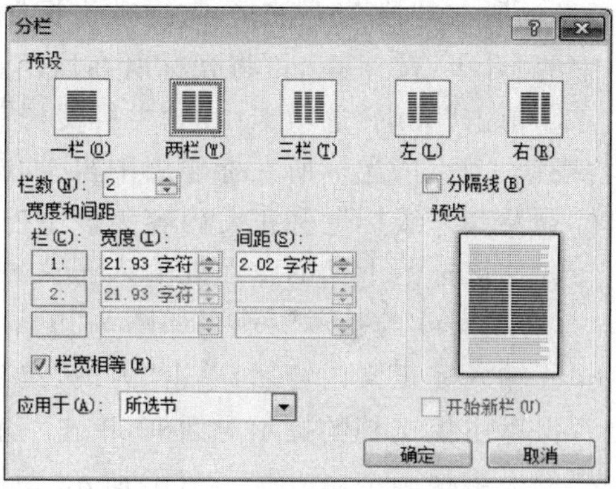

图 7-38 “分栏”对话框

⑤重复步骤②和③实现第二部分选中内容的分栏操作。

11.页眉和页脚

本题实现在论文中添加页眉和页脚,其操作步骤如下。

①单击“插入”选项卡中的“页眉和页脚”组中的“页眉”下拉按钮,在展开的下拉列表中选择“编辑页眉”命令,或者直接双击论文文档顶部的空白区域。

②进入“页眉和页脚”编辑状态,在光标处直接输入论文的中文标题即可。单击“开始”选项卡中的“段落”组中的“居中”按钮,完成页眉居中设置。

③将光标定位到页脚处,单击“页眉和页脚工具/设计”选项卡中的“页眉和页脚”组中的“页码”下拉按钮,在弹出的下拉列表中选择“页面底端”中的“普通数字 2”,页脚中将会自动插入形如“1,2,3,…”的页码格式。

④双击非页眉和页脚的任意区域,返回文档编辑状态,完成论文页眉和页脚的设置,或单击“页眉和页脚工具/设计”选项卡“关闭”组中的“关闭页眉和页脚”按钮退出。

12.添加批注

添加批注的操作步骤如下。

①选中论文的中文标题文本,单击“审阅”选项卡中的“批注”组中的“新建批注”按钮。选择的

文本将被填充颜色，并且被一对括号括起来，旁边为批注框。

②直接在批注框中输入批注内容“标题欠妥，请修改”，单击批注框外的任何区域，即可完成添加批注操作。

③根据步骤①和②，可以实现论文中其他批注的添加操作。

13. 修订

按照题目要求，添加修订操作步骤如下。

①单击“审阅”选项卡中的“修订”组中的“修订”按钮即可启动修订功能，或者单击“修订”下拉按钮，在弹出的下拉列表中选择“修订”命令。如果“修订”按钮以加亮突出显示，如，则打开了文档的修改功能。

②选中中文摘要中的文本“车牌”，按 Delete 键，将出现形如“~~车牌~~”的修订提示，可根据需要接受或拒绝修订操作。

14. 子文档的建立

在文档中建立子文档的操作步骤如下。

①将光标定位在文档的最后，即最后一个回车键处，单击状态栏右侧的“大纲视图”按钮，切换到大纲视图模式下，或单击“视图”选项卡中的“文档视图”组中的“大纲视图”按钮进行切换。此时，光标所在的段落为正文，需提升为标题才能建立子文档。单击“大纲”选项卡中的“大纲工具”组中的“升级”按钮，可将光标所在段落提升为 1 级标题，删除其中的编号。

②单击“大纲”选项卡中的“主控文档”组中的“显示文档”按钮，将展开“主控文档”组，单击“创建”按钮。此时，光标所在标题周围自动出现一个灰色细线边框，其左上角显示一个标记，表示该标题及其下级标题和正文内容为该主控文档的子文档。

③在该标题下面的空白处输入子文档的正文内容“作者简介：张三，男，1998 年 6 月生，本科生，计算机科学与技术专业”，如图 7-39(a)所示。

④输入完正文内容后，单击“大纲”选项卡中的“主控文档”组中的“折叠子文档”按钮，将弹出是否保存主控文档的提示对话框，单击“确定”按钮，插入的子文档将以超链接的形式显示在主控文档的大纲视图中，如图 7-39(b)所示。同时，系统将自动以默认文件名及默认路径(主控文档所在的文件夹)保存创建的子文档。

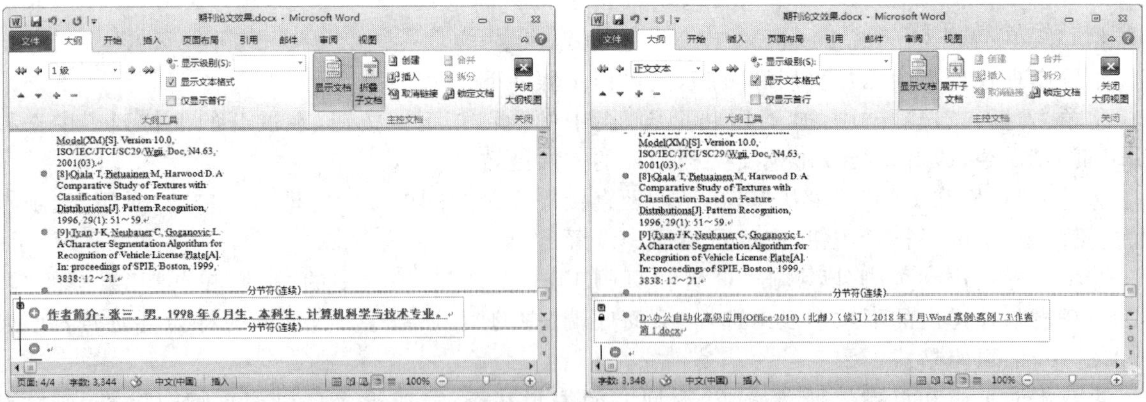

(a) 子文档内容　　(b) 子文档超链接

图 7-39　建立子文档窗口

⑤单击状态栏右侧的“页面视图”按钮，切换到页面视图模式下，完成子文档的创建操作，或单击“大纲”选项卡中的“关闭”组中的“关闭大纲视图”按钮进行切换，或单击“视图”选项卡中的

“文档视图”组中的“页面视图”按钮进行切换。

⑥还可以在论文中建立多个子文档，操作方法类似。

论文文档按要求排版结束后，其效果如图7-40所示。

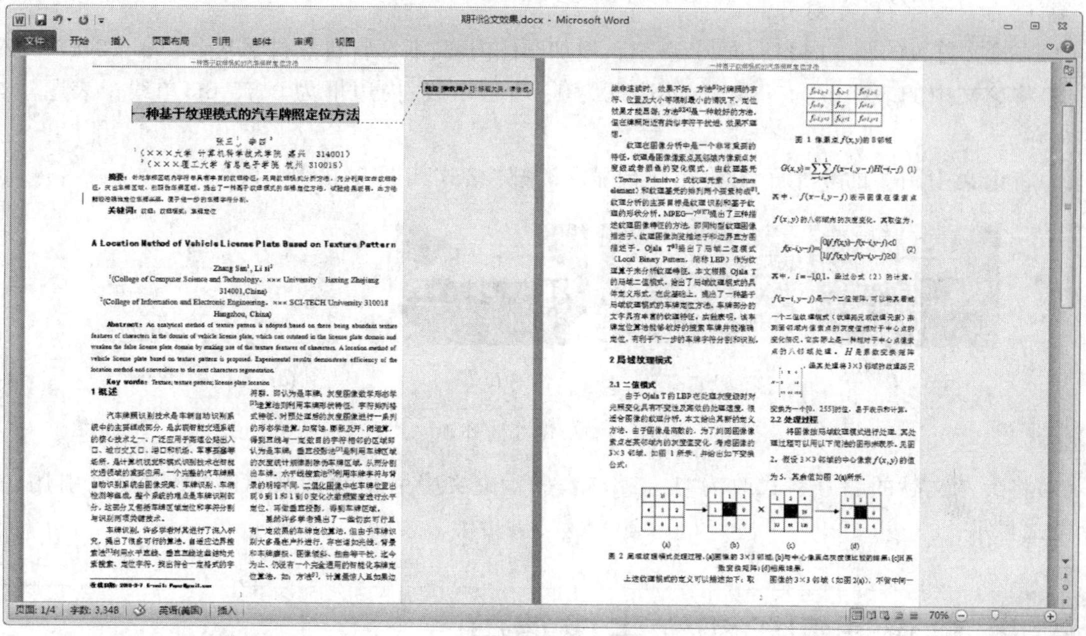

(a) 论文的第1页、第2页

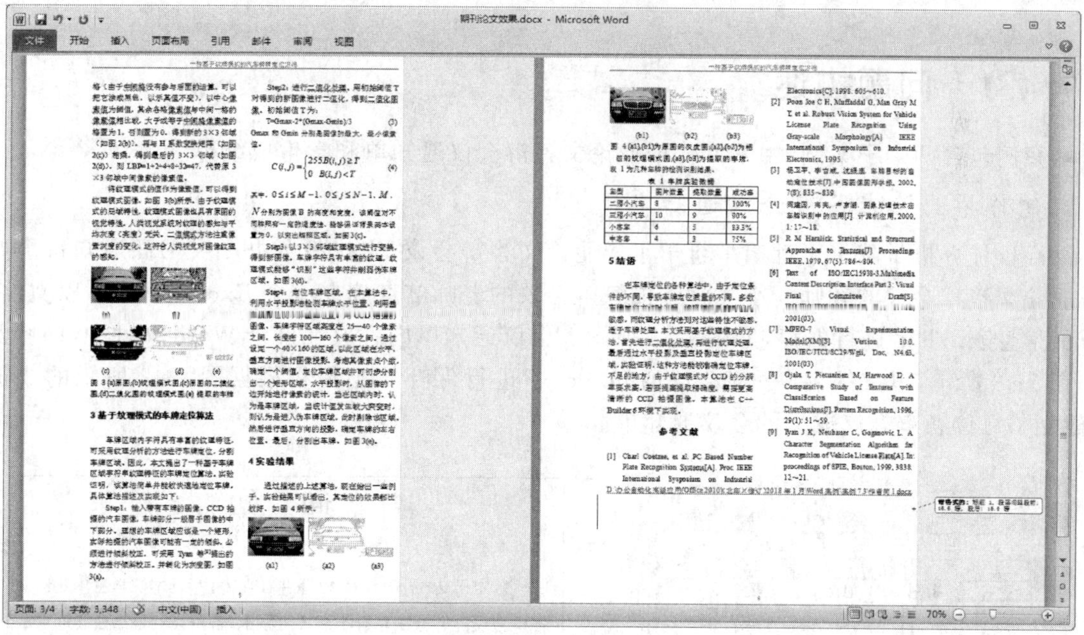

(b) 论文的第3页、第4页

图 7-40　排版效果

7.3.4　练习提高

(1)删除批注，接受对论文的一切修改。

(2)修改一级标题样式:从 1 开始自动排序,四号,宋体,加粗,段前 0.5 行,段后 0.5 行,单倍行距,左缩进为 0 个字符,左对齐。

(3)修改二级标题样式:从 1.1 开始自动排序,五号,宋体,加粗,段前 0 行,段后 0 行,单倍行距,左缩进为 0 个字符,左对齐。

(4)在论文首页的题注内容后面另起一行,增加题注内容:浙江省自然科学基金(No. Y2017000A)。

(5)将论文中的表格改为三线表,外边框为 1.5 pt,单线;内边框为 0.75 pt,单线。表题注与表格左对齐。

(6)将论文中图 3 的 5 个子图放在一行显示,整体格式如图 7-41 所示。

(a) (b) (c) (d) (e)

图 7-41 图 3 的外观

(7)将参考文献的编号格式改为"1.,2.,3.,…",论文中引用参考文献时,使用交叉引用,并以上标方式显示。

7.4 会议通知单和学生成绩单

7.4.1 问题描述

本案例包含两个子案例,用来制作毕业论文答辩会议通知单和学生成绩单。

1.制作毕业论文答辩会议通知单

某高校计算机学院将于近期举行学生毕业论文答辩会议,安排教务办小吴书面通知每个要参加毕业论文答辩会议的教师。小吴将参加答辩会议的老师信息放在一个 Excel 表格中,以文件"答辩成员信息表.xlsx"进行保存,如图 7-42 所示。会议通知单内容放在一个 Word 文件中,内容及格式如图 7-43 所示,以文件名"答辩会议通知.docx"进行保存。小吴将根据图 7-42 所示的成员信息,建立了每位答辩会议成员的会议通知单。

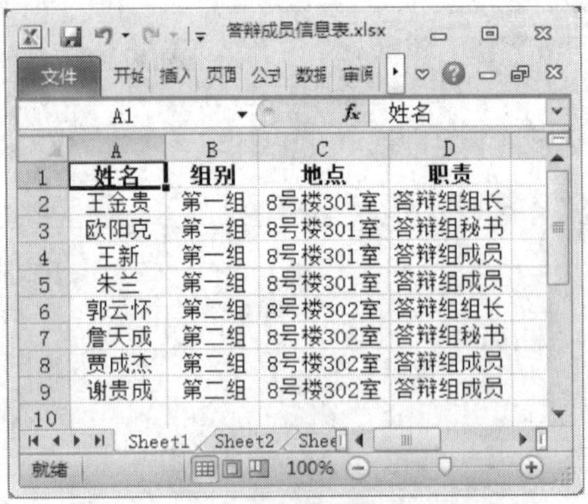

	A	B	C	D
1	姓名	组别	地点	职责
2	王金贵	第一组	8号楼301室	答辩组组长
3	欧阳克	第一组	8号楼301室	答辩组秘书
4	王新	第一组	8号楼301室	答辩组成员
5	朱兰	第一组	8号楼301室	答辩组成员
6	郭云怀	第二组	8号楼302室	答辩组组长
7	詹天成	第二组	8号楼302室	答辩组秘书
8	贾成杰	第二组	8号楼302室	答辩组成员
9	谢贵成	第二组	8号楼302室	答辩组成员
10				

图 7-42 成员信息表

通 知

【姓名】老师:

兹定于 2017 年 6 月 12 下午 14:00 举行本院学生毕业论文答辩会议,您分在答辩小组【组别】,答辩会议地点在【地点】。请您准时参加并担任【职责】,谢谢!

特此通知

计算机学院

2017 年 6 月 2 日

图 7-43 通知单内容

2. 制作学生成绩单

2017—2018 学年第一学期的期末考试已经结束，学生辅导员小张需要为某班级制作一份学生成绩单。小张首先将学生的学号、姓名以及各门课程的成绩保存在 Word 文件“学生成绩表.docx”中，如图 7-44 所示，然后建立了成绩通知单样表，如图 7-45 所示，放在 Word 文件“成绩通知单.docx”中。根据学生成绩表信息，小张实现了学生成绩通知单上对应项目的自动填充。

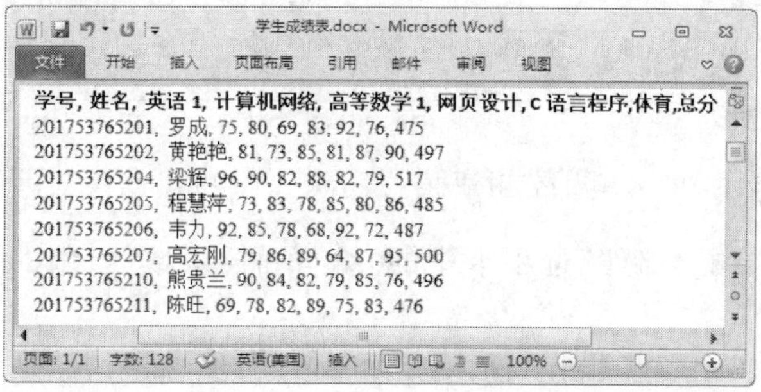

图 7-44　学生成绩表

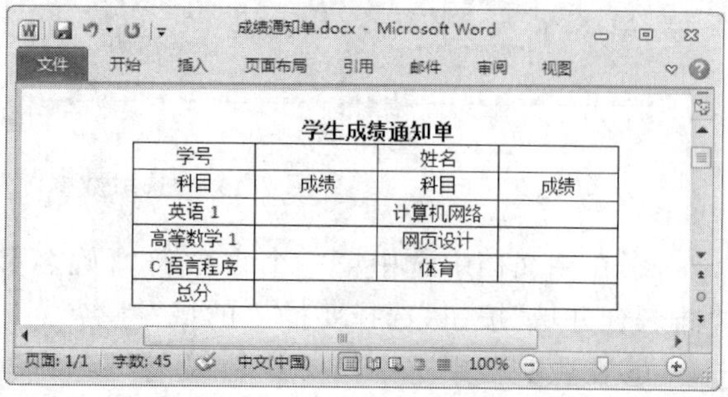

图 7-45　学生成绩通知单样表

7.4.2　知识要点

(1)创建 Excel 电子表格及其数据格式化。

(2)Word 中表格的制作及其格式化。

(3)文档中域的使用。

(4)Word 邮件合并。

7.4.3　操作步骤

1. 制作毕业论文答辩会议通知单

(1)创建数据源

启动 Excel 2010，在 Sheet1 中输入答辩小组成员信息，如图 7-42 所示。其中，第 1 行为标题行，其他行为数据行，然后设置表格格式，标题行加粗，各单元格数据居中对齐。制作完毕后以文件名“答辩成员信息表.xlsx”进行保存。

(2)创建主文档

启动 Word 2010，设计会议通知单的内容及版面格式，并预留文档中有关信息的占位符，如图 7-43 所示。其中，标题为二号，宋体，加粗，居中显示；“姓名”行左对齐，通知内容为小四，宋体；所有段落左、右缩进各 4 个字符，1.5 倍行距；带“【 】”的文本为占位符；最后两行为右对齐。主文档设置完成后以文件名“答辩会议通知.docx”进行保存。

(3)邮件合并

利用邮件合并功能，实现主文档与数据源的关联，生成答辩会议通知单，其操作步骤如下。

①打开已创建的主文档“答辩会议通知.docx”，单击“邮件”选项卡中的“开始邮件合并”组中的“选择收件人”下拉按钮，在下拉列表中选择“使用现有列表”命令，将弹出“选取数据源”对话框。

②在对话框中选择已创建好的数据源文件“答辩成员信息表.xlsx”，如图 7-46(a)所示，单击“打开”按钮。

③出现“选择表格”对话框，选择数据所在的工作表，默认为表 Sheet1，如图 7-46(b)图所示。单击“确定”按钮将自动返回。

(a)

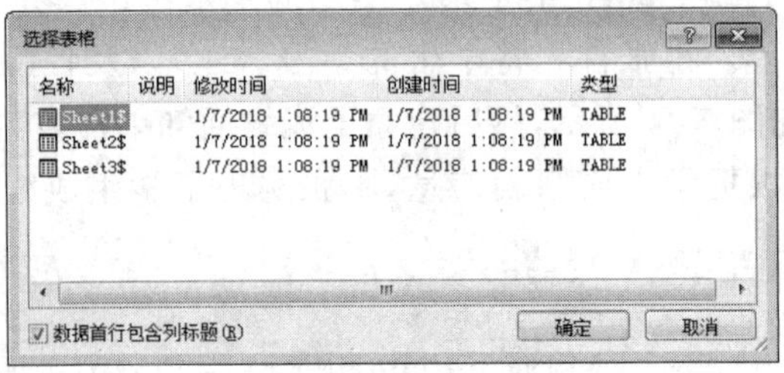

(b)

图 7-46 “选取数据源”对话框和“选择表格”对话框

④在主文档中选中第一个占位符“【姓名】”，单击“邮件”选项卡中的“编写和插入域”组中的“插入合并域”按钮，选择要插入的域“姓名”。

⑤在主文档中选中第 2 个占位符“【组别】”，按上一步操作，插入域“组别”；同理，插入域“地点”和“职责”。

⑥文档中的占位符被插入域后，其效果如图 7-47 所示。单击“邮件”选项卡中的“预览结果”组中的“预览结果”按钮，将显示主文档和数据源关联后的第一条数据结果，单击查看记录按钮 ，可逐条显示各记录对应数据源的数据。

⑦单击“邮件”选项卡中的“完成”组中的“完成并合并”下拉按钮，在下拉列表中选择“编辑单个文档”命令，将弹出“合并到新文档”对话框。

⑧在对话框中选择“全部”单选按钮，如图 7-48 所示，然后单击“确定”按钮，Word 将自动合并文档并将全部记录放入一个新文档“信函 1. docx”中。对该文档重新进行保存操作，以文件名“答辩会议通知文档. docx”进行保存，如图 7-49 所示。

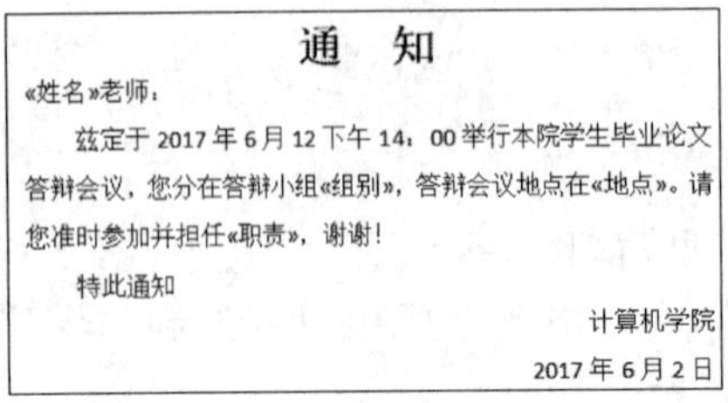

图 7-47 插入域后的效果

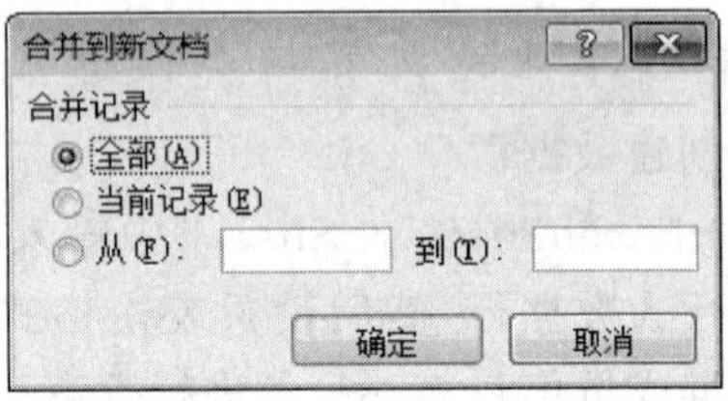

图 7-48 “合并到新文档”对话框

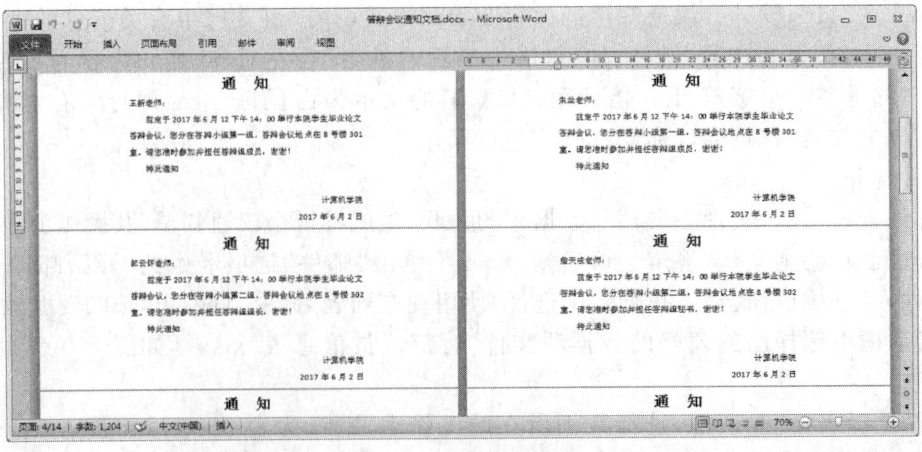

图 7-49 邮件合并效果

2. 制作学生成绩单

(1)创建数据源

启动 Word 2010，录入学生成绩表信息，如图 7-44 所示。其中，第 1 行为标题行，各字段名之间用英文逗号分隔，以 Enter 键换行，其他行为数据行，数据之间同样用英文逗号分隔，以 Enter 键换行，然后设置格式，标题行加粗。制作完毕后以文件名“学生成绩表. docx”进行保存。

(2)创建主文档

启动 Word 程序，插入一个 6 行 4 列的表格，输入表格标题及表格中固定不变的信息，设置版面格式，并预留文档中有关信息的占位符，如图 7-45 所示。其中，标题为小四号，宋体，加粗，居中显示；其余表格内容设置为五号，宋体，居中显示。主文档设置完成后以 Word 文件名“成绩通知单. docx”进行保存。

(3)邮件合并

操作步骤如下。

①打开已创建的主文档“成绩通知单. docx”，单击“邮件”选项卡中的“开始邮件合并”组中的“选择收件人”下拉按钮，在下拉列表中选择“使用现有列表”命令，弹出“选择数据源”对话框。

②在对话框中选择已创建好的数据源文件“学生成绩表. docx”，单击“打开”按钮。

③在主文档中选择第一个占位符，即将插入点定位到表格中“学号”右侧的空单元格中，单击“邮件”选项卡中的“编写和插入域”组中的“插入合并域”按钮，选择要插入的域“学号”。

④在主文档中选择第 2 个占位符，即将插入点移到“姓名”右侧的空单元格中，按上一步操作，插入域“姓名”。同理，依次插入域“英语 1”“计算机网络”“高等数学 1”“网页设计”“C 语言程序”“体育”及“总分”。

⑤单击“邮件”选项卡中的“预览结果”组中的“预览结果”按钮，将显示主文档和数据源关联后的第一条数据结果，单击查看记录按钮，可逐条显示各记录对应数据源的数据。

⑥单击“邮件”选项卡中的“完成”组中的“完成并合并”下拉按钮，在下拉列表中选择“编辑单个文档”命令，将弹出“合并到新文档”对话框。

⑦在对话框中选择“全部”单选按钮，然后单击“确定”按钮，Word 将自动合并文档并将全部记录放入一个新文档中，然后对新文档进行保存操作，如以“学生成绩通知单. docx”为名进行保存。生成的学生成绩通知单如图 7-50 所示。

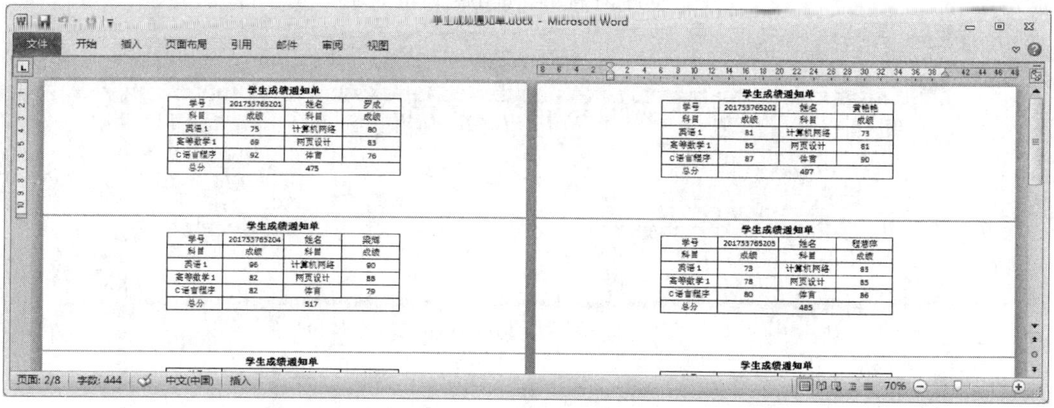

图 7-50　邮件合并效果

7.4.4　练习提高

(1)根据如图 7-51 所示的计科 171 班成绩表，在 Excel 2010 环境下建立文件“计科 171 班成绩表.xlsx”作为邮件合并的数据源，然后在 Word 2010 环境下建立如图 7-48 所示的主文档，最后利用邮件合并功能自动生成计科 171 班每个学生的成绩单。

(2)根据 Word 2010 中“邮件”选项卡中的“创建”组中的“中文信封”按钮，生成一张空白信封，然后再输入提示文字，生成如图 7-52 所示的信封主文档模板。根据如图 7-53 所示的计科 171 班学生的通讯地址表，在 Excel 2010 环境下建立邮件合并的数据源。利用 Word 邮件合并功能，自动生成计科 171 班每个学生的信封，用于邮寄计科 171 班每个学生的成绩单，自动生成的信封如图 7-54 所示。

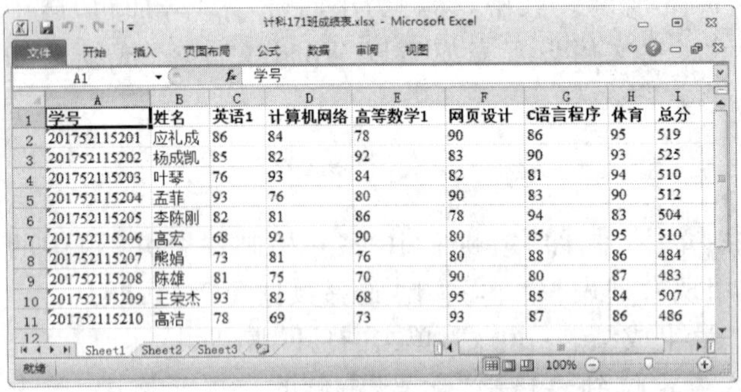

学号	姓名	英语1	计算机网络	高等数学1	网页设计	C语言程序	体育	总分
201752115201	应礼成	86	84	78	90	86	95	519
201752115202	杨成凯	85	82	92	83	90	93	525
201752115203	叶琴	76	93	84	82	81	94	510
201752115204	孟菲	93	76	80	90	83	90	512
201752115205	李陈刚	82	81	86	78	94	83	504
201752115206	高宏	68	92	90	80	85	95	510
201752115207	熊娟	73	81	76	80	88	86	484
201752115208	陈雄	81	75	70	90	80	87	483
201752115209	王荣杰	93	82	68	95	85	84	507
201752115210	高洁	78	69	73	93	87	86	486

图 7-51　计科 171 班成绩表

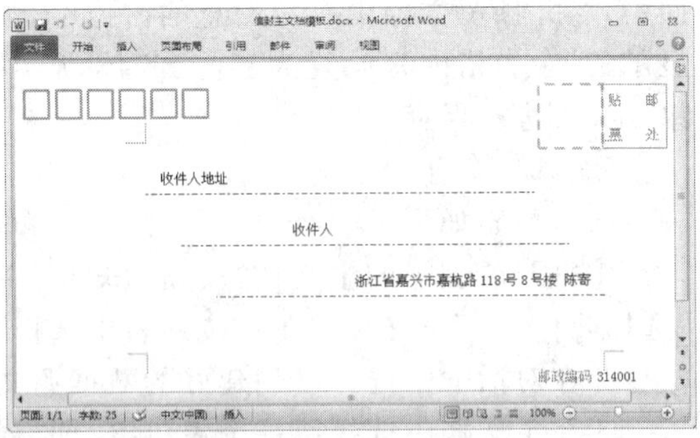

图 7-52　信封主文档模板

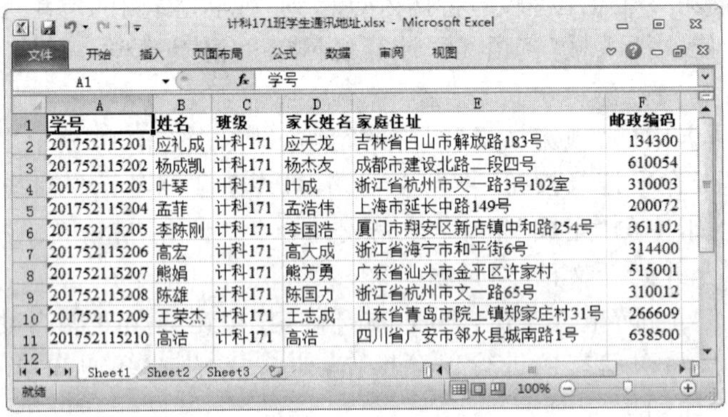

学号	姓名	班级	家长姓名	家庭住址	邮政编码
201752115201	应礼成	计科171	应天龙	吉林省白山市解放路183号	134300
201752115202	杨成凯	计科171	杨杰友	成都市建设北路二段四号	610054
201752115203	叶琴	计科171	叶成	浙江省杭州市文一路3号102室	310003
201752115204	孟菲	计科171	孟浩伟	上海市延长中路149号	200072
201752115205	李陈刚	计科171	李国浩	厦门市翔安区新店镇中和路254号	361102
201752115206	高宏	计科171	高大成	浙江省海宁市和平街6号	314400
201752115207	熊娟	计科171	熊方勇	广东省汕头市金平区许家村	515001
201752115208	陈雄	计科171	陈国力	浙江省杭州市文一路65号	310012
201752115209	王荣杰	计科171	王志成	山东省青岛市院上镇郑家庄村31号	266609
201752115210	高洁	计科171	高浩	四川省广安市邻水县城南路1号	638500

图 7-53　计科 171 班学生通讯地址

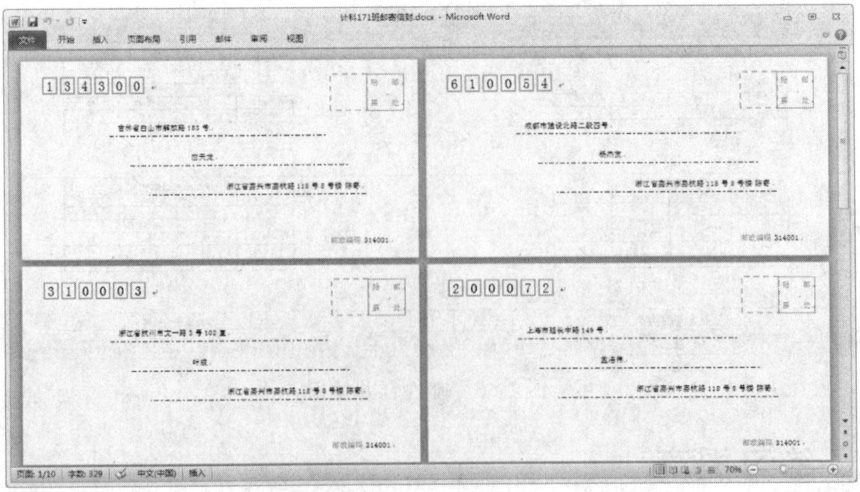

图 7-54　生成的信封

第8章 Excel 2010高级应用案例

本章介绍 Excel 2010 理论知识的实际应用，精心组织了 4 个案例，分别是费用报销分析与管理、学生期末考试成绩分析与统计、家电销售统计分析与管理、职工科研奖励汇总与分析。4 个案例囊括了本书讲解的 Excel 2010 高级应用的绝大多数知识点，通过这些案例的学习，可以让读者进一步熟悉和掌握函数的实际应用，并能快速解决实际工作中遇到的问题。

8.1 费用报销分析与管理

8.1.1 问题描述

小王大学毕业后应聘到某公司财务部门工作，主要负责职工费用的报销与处理。报销数据量大、繁琐，需要对报销原始数据进行整理、制作报销费用汇总、按报销性质进行分类管理、制作报销费用表等操作。在如图 8-1 所示的费用报销表中，完成如下操作。

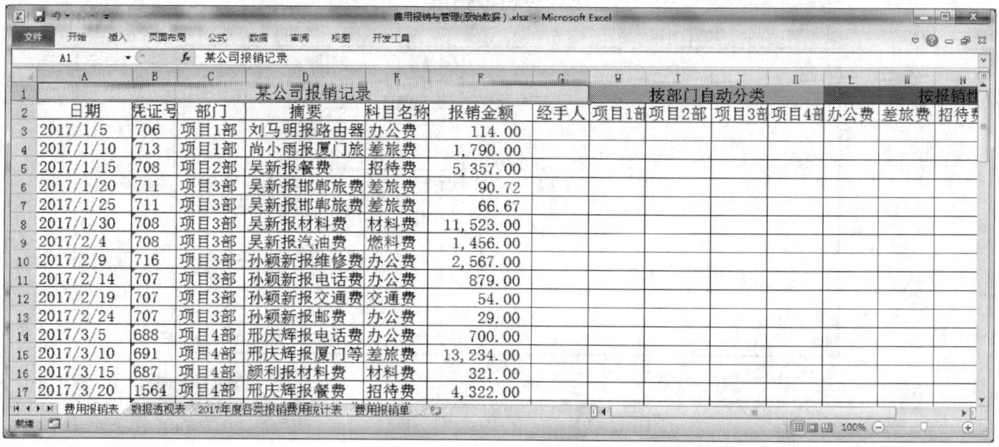

某公司报销记录							按部门自动分类				按报销性		
日期	凭证号	部门	摘要	科目名称	报销金额	经手人	项目1部	项目2部	项目3部	项目4部	办公费	差旅费	招待费
2017/1/5	706	项目1部	刘马明报路由器	办公费	114.00								
2017/1/10	713	项目1部	尚小雨报厦门旅	差旅费	1,790.00								
2017/1/15	708	项目2部	吴新报餐费	招待费	5,357.00								
2017/1/20	711	项目3部	吴新报邯郸旅费	差旅费	90.72								
2017/1/25	711	项目3部	吴新报邯郸旅费	差旅费	66.67								
2017/1/30	708	项目3部	吴新报材料费	材料费	11,523.00								
2017/2/4	708	项目3部	吴新报汽油费	燃料费	1,456.00								
2017/2/9	716	项目3部	孙颖新报维修费	办公费	2,567.00								
2017/2/14	707	项目3部	孙颖新报电话费	办公费	879.00								
2017/2/19	707	项目3部	孙颖新报交通费	交通费	54.00								
2017/2/24	707	项目3部	孙颖新报邮费	办公费	29.00								
2017/3/5	688	项目4部	邢庆辉报电话费	办公费	700.00								
2017/3/10	691	项目4部	邢庆辉报厦门等	差旅费	13,234.00								
2017/3/15	687	项目4部	颜利报材料费	材料费	321.00								
2017/3/20	1564	项目4部	邢庆辉报餐费	招待费	4,322.00								

图 8-1 费用报销表

①在费用报销表中根据摘要列提取经手人姓名填入经手人列中。

②在费用报销表中将报销费用的数据按部门自动归类，并填入按部门自动分类的区域中。

③在费用报销表中将报销费用的数据按报销性质自动归类，并填入按报销性质自动分类的区域中。

④在费用报销表中将报销费用超过 10 000 的记录红色突出显示。

⑤制作如表 8-1 所示的 2017 年度各类报销费用的总和及排名的表格，将计算结果填入“2017 年度各类报销费用统计表”中。

表 8-1　2017 年度各类报销费用统计表

报销名称	合计	排名
办公费		
差旅费		
招待费		
材料费		
交通费		
燃料费		

⑥创建不同日期各部门费用报销的数据透视表，具体要求如下：

a. 报表筛选设置为“日期”。

b. 列标签设置为“科目名称”。

c. 行标签设置为“部门”和“经手人”。

d. 数值为“求和项报销金额”。

e. 将数据透视表放置于名为“数据透视表”的工作表 A1 单元格开始的区域中。

f. 将数据透视表中各部门内员工的报销费用总计以从大到小的顺序显示。

⑦制作一个如图 8-2 所示的费用报销单，将其放置于名为“费用报销单”的工作表中，具体要求：

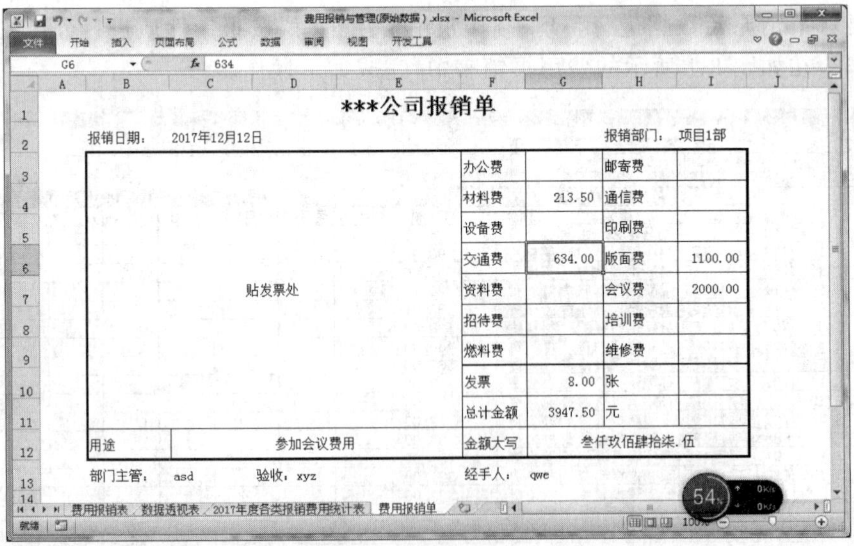

图 8-2　费用报销单

a. 报销日期，由系统日期自动填入，格式为＊＊＊＊年＊＊月＊＊日。

b. 报销部门设置为下拉列表选择填入（其中下拉列表选项为“项目 1 组”“项目 2 组”“项目 3 组”“项目 4 组”）。

c. 求报销单中的总计金额和大写金额。

⑧报销单创建完成后，取消网格线以及对报销单设置保护，并设定保护密码。其中 G3:G10 区域、I3:I9 区域、I2 单元格、C13 单元格、E13 单元格和 G13 单元格可以输入内容，也可以修改内容，其余部分则不能修改。

8.1.2 知识要点

①左截函数 LEFT 和文本查找函数 FIND。

②逻辑函数 IF。

③条件格式。

④条件求和函数 SUMIF 和排名函数 RANK.EQ。

⑤数据透视表。

⑥时间函数 YEAR、MONTH、DAY、TODAY 和字符链接符“&”。

⑦数据有效性设置。

⑧求和函数 SUM 和 TEXT 函数。

⑨工作表的保护。

8.1.3 操作步骤

1. 根据摘要填经手人姓名

在摘要中有一个共同特征：在经手人姓名后都有一个“报”字，只要获得“报”字的位置，就可以知道经手人姓名的长度，从而提取出姓名。要获得“报”字的位置，可以用 FIND 函数实现。具体操作步骤如下。

在费用报销表中 G3 单元格输入公式：=LEFT(D3,FIND("报",D3)-1)，按 Enter 键即可得到对应的经手人姓名。拖动填充柄完成其他单元格的填充。

2. 对报销费用的数据按部门自动分类

在费用报销表中 H3 单元格输入公式“=IF($C3=H$2,$F3,"")”，并向右填充至 K3 单元格，然后向下填充，完成按部门对报销费用自动分类(注意混合引用的使用)。

3. 对报销费用的数据按报销性质自动分类

在费用报销表中 L3 单元格输入公式“=IF($E3=L$2,$F3,"")”，并向右填充至 Q3 单元格，然后向下填充，完成按报销性质对报销费用自动分类，结果如图 8-3 所示(注意混合引用的使用)。

图 8-3 前 3 题操作后的结果

4. 将报销费用超过 10 000 的记录红色突出显示

(1)在费用报销表中选择 A3:Q 71 单元格区域。

(2)单击“开始”选项卡中的“样式”组中的“条件格式”下拉按钮,从下拉列表中选择“新建规则”命令,弹出“新建格式规则”对话框,选择“使用公式确定要设置格式的单元格”,在“为符合此公式的值设置格式”文本框中输入公式“=$F3>10 000”,如图 8-4 所示,单击“格式”按钮,弹出“设置单元格格式”对话框,单击“填充”选项卡,选择“红色”,如图 8-5 所示,单击“确定”按钮,再单击“确定”按钮,则得到如图 8-6 所示的结果。

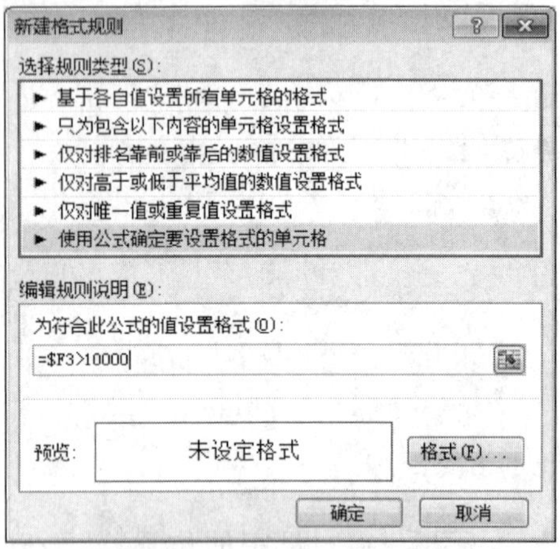

图 8-4　新建格式规则对话框

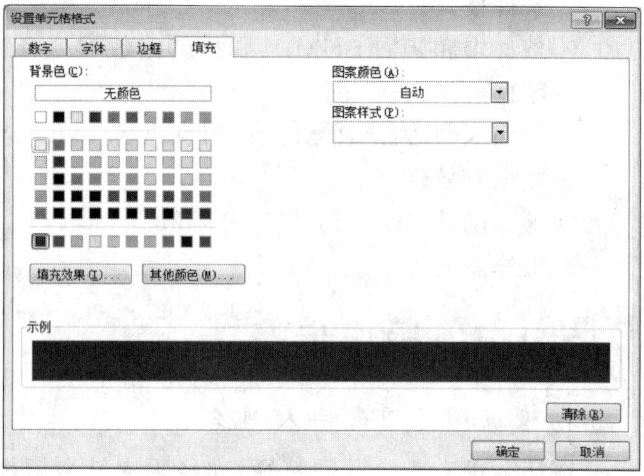

图 8-5　设置单元格格式对话框

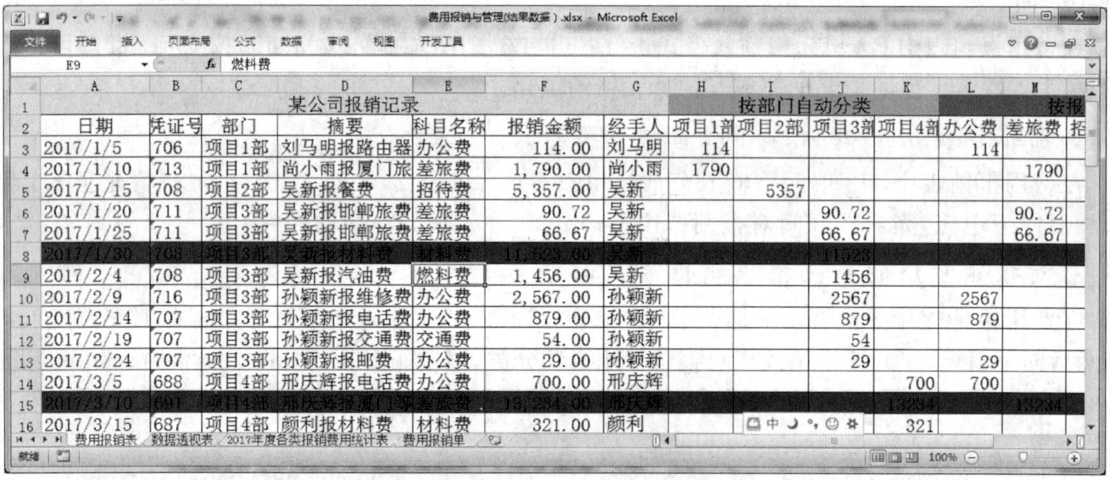

图 8-6　设置条件格式后的效果

5. 求 2017 年度各类报销费用合计

求各类报销费用合计是一个条件求和的问题,用 SUMIF 函数实现。在 2017 年度各类报销费用统计表中的 B3 单元格输入公式。

“=SUMIF(费用报销表!$E$3:$E$71,'2017 年度各类报销费用统计表'!A3,费用报销表!$F$3:$F$71)”,按 Enter 键后拖动填充柄完成填充。

各类报销费用排名可以用 RANK.EQ 函数实现。在 C3 单元格输入公式“=RANK.EQ(B3,$B$3:$B$8)”,按 Enter 键后拖动填充柄完成填充。计算结果如图 8-7 所示。

6. 创建不同日期各部门费用报销的数据透视表

创建数据透视表的操作步骤如下。

①单击费用报销表中的任意单元格。

②单击“插入”选项卡中的“表格”组中的“数据透视表”下拉按钮，在下拉列表中选择“数据透视表”命令，打开“创建数据透视表”对话框。在“创建数据透视表”对话框中，设定数据区域和选择放置的位置，如图 8-8 所示，单击“确定”按钮。

图 8-7 各类报销费用统计表

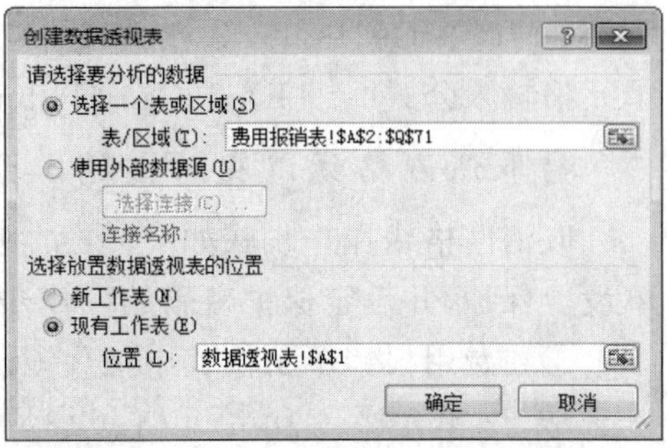

图 8-8 创建数据透视表

③将“选择要添加到报表的字段”列表框中的字段分别拖动到对应的“报表筛选”“列标签”“行标签”和“数值”框中(例如，将“日期”拖入“报表筛选”框，“科目名称”拖入“列标签”框，“部门”和“经手人”拖入“行标签”框和“报销费用”拖入“数值”框)，便能得到不同日期各部门费用报销的数据透视表，如图 8-9 所示。

④单击 H6 单元格并右击，在弹出的快捷菜单中选择“排序”下的“降序”命令，排序结果如图 8-10 所示。

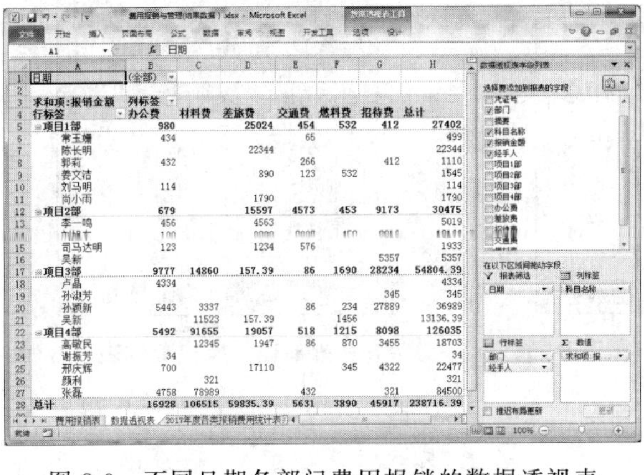

图 8-9 不同日期各部门费用报销的数据透视表

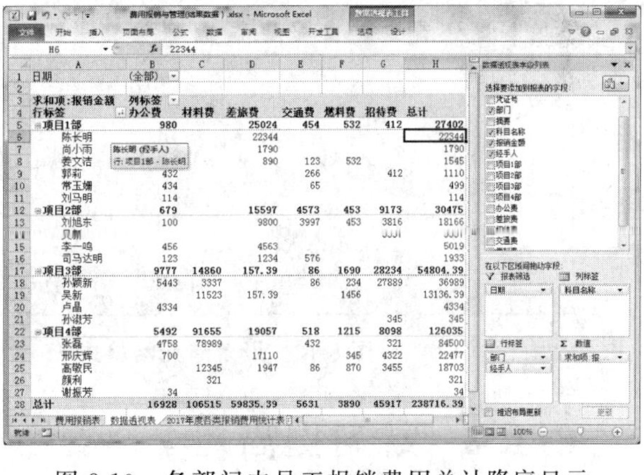

图 8-10 各部门内员工报销费用总计降序显示

7. 制作费用报销单

①在费用报销单工作表中，报销日期由系统日期自动填入，格式为＊＊＊＊年＊＊月＊＊日。在费用报销单工作表的 C2 单元格输入以下公式。

=YEAR(TODAY())&"年"&MONTH(TODAY())&"月"&DAY(TODAY())&"日"

②报销部门设置为下拉列表选择填入(其中下拉列表选项为“项目 1 组”“项目 2 组”“项目 3 组”“项目 4 组”)。

首先在费用报销单工作表中选择 I2 单元格，在“数据”选项卡中的“数据工具”组中的“数据有效性”按钮,打开“数据有效性”对话框,在“允许”下拉列表框中选择“序列”选项,在“来源”文本框中输入“项目1组,项目2组,项目3组,项目4组”(逗号为英文逗号),如图8-11所示。输入完后单击“确定”按钮就完成报销部门下拉列表的设置。

③求报销单中的总计金额和大写金额。

在费用报销单工作表的G11单元格输入公式“=SUM(G3:G9,I3:I9)”,在费用报销单工作表的G12单元格输入公式“=TEXT(G11,"[dbnum2]")”

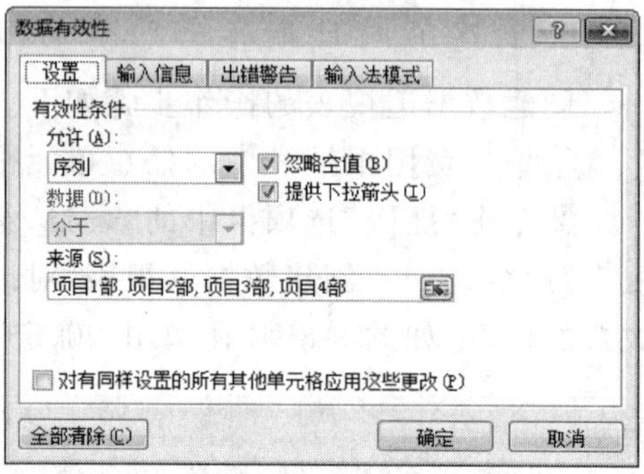

图8-11　设置有效性条件(序列)

8.取消网格线以及对报销单设置保护,并设定保护密码

取消网格线操作步骤如下。在“视图”选项卡下“显示”组中取消选中“网格线”复选框,对报销单设置保护,并设定保护密码的操作步骤如下。

①在费用报销单工作表中按住Ctrl键,同时选定不需要保护的单元格区域(G3:G10区域、I3:I9区域、I2单元格、G10单元格、C13单元格、E13单元格和G13单元格),右击选定的区域,在弹出的快捷菜单中选择“设置单元格格式”命令,弹出“设置单元格格式”对话框,单击“保护”选项卡,取消选中“锁定”复选框,如图8-12所示,单击“确定”按钮。

②单击“审阅”选项卡“更改”组中的“保护工作表”按钮,弹出“保护工作表”对话框,在“取消工作表保护时使用的密码”文本框中输入保护密码,在“允许此工作表的所有用户进行”列表框中取消选中“选定锁定单元格”复选框,如图8-13所示,最后单击“确定”,完成工作表的保护。

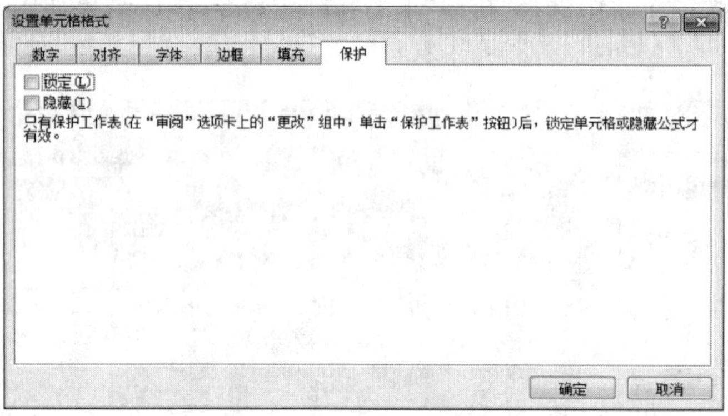

图8-12　设置单元格格式

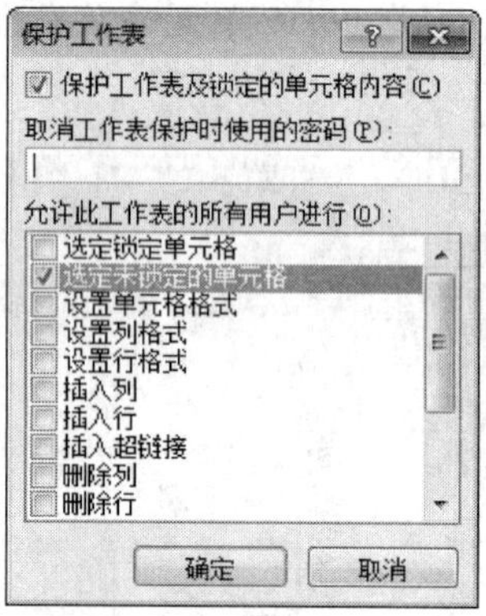

图8-13　保护工作表

8.1.4　练习提高

1.统计2017年度各部门报销费用的总和及排名填入如表8-2所示的表格中。

表8-2　2017年各部门报销费用汇总表

部门	报销费用合计	排名
项目1部		
项目2部		
项目3部		
项目4部		

2. 筛选出报销费用表中招待费超过 5 000 或差旅费超过 10 000 的记录，将筛选结果放置于表中 A73 开始的区域。

3. 对报销费用表按照科目名称对报销费用进行分类求和。

8.2 期末考试成绩统计与分析

8.2.1 问题描述

学期期末考试结束后，需要对考试成绩进行分析、统计计算。如图 8-14 所示是一次《大学计算机基础》期末考试的成绩表，请根据表内的信息按要求完成以下操作。

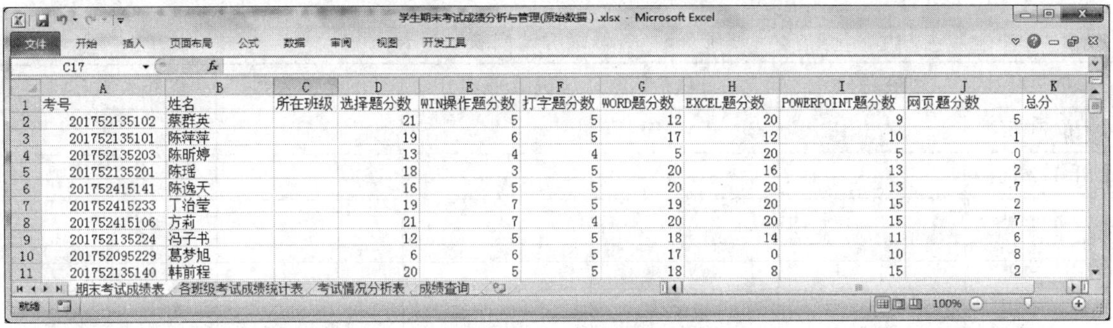
学生期末考试成绩分析与管理(原始数据).xlsx - Microsoft Excel

	A	B	C	D	E	F	G	H	I	J	K
1	考号	姓名	所在班级	选择题分数	WIN操作题分数	打字题分数	WORD题分数	EXCEL题分数	POWERPOINT题分数	网页题分数	总分
2	201752135102	蔡群英		21	5	5	12	20	9	5	
3	201752135101	陈萍萍		19	6	5	17	12	10	1	
4	201752135203	陈昕婷		13	4	4	5	20	5	0	
5	201752135201	陈瑶		18	3	5	20	16	13	2	
6	201752415141	陈逸天		16	5	5	20	20	13	7	
7	201752415233	丁治莹		19	7	5	19	20	15	2	
8	201752415106	方莉		21	7	4	20	20	15	7	
9	201752135224	冯子书		12	5	5	18	14	11	6	
10	201752095229	葛梦旭		6	6	5	17	0	10	8	
11	201752135140	韩前程		20	5	5	18	8	15	2	

期末考试成绩表 / 各班级考试成绩统计表 / 考试情况分析表 / 成绩查询

图 8-14 “大学计算机基础”期末考试成绩表

①在期末考试成绩表中利用数组公式求每个学生的总分。

②在期末考试成绩表中根据每个学生的学号确定学生所在的班级。其中学号的前 4 位表示入学年份，7 和 8 两位表示专业(13 表示营销专业、41 表示会计专业、09 表示国经专业)，第 10 位表示几班(1 表示 1 班，2 表示 2 班等)。例如，学号 201752135102 所对应的班级为营销 171 班，201752415201 所对应的班级为会计 172 班等。

③在期末考试成绩表中的“总分”列后增加一列“总评”，总评采用五级制，划分的依据如表 8-3 所示。在期末考试成绩表中的 P1:Q6 区域输入表 8-3 的内容，并将区域 P1:Q6 定义名称为“五级制划分表”。利用查找函数实现总评的填入，并在公式中引用所定义的名称“五级制划分表”。

表 8-3 总评五级制划分标准

分数	总评
0	E
60	D
70	C
80	B
90	A

④利用函数完成成绩分布表的计算，如表 8-4 所示，并将计算结果填入期末考试成绩表中 A80 开始的统计区域中。

表 8-4　统计各分数段的人数

分数区间	人数
90 以上	
80～89	
70～79	
60～69	
60 以下	

⑤利用函数求总成绩标准差,填入期末考试成绩表中相应的单元格。

⑥利用公式和函数完成表 8-5 的计算,其中班级平均分保留一位小数,并将计算结果填入各班级考试成绩统计表中。

表 8-5　各班级考试成绩统计表

班级	最高分	最低分	班级平均分	不合格人数	优秀人数(>=90)
会计 171 班					
会计 172 班					
国经 171 班					
国经 172 班					
营销 171 班					
营销 172 班					

⑦根据表 8-6 题型及分数分配表利用函数完成表 8-7 学生考试情况分析表的计算,并将计算结果填入考试情况分析表中。

表 8-6　题型及分数分配表

题型	选择题	Windows 操作	汉字输入	Word 操作	Excel 操作	PPT 操作	网页操作
分数	25	7	5	20	20	15	8

表 8-7　考试情况分析表

题型	选择题	Windows 操作	汉字输入	Word 操作	Excel 操作	PPT 操作	网页操作
平均分							
失分率							

⑧根据期末考试成绩表筛选出单项题分数至少有一项为 0 的学生记录,放置于期末考试成绩表 A99 开始的区域。

⑨根据表 8-4 的统计数据做一个显示百分比的成绩分布饼图。

8.2.2　知识要点

①数组公式。

②MID 函数、IF 函数和字符连接符"&"。

③查找函数 VLOOKUP 和名称。

④单条件统计 COUNTIF 函数,多条件统计 COUNTIFS 函数。

⑤标准偏差函数 STDEVA。

⑥数组公式、MAX 函数、IF 函数、AVERAGEIF 函数、ROUND 函数和 COUNTIFS 函数。

⑦AVERAGE 函数、公式、单元格格式设置。

⑧高级筛选。

⑨图表。

8.2.3 操作步骤

1. 利用数组公式求每个学生的总分

在期末考试成绩表中选择 K2:K76 单元格区域,在公式编辑栏中输入公式"=D2:D76+E2:E76+F2:F76+G2:G76+H2:H76+I2:I76+J2:J76",按 Ctrl+Shift+Enter 组合键完成总分的计算。

2. 根据每个学生的学号确定学生所在的班级

在期末考试成绩表中 C2 单元格输入公式"=IF(MID(A2,7,2)="13","营销",IF(MID(A2,7,2)="41","会计","国经"))&MID(A2,3,2)&MID(A2,10,1)&"班"",按 Enter 键后拖动填充柄完成其他单元格的填充,如图 8-15 所示。

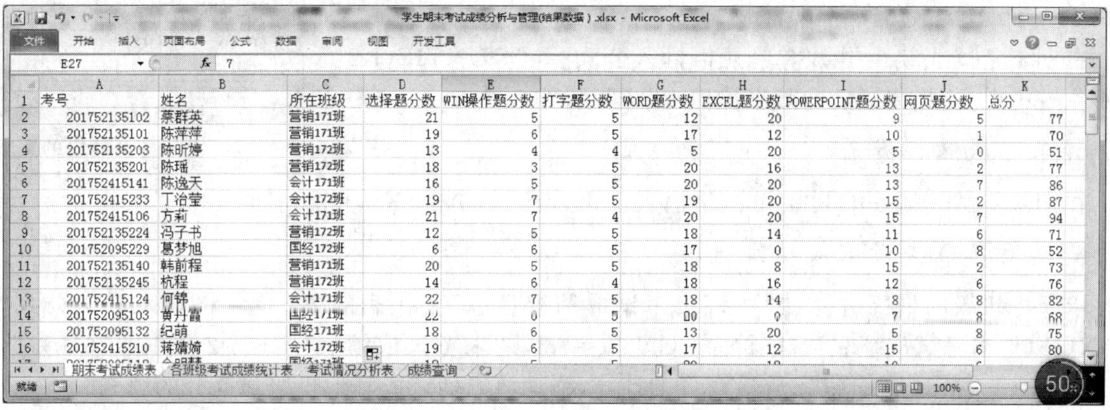

考号	姓名	所在班级	选择题分数	WIN操作题分数	打字题分数	WORD题分数	EXCEL题分数	POWERPOINT题分数	网页题分数	总分
201752135102	蔡群英	营销171班	21	5	5	12	20	9	5	77
201752135101	陈萍萍	营销171班	19	6	5	17	12	10	1	70
201752135203	陈昕婷	营销172班	13	4	4	5	20	5	0	51
201752135201	陈瑶	营销172班	18	3	5	20	16	13	2	77
201752415141	陈逸天	会计171班	16	5	5	20	20	13	7	86
201752415233	丁治莹	会计172班	19	7	5	19	20	15	2	87
201752415106	方莉	会计171班	21	7	4	20	20	15	7	94
201752135224	冯子书	营销172班	12	5	5	18	14	11	6	71
201752095229	葛梦旭	国经172班	6	6	5	17	0	10	8	52
201752135140	韩前程	营销171班	20	5	5	18	8	15	2	73
201752135245	杭程	营销172班	14	6	4	18	16	12	6	76
201752415124	何锦	会计171班	22	7	5	18	14	8	8	82
201752095103	黄丹霞	国经171班	22	0	5	[illegible]	0	7	8	68
201752095132	纪萌	国经171班	18	6	5	13	20	5	8	75
201752415210	蒋婧婍	会计172班	19	6	5	17	12	15	6	80

图 8-15　班级填充结果

3. 求总评

①在期末考试成绩表的 L1 单元格输入"总评"。

②在期末考试成绩表的 P1:Q6 区域建立如表 8-3 所示的五级制划分表。

③选中 P1:Q6 区域,右键单击,在弹出的快捷菜单中单击"定义名称"命令,在弹出的"新建名称"对话框中输入名称"五级制划分表"。

④在期末考试成绩表的 L2 单元格输入公式"=VLOOKUP(K2,五级制划分表,2,TRUE)",按 Enter 键后拖动鼠标完成总评的填充。操作结果如图 8-16 所示。

	E	F	G	H	I	J	K	L	P	Q
1	WIN操作题分数	打字题分数	WORD题分数	EXCEL题分数	POWERPOINT题分数	网页题分数	总分	总评	分数	总评
2	5	5	12	20	9	5	77	C	0	E
3	6	5	17	12	10	1	70	C	60	D
4	4	4	5	20	5	0	51	E	70	C
5	3	5	20	16	13	2	77	C	80	B
6	5	5	20	20	13	7	86	B	90	A
7	7	5	19	20	15	2	87	B		
8	7	4	20	20	15	7	94	A		
9	5	5	18	14	11	6	71	C		
10	6	5	17	0	10	8	52	E		
11	5	5	18	8	15	2	73	C		
12	6	4	18	16	12	6	76	C		
13	7	5	18	14	8	8	82	B		
14	6	5	20	0	7	8	68	D		
15	6	5	13	20	5	8	75	C		
16	6	5	17	12	15	6	80	B		

图 8-16　总评的填充结果

4. 利用函数完成成绩分布表的计算

在期末考试成绩表中 B82 单元格输入公式“=COUNTIF(K2:K76,″>=90″)”。

在期末考试成绩表中 B83 单元格输入公式“=COUNTIFS(K2:K76,″>=80″,K2:K76,″<90″)”。

在期末考试成绩表中 B84 单元格输入公式“=COUNTIFS(K2:K76,″>=70″,K2:K76,″<80″)”。

在期末考试成绩表中 B85 单元格输入公式“=COUNTIFS(K2:K76,″>=60″,K2:K76,″<70″)”。

在期末考试成绩表中 B86 单元格输入公式“=COUNTIF(K2:K76,″<60″)”。计算完成后的效果如图 8-17 所示。

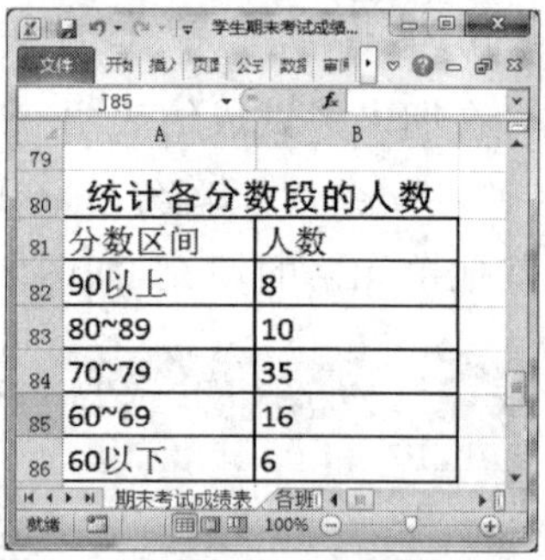

	A	B
80	统计各分数段的人数	
81	分数区间	人数
82	90以上	8
83	80~89	10
84	70~79	35
85	60~69	16
86	60以下	6

图 8-17　统计各分数段的人数

5. 求总成绩标准差

在期末考试成绩表中 K77 单元格输入公式“=STDEVA(K2:K76)”。

6. 填写各班级考试成绩统计表

求每个班级的最高分。在“各班级考试成绩统计表”工作表的 B3 单元格输入数组公式“=MAX(IF(期末考试成绩表!$C$2:$C$76=A3,期末考试成绩表!$K$2:$K$76,0))”，按 Ctrl+Shift+ Enter 组合键完成最高分的计算，拖动填充柄完成其他班级最高分的填充。

公式“=MAX(IF(期末考试成绩表!$C$2:$C$76=A3,期末考试成绩表!$K$2:$K$76,0))”的意义是外侧 MAX 表示求圆括号内各数的最大值；里面的“IF(期末考试成绩表!$C$2:$C$76=A3,期末考试成绩表!$K$2:$K$76,0)”的运算流程是判别期末考试成绩表!$C$2:$C$76(期末考试成绩表所在班级列)区域内单元格的值是不是为 A3（″会计 171 班″），如果是则结果为“总分”列对应的分数，否则结果为 0。选中编辑栏公式中的“IF(期末考试成绩表!$C$2:$C$76=A3,期末考试成绩表!$K$2:$K$76,0)”按键盘上的 F9 键，得到其运算结果为“{0;0;0;0;86;0;94;0;0;0;0;82;0;0;0;0;0;78;0;0;0;0;99;0;0;0;0;0;0;0;0;0;0;0;0;0;0;0;0;0;90;85;0;0;95;0;0;0;0;0;0;0;0;0;0;97;0;0;0;0;0;0;0;0;0;0;0;0;0;0;0;0;87;0}”(按了 F9 键后注意按 Esc 键返回公式状态)。因此，公式的计算结果求的是指定班级的最高分。

求每个班级的最低分。在“各班级考试成绩统计表”工作表的 C3 单元格输入公式“=MIN(IF(期末考试成绩表!$C$2:$C$76=A3,期末考试成绩表!$K$2:$K$76,101))”，按 Ctrl+Shift+ Enter 组合键完成最低分的计算，拖动填充柄完成其他班级最低分的填充。

求每个班级的最低分的数组公式的意义同求最高分的数组公式类似，但要注意里面的“IF(期末考试成绩表！$C$2:$C$76=A3,期末考试成绩表！$K$2:$K$76,101)”，不满足条件时，值取＞100 的数(因总分满分 100)，不能取 0，否则会影响求最小值。

求每个班级的平均分，并保留一位小数。在“各班级考试成绩统计表”工作表的 D3 单元格输入公式“=ROUND(AVERAGEIF(期末考试成绩表！$C$2:$C$76,各班级考试成绩统计表！A3,期末考试成绩表！$K$2:$K$76),1)”，按 Enter 键完成班级平均分的计算，拖动填充柄完成其他班级平均分的填充。

求每个班级的不合格人数。在“各班级考试成绩统计表”工作表的 E3 单元格输入公式“=COUNTIFS(期末考试成绩表！$C$2:$C$76,各班级考试成绩统计表！A3,期末考试成绩表！$K$2:$K$76,"<60")”，按 Enter 键完成不及格人数的统计，拖动填充柄完成其他班级不合格人数的填充。

求每个班级的优秀人数。在“各班级考试成绩统计表”工作表的 F3 单元格输入公式“=COUNTIFS(期末考试成绩表！$C$2:$C$76,各班级考试成绩统计表！A3,期末考试成绩表！$K$2:$K$76,">=90")”，按 Enter 键完成优秀人数的统计，拖动填充柄完成其他班级优秀人数的填充。

各班级考试成绩统计表操作结果如图 8-18 所示。

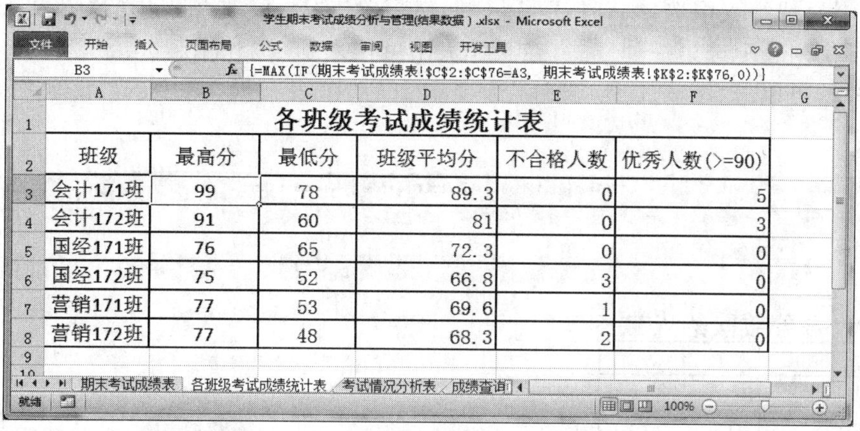

班级	最高分	最低分	班级平均分	不合格人数	优秀人数(>=90)
会计171班	99	78	89.3	0	5
会计172班	91	60	81	0	3
国经171班	76	65	72.3	0	0
国经172班	75	52	66.8	3	0
营销171班	77	53	69.6	1	0
营销172班	77	48	68.3	2	0

图 8-18 各班级考试成绩统计表操作结果

7. 填写考试情况分析表

在考试情况分析表的 B6 单元格输入公式“=AVERAGE(期末考试成绩表!D2:D76)”，按 Enter 键后向右拖动填充柄完成平均分的填充。

在考试情况分析表的 B7 单元格输入公式“=(B3-B6)/B3”，按 Enter 键，单击“开始”选项卡中的“数字”组中的“百分比”按钮，向右拖动填充柄完成失分率的填充。

8. 筛选出单项题分数至少有一项为 0 的学生记录

①在期末考试成绩表中 A88:G95 区域做如图 8-19 所示的条件区域。

选择题分数	WIN操作题	打字题分数	WORD题分数	EXCEL题分数	POWERPOINT题	网页题分数
0						
	0					
		0				
			0			
				0		
					0	
						0

图 8-19 条件区域

②单击“数据”选项卡下“排序和筛选”组中的“高级”按钮，在打开的“高级筛选”对话框中进行筛选设置，并将筛选结果置于 A99 开始的区域，操作结果如图 8-20 所示。

图 8-20　高级筛选结果

9. 根据表 8-4 的统计数据做一个显示百分比的成绩分布饼图

①在期末考试成绩表中选择 A81:B86 区域，然后单击“插入”选项卡中的“图表”组中的“饼图”下拉按钮，从下拉列表中选第一种样式，在工作表中就插入了一个饼图。

②选中饼图，再单击“图表工具/设计”选项卡中的“图表布局”组中的“布局 2”，操作结果如图 8-21 所示。

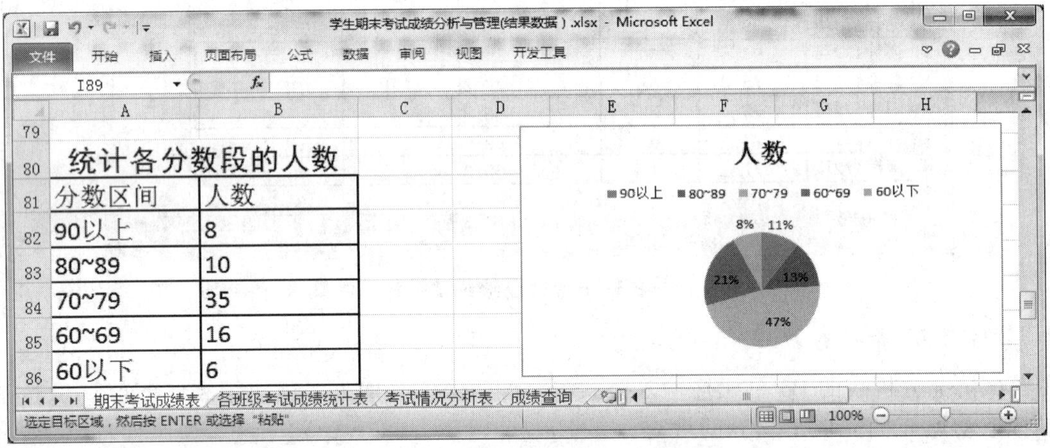

图 8-21　显示百分比的成绩分布饼图

8.2.4　练习提高

①在期末考试成绩表中用红色将总分最高的记录标示出来。

②在期末查询表中利用查找函数，根据学生的学号建立查询，查询学生的成绩，如图 8-22 所示，即在学号框中输入学号，在成绩框中自动显示成绩。

③在期末考试成绩表中总评旁增加一列“名次”，为学生的考试成绩排名。

④根据期末考试成绩表中的数据建立一个如图 8-23 所示的数据透视表，并以此数据透视表的结果为基础，创建一个簇状柱形图，对各班级的平均分进行比较，将此图表放置于一个名为“柱形分析图”的新工作表中。

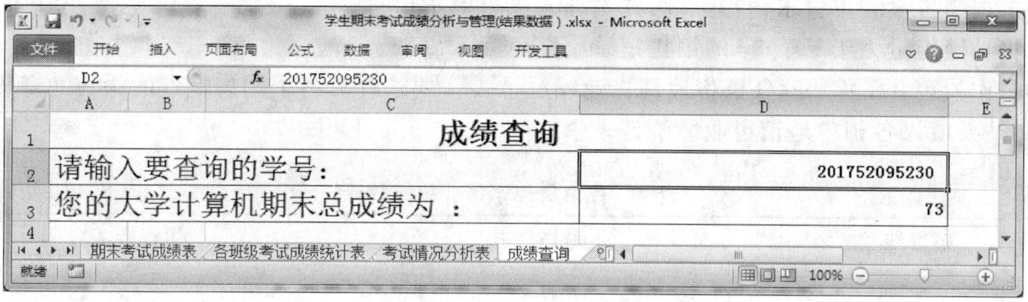

图 8-22 成绩查询

行标签	平均值项:总分	最大值项:总分	最小值项:总分
国经171班	72.33	76	65
国经172班	66.75	75	52
会计171班	89.30	99	78
会计172班	81.00	91	60
营销171班	69.57	77	53
营销172班	68.33	77	48
总计	**73.77**	**99**	**48**

图 8-23 数据透视表

8.3 家电销售统计与分析

8.3.1 问题描述

每年年底,家电销售公司都要对本公司各销售点和销售人员的销售情况进行分析与统计,要求根据图 8-24 所示的 2017 年家电销售统计表中列出的项目完成以下工作:

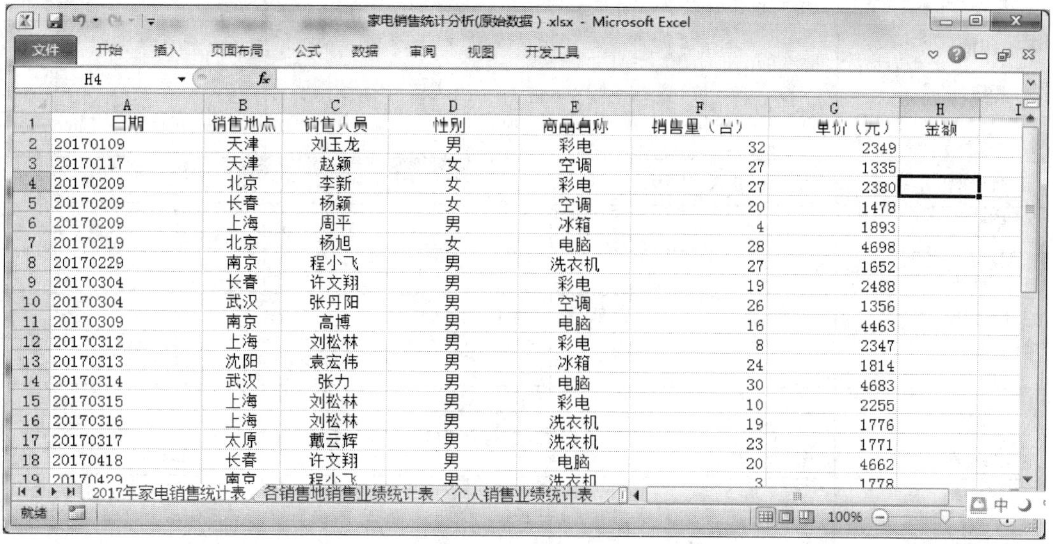

日期	销售地点	销售人员	性别	商品名称	销售量(台)	单价(元)	金额
20170109	天津	刘玉龙	男	彩电	32	2349	
20170117	天津	赵颖	女	空调	27	1335	
20170209	北京	李新	女	彩电	27	2380	
20170209	长春	杨颖	女	空调	20	1478	
20170209	上海	周平	男	冰箱	4	1893	
20170219	北京	杨旭	女	电脑	28	4698	
20170229	南京	程小飞	男	洗衣机	27	1652	
20170304	长春	许文翔	男	彩电	19	2488	
20170304	武汉	张丹阳	男	空调	26	1356	
20170309	南京	高博	男	电脑	16	4463	
20170312	上海	刘松林	男	彩电	8	2347	
20170313	沈阳	袁宏伟	男	冰箱	24	1814	
20170314	武汉	张力	男	电脑	30	4683	
20170315	上海	刘松林	男	彩电	10	2255	
20170316	上海	刘松林	男	洗衣机	19	1776	
20170317	太原	戴云辉	男	洗衣机	23	1771	
20170418	长春	许文翔	男	电脑	20	4662	
20170429	南京	程小飞	男	洗衣机	3	1778	

图 8-24 家电销售统计表

①整理数据,将 2017 年家电销售统计表中文本日期转换为日期型数据,并填入原“日期”列中。

②在“销售人员”列后增加一列,名称为“性别”,其值(男或女)在下拉列表中选择填入。

③根据销售量和单价求销售金额,并添加人民币的货币符号。

④将日销售量大于等于 30 的销售记录用红色标示出来。

⑤制作如表 8-8 所示的各销售地销售业绩统计表。要求计算各个销售地点的销售总额及销售排名,将结果填入各销售地销售业绩统计表中。

表 8-8　各销售地销售业绩统计表

销售地	销售总额	销售排名
北京		
天津		
上海		
南京		
沈阳		
太原		
武汉		
长春		

⑥制作如表 8-9 所示的个人销售业绩统计表。根据家电销售统计表,计算每个销售员的年销售总额及销售排名,并根据销售总额计算每个销售员的销售提成,提成的计算方法为:每人的年销售定额为 50 000 元,超出定额部分给予提成奖励,奖励规定为:超过部分给予 1%的奖励,未超过,则提成奖励为 0,将计算结果填入个人销售业绩统计表中。

表 8-9　个人销售业绩统计表

姓名	销售总额	销售排名	销售提成
程小飞			
戴云辉			
高博			
贺建华			
李新			
刘松林			
刘玉龙			
王鹏			
许文翔			
杨旭			
杨颖			
袁宏伟			
张丹阳			
张力			
赵颖			
周平			

⑦制作商品月销售业绩统计表与折线图。根据家电销售统计表，计算各种商品月销售额业绩，填入商品月销售业绩统计表中，并根据该统计表生成一个反映各种商品月销售业绩变化的折线图。

⑧筛选记录。根据 2017 年家电销售统计表，筛选出销售地为“北京”，商品名称为“彩电”或“电脑”的记录，将筛选结果放置于 2017 年家电销售统计表中 J1 开始的区域。

⑨制作一个显示每个销售员每个季度所销售的不同商品的销售量及销售金额的数据透视表。

8.3.2 知识要点

①LEFT 函数、MID 函数和 DATE 函数。

②数据有效性设置。

③公式运算及单元格格式设置。

④条件格式。

⑤SUMIF 函数、RANK.EQ 函数和 IF 函数。

⑥数组公式、MONTH 函数、COLUMN 函数。

⑦高级筛选。

⑧数据透视表。

8.3.3 操作步骤

1.将表中文本日期转换为日期型的数据

在 2017 年家电销售统计表中的 H2 单元格输入公式“=DATE(LEFT(A2,4),MID(A2,5,2),MID(A2,7,2))”，按 Enter 键后拖动填充柄完成所有文本日期的转换。选中 H2:H37，右击，在弹出的快捷菜单中，选择“复制”命令，右击 A2 单元格，在弹出的快捷菜单中选择“粘贴选项”中的“值”，而后右击，在弹出的快捷菜单中选择“设置单元格格式”命令，在“分类”列表框中选择“日期”，单击“确定”按钮。最后，将 H2:H37 单元格区域中的数据删除。

2.在“销售员”列后增加一列，名称为“性别”，其值(男或女)在下拉列表中选择填入

在 2017 年家电销售统计表中“商品名称”列右击，在快捷菜单中选择“插入”命令，插入一列，在 D1 单元格输入“性别”。选择 D2:D37 区域，单击“数据”选项卡中的“数据有效性”按钮，弹出“数据有效性”对话框，在“设置”选项卡下，在“允许”下拉列表框中选择“序列”，在“来源”文本框中输入“男,女”，如图 8-25 所示，单击“确定”按钮，完成下拉列表的生成。

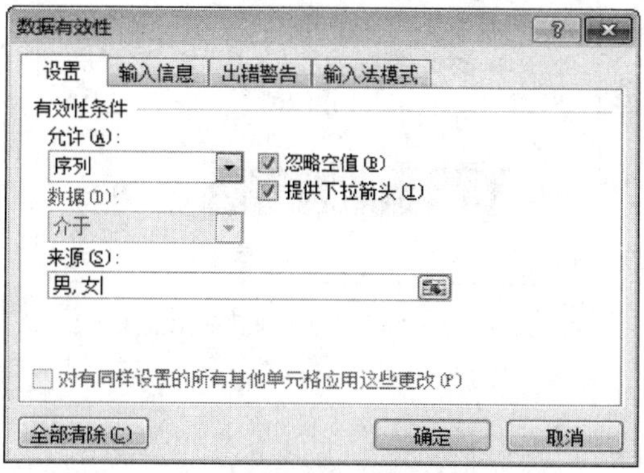

图 8-25　数据有效性设置对话框

3.根据销售量和单价求销售金额,并添加人民币的货币符号

在2017年家电销售统计表中H2单元格输入公式"=F2 * G2",按Enter键并拖动填充柄完成填充。接着右击该单元格,在弹出的快捷菜单中选择"设置单元格格式"命令,弹出"设置单元格格式"的对话框,在"数字"选项卡下的"分类"列表框中选择"货币",在"货币符号"下拉列表框中选择"中文(中国)",如图8-26所示,单击"确定"按钮。

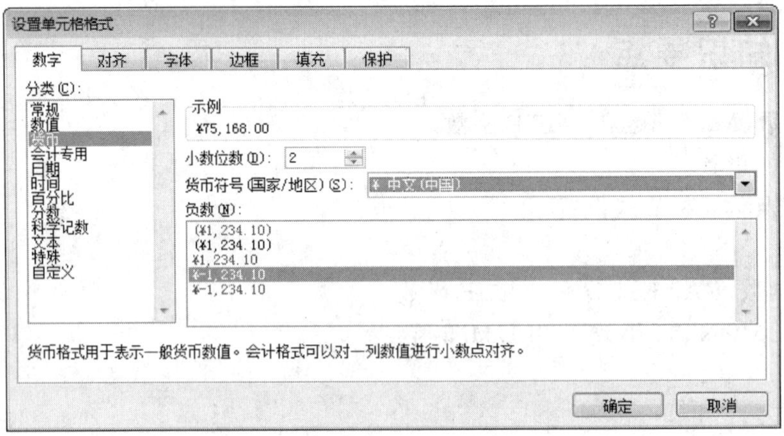

图 8-26 "设置单元格格式"的对话框

4.将日销售量大于等于30的销售记录用红色标示出来

①选择A2:H37单元格区域。

②单击"开始"选项卡中的"样式"组中的"条件格式"下拉按钮,从下拉列表中选择"新建规则"命令,弹出"新建格式规则"对话框。选择"使用公式确定要设置格式的单元格",在"为符合此公式的值设置格式"文本框中输入公式"=$F2>30",如图8-27所示,单击"格式"按钮,在弹出的"设置单元格格式"对话框单击"填充"选项卡,选择"红色",单击"确定",再次单击"确定"按钮,则得到如图8-28所示的结果。

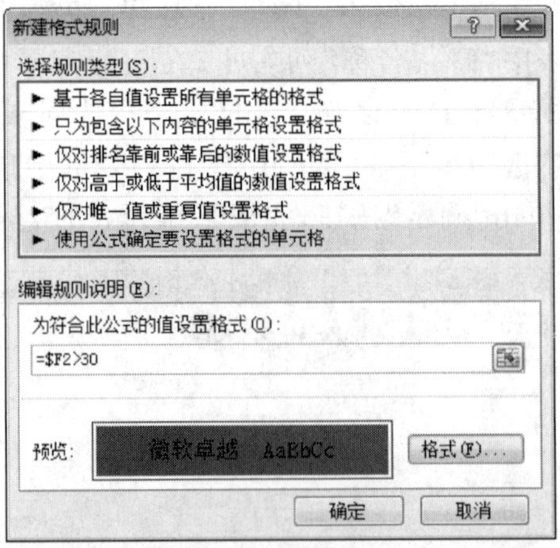

图 8-27 "新建格式规则"对话框

	A	B	C	D	E	F	G	H
1	日期	销售地点	销售人员	性别	商品名称	销售量（台）	单价（元）	金额
2	2017/1/9	天津	刘玉龙	男	彩电	32	2349	¥75,168.00
3	2017/1/17	天津	赵颖	女	空调	27	1335	¥36,045.00
4	2017/2/9	北京	李新	女	彩电	27	2380	¥64,260.00
5	2017/2/9	长春	杨颖	女	空调	20	1478	¥29,560.00
6	2017/2/9	上海	周平	男	冰箱	4	1893	¥7,572.00
7	2017/2/19	北京	杨旭	女	电脑	28	4698	¥131,544.00
8	2017/3/1	南京	程小飞	男	洗衣机	27	1652	¥44,604.00
9	2017/3/4	长春	许文翔	男	彩电	19	2488	¥47,272.00
10	2017/3/4	武汉	张丹阳	男	空调	26	1356	¥35,256.00
11	2017/3/9	南京	高博	男	电脑	16	4463	¥71,408.00
12	2017/3/12	上海	刘松林	男	彩电	8	2347	¥18,776.00
13	2017/3/13	沈阳	袁宏伟	男	冰箱	24	1814	¥43,536.00
14	2017/3/14	武汉	张力	男	电脑	30	4683	¥140,490.00
15	2017/3/15	上海	刘松林	男	彩电	10	2255	¥22,550.00
16	2017/3/16	上海	刘松林	男	洗衣机	19	1776	¥33,744.00
17	2017/3/17	太原	戴云辉	男	洗衣机	23	1771	¥40,733.00
18	2017/4/18	长春	许文翔	男	电脑	20	4662	¥93,240.00
19	2017/4/29	南京	程小飞	男	洗衣机	3	1778	¥5,334.00
20	2017/5/20	沈阳	王鹏	男	电脑	32	4729	¥151,328.00
21	2017/5/21	太原	贺建华	男	彩电	24	2216	¥53,184.00
22	2017/5/22	沈阳	王鹏	男	洗衣机	34	1555	¥52,870.00
23	2017/6/23	天津	刘玉龙	男	电脑	7	4746	¥33,222.00
24	2017/6/24	北京	李新	女	冰箱	21	1903	¥39,963.00

图 8-28　前 4 题操作的结果

5. 制作各销售地销售业绩统计表

求各销售地销售业绩是一个条件求和的问题，用 SUMIF 函数实现。在各销售地销售业绩统计表中的 B3 单元格输入公式“=SUMIF('2017 年家电销售统计表'!＄B＄2:＄B＄37,各销售地销售业绩统计表!A3,'2017 年家电销售统计表'!＄H＄2:＄H＄37)”，按 Enter 键后拖动填充柄完成填充。

销售排名可以用 RANK.EQ 函数实现。在 C3 单元格输入公式“=RANK.EQ(B3,＄B＄3:＄B＄10)”，按 Enter 键后拖动填充柄完成填充，计算结果如图 8-29 所示。

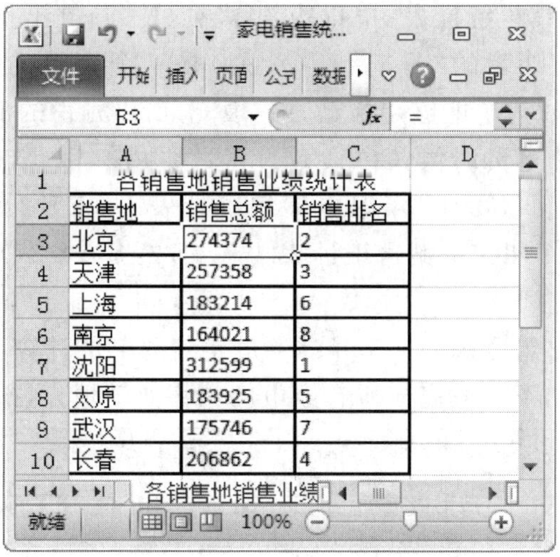

	A	B	C
1	各销售地销售业绩统计表		
2	销售地	销售总额	销售排名
3	北京	274374	2
4	天津	257358	3
5	上海	183214	6
6	南京	164021	8
7	沈阳	312599	1
8	太原	183925	5
9	武汉	175746	7
10	长春	206862	4

图 8-29　各销售地销售业绩统计表

6. 制作个人销售业绩统计表

求销售员的销售总额是一个条件求和的问题，用 SUMIF 函数实现。在个人销售业绩统计表中的 B3 单元格输入公式“=SUMIF('2017 年家电销售统计表'!＄C＄2:＄C＄37,'个人销售业绩统计表'!A3,'2017 年家电销售统计表'!＄H＄2:＄H＄37)”，按 Enter 键后拖动填充柄完成填充。

求销售排名可以用 RANK.EQ 函数实现。在 C3 单元格输入公式“=RANK.EQ(B3,$B$3:$B$18)”,按 Enter 键后拖动填充柄完成填充。

求销售提成可以用 IF 函数实现。在 D3 单元格输入公式“=IF(B3>50 000,(B3−50 000)*0.01,0)”,按 Enter 键后拖动填充柄完成填充,操作结果如图 8-30 所示。

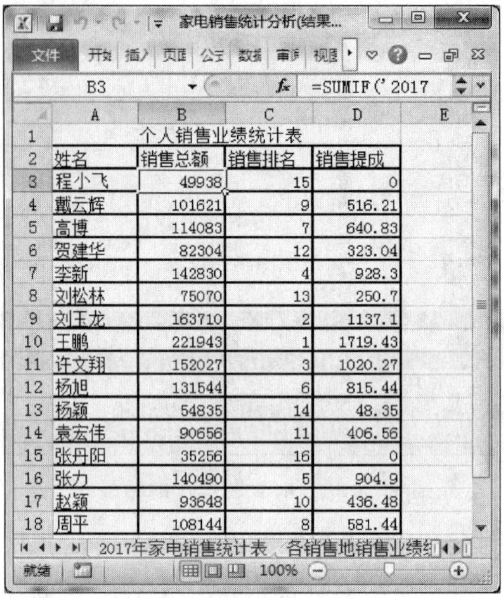

	个人销售业绩统计表		
姓名	销售总额	销售排名	销售提成
程小飞	49938	15	0
戴云辉	101621	9	516.21
高博	114083	7	640.83
贺建华	82304	12	323.04
李新	142830	4	928.3
刘松林	75070	13	250.7
刘玉龙	163710	2	1137.1
王鹏	221943	1	1719.43
许文翔	152027	3	1020.27
杨旭	131544	6	815.44
杨颖	54835	14	48.35
袁宏伟	90656	11	406.56
张丹阳	35256	16	0
张力	140490	5	904.9
赵颖	93648	10	436.48
周平	108144	8	581.44

图 8-30　个人销售业绩统计表

7. 制作商品月销售业绩统计表与折线图

①制作商品月销售业绩统计表。求各商品月销售业绩是条件求和的问题,但此题条件复杂,很难用条件求和函数计算得到,故采用数组公式计算。首先求和条件的描述,表示商品的类别,比较简单,只需在 2017 年家电销售统计表的“商品名称”列(E 列)挑出指定类别就可以;表示统计的月份,因 2017 年家电销售统计表的“日期”列(A 列)是一个完整的日期格式,要表示月必须用 MONTH 函数提取月份,同时为了能够用拖动方式填充,所以月份的值用 COLUMN 函数来表示。第 2 列表示 1 月,所以具体表示的时候,COLUMN 函数要减 1,因此,在月销售业绩统计表中的 B2 单元格输入以下公式“=SUM(('2017 年家电销售统计表'!$E$2:$E$37=月销售业绩统计表!$A2)*(MONTH('2017 年家电销售统计表'!$A$2:$A$37)=COLUMN()−1)*'2017 年家电销售统计表'!$H$2:$H$37)”。

按 Ctrl + Shift +Enter 组合键完成 1 月冰箱的销售总额的计算,向右拖动填充柄完成各个月份的冰箱销售总额的填充,向下填充完成所有家电的销售业绩填充,操作结果如图 8-31 所示。

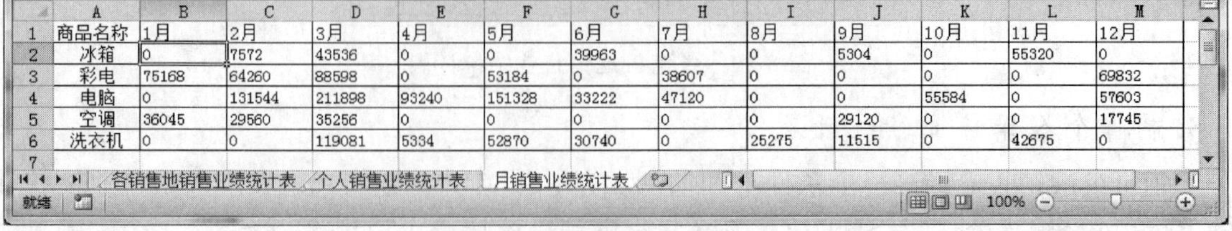

商品名称	1月	2月	3月	4月	5月	6月	7月	8月	9月	10月	11月	12月
冰箱	0	7572	43536	0	0	39963	0	0	5304	0	55320	0
彩电	75168	64260	88598	0	53184	0	38607	0	0	0	0	69832
电脑	0	131544	211898	93240	151328	33222	47120	0	0	55584	0	57603
空调	36045	29560	35256	0	0	0	0	0	29120	0	0	17745
洗衣机	0	0	119081	5334	52870	30740	0	25275	11515	0	42675	0

图 8-31　月销售业绩统计表

②制作反映各种商品月销售业绩变化的折线图。单击月销售业绩统计表的任一单元格，单击“插入”选项卡中的“图表”组中的“折线图”下拉按钮，从下拉列表中选择“二维折线图”中的第 4 种类型“带数据标志的折线图”，即可生成如图 8-32 所示的折线图。

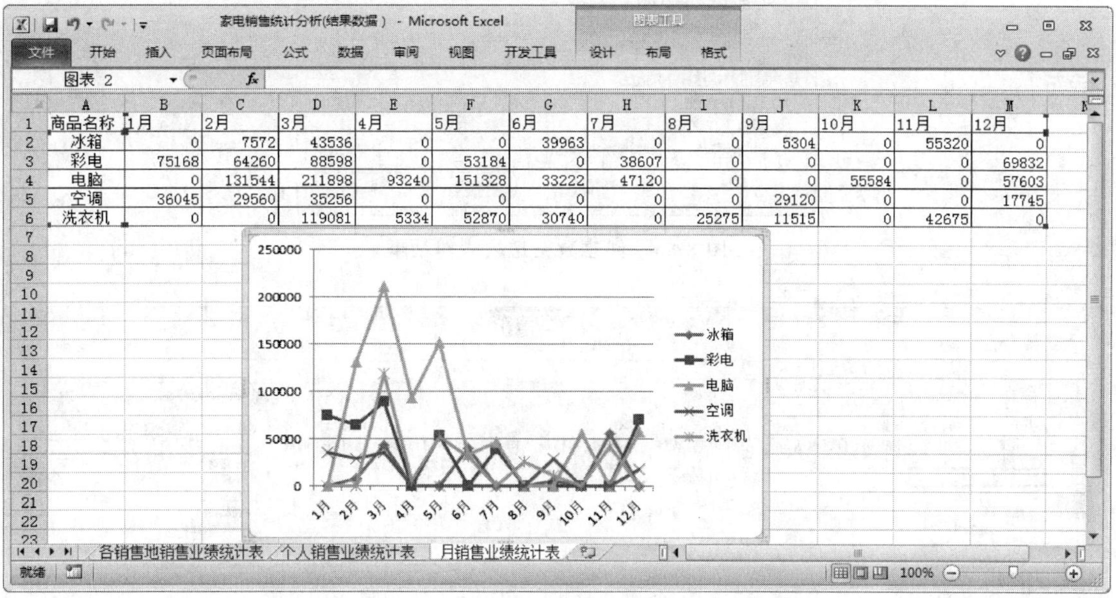

图 8-32　各种商品月销售业绩变化折线图

8. 筛选记录

(1)在 2017 年家电销售统计表中 B39:C41 区域做如图 8-33 所示的条件区域。

(2)单击“数据”选项卡中的“排序和筛选”组中的“高级”按钮，进行筛选，并将筛选结果置于 J1 单元格开始的区域，操作结果如图 8-34 所示。

销售地点	商品名称
北京	彩电
北京	电脑

图 8-33　条件区域

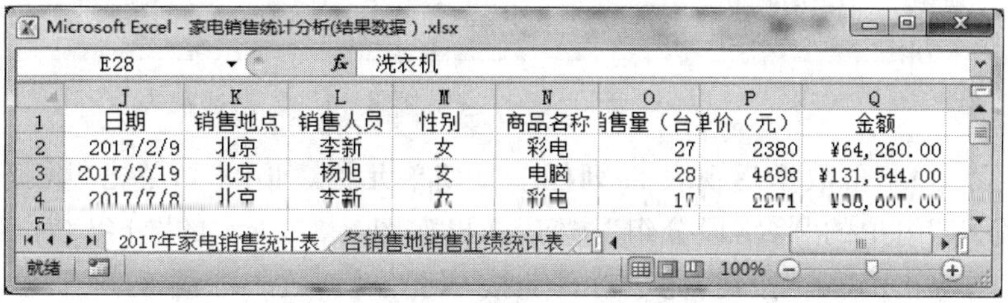

图 8-34　高级筛选结果

9. 制作透视表

创建数据透视表的操作步骤为：

(1)单击“2017 年家电销售统计表”数据表中的任意单元格。

(2)单击“插入”选项卡中的“表格”组中的“数据透视表”按钮，打开如图 8-35 所示的“创建数据透视表”对话框。在“创建数据透视表”对话框中，设定数据区域和选择放置的位置，单击“确定”按钮。

(3)将“选择要添加到报表的字段”列表框中的字段分别拖动到对应的“行标签”“列标签”和“数值”框中(例如，将“销售人员”和“日期”拖入“行标签”框，“商品名称”拖入“列标签”框，“销售量”和“金额”拖入“数值”框中，汇总方式为求和)，便能得到不同日期每个销售员所销售的不同商品的销售量及销售金额的数据透视表，如图 8-36 所示。

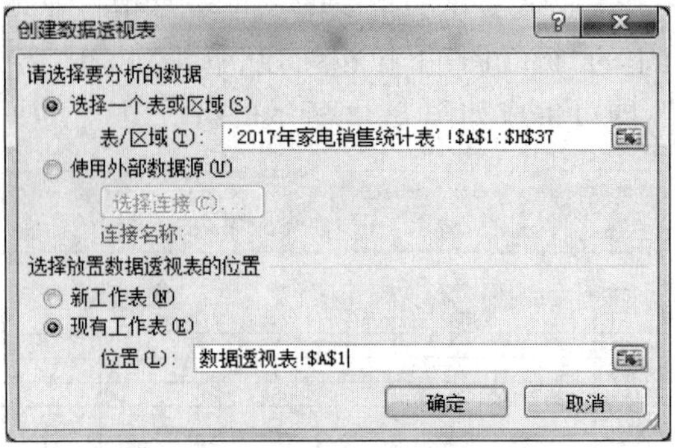

图 8-35　创建数据透视表对话框

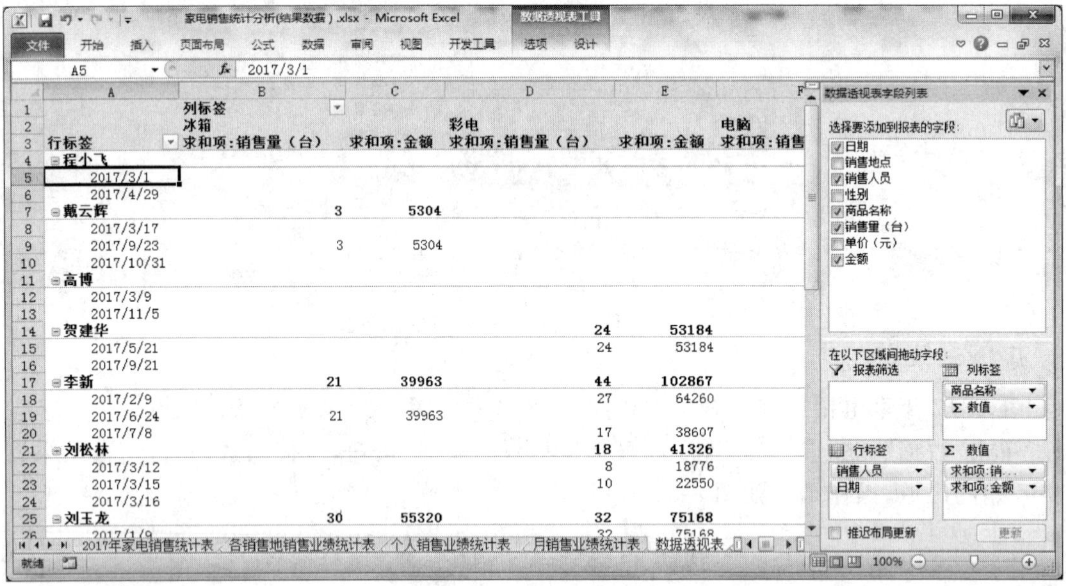

图 8-36　数据透视表

(4)单击数据透视表 A 列任一日期单元格(如 A5),单击“数据透视表工具/选项”选项卡中的“分组”组中的“将字段分组”按钮,弹出如图 8-37 所示的“分组”对话框,在“步长”列表框中选择“季度”,单击“确定”按钮,完成对日期按季度分组,效果如图 8-38 所示。

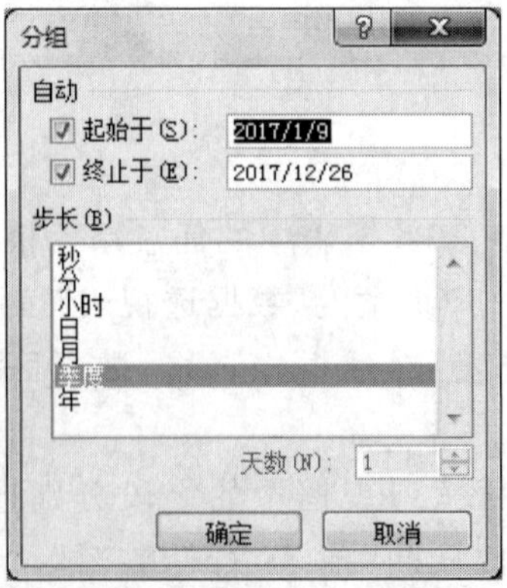

图 8-37　分组对话框

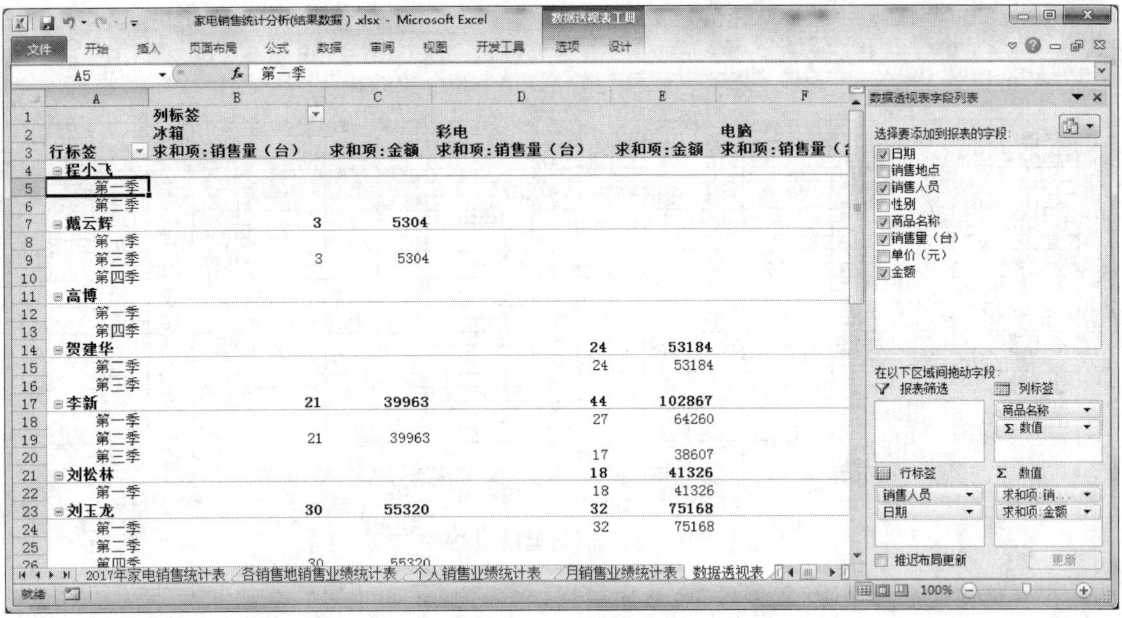

图 8-38　按日期以季度分组后的数据透视表

8.3.4　练习提高

1. 将 2017 年家电销售统计表按照性别分类汇总,求出男女销售员的销售金额的平均值和最大值。

2. 根据 2017 年家电销售统计表中的数据利用数据库函数完成表 8-10 的统计计算。

表 8-10　各类统计计算

冰箱销售量的最大值	
电脑销售量的最小值	
男销售员的人数	
男销售员的平均销售量	
女销售员的销售量的总和	
1 季度北京的销售额总和	

3. 筛选出销售量大于等于 30 的记录,放置于新工作表中,并将工作表取名为销售量大于等于 30 的记录清单。

8.4　职工科研奖励统计与分析

8.4.1　问题描述

每年年底,* * 学院都要对本学院内教职工的科研奖励情况进行汇总与分析。要求根据图 8-39 所示的 2017 年教职工的科研奖励汇总表中列出的项目完成以下工作。

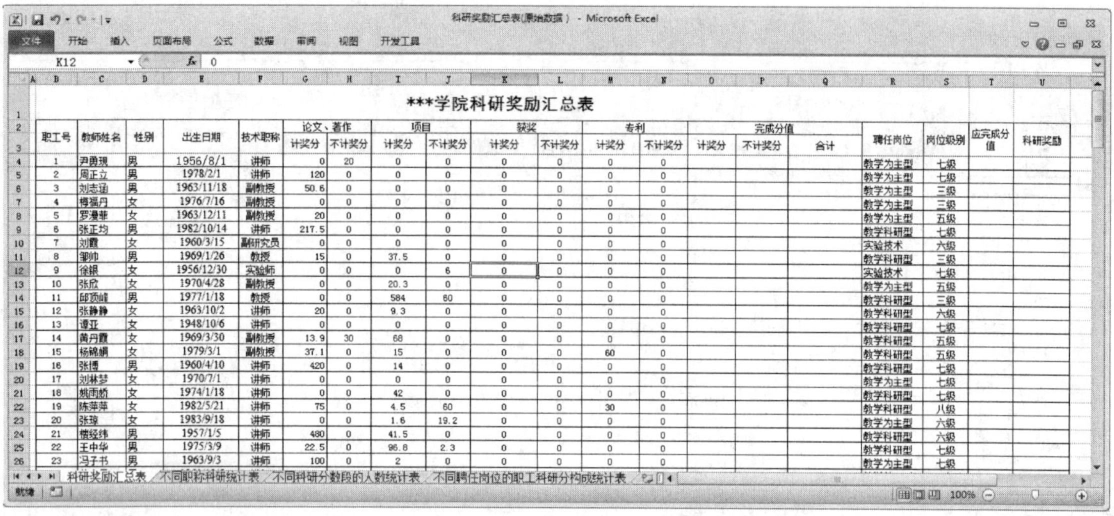

图 8-39　科研奖励汇总表

1. 在科研奖励汇总表中“职工号”后增加一列，名称为“新职工号”，新职工号填入的具体要求为：根据其聘任岗位的性质决定在原有职工号前增加字母 A 或 B 或 C。如果岗位类型是教学为主型则添加 A；如果岗位类型是教学科研型则添加 B；否则添加 C。

2. 在科研奖励汇总表中利用数组公式完成“记奖分”“不记奖分”和“合计”列的计算。

3. 根据科研奖励汇总表中 X3：Z19 条件区域，完成“应完成分值”列的填充。

4. 计算科研奖励汇总表中的“科研奖励”列。科研奖励的计算规则为：如果不记奖分大于等于应完成分值，则科研奖励＝记奖分×45 计算；如果不记奖分小于应完成分值，则科研奖励＝(记奖分－(应完成分值－不记奖分))×45 计算。

5. 计算科研奖励汇总表中第 129 行的合计。

6. 制作如表 8-11 所示的不同职称科研统计表。要求计算各类职称的科研分合计、科研分平均值、科研分最低值和科研分最高值，将结果填入不同职称科研统计表中。

表 8-11　不同职称科研统计表

技术职称	科研分合计	科研分平均值	科研分最低值	科研分最高值
助教				
讲师				
副教授				
副研究员				
教授				
实验师				
高级实验师				

7. 制作如表 8-12 所示的不同科研分数段的人数统计表。要求计算不同科研分数段的人数，将结果填入不同科研分数段的人数统计表中。

表 8-12　不同科研分数段的人数统计表

科研分	人数
0	
<50	
>=50 和<100	
>=100 和<500	
>=500 和<1 000	
>=1 000	

8. 制作如表 8-13 所示的不同聘任岗位的职工科研分构成统计表。要求计算不同岗位类别的论文和著作、项目、获奖、专利的科研总分，将结果填入不同聘任岗位的职工科研分构成统计表中。

表 8-13　不同聘任岗位的职工科研分构成统计表

聘任岗位	论文、著作	项目	获奖	专利
教学为主型				
教学科研型				
实验技术				

9. 根据不同聘任岗位的职工科研分构成统计表制作一个动态饼图，要求根据用户选择的聘任岗位类型，动态显示该类型的科研分构成的饼图。

8.4.2　知识要点

①IF 函数、REPLACE 函数
②数组公式
③VLOOKUP 函数
④公式计算
⑤SUM 函数
⑥SUMIF 函数、AVERAGEIF 函数、MAX 函数和 MIN 函数
⑦COUNTIF 函数和 COUNTIFS 函数
⑧数据有效性的设置和动态图表

8.4.3　操作步骤

1. 新职工号的填入

在科研奖励汇总表中右击“教师姓名”列，在弹出的快捷菜单中选择“插入”命令，即在“教师姓名”前插入了一列，在 C3 单元格中输入列名为“新职工号”。在 C4 单元格中输入公式“=IF(S4=$S$4,REPLACE(B4,1,0,"A"),IF(S4=$S$9,REPLACE(B4,1,0,"B"),REPLACE(B4,1,0,"C")))”，按 Enter 键，双击填充柄，完成整列的填充。

2. “记奖分”“不记奖分”和“合计列”的计算

①“记奖分”列的计算。选择科研奖励汇总表中的 P4:P128 区域，在编辑栏输入以下公式“=H4:H128+J4:J128+L4:L128+N4:N128”，然后按 Ctrl+Shift+Enter 组合键完成计算。

②“不记奖分”列的计算。选择 Q4:Q128 区域，在编辑栏输入以下公式“=I4:I128+K4:K128+

M4:M128+O4:O128”,然后按 Ctrl+Shift+Enter 组合键完成计算。

③合计列的计算。选择 R4:R128 区域,在编辑栏输入以下公式“=P4:P128+Q4:Q128”,然后按 Ctrl+Shift+Enter 组合键完成计算。

1 和 2 两题操作后的结果如图 8-40 所示。

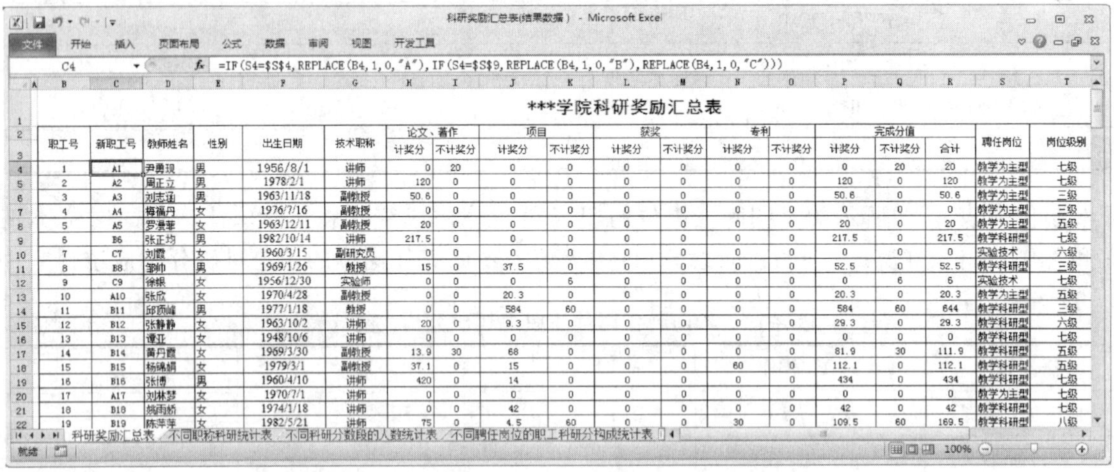

图 8-40　第 1 和第 2 题操作后的结果

3. 完成“应完成分值”列的填充

在科研奖励汇总表中的 U4 单元格输入公式“=IF(S4=$X$4,VLOOKUP(T4,$Y$4:$Z$8,2,FALSE),IF(S4=$X$9,VLOOKUP(T4,$Y$9:$Z$15,2,FALSE),VLOOKUP(T4,$Y$16:$Z$20,2,FALSE)))”,按 Enter 键,然后双击填充柄完成整列的计算。

4. 计算科研奖励汇总表中科研奖励

在科研奖励汇总表中的 V4 单元格输入公式“=IF(Q4>U4,P4*45,(P4-(U4-Q4))*45)”,按 Enter 键,然后双击填充柄完成整列的计算。

第 3 和第 4 题操作后的结果如图 8-41 所示。

图 8-41　第 3 和第 4 题操作后的结果

5. 计算科研奖励汇总表中第 129 行的合计

在科研奖励汇总表中的 H129 单元格输入公式“=SUM(H4:H128)”,按 Enter 键,然后向右拖动填充柄完成其他合计的计算,操作结果如图 8-42 所示。

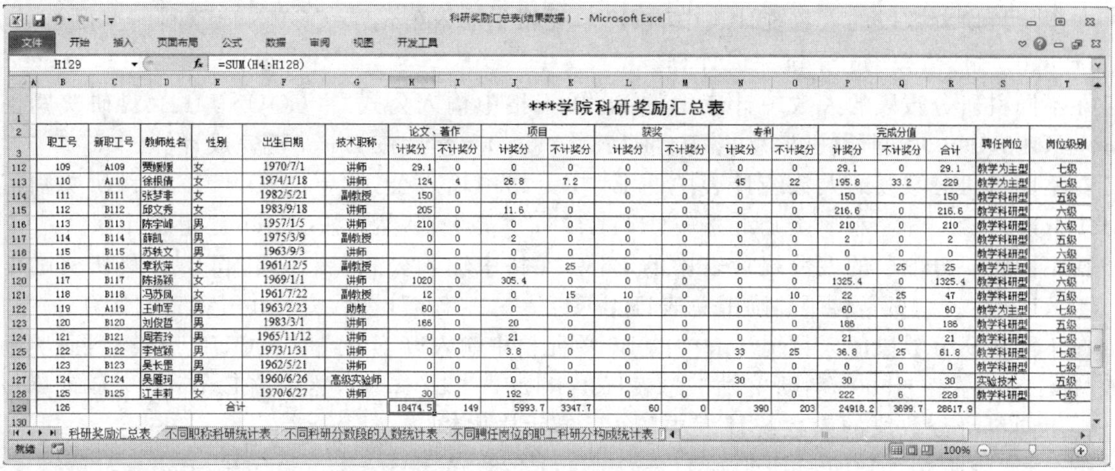

***学院科研奖励汇总表

职工号	新职工号	教师姓名	性别	出生日期	技术职称	论文、著作		项目		获奖		专利		完成分值			聘任岗位	岗位级别
						计奖分	不计奖分	计奖分	不计奖分	计奖分	不计奖分	计奖分	不计奖分	计奖分	不计奖分	合计		
109	A109	贾媛媛	女	1970/7/1	讲师	29.1	0	0	0	0	0	0	0	29.1	0	29.1	教学为主型	七级
110	A110	徐根倩	女	1974/1/18	讲师	124	4	26.8	7.2	0	0	45	22	195.8	33.2	229	教学为主型	七级
111	B111	张梦非	女	1982/5/21	副教授	150	0	0	0	0	0	0	0	150	0	150	教学科研型	五级
112	B112	邱文秀	女	1983/9/18	讲师	205	0	11.6	0	0	0	0	0	216.6	0	216.6	教学科研型	六级
113	B113	陈宇峰	男	1957/1/5	讲师	210	0	0	0	0	0	0	0	210	0	210	教学科研型	六级
114	B114	薛凯	男	1975/3/9	副教授	0	0	2	0	0	0	0	0	2	0	2	教学科研型	五级
115	B115	苏轶文	男	1963/9/3	讲师	0	0	0	0	0	0	0	0	0	0	0	教学科研型	六级
116	A116	章秋萍	女	1961/12/5	副教授	0	0	0	25	0	0	0	0	0	25	25	教学为主型	五级
117	B117	陈扬颖	女	1969/1/1	讲师	1020	0	305.4	0	0	0	0	0	1325.4	0	1325.4	教学科研型	六级
118	B118	冯苏凤	女	1961/7/22	副教授	12	0	0	15	10	0	0	10	22	25	47	教学科研型	五级
119	A119	王帅军	男	1963/2/23	助教	60	0	0	0	0	0	0	0	60	0	60	教学为主型	七级
120	B120	刘俊哲	男	1983/3/1	讲师	166	0	20	0	0	0	0	0	186	0	186	教学科研型	五级
121	B121	周若玲	男	1965/11/12	讲师	0	0	21	0	0	0	0	0	21	0	21	教学科研型	七级
122	B122	李恺颖	男	1973/1/31	讲师	0	0	3.8	0	0	0	33	25	36.8	25	61.8	教学科研型	七级
123	B123	吴长罡	男	1962/5/21	讲师	0	0	0	0	0	0	0	0	0	0	0	教学科研型	七级
124	C124	吴雁珂	男	1960/6/26	高级实验师	0	0	0	0	0	0	30	0	30	0	30	实验技术	五级
125	B125	江丰莉	女	1970/6/27	讲师	30	0	192	6	0	0	0	0	222	6	228	教学科研型	七级
126	合计					18474.5	149	5993.7	3347.7	60	0	390	203	24918.2	3699.7	28617.9		

图 8-42　第 5 题操作后的结果

6. 制作如表 8-11 所示的不同职称科研统计表

科研分合计的计算。在不同职称科研统计表中的 B2 单元格中输入公式"=SUMIF(科研奖励汇总表!$G$4:$G$128,不同职称科研统计表!A2,科研奖励汇总表!$R$4:$R$128)",按 Enter 键,然后向下拖动填充柄,完成科研分合计的计算。

科研分平均值的计算。在不同职称科研统计表中的 C2 单元格中输入公式"=AVERAGEIF(科研奖励汇总表!$G$4:$G$128,不同职称科研统计表!A2,科研奖励汇总表!$R$4:$R$128)",按 Enter 键,然后向下拖动填充柄,完成科研分平均值的计算。

科研分最低值的计算。在不同职称科研统计表中的 D2 单元格中输入数组公式"=MIN(IF(科研奖励汇总表!$G$4:$G$128=不同职称科研统计表!A2,科研奖励汇总表!$R$4:$R$128,100 000))",然后按 Ctrl+Shift+Enter 组合键完成计算,并向下拖动填充柄,完成所有科研分最低值的计算。

科研分最高值的计算。在不同职称科研统计表中的 E2 单元格中输入以下数组公式"=MAX(IF(科研奖励汇总表!$G$4:$G$128=不同职称科研统计表!A2,科研奖励汇总表!$R$4:$R$128,0))",然后按 Ctrl+Shift+Enter 组合键完成计算,并向下拖动填充柄,完成所有科研分最高值的计算。

不同职称科研统计表最终计算结果如图 8-43 所示。

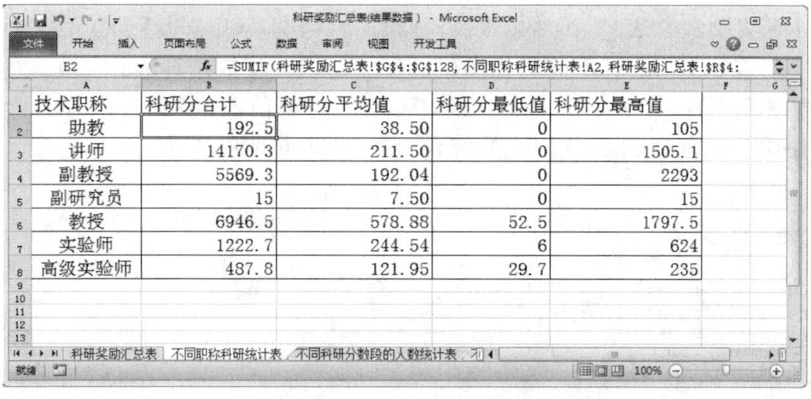

技术职称	科研分合计	科研分平均值	科研分最低值	科研分最高值
助教	192.5	38.50	0	105
讲师	14170.3	211.50	0	1505.1
副教授	5569.3	192.04	0	2293
副研究员	15	7.50	0	15
教授	6946.5	578.88	52.5	1797.5
实验师	1222.7	244.54	6	624
高级实验师	487.8	121.95	29.7	235

图 8-43　不同职称科研统计表

7. 不同科研分数段的人数统计

在不同科研分数段的人数统计表中的 B2 单元格中输入公式“＝COUNTIF(科研奖励汇总表！R4:R128,0)”，然后按 Enter 键完成计算。

在不同科研分数段的人数统计表中的 B3 单元格中输入公式“＝COUNTIFS(科研奖励汇总表！R4:R128,"＞0",科研奖励汇总表！R4:R128,"＜50")”，然后按 Enter 键完成计算。

在不同科研分数段的人数统计表中的 B4 单元格中输入公式“＝COUNTIFS(科研奖励汇总表！R4:R128,"＞＝50",科研奖励汇总表！R4:R128,"＜100")”，然后按 Enter 键完成计算。

在不同科研分数段的人数统计表中的 B5 单元格中输入公式“＝COUNTIFS(科研奖励汇总表！R4:R128,"＞＝100",科研奖励汇总表！R4:R128,"＜500")”，然后按 Enter 键完成计算。

在不同科研分数段的人数统计表中的 B6 单元格中输入以下公式“＝COUNTIFS(科研奖励汇总表！R4:R128,"＞＝500",科研奖励汇总表！R4:R128,"＜1 000")”，然后按 Enter 键完成计算。

在不同科研分数段的人数统计表中的 B7 单元格中输入以下公式“＝COUNTIF(科研奖励汇总表！R4:R128,"＞＝1 000")”，然后按 Enter 键完成计算。不同科研分数段的人数的统计表的计算结果如图 8-44 所示。

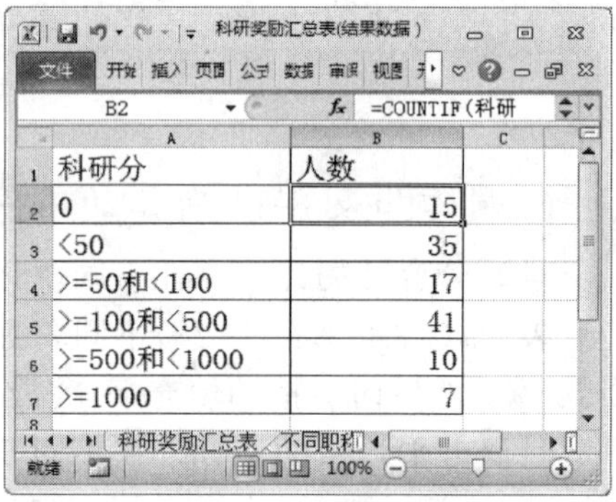

科研分	人数
0	15
<50	35
>=50和<100	17
>=100和<500	41
>=500和<1000	10
>=1000	7

图 8-44　不同科研分数段人数的统计表

8. 不同聘任岗位的职工科研分构成的统计计算

论文论著的科研分的计算。在不同聘任岗位的职工科研分构成统计表中的 B2 单元格输入数组公式“＝SUM((科研奖励汇总表！$H$4:$H$128＋科研奖励汇总表！$I$4:$I$128)*(科研奖励汇总表！$S$4:$S$128＝不同聘任岗位的职工科研分构成统计表！A2))”，然后按 Ctrl＋Shift＋Enter 组合键完成计算，并向下拖动填充柄，完成所有聘任岗位论文论著科研分的计算。

项目的科研分的计算。在不同聘任岗位的职工科研分构成统计表中的 C2 单元格输入数组公式“＝SUM((科研奖励汇总表！$J$4:$J$128＋科研奖励汇总表！$K$4:$K$128)*(科研奖励汇总表！$S$4:$S$128＝不同聘任岗位的职工科研分构成统计表！A2))”，然后按 Ctrl＋Shift＋Enter 组合键完成计算，并向下拖动填充柄，完成所有聘任岗位项目科研分的计算。

获奖的科研分的计算。在不同聘任岗位的职工科研分构成统计表中的 D2 单元格输入数组公式“＝SUM((科研奖励汇总表！$L$4:$L$128＋科研奖励汇总表！$M$4:$M$128)*(科研奖励汇总表！$S$4:$S$128＝不同聘任岗位的职工科研分构成统计表！A2))”，然后按 Ctrl＋Shift＋Enter 组合键完成计算，并向下拖动填充柄，完成所有聘任岗位获奖科研分的计算。

专利科研分的计算。在不同聘任岗位的职工科研分构成统计表中的 E2 单元格输入数组公式“＝SUM((科研奖励汇总表！$N$4:$N$128＋科研奖励汇总表！$O$4:$O$128)*(科研奖励汇总表！$S$4:$S$128＝不同聘任岗位的职工科研分构成统计表！A2))”，然后按 Ctrl＋Shift＋Enter 组合键完成计算，并向下拖动填充柄，完成所有聘任岗位专利科研分的计算。

不同聘任岗位的职工科研分构成的统计计算结果如图 8-45 所示。

聘任岗位	论文、著作	项目	获奖	专利
教学为主型	898.2	300	0	67
教学科研型	16837.4	8219.3	60	438
实验技术	887.9	822.1	0	88

图 8-45　不同聘任岗位的职工科研分构成统计表

9. 动态饼图的制作

①在 A7 单元格中输入“请选择聘任岗位:”。

②在不同聘任岗位的职工科研分构成统计表中选择 A8 单元格,单击“数据”选项卡中的“数据工具”组中的“数据有效性”按钮,弹出“数据有效性”对话框。在“设置”选项卡中的“允许”下拉列表框中选择“序列”,“来源”选择 A2:A4 区域,如图 8-46 所示,单击“确定”按钮。

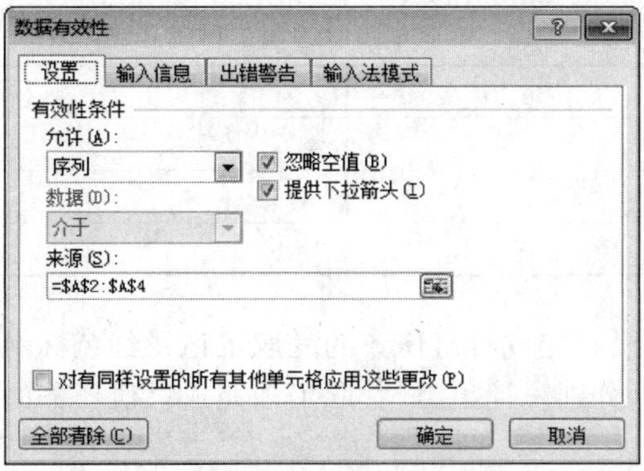

图 8-46　数据有效性的设置

③选择 A8 单元格,单击单元格右侧的下拉按钮,在下拉列表中选择“教学为主型”。选择 B8 单元格,输入公式“=VLOOKUP($A$8,$A$2:$E$4,COLUMN(),FALSE)”,按 Enter 键,向右拖动填充柄填充到 E8 单元格。

④选择 A8:E8 单元格区域,再按住 Ctrl 键选择 A1:E1 单元格区域,单击“插入”选项卡中的“图表”组中的“饼图”下拉按钮,在下拉列表中选择“二维饼图”→“分离型饼图”,在工作表中就插入了一个饼图。选中饼图,再单击“图表工具/设计”选项卡中的“图表布局”组中的“布局 2”,在 A8 单元格的下拉列表中选择不同的岗位类别,即可以得到随岗位类别变化的饼图,如图 8-47 所示。

图 8-47　动态饼图

8.4.4 练习提高

1. 在科研奖励汇总表中的“出生日期”列后增加一列“年龄”，请根据出生日期求出每一位职工的年龄。

2. 制作如表 8-14 所示的不同年龄段的职工科研分统计表。

表 8-14 不同年龄段的职工科研分统计表

年龄段	科研分合计
＜35	
35～45	
＞＝45	

3. 将科研奖励汇总表中没有完成科研任务的教职工记录红色标示出来。

4. 在科研奖励汇总表中，分别统计出男、女职工未完成科研任务的人数，填入表 8-15 所示的未完成科研任务人数统计表。

表 8-15 未完成科研任务人数统计表

性别	未完成科研任务人数
男	
女	

第9章

PowerPoint 2010高级应用案例

本章精选了两个在日常生活和工作中很常见的 PowerPoint 演示文稿制作案例，分别是教学课件和景点宣传演示文稿的制作。通过本章的学习，读者能够掌握很多常见的演示文稿制作技巧，包括多媒体、主题和母版、动态图表、动画和幻灯片切换效果、幻灯片的放映及发布等应用技巧。

9.1 教学课件

9.1.1 问题描述

小杨老师要做一个关于"古诗鉴赏"的教学课件，课件的大纲和内容已经准备好，还收集了一些相关的素材，相关素材与演示文稿文件放在同一个文件夹中，如图 9-1 所示。现在需要给课件做一些版面、配色、动画等方面的优化，最后发布输出。

图 9-1 相关素材

通过本案例的学习，读者可以掌握多个主题和自定义主题颜色的应用，幻灯片母版的合理修改，动画和幻灯片切换效果的巧妙应用，幻灯片的放映与打包发布等知识，具体要求如下。

1. 修改幻灯片的版式与背景

①将第 2 张幻灯片的版式设为"两栏内容"，并插入图片"夜书所见.jpg"。

②将第 8 张幻灯片的版式设为"标题幻灯片"，并删除副标题占位符。

③将第 5 张幻灯片的背景设为"思乡.jpg"。

2. 设置幻灯片的超链接

①在第 1 张幻灯片中，在文字"夜书所见"上建立链接到第 2 张幻灯片的超链接，在文字"九月九日忆山东兄弟"上建立链接到第 5 张幻灯片的超链接。

②在第 8 张幻灯片的右下角插入一个自定义动作按钮，按钮文本为"返回首页"，使得单击该

按钮时，跳转到第 1 张幻灯片。

3. 多个主题和自定义主题颜色的应用

①将第 1 张和第 8 张幻灯片的主题设为“平衡”，其余页面的主题设为“时装设计”。

②在“平衡”主题颜色的基础上新建一个自定义主题颜色，取名为“首页配色”，其中的主题颜色如下。

a. 强调文字颜色 1：深蓝色；

b. 超链接和已访问的超链接：红色(R)为 30，绿色(G)为 80，蓝色(B)为 210；

c. 其他颜色采用“平衡”主题的默认配色。

③在“时装设计”主题颜色的基础上新建一个自定义主题颜色，取名为“正文配色”，其中的主题颜色如下。

a. 强调文字颜色 1：黄色；

b. 其他颜色采用“时装设计”主题的默认配色。

④将自定义主题颜色“首页配色”应用到第 1 张和第 8 张幻灯片，将自定义主题颜色“正文配色”应用到其余页面。

4. 设置幻灯片的编号

将幻灯片的编号设置为：第 1 张和第 8 张标题幻灯片中不显示，其余幻灯片显示。

5. 幻灯片母版的修改与应用

①对于第 1 张和第 8 张幻灯片所应用的标题幻灯片母版，将其中的标题样式设为“微软雅黑，48 号字”。

②对于其他页面所应用的母版，删除页脚区和日期区，在页码区中把幻灯片编号(页码)的字体大小设为“28”。

6. 设置幻灯片的动画效果

①在第 2 张幻灯片中，按以下顺序设置动画效果。

a. 将标题内容“夜书所见”的强调效果设置为“波浪形”，并且在幻灯片放映 1s 后自动开始，而不需要单击鼠标；

b. 按先后顺序依次将 4 行诗句内容的进入效果设置为“从左侧擦除”；

c. 将图片的进入效果设置为“以对象为中心缩放”。

②在第 8 张幻灯片中，首先在标题的下方插入两个横排文本框，内容分别为“设计：杨老师”“制作：杨老师”，然后按以下顺序设置动画效果。

a. 将“设计：杨老师”文本框的进入效果设置为“上一动画之后向上浮入”，退出效果设置为“在上一动画之后向上浮出”；

b. 对“制作：杨老师”文本框进行同样的动画效果设置；

c. 把两个文本框的位置重叠。

③在第 7 张和第 8 张幻灯片之间插入一张新幻灯片，版式为“标题和内容”，在新插入的幻灯片中进行以下操作。

a. 在标题占位符中输入“课堂练习”，删除内容占位符；

b. 插入 5 个横排文本框，内容分别为“《夜书所见》的作者是谁?”、“A. 王维”、“B. 叶绍翁”、“回答正确”、“回答错误”；

c. 设置动画效果，使得单击 B 选项时，出现“回答正确”提示，然后提示消失，单击 A 选项时，出现“回答错误”提示，然后提示消失。

7. 设置幻灯片的背景音乐

将第1张到第4张幻灯片的背景音乐设为“寒江残雪.mp3”，第5张到第7张幻灯片的背景音乐设为“高山流水.mp3”。

8. 设置幻灯片的切换效果

①所有幻灯片实现每隔5s自动切换，也可以单击鼠标进行手动切换。

②将第1张到第4张幻灯片的切换效果设置为“居中涟漪”，第5张到第9张幻灯片的切换效果设置为“自右侧立方体”。

9. 设置幻灯片的放映方式

①隐藏第8张幻灯片，使得播放时直接跳过隐藏页。

②选择从第5张到第7张幻灯片进行循环放映。

10. 对演示文稿进行发布

①把演示文稿打包成CD，将CD命名为“古诗鉴赏”。

②将其保存到指定路径(D:\)下，文件夹名与CD命名相同。

9.1.2 知识要点

①幻灯片版式与背景的设置。
②动作按钮和超链接的使用。
③多个主题和自定义主题颜色的应用。
④幻灯片编号的设置。
⑤幻灯片母版的应用。
⑥幻灯片动画的设置。
⑦幻灯片背景音乐的设置。
⑧幻灯片切换方法的设置。
⑨幻灯片的放映方法。
⑩幻灯片的打包发布。

9.1.3 操作步骤

1. 修改幻灯片的版式与背景

①将第2张幻灯片的版式设为“两栏内容”，并插入图片“夜书所见.jpg”。

操作步骤如下。

打开初始演示文稿，选中第2张幻灯片，单击“开始”选项卡中的“幻灯片”组中的“版式”下拉按钮，在下拉列表中选择“两栏内容”版式，如图9-2所示。然后在幻灯片右侧的内容占位符中单击如图9-3所示的“插入来自文件的图片”按钮，在打开的“插入图片”对话框中选择“夜书所见.jpg”，单击“插入”按钮。

②将第8张幻灯片的版式设为“标题幻灯片”，并删除副标题占位符。

操作步骤如下。

选中第8张幻灯片，在“开始”选项卡中的“幻灯片”组中的“版式”下拉列表中选择“标题幻灯片”版式，然后选中副标题占位符，按 Delete 键删除。

③将第 5 张幻灯片的背景设为“思乡.jpg”。

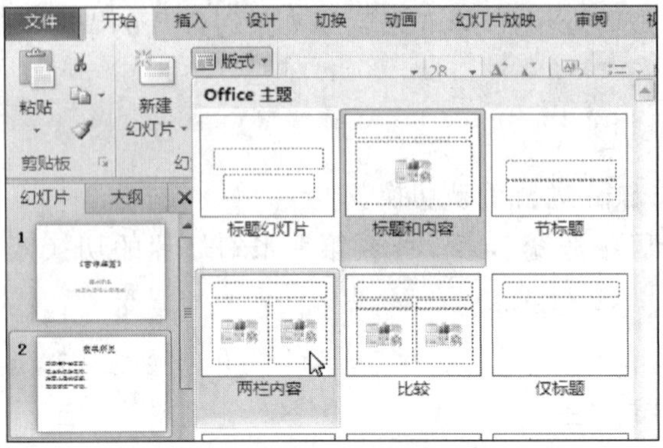

图 9-2　设置“两栏内容”版式

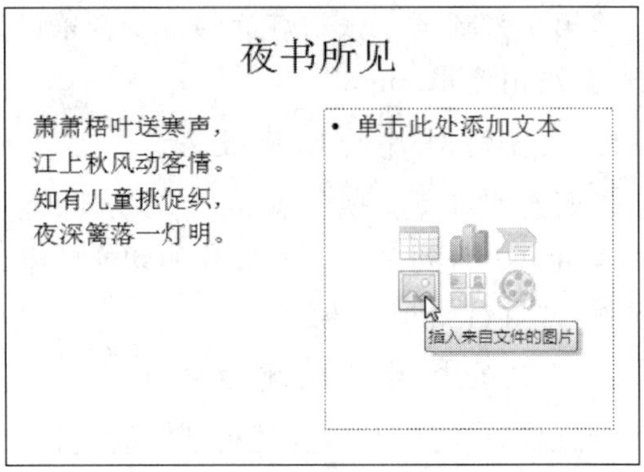

图 9-3　“两栏内容”版式中的“插入来自文件的图片”按钮

操作步骤如下。

选中第 5 张幻灯片，在“设计”选项卡中的“背景”组中的“背景样式”下拉列表中选择“设置背景格式”命令，在打开的“设置背景格式”对话框中，“填充”选择“图片或纹理填充”单选按钮，如图 9-4 所示。单击“文件”按钮，在打开的“插入图片”对话框中选择“思乡.jpg”，单击“插入”按钮，然后单击“设置背景格式”对话框的“关闭”按钮，第 5 张幻灯片的背景图片设置完成。

2. 设置幻灯片的超链接

①在第 1 张幻灯片中，在文字“夜书所见”上建立链接到第 2 张幻灯片的超链接，在文字“九月九日忆山东兄弟”上建立链接到第 5 张幻灯片的超链接。

操作步骤如下。

在第 1 张幻灯片中，选中文字“夜书所见”，在“插入”选项卡中的“链接”组中单击“超链接”按钮，在“插入超链接”对话框中选择“本文档中的位置”，然后选择第 2 张幻灯片，如图 9-5 所示，单击“确定”按钮，文字“夜书所见”上的超链接设置完成。用同样的方法在文字“九月九日忆山东兄弟”上建立链接到第 5 张幻灯片的超链接。

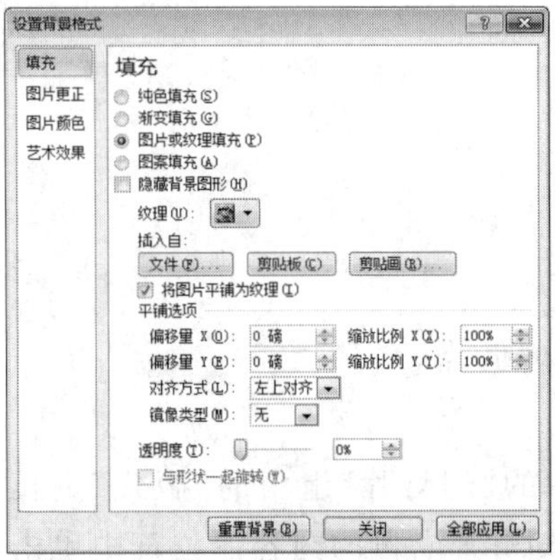

图 9-4　“设置背景格式”对话框

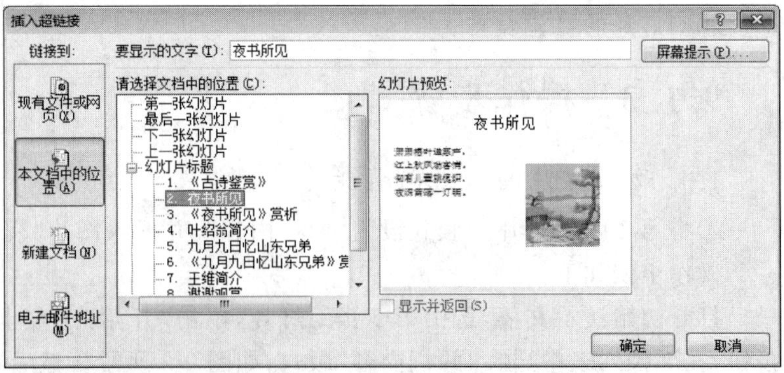

图 9-5　“插入超链接”对话框

②在第 8 张幻灯片的右下角插入一个自定义动作按钮，按钮文本为“返回首页”，使得单击该按钮时，跳转到第 1 张幻灯片。

操作步骤如下。

选中第 8 张幻灯片，单击“插入”选项卡中的“插图”组中的“形状”下拉列表中的“动作按钮：自定义”按钮，如图 9-6 所示。在幻灯片的右下角拉出一个大小合适的自定义动作按钮，在“单击鼠标时的动作”栏中选择“超链接到”单选按钮，从下拉列表框中选择“第一张幻灯片”，如图 9-7 所示，单击“确定”按钮。右击该动作按钮，在弹出的快捷菜单中选择“编辑文字”命令，输入按钮文本“返回首页”，自定义动作按钮设置完成。

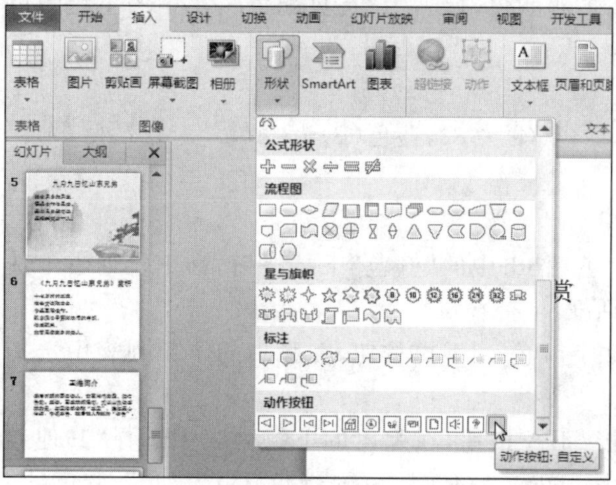

图 9-6　自定义动作按钮

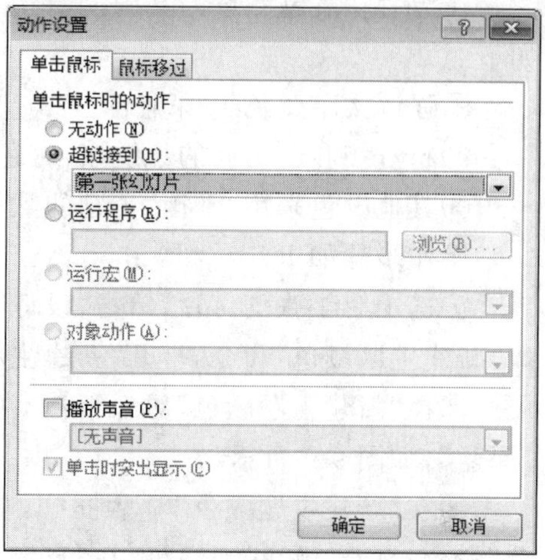

图 9-7　“动作设置”对话框

3. 多个主题和自定义主题颜色的应用

(1)应用多个主题

将第 1 张和第 8 张幻灯片的主题设为“平衡”，其余页面的主题设为“时装设计”。

操作步骤如下。

①选中第 1 张幻灯片，再按住 Ctrl 键，选中第 8 张幻灯片，这样就一起选中了第 1 张和第 8 张幻灯片。右击“设计”选项卡中的“主题”组中的“平衡”主题，在弹出的快捷菜单中选择“应用于选定幻灯片”命令，如图 9-8 所示。

图 9-8　选定幻灯片应用主题

②选中第 2 张幻灯片，再按住 Shift 键，选中第 7 张幻灯片，这样就选中了第 2 张到第 7 张幻灯片。右击“设计”选项卡中的“主题”组中的“时装设计”主题，在弹出的快捷菜单中选择“应用于选定幻灯片”命令。

(2)新建主题颜色“首页配色”

在“平衡”主题颜色的基础上新建一个自定义主题颜色，取名为“首页配色”，其中的主题颜色如下。

①强调文字颜色 1：深蓝色。

②超链接和已访问的超链接：红色(R)为 30，绿色(G)为 80，蓝色(B)为 210。

③其他颜色采用“平衡”主题的默认配色。

操作步骤如下。

①选中第 1 张幻灯片，单击“设计”选项卡中“主题”组中的“颜色”下拉按钮，在下拉列表中选择“新建主题颜色”命令，打开“新建主题颜色”对话框。

②在“新建主题颜色”对话框中，单击“强调文字颜色 1”下拉按钮，在弹出的下拉列表中选择“深蓝”，如图 9-9 所示。

③在“新建主题颜色”对话框中，单击“超链接”下拉按钮，在弹出的下拉列表中选择“其他颜色”命令，打开“颜色”对话框，在“自定义”选项卡中设置红色(R)为“30”，绿色(G)为“80”，蓝色(B)为“210”，如图 9-10 所示，单击“确定”按钮。用同样的方法把已访问的超链接颜色也设为红色(R)为“30”，绿色(G)为“80”，蓝色(B)为“210”。

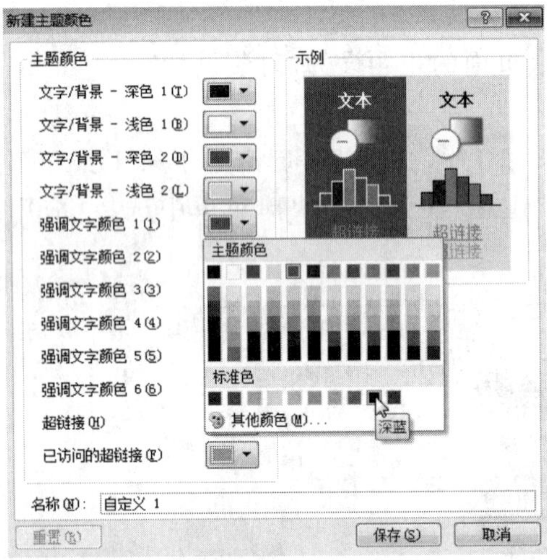

图 9-9 “新建主题颜色”对话框

图 9-10 “颜色”设置对话框

④其他颜色采用默认，在“名称”文本框中输入“首页配色”，单击“保存”按钮，这样就创建了一个自定义主题颜色“首页配色”。

(3)新建主题颜色“正文配色”

在“时装设计”主题颜色的基础上新建一个自定义主题颜色，取名为“正文配色”，其中的主题颜色如下。

①强调文字颜色 1：黄色。

②其他颜色采用“时装设计”主题的默认配色。

该小题与上一小题的做法类似，为了使其他颜色采用“时装设计”主题的默认配色，关键是要先选中应用了“时装设计”主题的幻灯片。

操作步骤如下。

①选中第 2 张幻灯片，单击“设计”选项卡中“主题”组中的“颜色”下拉按钮，在下拉列表中选择“新建主题颜色”命令，打开“新建主题颜色”对话框。

②在“新建主题颜色”对话框中，单击“强调文字颜色 1”下拉按钮，在弹出的下拉列表中选择“黄色”。

③其他颜色采用默认，在“名称”文本框中输入“正文配色”，单击“保存”按钮。这样，自定义主题颜色“正文配色”创建完毕。

(4)应用自定义主题颜色

将自定义主题颜色“首页配色”应用到第 1 张和第 8 张幻灯片，将自定义主题颜色“正文配色”应用到其余页面。

操作步骤如下。

①选中第 1 张和第 8 张幻灯片，单击“设计”选项卡中的“主题”组中的“颜色”下拉按钮，在下拉列表中选择“自定义”组下的“首页配色”。

②选中第 2 张到第 7 张幻灯片，单击“设计”选项卡中的“主题”组中的“颜色”下拉按钮，在下拉列表中选择“自定义”组下的“正文配色”。

4. 设置幻灯片的编号

要把幻灯片的编号设置为：第 1 张和第 8 张标题幻灯片中不显示，其余幻灯片显示。

操作步骤如下。

单击“插入”选项卡中的“文本”组中的“页眉和页脚”按钮，在打开的“页眉和页脚”对话框中，选中“幻灯片编号”和“标题幻灯片中不显示”复选框，如图 9-11 所示，单击“全部应用”按钮。

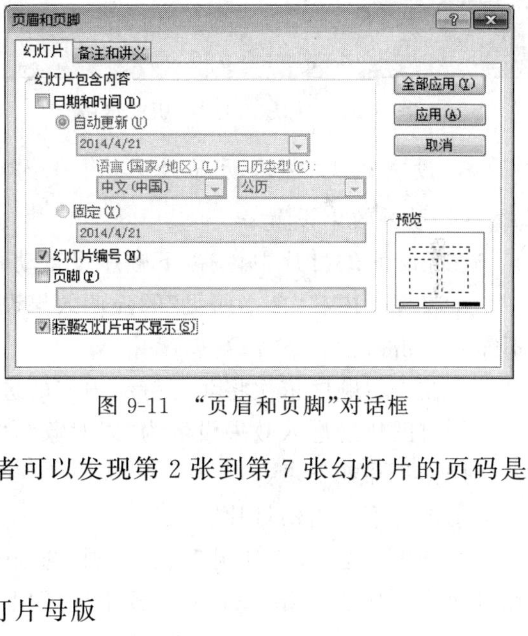

图 9-11 “页眉和页脚”对话框

由于第 1 张和第 8 张幻灯片是标题幻灯片，因此不显示页码，而第 2 张到第 7 张幻灯片会显示页码。另外，第 2 张到第 7 张应用了自定义主题配色“正文配色”，其中的“强调颜色 1”是黄色，而在“时装设计”主题中，页码颜色采用了“强调颜色 1”，因此，读者可以发现第 2 张到第 7 张幻灯片的页码是以黄色显示的。

5. 幻灯片母版的修改与应用

(1)修改第 1 张和第 8 张幻灯片所应用的标题幻灯片母版

对于第 1 张和第 8 张幻灯片所应用的标题幻灯片母版，将其中的标题样式设为“微软雅黑，48 号字”。

操作步骤如下。

①选中第 1 张幻灯片，单击“视图”选项卡中的“母版视图”组中的“幻灯片母版”按钮，会自动选中第 1 张和第 8 张幻灯片所应用的“标题幻灯片”版式母版，如图 9-12 所示。

②在“标题幻灯片”版式母版中选择“标题”，将字体设为“微软雅黑”，字号设为“48”。

③单击“关闭母版视图”按钮。

(2)修改其他页面母版

对于其他页面所应用的母版，删除页脚区和日期区，在页码区中把幻灯片编号(页码)的字体大小设为“28”。

操作步骤如下。

①选中第 2 张幻灯片，单击“视图”选项卡中的“母版视图”组中的“幻灯片母版”按钮，会自动选中第 2 张幻灯片所应用的“两栏内容”版式母版，为了使母版中的修改影响到所有其他幻灯片，在此应该选中由第 2 张到第 7 张幻灯片共同使用的“时装设计 幻灯片母版”，如图 9-13 所示。

②删除左下角的“日期区”和中间的“页脚区”，在“页码区”中把页码的字体大小设为“28”。

③单击“关闭母版视图”按钮。

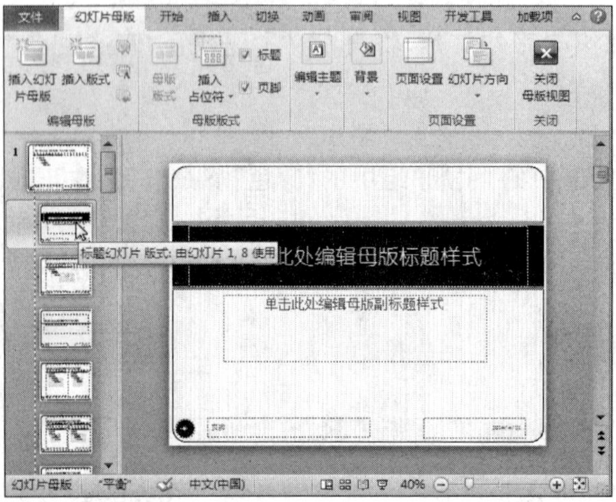

图 9-12 “标题幻灯片”版式母版

图 9-13 “时装设计”主题的幻灯片母版

6. 设置幻灯片的动画效果

(1)动画效果设置

在第 2 张幻灯片中，按以下顺序设置动画效果。

①将标题内容“夜书所见”的强调效果设置为“波浪形”，并且在幻灯片放映 1s 后自动开始，而不需要单击鼠标。

②按先后顺序依次将 4 行诗句内容的进入效果设置为“从左侧擦除”。

③将图片的进入效果设置为“以对象为中心缩放”。

操作步骤如下。

①选中第 2 张幻灯片。

②选中标题“夜书所见”，在“动画”选项卡中的“动画”组中的“强调”动画效果中选择“波浪形”，在“计时”组中的“开始”下拉列表框中选择“上一动画之后”，延迟时间设为“1s”，如图 9-14 所示。

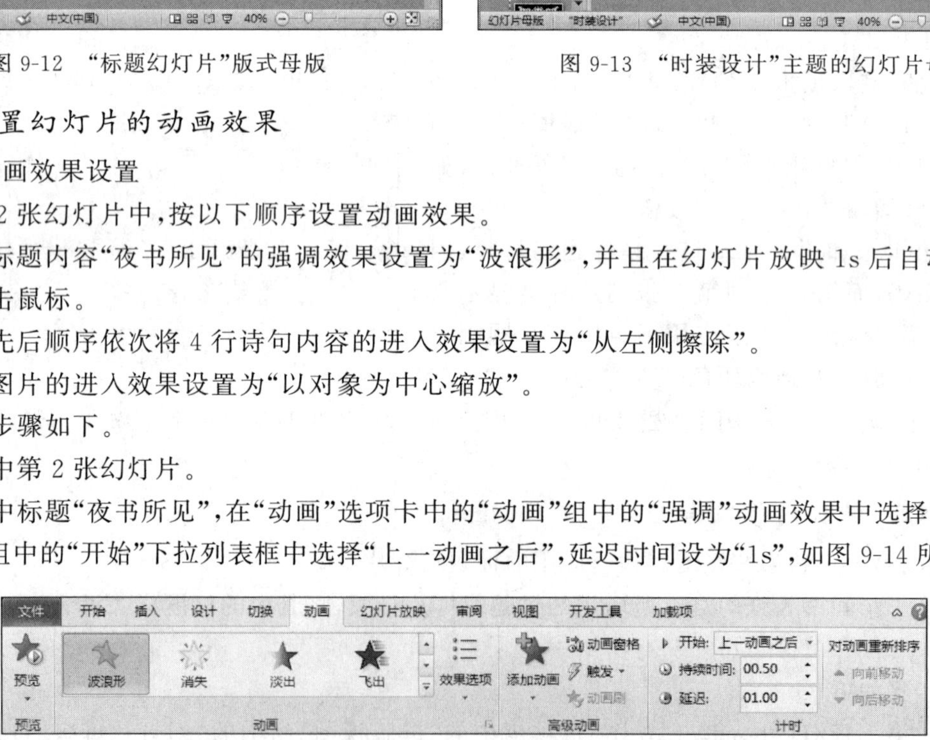

图 9-14 设置了动画效果的“动画”选项卡

③选中第 1 行诗句，在“动画”选项卡中的“动画”组中的“进入”动画效果中选择“擦除”，在“效果选项”下拉列表中选择“自左侧”。按照次序分别对第 2 行、第 3 行、第 4 行诗句进行同样的设置。

④选中图片对象，在“动画”选项卡中的“动画”组中的“进入”动画效果中选择“缩放”，在“效果选项”下拉列表中选择“对象中心”。

(2)字幕制作

在第 8 张幻灯片中,首先在标题的下方插入两个横排文本框,内容分别为“设计:杨老师”“制作:杨老师”,然后按以下顺序设置动画效果。

①将“设计:杨老师”文本框的进入效果设置为“上一动画之后向上浮入”,退出效果设置为“在上一动画之后向上浮出”。

②对“制作:杨老师”文本框进行同样的动画效果设置。

③把两个文本框的位置重叠。

操作步骤如下。

①选中第 8 张幻灯片,单击“插入”选项卡中的“文本”组中的“文本框”按钮,在标题下方拉出一个文本框,输入文字“设计:杨老师”。同样的方法再插入一个文本框,输入文字“制作:杨老师”,如图 9-15 所示。

②选中第一个文本框,在“动画”选项卡中的“动画”组中的“进入”动画效果中选择“浮入”,在“效果选项”下拉列表中选择“上浮”,在“计时”组中的“开始”下拉列表框中选择“上一动画之后”。然后在“高级动画”组中的“添加动画”下拉列表中的“退出”动画效果中选择“浮出”,效果选项选择“上浮”,开始设为“上一动画之后”。

③由于第二个文本框的动画效果和第一个是一样的,因此可以使用动画刷来复制动画。先选中第一个文本框,单击“动画刷”按钮,再单击第二个文本框,这样就把第一个文本框的动画复制到了第二个文本框。

④把两个文本框的位置重叠。

至此,字幕动画制作完毕。单击“动画”选项卡中的“高级动画”组中的“动画窗格”按钮,可以看到如图 9-16 所示的动画序列。

图 9-15　在最后一张幻灯片中插入字幕

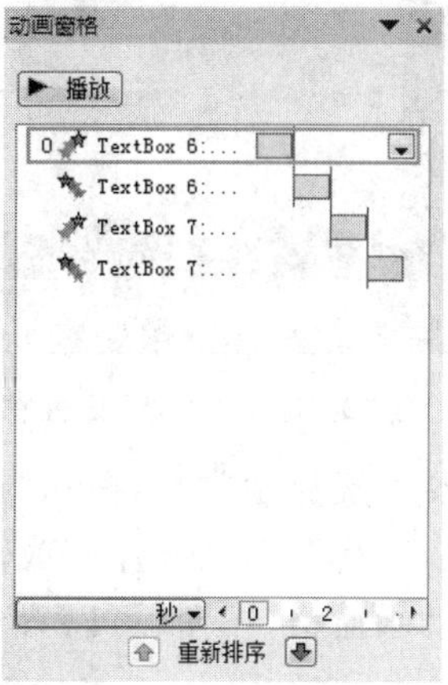

图 9-16　字幕的动画序列

(3)选择题制作

在第 7 张和第 8 张幻灯片之间插入一张新幻灯片,版式为“标题和内容”。在新插入的幻灯片中做以下操作。

①在标题占位符中输入“课堂练习”,删除内容占位符。

②插入 5 个横排文本框,内容分别为“《夜书所见》的作者是谁?”、“A. 王维”、“B. 叶绍翁”、“回答正确”、“回答错误”。

③设置动画效果,使得单击 B 选项时,出现“回答正确”提示,然后提示消失,单击 A 选项时,出现“回答错误”提示,然后提示消失。

操作步骤如下。

①在左侧的“幻灯片”选项卡中，把光标定位在第 7 张和第 8 张幻灯片之间，单击“开始”选项卡中的“幻灯片”组中的“新建幻灯片”按钮，新插入的幻灯片默认版式为“标题和内容”。

②在新插入的幻灯片中，在标题占位符中输入“课堂练习”，选中内容占位符，按 Delete 键删除。

③插入 5 个横排文本框，内容分别为“《夜书所见》的作者是谁?”、“A. 王维”、“B. 叶绍翁”、“回答正确”、“回答错误”。在“开始”选项卡中的“编辑”组中的“选择”下拉列表中选择“选择窗格”命令，在打开的“选择和可见性”任务窗格中分别给对象命名为“题目”“选项 A”“选项 B”“正确提示”和“错误提示”，如图 9-17 所示，关闭“选择和可见性”任务窗格。

④设置“正确提示”的动画效果。选中“正确提示”文本框，在“动画”选项卡中的“动画”组中的“进入”动画效果中选择“浮入”，在“效果选项”下拉列表中选择“上浮”，然后在“高级动画”组中的“添加动画”下拉列表中的“退出”动画效果中选择“浮出”，在“效果选项”下拉列表中选择“上浮”，在“计时”组中的“开始”下拉列表中选择“上一动画之后”。

⑤由于“错误提示”和“正确提示”的动画效果是一样的，因此可以利用动画刷复制动画效果。选中“正确提示”文本框，单击“动画刷”按钮，再单击“错误提示”文本框，动画效果就复制好了。

⑥设置触发器。选中“正确提示”文本框，单击“触发”下拉按钮，从下拉列表中选择“单击”→“选项 B”，如图 9-18 所示；选中“错误提示”文本框，单击“触发”下拉按钮，从下拉列表中选择“单击”→“选项 A”。

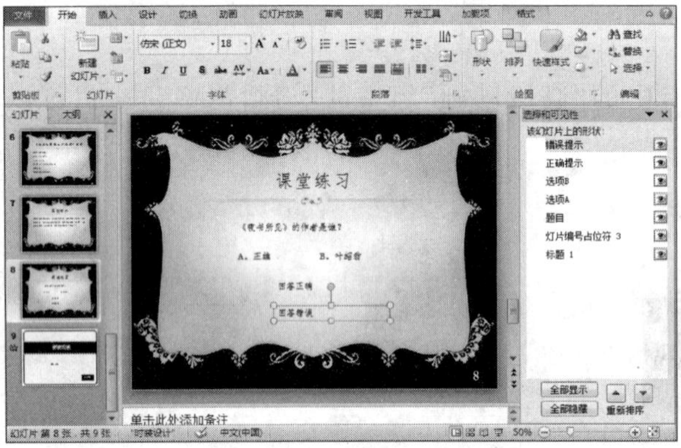

图 9-17　在“选择和可见性”任务窗格中给对象命名

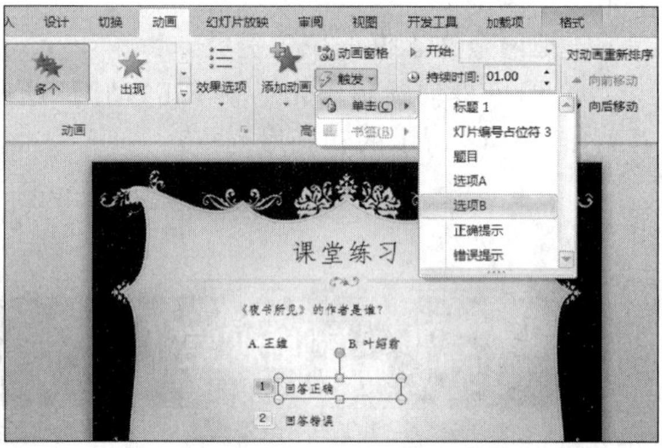

图 9-18　触发器设置

⑦把“正确提示”文本框和“错误提示”文本框的位置重叠在一起。

至此，选择题动画制作完成。单击“动画”选项卡中的“高级动画”组中的“动画窗格”按钮，可以看到如图 9-19 所示的动画序列。

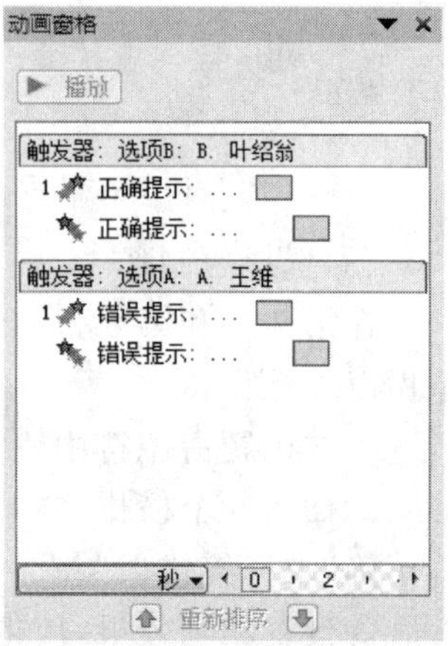

图 9-19　触发器动画序列

7. 设置幻灯片的背景音乐

将第 1 张到第 4 张幻灯片的背景音乐设为“寒江残雪.mp3”，第 5 张到第 7 张幻灯片的背景音乐设为“高山流水.mp3”。

操作步骤如下：

①选中第 1 张幻灯片，单击“插入”选项卡中“媒体”组中的“音频”按钮，选择“寒江残雪.mp3”，单击“插入”按钮。

②在“音频工具/播放”选项卡中的“音频选项”组中的“开始”下拉列表框中选择“自动(A)”，选中“放映时隐藏”“循环播放，直到停止”复选框，如图 9-20 所示。

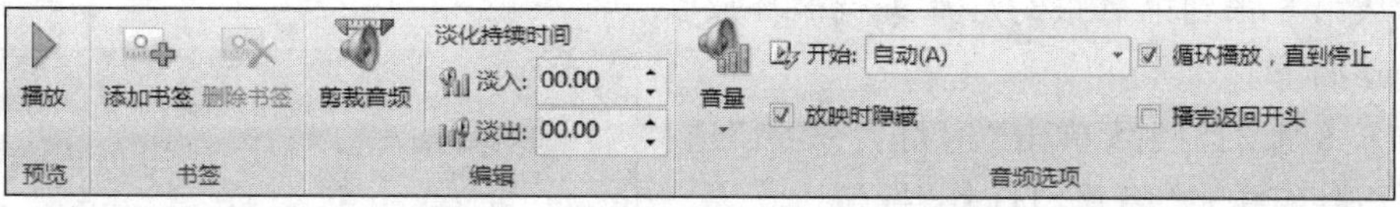

图 9-20 “音频工具/播放”选项卡

③单击“动画”选项卡中的“高级动画”组中的“动画窗格”按钮，在“动画窗格”任务窗格中单击该声音对象动画上的下拉按钮，从下拉列表中选择“效果选项”命令，如图 9-21 所示。在打开的“播放音频”对话框的“效果”选项卡中，把停止播放设为“在 4 张幻灯片后”，如图 9-22 所示，单击“确定”按钮，这样，声音就会连续播放，播完 4 张幻灯片后停止播放。

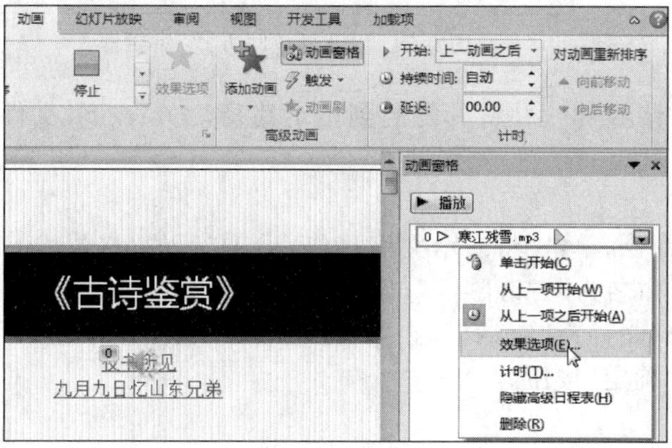

图 9-21 选择“效果选项”命令

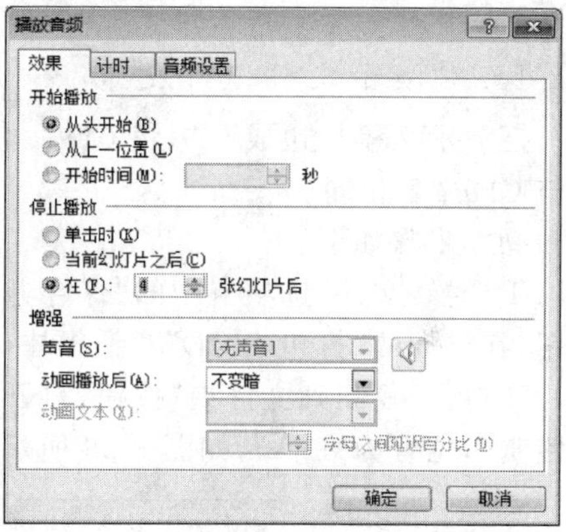

图 9-22 “效果”选项卡

④在第 5 张幻灯片中，插入背景音乐“高山流水.mp3”，进行类似的设置即可。

8. 设置幻灯片的切换效果

按以下要求设置幻灯片的切换效果。

①所有幻灯片实现每隔 5s 自动切换，也可以单击鼠标进行手动切换。

②将第 1 张到第 4 张幻灯片的切换效果设置为“居中涟漪”，将第 5 张到第 9 张幻灯片的切换效果设置为“自右侧立方体”。

操作步骤如下。

①选中第 1 张到第 4 张幻灯片，在“切换”选项卡中选择切换效果为“涟漪”，效果选项选择“居中”，在“计时”组中选中“单击鼠标时”和“设置自动换片时间”复选框，自动换片时间为“5s”，如图 9-23 所示。

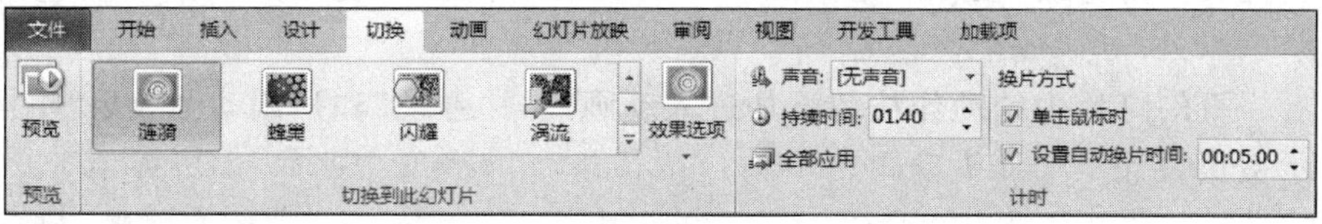

图 9-23 设置了切换效果的“切换”选项卡

②选中第 5 张到第 9 张幻灯片，在“切换”选项卡中选择切换效果为“立方体”，效果选项选择“自右侧”，选中“单击鼠标时”和“设置自动换片时间”复选框，自动换片时间为“5s”。

9. 设置幻灯片的放映方式

要设置以下放映方式。

①隐藏第 8 张幻灯片，使得播放时直接跳过隐藏页。

②选择从第 5 张到第 7 张幻灯片进行循环放映。

操作步骤如下。

①选中第 8 张幻灯片，单击“幻灯片放映”选项卡中的“设置”组中的“隐藏幻灯片”按钮。

②单击“幻灯片放映”选项卡中的“设置”组中的“设置幻灯片放映”按钮，打开“设置放映方式”对话框。在“放映选项”栏中选中“循环放映，按 Esc 键终止”复选框，在“放映幻灯片”栏中设置“从 5 到 7”，如图 9-24 所示。单击“确定”按钮，完成放映方式的设置。

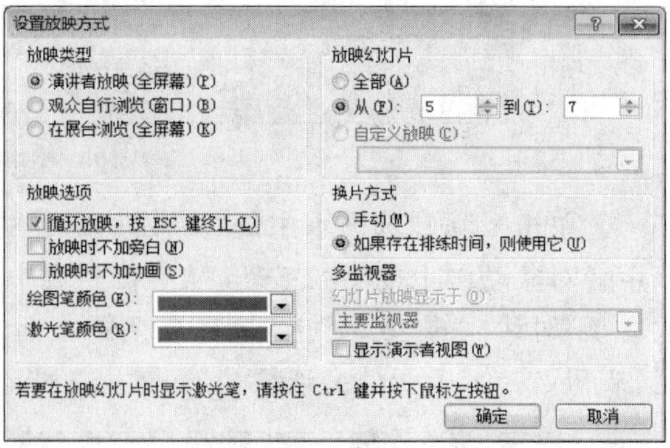

图 9-24　“设置放映方式”对话框

10. 对演示文稿进行发布

把演示文稿打包成 CD，将 CD 命名为“古诗鉴赏”，并将其复制到指定路径（ D:\ ）下，文件夹名与 CD 命名相同。

操作步骤如下。

①选择“文件”选项卡中的“保存并发送”命令，单击“将演示文稿打包成 CD”下的“打包成 CD”按钮，在打开的“打包成 CD”对话框中，将 CD 命名为“古诗鉴赏”，如图 9-25 所示。

②单击“复制到文件夹”按钮，打开“复制到文件夹”对话框，在“文件夹名称”文本框中输入“古诗鉴赏”，位置为“D:\”，如图 9-26 所示，单击“确定”按钮。

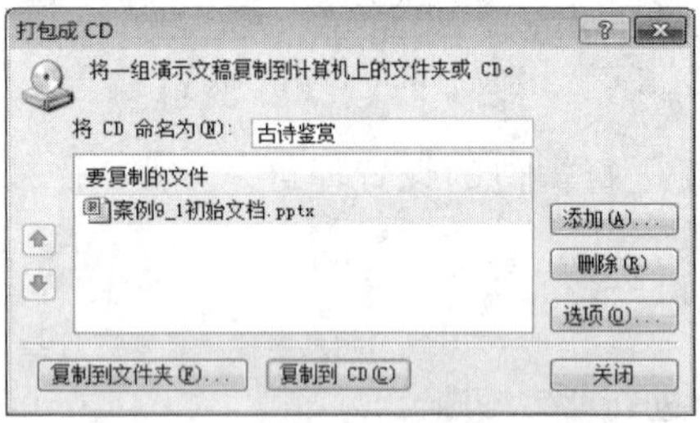

图 9-25　“打包成 CD”对话框

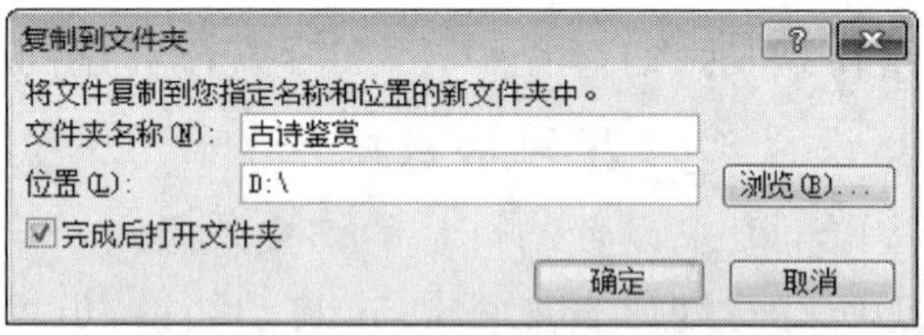

图 9-26　“复制到文件夹”对话框

9.1.4　练习提高

对上述制作好的演示文稿文件，完成以下操作。

①修改首页的母版，在左上角插入一张校标图片。

②修改其他页面的母版，在左下角添加一个文本框，输入“百度”，并在文字上建立超链接，链接到“http://www.baidu.com”。

③给最后一页幻灯片中的动作按钮添加进入动画效果“弹跳”和强调动画效果“陀螺旋”。

④给演示文稿设计一个片头动画。

9.2　景点宣传演示文稿

9.2.1　问题描述

小杨要制作一个关于宣传杭州西湖的演示文稿，通过该演示文稿介绍杭州西湖的基本情况。

小杨已经做了一些前期准备工作，收集了相关的素材和制作了一个简单的演示文稿，相关素材与演示文稿文件放在同一个文件夹中，如图 9-27 所示，现在需要对该演示文稿进一步完善。

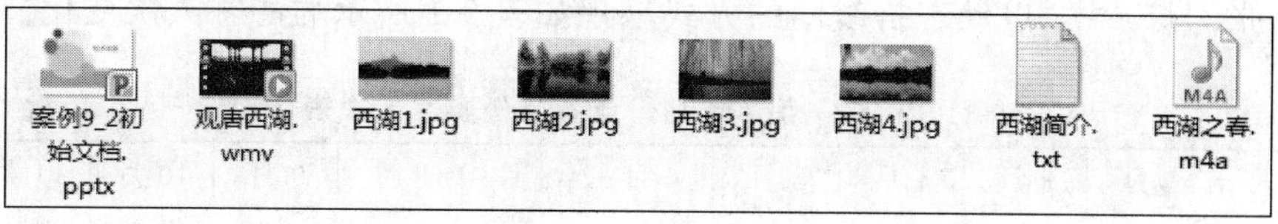

图 9-27　相关素材

具体要求如下。

①在“标题幻灯片”版式母版中，将 4 个椭圆对象的填充效果设置为相应的 4 幅图片，在幻灯片母版中，将 3 个椭圆对象的填充效果设置为相应的 3 幅图片，效果分别如图 9-28 和图 9-29 所示。

图 9-28　“标题幻灯片”版式母版

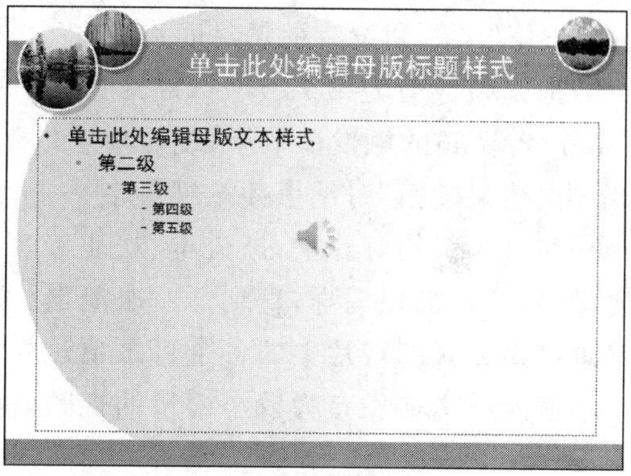

图 9-29　幻灯片母版

②给幻灯片添加背景音乐“西湖之春. m4a”，并且要求在整个幻灯片播放期间一直播放。

③在幻灯片首页底部添加从右到左循环滚动的字幕“杭州西湖欢迎您”。

④在第 3 张幻灯片中，把图片裁剪为椭圆，用带滚动条的文本框插入关于杭州西湖的文字简介，具体内容在“西湖简介. txt”中。

⑤在第 4 张幻灯片中插入关于杭州西湖的图片，要求能够实现单击小图，看到该图片的放大图，如图 9-30 所示。

图 9-30　单击小图看大图

⑥在第 5 张幻灯片中，制作以下动画效果。

a. 单击三潭印月按钮，以“水平随机线条”方式出现三潭印月图片，2s 后自动出现“跷跷板”强调动画效果，再 2s 后以“水平随机线条”方式消失；

b. 单击雷峰塔按钮,以"圆形放大"方式出现雷峰塔图片,2s 后自动出现"跷跷板"强调动画效果,再 2s 后以"圆形缩小"方式消失。

⑦在第 6 张幻灯片中,以动态折线图的方式呈现如表 9-1 所示的游客人次变化。

表 9-1　2016—2017 年某景点各月份游客人次表(万)

	1 月	2 月	3 月	4 月	5 月	6 月	7 月	8 月	9 月	10 月	11 月	12 月
2016 年	22	25	13	18	45	17	20	24	18	78	18	16
2017 年	19	26	18	22	49	19	26	30	25	75	20	19

⑧在第 7 张幻灯片中,插入视频"观唐西湖. wmv",设置视频效果为"柔滑边缘椭圆",然后进行以下设置。

a. 把第 9s 的帧设为视频封面;

b. 把视频裁剪为第 7s 开始,105s 结束;

c. 设置视频的触发器效果,使得单击"播放按钮"时开始播放视频,单击"暂停按钮"时暂停播放,单击"结束按钮"时结束播放视频。

⑨在第 8 张幻灯片中,把文本"欢迎来西湖!"的动画效果设置为:延迟 1s 自动以"弹跳"的方式出现,然后一直加粗闪烁,直到下一次单击。

⑩给第 2 张幻灯片中的各个目录项建立相关的超链接。

⑪将演示文稿发布为较小容量的视频,保存在"D:\"下。

9.2.2　知识要点

①母版的修改及应用。

②声音、视频等多媒体素材的应用。

③滚动字幕的制作。

④带滚动条文本框的应用。

⑤动画、触发器的应用。

⑥动态图表的应用。

⑦超链接的设置。

⑧演示文稿发布成视频。

9.2.3　操作步骤

1. 修改母版

在"标题幻灯片"版式母版中,将 4 个椭圆对象的填充效果设置为相应的 4 幅图片,在幻灯片母版中,将 3 个椭圆对象的填充效果设置为相应的 3 幅图片,效果分别如图 9-28 和图 9-29 所示。

操作步骤如下。

①单击"视图"选项卡中的"母版视图"组中的"幻灯片母版"按钮。

②在"标题幻灯片"版式母版中,选中一个椭圆对象,单击右键,在弹出的快捷菜单中选择"设置形状格式"命令。

③在如图 9-31 所示的"设置形状格式"对话框中选择"图片或纹理填充"单选按钮,再选择相应的图片填充,单击"关闭"按钮完成一个椭圆对象的填充效果设置,效果如图 9-32 所示。

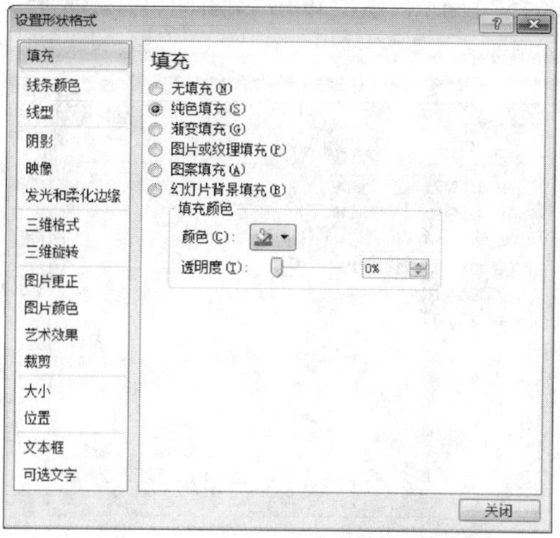

图 9-31 “设置形状格式”对话框

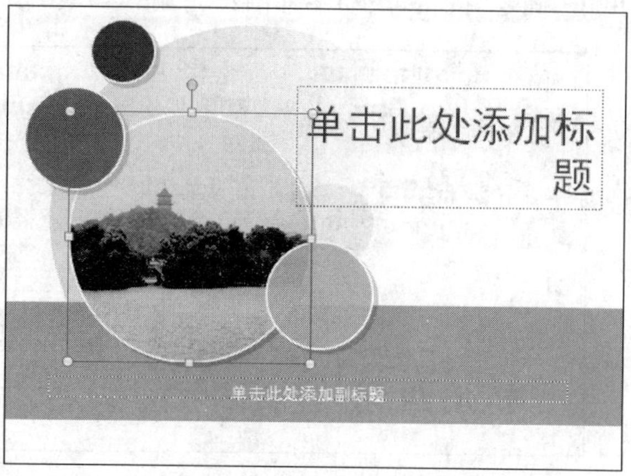

图 9-32 图片填充后的效果

④用同样的方法，依次完成“标题幻灯片”版式母版中的其他 3 个椭圆对象的填充效果设置。

⑤选中幻灯片母版，也采用上述方法，依次完成幻灯片母版中的 3 个椭圆对象的填充效果设置。

⑥单击“关闭母版视图”按钮退出，至此幻灯片的母版修改完成。

2. 背景音乐

在默认情况下，给幻灯片添加的音乐在单击时或者幻灯片切换页面时就会自动停止播放。要给幻灯片添加背景音乐“西湖之春. m4a”，并且要求在整个幻灯片播放期间一直播放。

操作步骤如下。

①选中第 1 张幻灯片，单击“插入”选项卡中的“媒体”组中的“音频”按钮，选择声音文件“西湖之春. m4a”，单击“插入”按钮。

②在“音频工具/播放”选项卡中，选中“放映时隐藏”、“循环播放，直到停止”和“播完返回开头”复选框，在“开始”下拉列表框中选择“跨幻灯片播放”，如图 9-33 所示。

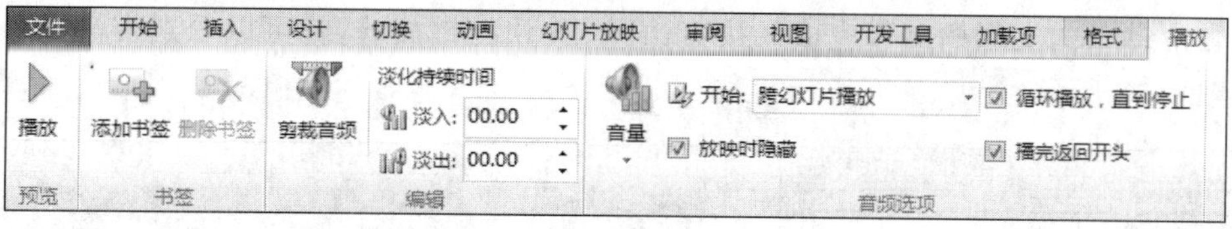

图 9-33 “音频工具/播放”选项卡

3. 滚动字幕

在幻灯片首页的底部添加从右到左循环滚动的字幕“杭州西湖欢迎您”。

操作步骤如下。

①在幻灯片首页的底部添加一个文本框，在文本框中输入“杭州西湖欢迎您”，文字大小设为“18 号”，颜色设为“红色”。把文本框拖到幻灯片的最左边，并使得最后一个字刚好拖出幻灯片。

②选中文本框对象，在“动画”选项卡中“动画”组中的“进入”动画效果中选择“飞入”，在“效果选项”下拉列表中选择“自右侧”，在“计时”组中的“开始”下拉列表框中选择“与上一动画同时”，持续时间设为“8s”。

③单击“动画窗格”按钮，在如图 9-34 所示的“动画窗格”任务窗格中双击该文本框动画，弹出

"飞入"对话框，在"计时"选项卡中的"重复"下拉列表框中选择"直到下一次单击"，如图 9-35 所示，单击"确定"按钮，滚动字幕制作完成。

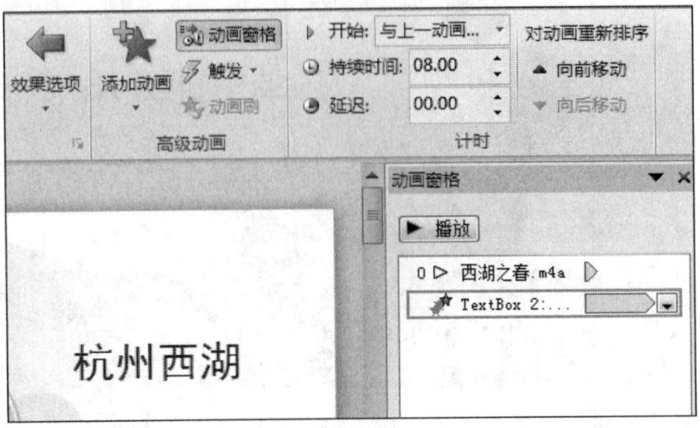

图 9-34　动画窗格

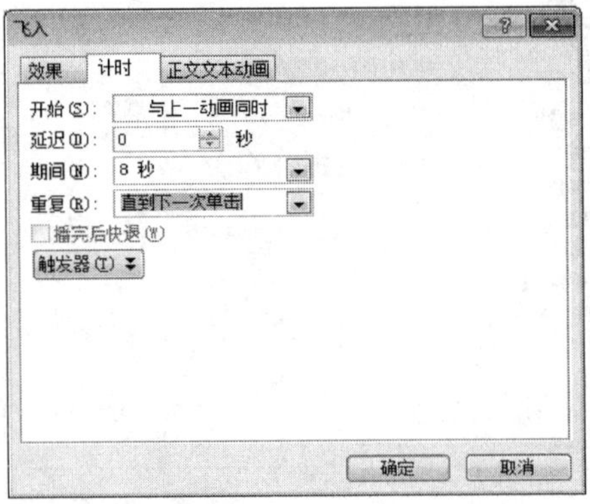

图 9-35　"计时"选项卡

4. 带滚动条的文本框

在第 3 张幻灯片中，把图片裁剪为椭圆形状。

操作步骤如下。

选中第 3 张幻灯片中的图片，在"图片工具/格式"选项卡中的"大小"组中的"裁剪"下拉列表中选择"裁剪为形状"→"椭圆"，图片就被裁剪为椭圆形状了。接下来要插入关于杭州西湖的文字简介，具体内容在"西湖简介.txt"中。由于内容比较多，如果直接插入文字的话，文字会比较小或者页面上放不下，因此，可以插入一个带滚动条的文本框。

操作步骤如下。

①选中第 3 张幻灯片，单击"开发工具"选项卡中的"控件"组中的"文本框（ActiveX 控件）"按钮，在幻灯片上拉出一个控件文本框，调整大小和位置。

②右击该文本框，从弹出的快捷菜单中选择"属性"命令，打开文本框属性设置窗口，把"西湖简介.txt"的内容复制到"Text"属性，设置 ScrollBars 属性为"2-fmScrollBarsVertical"，设置 MultiLine 属性为"True"，如图 9-36 所示。

至此，带滚动条的文本框制作完成。按 Shift＋F5 快捷键放映，就可以看到带滚动条的文本框了，效果如图 9-37 所示。

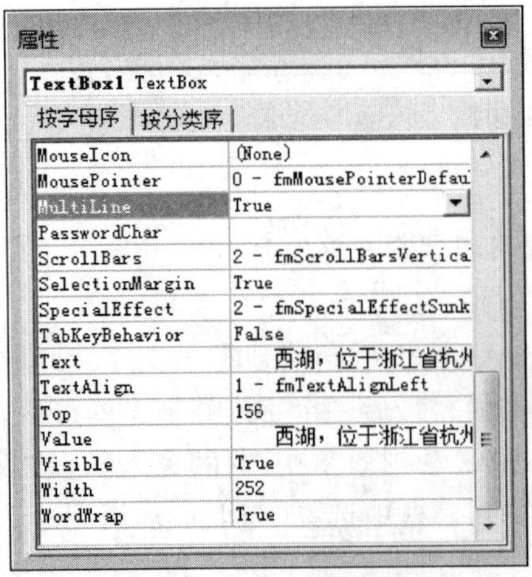

图 9-36　文本框的属性设置

图 9-37　带滚动条的文本框

5. 单击小图看大图

在第 4 张幻灯片中插入关于杭州西湖的图片，要求能够实现单击小图，可以看到该图片的放大图。

操作步骤如下。

①选中第 4 张幻灯片，单击“插入”选项卡中的“文本”组中的“对象”按钮，在“插入对象”对话框的“对象类型”列表框中选择“Microsoft PowerPoint 演示文稿”，如图 9-38 所示，单击“确定”按钮。此时就会在当前幻灯片中插入一个“PowerPoint 演示文稿”对象，如图 9-39 所示。

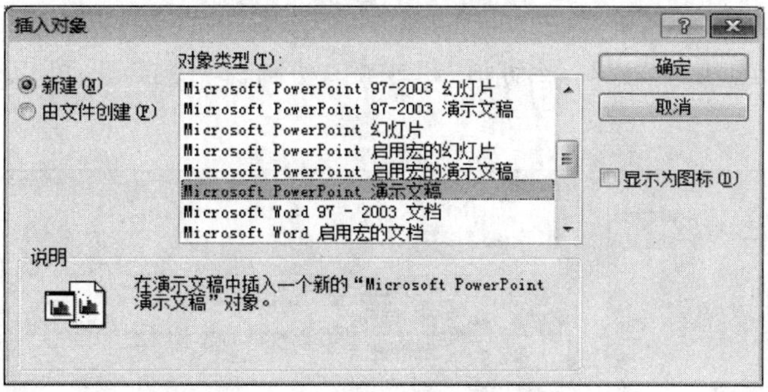

图 9-38 “插入对象”对话框

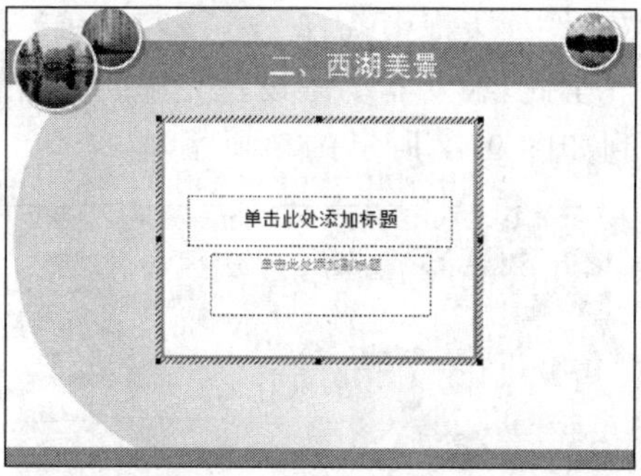

图 9-39 插入“PowerPoint 演示文稿”对象

②单击“插入”选项卡中的“图像”组中的“图片”按钮，选择图片“西湖 1.jpg”，插入后调整图片大小，使得图片布满整个编辑区域，单击幻灯片空白处退出“PowerPoint 演示文稿”对象的编辑状态。

③用同样的方法继续插入 3 个“PowerPoint 演示文稿”对象，插入的图片分别是“西湖 2.jpg”“西湖 3.jpg”“西湖 4.jpg”，调整“PowerPoint 演示文稿”对象的大小与位置，操作完成。

6. 触发器动画

在第 5 张幻灯片中，制作以下动画效果。

①单击三潭印月按钮，以“水平随机线条”方式出现三潭印月图片，2s 后自动出现“跷跷板”强调动画效果，再 2s 后以“水平随机线条”方式消失。

②单击雷峰塔按钮，以“圆形放大”方式出现雷峰塔图片，2s 后自动出现“跷跷板”强调动画效果，再 2s 后以“圆形缩小”方式消失。

操作步骤如下。

①选中第 5 张幻灯片，在“开始”选项卡中的“编辑”组中的“选择”下拉列表中选择“选择窗格”命令。

②在如图 9-40 所示的“选择和可见性”任务窗格中，选中“三潭印月图片”。

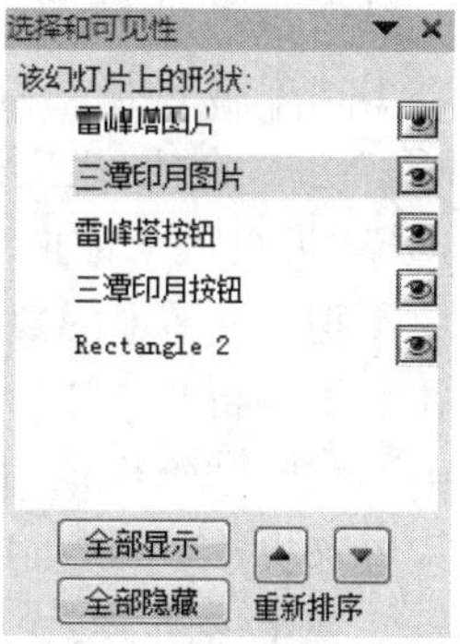

图 9-40 “选择和可见性”任务窗格

③在“动画”选项卡中的“动画”组中的“进入”动画效果中选择“随机线条”，在“效果选项”下拉列表中选择“水平”，在“高级动画”组中的“触发”下拉列表中选择“单击”→“三潭印月按钮”，如图 9-41 所示。

④单击“添加动画”下拉按钮，在“强调”动画效果中选择“跷跷板”，在“触发”下拉列表中选择“单击”→“三潭印月按钮”，在“计时”组中的“开始”下拉列表框中选择“上一动画之后”，延迟设为“2s”。

⑤继续单击“添加动画”下拉按钮，在“退出”动画效果中选择“随机线条”，在“效果选项”下拉列表中选择“水平”，在“触发”下拉列表中选择“单击”→“三潭印月按钮”，在“开始”下拉列表框中

选择“上一动画之后”，延迟设为“2 秒”。

⑥在“选择和可见性”任务窗格中，选中“雷峰塔图片”。

⑦在“动画”选项卡中的“动画”组中的“进入”动画效果中选择“形状”，在“效果选项”下拉列表中选择“圆”“放大”，在“高级动画”组中的“触发”下拉列表中选择“单击”→“雷峰塔按钮”。

⑧单击“添加动画”下拉按钮，在“强调”动画效果中选择“跷跷板”，在“触发”下拉列表中选择“单击”→“雷峰塔按钮”，在“开始”下拉列表框中选择“上一动画之后”，延迟设为“2s”。

⑨继续单击“添加动画”下拉按钮，在“退出”动画效果中选择“形状”，在“效果选项”下拉列表中选择“圆”“缩小”，在“高级动画”组中的“触发”下拉列表中选择“单击”→“雷峰塔按钮”，在“开始”下拉列表框中选择“上一动画之后”，延迟设为“2s”。

至此，触发器动画设置完毕。单击“动画”选项卡中“高级动画”组中的“动画窗格”按钮，可以看到如图 9-42 所示的动画序列。

图 9-41　触发器设置

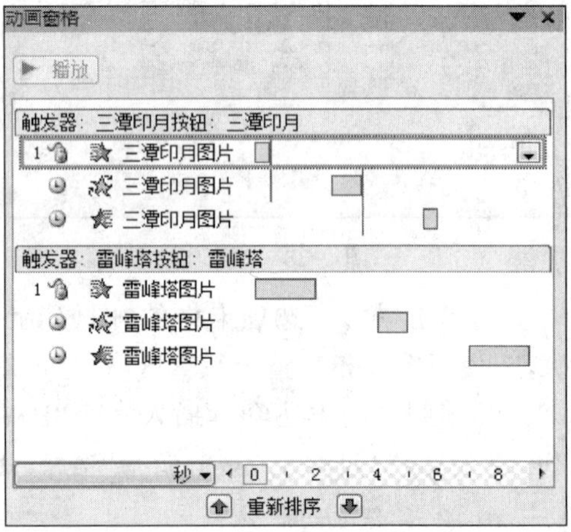

图 9-42　触发器动画序列

7. 动态图表

在第 6 张幻灯片中，以动态折线图的方式呈现如表 9-1 所示的游客人次变化。

操作步骤如下。

①选中第 6 张幻灯片，单击“插入”选项卡中“插图”组中的“图表”按钮，在“插入图表”对话框中选择“折线图”，单击“确定”按钮。

②把表 9-1 中的数据输入相应的数据表中，然后在数据编辑状态下，单击“图表工具/设计”选项卡中的“数据”组中的“切换行/列”按钮，调整图表的位置和大小，生成如图 9-43 所示的折线图。

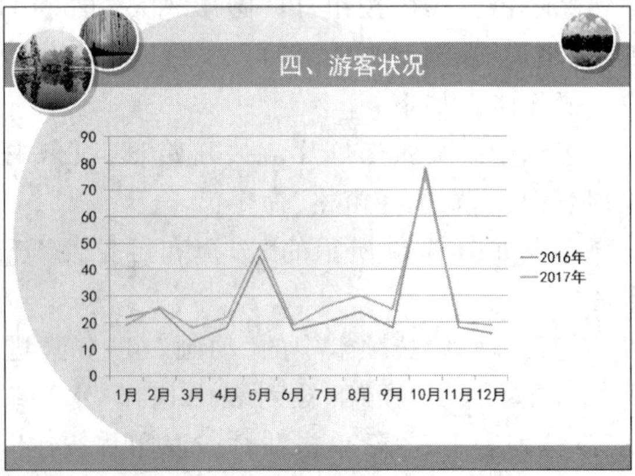

图 9-43　游客人次折线图

③选中该图表，在“动画”选项卡中的“动画”组中的“进入”动画效果中选择“擦除”，在“效果选项”下拉列表中选择“自左侧”和“按系列”，持续时间设为“2s”，开始设为“上一动画之后”，动态图表设置完成。

8. 视频应用

在第 7 张幻灯片中，插入视频“观唐西湖.wmv”，设置视频效果为“柔滑边缘椭圆”，然后进行以下设置。

①把第 9s 的帧设为视频封面；

②把视频裁剪为第 7s 开始，到 105s 结束；

③设置视频的触发器效果，使得单击“播放按钮”时开始播放视频，单击“暂停按钮”时暂停播放，单击“结束按钮”时结束播放视频。

操作步骤如下。

①选中第 7 张幻灯片，单击“插入”选项卡中“媒体”组中的“视频”按钮，插入“观唐西湖.wmv”。

②选中视频，调整大小与位置，在“视频工具/格式”选项卡中，把视频样式设为“柔滑边缘椭圆”。

③定位到第 9s 的画面，在“视频工具/格式”选项卡中，单击“调整”组中的“标牌框架”下拉按钮，从下拉列表中选择“当前框架”，视频封面设置完毕，效果如图 9-44 所示。

④单击“视频工具/播放”选项卡中的“编辑”组中的“裁剪视频”按钮，把开始时间设为“00:07”，结束时间设为“01:45”，如图 9-45 所示，单击“确定”按钮。

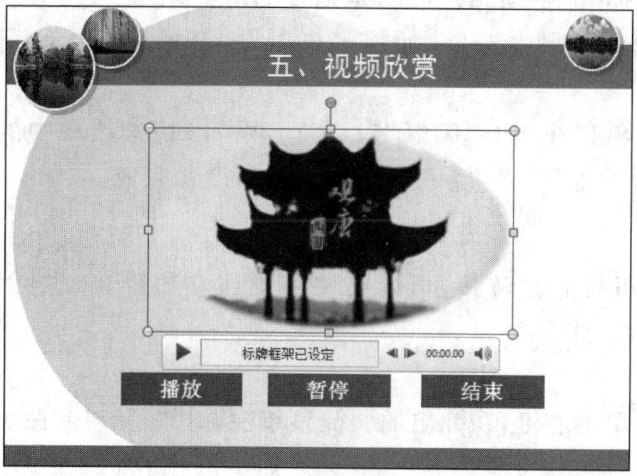

图 9-44 设好了封面的视频

图 9-45 “裁剪视频”对话框

⑤选中视频对象，在“动画”选项卡中的“动画”组中的“媒体”动画效果中选择“播放”，在“高级动画”组中的“触发”下拉列表中选择“单击”→“播放按钮”，如图 9-46 所示。

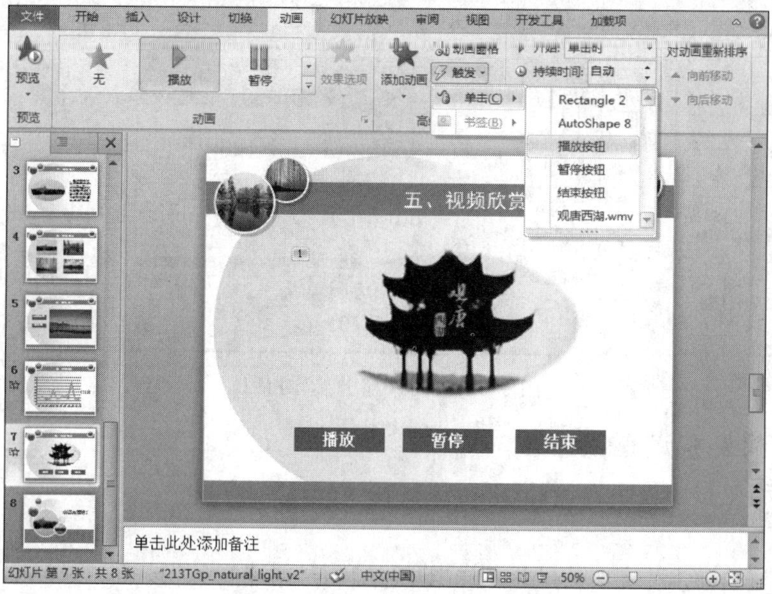

图 9-46 播放视频触发器设置

⑥单击“添加动画”下拉按钮，在“媒体”动画效果中选择“暂停”，在“触发”下拉列表中选择“单击”→“暂停按钮”。

⑦继续单击“添加动画”下拉按钮，在“媒体”动画效果中选择“停止”，在“触发”下拉列表中选择“单击”→“结束按钮”。

至此，视频的触发器设置完毕，通过“播放按钮”、“暂停按钮”和“结束按钮”可以控制视频的播放、暂停和结束。

9. 片尾动画

在第 8 张幻灯片中，把文本“欢迎来西湖!”的动画效果设置为：延迟 1s 自动以“弹跳”的方式出现，然后一直加粗闪烁，直到下一次单击。

操作步骤如下：

①在第 8 张幻灯片中，选中文本“欢迎来西湖!”，在“动画”选项卡中的“动画”组中“进入”动画效果中选择“弹跳”，在“开始”下拉列表框中选择“上一动画之后”，延迟设为“1s”。

②单击“添加动画”下拉按钮，在“强调”动画效果中选择“加粗闪烁”，在“开始”下拉列表框中选择“上一动画之后”。

③单击“动画窗格”按钮，双击强调动画对象打开“加粗闪烁”对话框，在“计时”选项卡中的“重复”下拉列表框中选择“直到下一次单击”，单击“确定”按钮。至此，片尾动画设置完成。

10. 超链接

要给第 2 张幻灯片中的各个目录项建立相关的超链接，可以在文字上建立超链接，也可以在文本框上建立超链接，在此选择在文本框上建立超链接。

操作步骤如下。

①在第 2 张幻灯片中，选中相应的文本框，单击右键，在弹出的快捷菜单中选择“超链接”命令。

②在“插入超链接”对话框中，单击“本文档中的位置”，选择相应文档中的位置，如图 9-47 所示，单击“确定”按钮即可建立一个目录项的超链接。

③依次在其他文本框上用同样的方法建立合适的超链接。

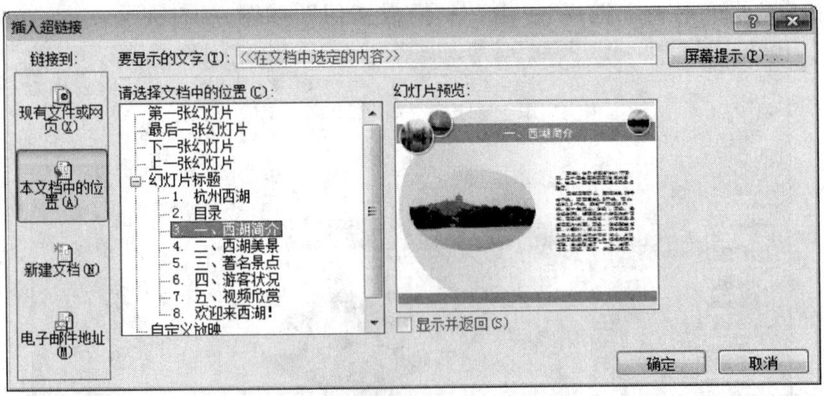

图 9-47 “插入超链接”对话框

11. 演示文稿发布成视频

要把演示文稿发布成较小容量的视频，保存在“D:\”下。

操作步骤如下。

①选择“文件”选项卡中的“保存并发送”命令，单击“创建视频”按钮。

②在“创建视频”下的“计算机和 HD 显示”下拉列表中选择“便携式设备”。

③在“创建视频”下的“使用录制的计时和旁白”下拉列表中选择“不要使用录制的计时和旁白”。

④每张幻灯片的放映时间默认设置为“5s”。

⑤单击“创建视频”按钮，打开“另存为”对话框，设置好文件名和保存位置，然后单击“保存”按钮。

9.2.4 练习提高

对上述制作好的演示文稿文件，完成以下操作。

1. 给幻灯片母版右下角添加文字“杭州旅游”。
2. 把所有幻灯片之间的切换效果设为“自左侧棋盘”，每隔 5s 自动切换，也可以单击鼠标切换。
3. 设置放映方式，对第 3 张到第 5 张幻灯片进行循环放映。
4. 对背景音乐重新进行设置，要求连续播放到第 6 张幻灯片后停止播放。

第10章
Outlook 2010高级应用案例

本章从一个生活中常见问题入手，讲解了关于邮件账户的建立和修改，联系人组的建立，Outlook 2010 创建会议、约会、任务等知识点。通过本章学习，读者能够学习使用 Outlook 2010 收发电子邮件、管理联系人信息、记日记、安排日程、分配任务等。

10.1 问题描述

佳佳同学是网络达人，喜欢和来自全国各地的网友发邮件来保持联系，也经常收到订阅的各大时尚品牌发来的关于新款到店的邮件，有中意的款式时，佳佳就会把邮件转发给她的几个同学，但是每次这种重复性的转发、查找和添加收件人让佳佳觉得很没有效率，并且每天都会收到有很多推销的垃圾邮件，几天不处理，邮箱就被塞满了，这让她十分苦恼。此外，随着佳佳的 Outlook 收件箱里邮件越来越多，每次要查看与某个网友聊天记录都要搜索一番。

针对这些问题，可以利用 Outlook 2010 中对邮件、联系人、日历和任务的管理的功能来解决。

具体要求如下。

①在网易免费邮箱 mail. 163. com 中申请 5 个电子邮件账户，参考表 10-1，组成一个达人组。账户名要求自定义，一般可申请为“姓名_生日@163. com”，“姓名”用拼音表示。

例如：姓名为“高佳佳”的邮件账户名为 gaojiajia_0214@163. com。

说明：新账户须根据各站点邮件服务器的实际情况，申请账户名，如果已经被申请，可以自己更换，表 10-1 仅作参考。

表 10-1　邮件账户

姓名	邮件账户
高佳佳	gaojiajia_0214@163. com
杜琳	dulin_0601@163. com
顾遐迩	guxiaer_0905@163. com
沈佩	shenpei_1218@163. com
冷梅	lengmei_0101@163. com

②通过自动和手动方法将上题中新建的 5 个邮件账户添加到 Outlook 2010 中，观察数据文件状态。

③创建 5 个联系人信息。

④新建邮件，附有签名发给联系人，观察邮件状态，具体要求如下。

a. 创建联系人组，组名为"都市丽人"；

b. 发件人为"gaojiajia_0214@163.com"，收件人为都市丽人组成员，主题为"世界时尚之都"；

c. 新建"佳佳"签名附在邮件正文最后。

⑤将收到的邮件转发给指定的成员。

⑥创建日历。创建日历"我的私人活动"，并以日、周、月不同视图形式观察日历，要求将"我的私人活动"日历发给某个小组成员。

⑦组织时尚达人沙龙。发起者发给与会联系人，请求答复，要求组织者为"高佳佳"，被邀请者为都市丽人组成员。

⑧创建自己即将要做的任务列表，为任务设置颜色类别。

⑨按照主题去查看相应的邮件，并设置自动识别垃圾邮件。

10.2 知识要点

①邮件账户的建立和修改。

②联系人组的建立。

③邮件的创建、修改、发送和转发。

④邮件中插入附件、签名、日历、发起投票等。

⑤创建会议、约会、任务。

10.3 操作步骤

1. 建立网易账号

打开浏览器，输入网址"http://mail.163.com"，打开网易免费邮箱，如图 10-1 所示，单击"去注册"按钮，打开网易申请账号窗口，如图 10-2 所示，输入满足要求的账户名、密码、校验码等，即可申请成功。

图 10-1 网易免费邮箱

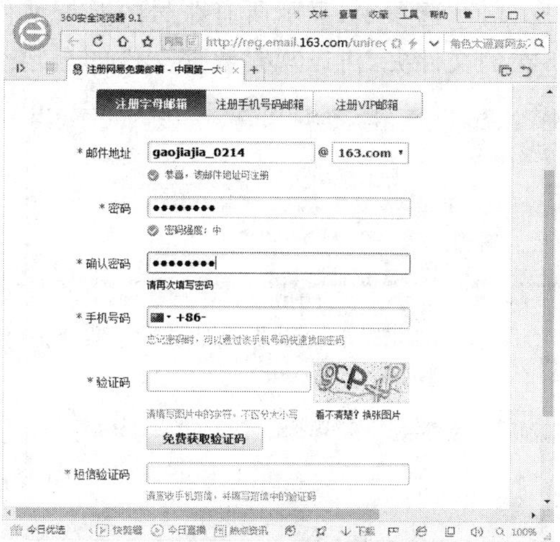

图 10-2 网易申请账号

为了操作的需要，建立 5 个账号，账户信息如表 10-1 所示。

2. 将邮件账号注册到 Outlook 2010 中

(1)自动配置账户

启动 Outlook 2010，出现配置账户向导，每一个账号对应一个邮箱，用户必须注册邮件账号才能发送、接收邮件。配置账号的内容是用户注册的网站电子邮箱服务器及本人的账户名和密码等信息，现将账户 gaojiajia_0214@163. com 注册到 Outlook 2010 中，具体操作如下。

启动 Outlook 2010，在“文件”选项卡的“信息”任务窗格中单击“添加账户”按钮，启动配置账户向导。在如图 10-3 所示的“选择服务”界面中选择“电子邮件账户”单选按钮，单击“下一步”按钮，进入“自动账户设置”界面。

在“自动账户设置”界面中，选择“电子邮件账户”单选按钮，在“您的姓名”“电子邮件地址”“密码”文本框中输入相关信息，如图 10-4 所示，然后单击 “下一步”按钮。

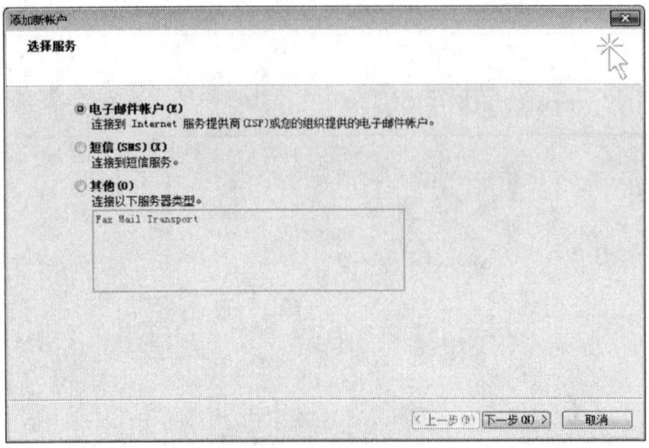

图 10-3 “选择服务”界面

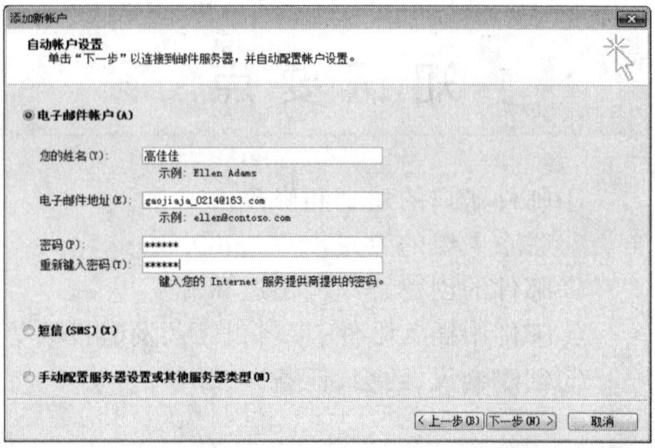

图 10-4 “自动账户设置”界面

弹出“允许该网站配置×××服务器设置?”提示框，单击“允许”，打开“正在配置”界面，Outlook 便会自动连接邮件服务器，测试电子邮件账户的设置值是否能正常运作。自动配置邮件账户依次完成“建立网络连接”“搜索邮件服务器设置”和“登录到服务器并发送一封测试电子邮件”，当提示“电子邮件账户配置成功”，单击“完成”按钮，电子邮件账户配置完成。

在“文件”选项卡中的“信息”任务窗格中单击“账户设置”按钮，打开“账户设置”对话框，单击“数据文件”选项卡，显示所有账号的数据文件信息，如图 10-5 所示。选择新建的账号，打开数据文件所在的文件夹，可以观察数据文件的名字、容量，如图 10-6 所示。

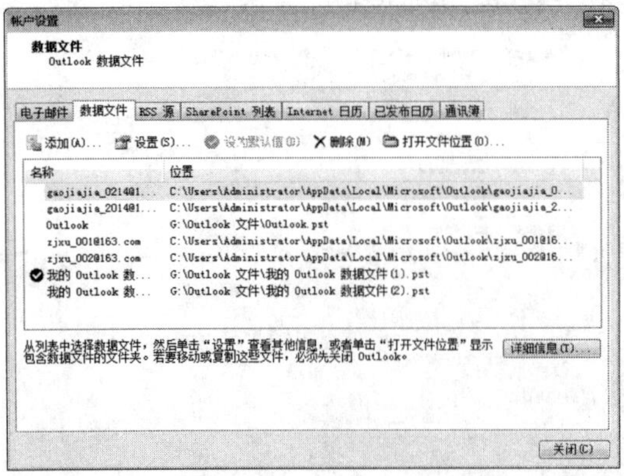

图 10-5 “账户设置”对话框

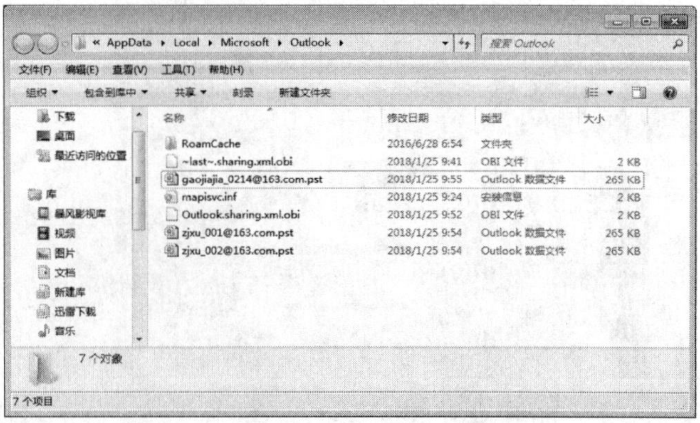

图 10-6 数据文件夹视图

(2)手动配置账户

在“文件”选项卡中的“信息”任务窗格中单击“添加账户”按钮,启动配置账户向导。在“选择服务”界面中选择“电子邮件账户”单选按钮,然后单击“下一步”按钮,在“自动账户设置”界面中,选择“手动配置服务器设置或其他服务器类型”单选按钮,如图 10-7 所示,然后单击“下一步”按钮。

再次进入“选择服务”界面,选择“Internet 电子邮件”单选按钮,然后单击“下一步”按钮,进入“Internet 电子邮件设置”界面,在“用户信息”栏的“您的姓名”和“电子邮件地址”文本框中输入相关信息,在“服务器信息”栏中设置“账户类型”、“接收邮件服务器”和“发送邮件服务器”,如图 10-8 所示。

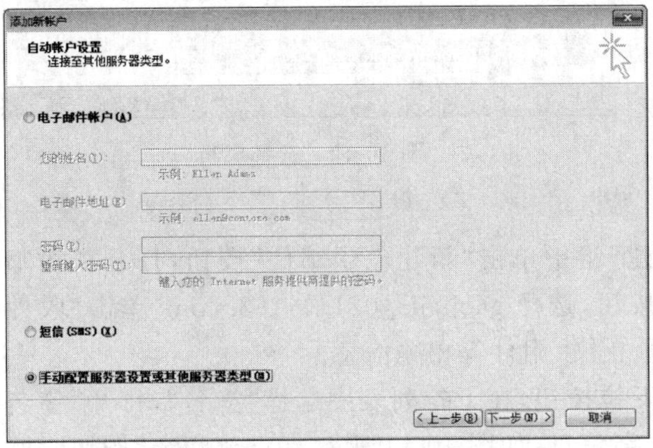

图 10-7 “自动账户设置”界面

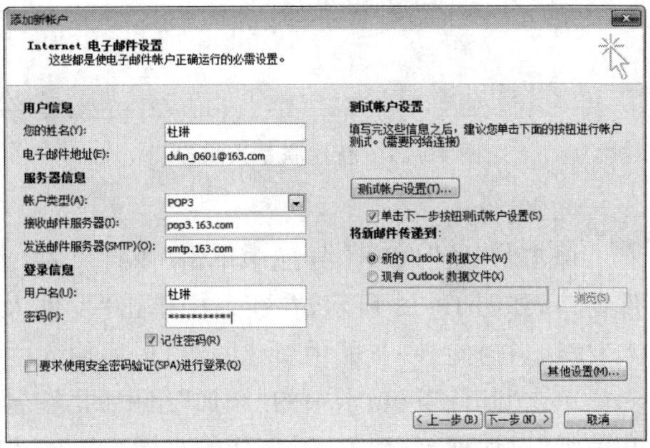

图 10-8 “Internet 电子邮件设置”界面

根据表 10-1 中的要求对其余账户进行设置,过程类似自动设置。

3. 创建联系人信息

单击“开始”选项卡导航中的“联系人”,显示联系人相关分组。单击“新建”组中的“新建联系人”按钮,弹出新建联系人窗口,输入具体内容,如姓名、电子邮件等信息,如图 10-9 所示,单击“保存并关闭”按钮即可建立一个新联系人。根据表 10-1 按照步骤建立其余 4 个联系人信息。单击“当前视图”组中的“名片”按钮,显示如图 10-10 当前所有联系人信息。

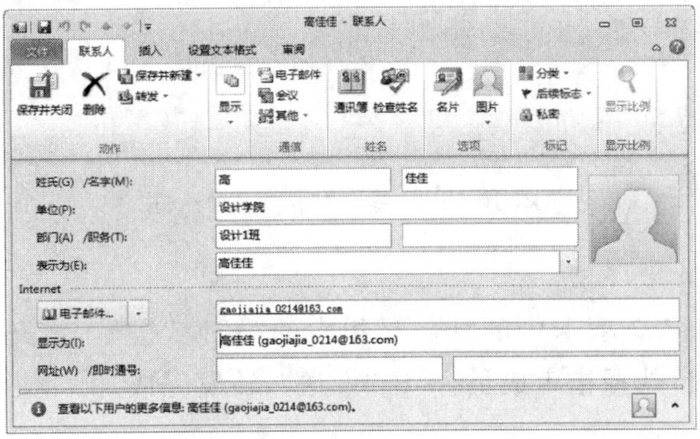

图 10-9 创建联系人“高佳佳”

图 10-10 以名片形式显示已创建的联系人

4. 新建邮件

(1)创建联系人组

单击“开始”选项卡中的“新建”组中的“新建联系人组”,打开新建联系人组窗口,如图 10-11 所示,输入联系人组名称“都市丽人”,单击“添加成员”下拉按钮,从下拉列表中选择成员。成员可以来自 Outlook 联系人、通讯簿或者直接新建电子邮件联系人,此处选择“从通讯录”,打开如图 10-12 所示的对话框,选择输入各成员名称、邮件地址等信息,可将同类型的联系人放在一个组内进行管理。

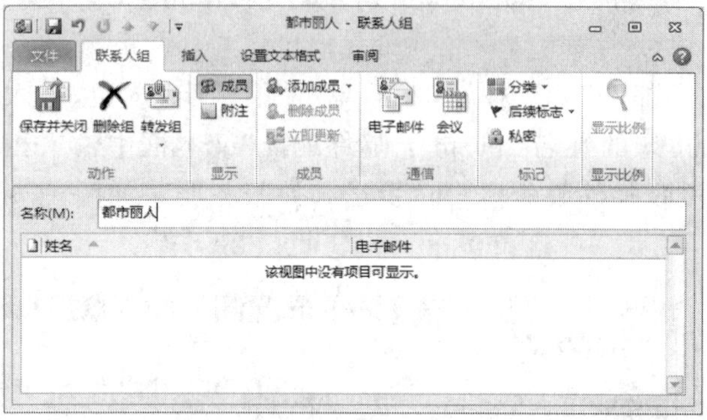

图 10-11　新建联系人组窗口

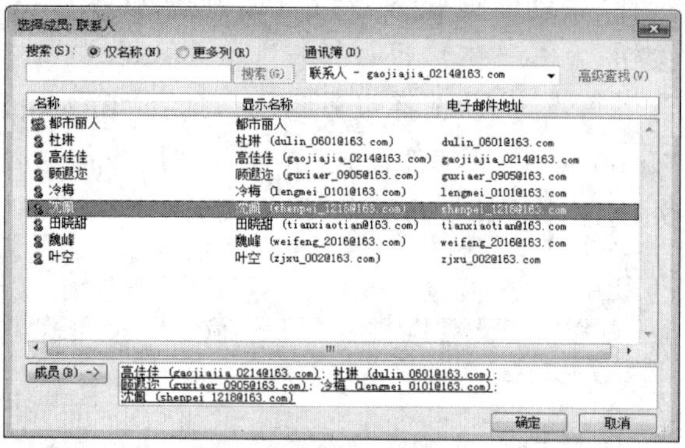

图 10-12　选择成员

(2)发件人

单击“开始”选项卡导航中单击“邮件”,在“新建”组中单击“新建电子邮件”按钮,打开新建邮件窗口,如图 10-13 所示,在窗口中单击“发件人”按钮,选择 gaojiajia_0214@163. com,单击“收件人”按钮,选择上一步骤中新建的组,最后输入主题、正文、附件等相关信息。

单击“邮件”选项卡中的“添加”组中的“签名”下拉按钮,在下拉列表中选择“签名”,打开“签名和信纸”对话框,新建签名“佳佳的小圈圈”,输入文字信息,如图 10-14 所示,单击“确定”按钮。回到新建邮件窗口,单击“邮件”选项卡中的“添加”组中“签名”下拉按钮,从下拉列表中选择“佳佳的小圈圈”,在正文最后插入签名,单击“发送”按钮完成邮件的发送。

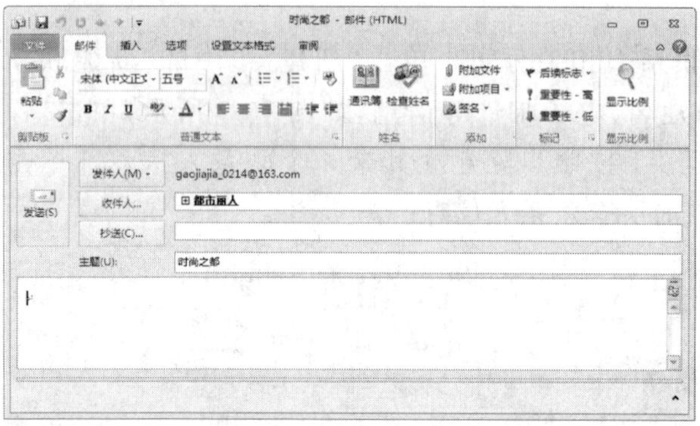

图 10-13　新建邮件窗口

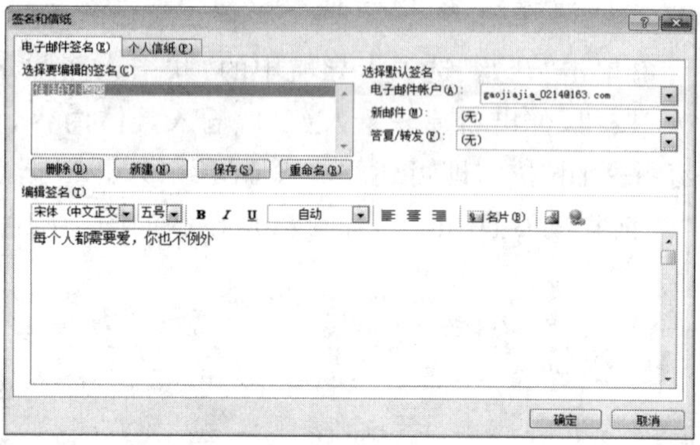

图 10-14　“签名和信纸”对话框

5. 转发邮件给指定成员

选择打开待转发邮件,在邮件窗口中单击“邮件”选项卡中的“响应”组中的“转发”按钮,打开转发邮件窗口,如图 10-15 所示,单击“收件人”按钮,选择指定成员,单击“发送”,转发完成。

6. 创建日历

单击“开始”选项卡导航中的“日历”,打开日历视图,右击“日历”,从弹出的快捷菜单中选择“新建日历”命令,打开“新建文件夹”对话框,创建“我的私人活动”,如图 10-16 所示,在“我的私人活动”中,选择合适日期,双击指定时间(如 8:00)创建约会。

单击“开始”选项卡中的“共享”组中的“电子邮件日历”按钮,打开“通过电子邮件发送日历”对话框，指定日历、日期范围，如图 10-17 所示，单击“确定”按钮。将“我的私人活动”日历发给顾遐迩。

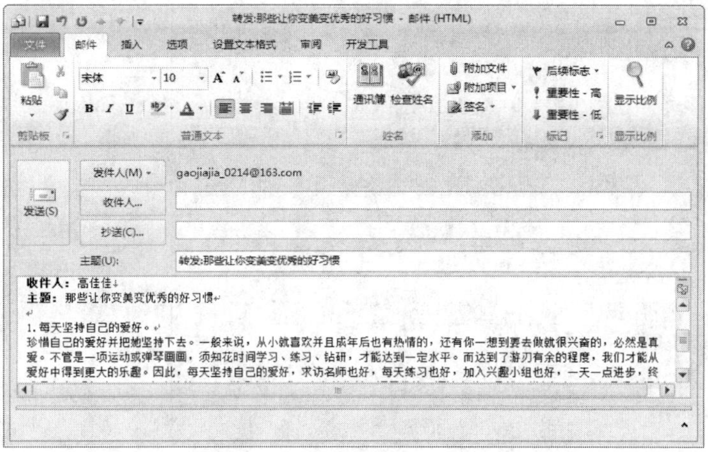

图 10-15　转发邮件窗口

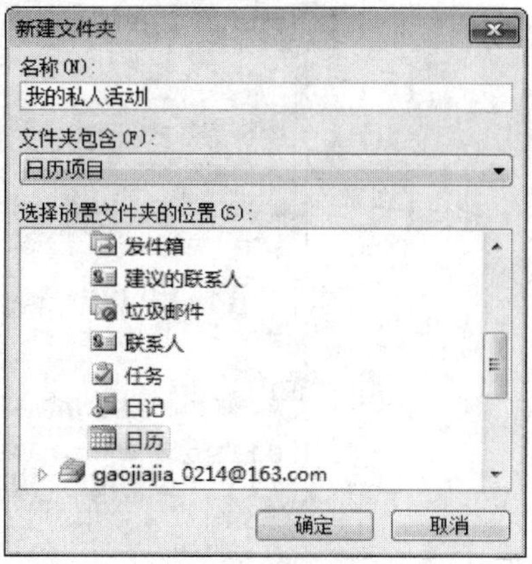

图 10-16　“新建文件夹”对话框

选择账户 guxiaer_0905@163. com，打开接收到的日历邮件，日历信息显示在邮件的正文区。

7. 组织时尚达人沙龙

单击“开始”选项卡中的“新建”组中的“新建会议”按钮，打开新建会议窗口。

在新建会议窗口中，单击“收件人”按钮，选择“都市丽人”联系人组，再输入会议主题、地点、开始时间、结束时间，如图 10-18 所示，可以在正文部分输入沙龙具体内容，单击“发送”按钮，打开如图 10-19 的提示对话框，提醒是否更新日历，单击“确定”按钮。其他小组成员打开接收到的邮件，可以通过单击相应按钮进行“接受”“暂定”“拒绝”“建议新时间”等选择，从而对会议邀请做出答复。

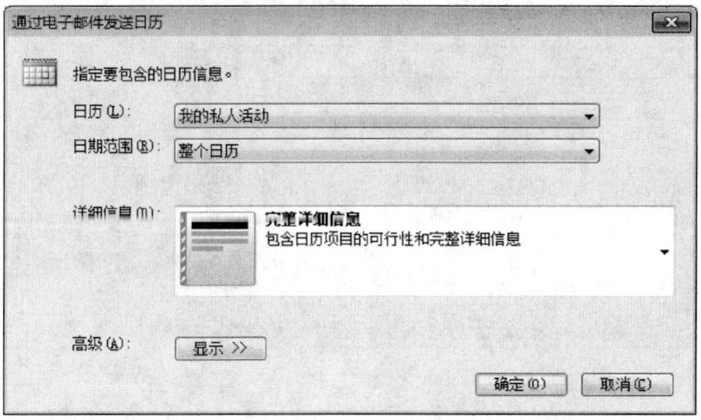

图 10-17　“通过电子邮件发送日历”对话框

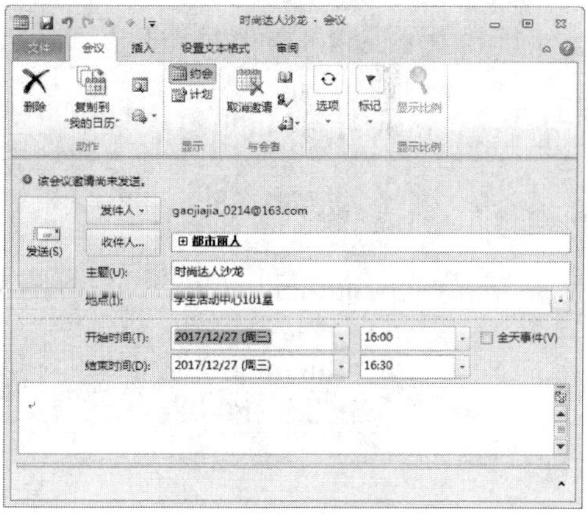

图 10-18　新建会议窗口

8. 创建自己即将要做的任务列表，为任务设置颜色类别

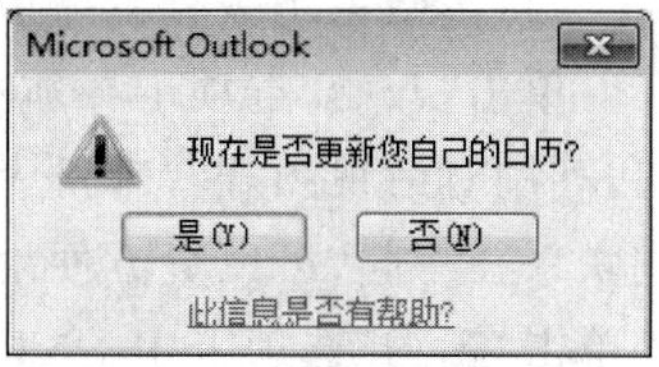

图 10-19　发送时确认日历更新

单击“开始”选项卡导航中的“任务”，单击“开始”选项卡中的“新建”组中的“新建任务”按钮，打开新建任务窗口，输入主题、开始时间、截止时间、优先级、提醒时间等内容，如图 10-20 所示。

单击“任务”选项卡中的“标记”组中的“分类”下拉按钮，选择颜色类别，将优先级“普通”的设置为“黄色”，级别“高”为“红色”，单击“保存并关闭”按钮。

单击“开始”选项卡导航中的“任务”，选择“我的任务”中的“任务”，显示任务列表，如图 10-21 所示。

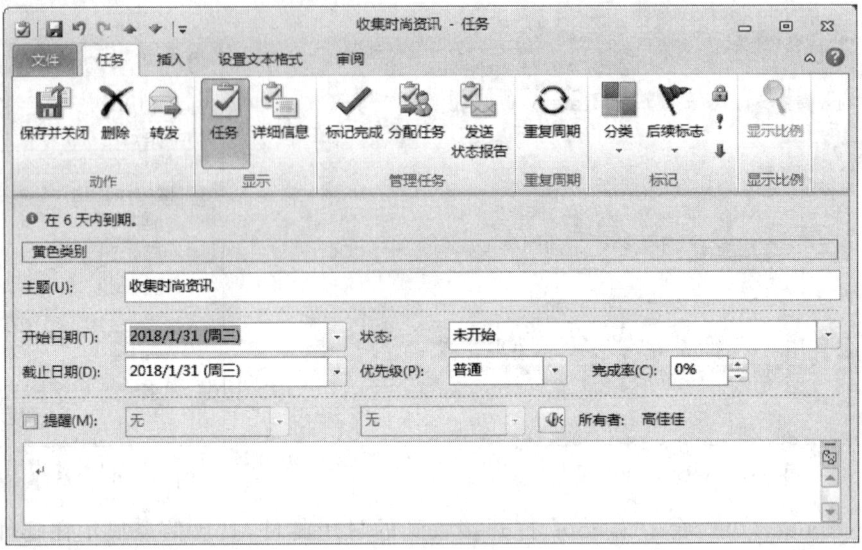

图 10-20　新建任务窗口

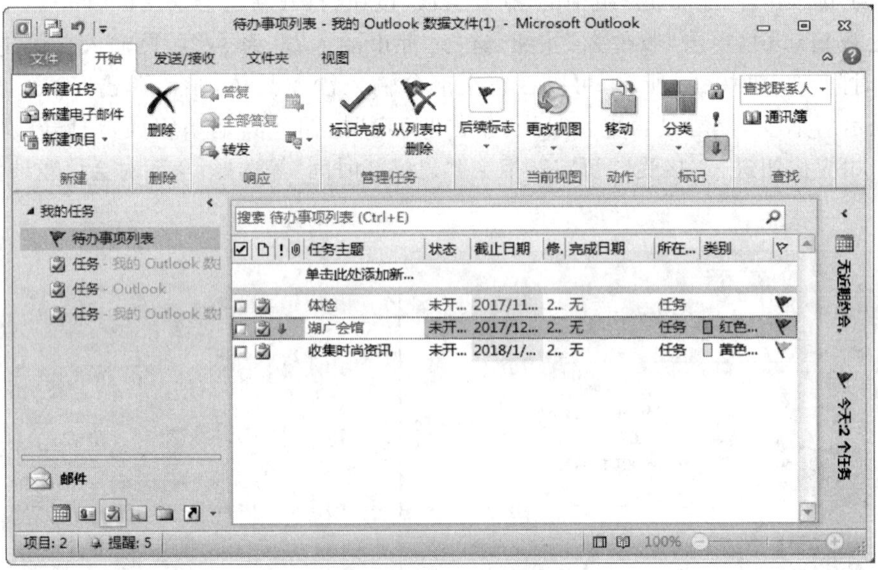

图 10-21　任务列表

9. 按照主题去查看相应的邮件，并设置自动识别垃圾邮件

(1)按照主题去查看相应的邮件

单击“开始”选项卡导航中的“邮件”，单击“视图”选项卡中的“对话”组中的“显示为对话”按钮，利用对话视图查看邮件。单击邮件标题左侧的三角箭头，可以看到同一主题的邮件以对话形式联系在一起，可以更方便地对同一主题的邮件进行查找。如果需要取消对话视图显示方式，可以单击“视图”选项卡中的“对话”组中的“显示为对话”，取消选择的状态。

(2)设置自动识别垃圾邮件

单击“开始”选项卡中的“删除”组中的“垃圾邮件”下拉按钮，在下拉列表中选择“垃圾邮件选项”命令，打开“垃圾邮件选项”对话框，如图 10-22 所示。在“阻止发件人”选项卡中单击“添加”按钮，打开“添加地址或域”对话框，如图 10-23 所示，在对话框中输入垃圾邮件发送服务器域名，单击“确定”按钮。此后，该域名发送的邮件都将被自动识别出来，并存入“垃圾邮件”文件夹中。

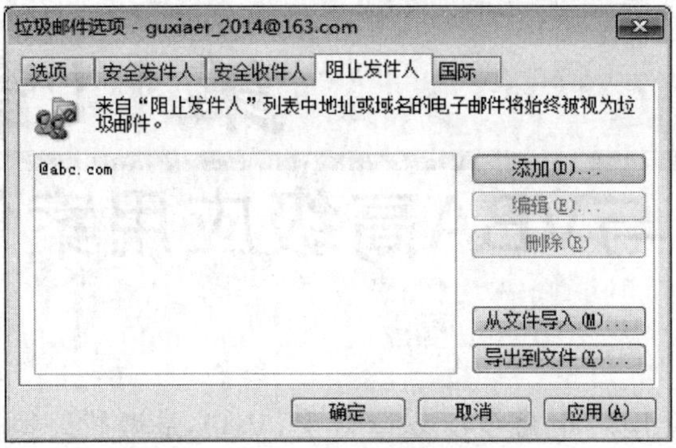

图 10-22 “垃圾邮件选项”对话框

图 10-23 “添加地址或域”对话框

10.4 练习提高

①设置邮件自动答复，在收件人无法答复邮件的情况下，可以自动答复邮件，并给发邮件的人自动提示无法答复的信息。

②在一个账户文件夹创建自定义搜索文件夹，并查找搜索满足条件的邮件。

③创建至少 3 个不同的规则来管理邮件并执行观察效果，如发件人为个人或公用组，主题中包含特定词语，通过制定账户，标记为“重要性”或正文中包含特定词语等。

④将联系人信息导出到 Excel 中。

⑤共享日历，将自己工作安排的日历共享给其他同事，便于同事合理安排共同协作的时间。

第11章 宏与VBA高级应用案例

宏是一连串可以重复使用的操作步骤，可以使用一个命令反复运行宏，VBA 是微软公司开发的程序语言，主要嵌入 Office 办公软件中，实现一些自定义的功能来完成办公自动化工作，Office 程序如 Word，Excel，PowerPoint，Access 等都支持 VBA，VBA 使操作更加快捷、准确且节省人力。本章通过几个案例的介绍，使读者体会其用法。

11.1 Excel 文件间数据交互

11.1.1 问题描述

从当前的 Excel 文件中自动生成一个新的 Excel 文件，并复制几列数据到新的 Excel 文件中。

因为涉及不同文件之间的数据交互操作和自动生成新的 Excel 文件，所以不仅仅是现有对象的使用，还需要建立新的文件对象。此例中，将会用到 Workbook 和 Sheets 等对象的使用。这里假设在“公务员考试表. xlsm”中自动生成文件“我的工作簿. xlsx”，并将需要的几列数据复制到“我的工作簿. xlsx”文件中。

11.1.2 知识要点

1. 工作簿对象的引用

Workbook 对象是 WorkBooks 集合的成员，WorkBooks 集合包含 Excel 中当前打开的所有 WorkBook 对象。

(1)激活工作簿

只有当前活动的工作簿才是可以直接引用和操作的对象，因此在程序执行过程中需要将一个工作簿激活才能进行后续的操作。激活工作簿可以用文件名的表示方法，如 Workbooks(文件名). Activate，本例可以通过 Workbooks(“公务员考试表”). Activate 来激活工作簿。也可以利用 Workbooks 集合内元素的索引号来激活某个工作簿，例如，激活索引号为 1 的工作簿可以由 Workbooks (1). Activate 实现。如想激活代码所在的工作簿，则可以通过 ThisWorkbook. Activate 完成。

(2)打开工作簿

Open 方法用于打开一个现有的工作簿，语法为

表达式. Open(FileName，UpdateLinks，ReadOnly，Format，Password，IgnoreReadOnlyRecommended，Origin，Delimiter，Editable，Notify，Converter，AddToMru，Local，CorruptLoad)。

表达式是一个代表 Workbooks 对象的变量，返回值是一个代表打开的工作簿的 Workbook 对象。

可以看到，该方法具有很多参数，但大多数参数都很少用到。在这些参数中，除参数 FileName 必须外，其他参数都可选。参数 FileName 指定要打开的工作簿文件的名称，参数 UpdateLinks 指定更新工作簿中链接的方式，参数 ReadOnly 用来设置是否以只读方式打开工作簿。如果需要使用密码来打开工作簿，则应该将参数 Password 设置为该密码；如果需要使用密码打开工作簿但没有指定密码，则会弹出询问密码的对话框。参数 AddToMru 指定是否将工作簿添加到最近使用的文件列表中，建议将其设置为 True，默认值为 False。

以下代码判断一个工作簿是否被打开：

```
For i = 1 To Workbooks.Count
  If Workbooks(i).Name = "公务员考试表.xlsm" Then
    MsgBox Workbooks(i).Name & "已经被打开"
    Exit Sub
  End If
Next i
MsgBox "文件未打开"
```

(3)新建工作簿

Add 方法可以新建一个工作簿，语法为：

```
WorkBooks.Add(Template)
```

其中，Template 为可选项，通过 Add 方法新建的工作簿将成为活动工作簿（ActiveWorkBook）。该方法的返回值为一个代表工作簿的 Workbook 对象。因为 Add 方法只是建立新的工作簿，如果需要进一步对该工作簿进行操作则需要将该对象赋值为 Workbook 变量，代码如下。

```
Dim myBook As Workbook
Set myBook = Workbooks.Add
```

(4) 保存工作簿

Save 方法可以实现保存工作簿，语法如下：

```
表达式.Save 或者 表达式.SaveAs 工作簿完整路径
```

例如：

```
WorkBooks("我的工作簿").Save
```

也可以直接通过 WorkBook 对象的 Save 方法，例如：

```
myBook.SaveAs"D\:我的工作簿.xlsx"
```

如果不指定路径，则保存的位置为当前文件夹。

2. WorkSheet 对象的应用

Worksheet 对象代表一个工作表，它是 Worksheets 集合的成员。Worksheets 集合包含某个工作簿中所有的 Worksheet 对象，也是 Sheets 集合的成员，Sheets 集合包含工作簿中所有的工作表(图表工作表和工作表)。

使用 Worksheets(index)(其中 index 是工作表索引号或名称)可返回一个 Worksheet 对象。例如，下列代码表示修改最左边的工作表的名称为“新表”。

```
Worksheets(1).Name = "新表"
```

工作表索引号指示该工作表在工作簿的标签栏上的位置。Worksheets(1)是工作簿中第一个(最左边的)工作表，而 Worksheets(Worksheets. Count)是最后一个。所有工作表均包括在索引计数中，即便是隐藏工作表也是如此。

当工作表处于活动状态时，可以使用 ActiveSheet 属性来引用它。下例使用 Activate 方法激活 Sheet1，将页面方向设置为横向，然后打印该工作表。

```
Worksheets("Sheet1"). Activate
ActiveSheet. PageSetup. Orientation = xlLandscape
ActiveSheet. PrintOut
```

3. Range 属性的应用

Worksheet. Range 属性可以返回一个 Range 对象，它代表一个单元格或单元格区域。语法如下：

```
表达式. Range(Cell1,Cell2)
```

其中表达式为一个 Worksheet 对象的变量。Cell1 为必选项，数据类型为 Variant，它代表一个区域名称，必须为采用宏语言的 A1 样式引用。可包括区域操作符(冒号)、相交区域操作符(空格)或合并区域操作符(逗号)。可以在区域中任一部分使用局部定义名称。如果使用名称，则假定该名称使用的是宏语言。Cell2 为可选，其他和 Cell1 基本一致。

如果在没有对象识别符时使用，则该属性是 ActiveSheet. Range 的快捷方式(它返回活动表的一个区域，如果活动表不是一张工作表，则该属性无效)。

当应用于 Range 对象时，该属性与 Range 对象相关。例如，如果选中单元格 C3，那么 Selection. Range("B1")返回单元格 D3，因为它同 Selection 属性返回的 Range 对象相关。此外，代码 ActiveSheet. Range("B1")总是返回单元格 B1。下面列举一个具体的使用例子。

例如，将 Sheet1 上的单元格的值设置为 12. 345，可以由以下一行代码完成。

Worksheets("Sheet1"). Range("A1"). Value = 12. 345

而如果需要将 Sheet1 上的单元格区域 A1:D10 中的数值小于 1 的单元格的值重新设置为 1，则可以由下面的循环结构实现。

```
For Each c in Worksheets("Sheet1"). Range("A1:D10")
  If c. Value < 1 Then
    c. Value =1
  End If
Next c
```

4. Range 对象的 Copy 方法

Range. Copy 方法将单元格区域复制到指定的区域或剪贴板中。语法为

```
表达式. Copy(Destination)
```

其中表达式为一个 Range 对象的变量，Destination 为 Variant 类型的可选参数，Copy 方法的返回值为 Variant。下面为该方法的使用实例。

```
Worksheets("Sheet1"). Range("A1:D4"). Copy _
    destination:=Worksheets("Sheet2"). Range("E5")
```

该代码实现了将工作表 Sheet1 上单元格区域 A1:D4 中的公式复制到工作表 Sheet2 上的单元格区域 E5:H8 中。

11.1.3 操作步骤与代码分析

①建立或者打开一份 Excel 文档，这里假设有一份具有源数据 Excel 文档，名称为“公务员考试表. xlsm”。在这份文档中的数据如图 11-1 所示。

②按 Alt+F11 组合键，打开 Excel 的 VBA 编辑器，右击该文档，从弹出的快捷菜单中选择“插入”→“模块”命令，双击插入的模块，出现模块代码窗口，在此代码窗口中输入代码清单 11-1 的内容。

本程序需要完成的任务是将公务员考试表. xlsm 中的“报考单位”“报考职位”“姓名”“性别”和“总成绩”共 5 个字段的所有数据复制到新生存的 Excel 文档(我的工作簿. xlsx)中。这些字段在我的工作簿. xlsx 文件中的顺序为：“姓名”“性别”“报考单位”“报考职位”和“总成绩”，并将新文档的第一张工作表命名为“新表”。

```
//程序清单:11-1
Sub MyNewBook()
Dim mybook As Workbook
Set mybook = Workbooks.Add
mybook.Worksheets(1).Name = "新表"
Workbooks("公务员考试表").Worksheets(1).Range("D2:E44").Copy _
Destination:=mybook.Worksheets("新表").Range("A1:B43")
Workbooks("公务员考试表").Worksheets(1).Range("A2:B44").Copy _
Destination:=mybook.Worksheets("新表").Range("C1:D43")
Workbooks("公务员考试表").Worksheets(1).Range("H2:H44").Copy _
Destination:=mybook.Worksheets("新表").Range("E1:E43")
mybook.SaveAs "d:\我的工作簿.xlsx"
End Sub
```

说明：

1)行 2 表示定义一个 Workbook 变量，行 3 表示将 add 方法新建的工作簿赋值为 mybook 变量，行 4 表示 mybook 的第一张工作表的名字为“新表”。

2)行 5 到行 10 表示将源数据文件中的部分数据复制到新生成的文件中。行 11 表示，将新文件保存在 D 盘，取名为“我的工作簿. xlsx”。

单击“调试”工具栏上的“运行子程序/用户窗体”命令，即可看到图 11-2 的效果。

图 11-1 公务员考试表. xlsm

图 11-2 我的工作簿. xlsx

11.1.4 练习提高

将当前 Excel 文件中的数据分两个新的 Excel 文件来存放。要求：第一个新文件中存放的是前 10 行数据，第二个新文件存放的是后 10 行数据，并且要求列字段的先后顺序和源文件中的顺序不同。

11.2 Word 与 Excel 文件间的数据交互

11.2.1 问题描述

在 Excel 文件中自动生成一份 Word 文档，将 Excel 中的数据复制到新生成的 Word 文档中，并设置相应文字的格式和对齐方式。

因为涉及不同应用程序之间的信息交换，因此这里将会用到 MicroSoft Word 14.0 Object Libarary 对象库，同时这里假设将“公务员考试表.xlsm”中的几个字段的数据复制到新生成的 Word 文档中。

11.2.2 知识要点

1. 建立和释放 Word 应用程序对象

Word 应用程序对象即 Application 对象，表示 Microsoft Word 应用程序。Application 对象包含可返回顶级对象的属性和方法。例如，ActiveDocument 属性返回 Document 对象。使用 Application 属性可返回 Application 对象，以下示例显示 Word 用户名。

```
MsgBox Application. UserName
```

要使用 VBA 的自动化功能（以前称为 OLE 自动化）从另一个应用程序控制 Word 对象，使用 Microsoft Visual Basic 的 CreateObject 或 GetObject 函数返回 Word Application 对象。下列 Microsoft Office Excel 示例启动 Word（如果它尚未启动），并打开一个现有的文档。

```
Set wrd = GetObject(,"Word. Application")
wrd. Visible = True
wrd. Documents. Open "C:\My Documents\Temp. doc"
Set wrd = Nothing
```

以上代码中的最后一句 Set 命令表示释放应用程序对象。

2. Documents 和 ActiveDocument 对象

Documents. Add 方法返回一个 Document 对象，该对象代表添加到打开文档集合的新建空文档，语法为

```
表达式. Add(Template,NewTemplate,DocumentType,Visible)
```

Application. ActiveDocument 属性功能为返回一个 Document 对象，该对象代表活动文档。如果没有打开的文档，就会导致出错。该属性为只读，语法为

表达式. ActiveDocument

可用 ActiveDocument 属性引用处于活动状态的文档。下列示例用 Activate 方法激活名为“Document1”的文档,然后在活动文档的开头插入文本,最后打印该文档。

```
Documents ("Document1"). Activate
Dim rngTemp As Range
Set rngTemp = ActiveDocument. Range(Start:=0,End:=0)
With rngTemp
    . InsertBefore "Company Report"
    . Font. Name = "Arial"
    . Font. Size = 24
    . InsertParagraphAfter
End With
ActiveDocument. PrintOut
```

3. Selection 对象、Tabstops 的 Add 方法

Selection 对象代表窗口或窗格中的当前所选内容。所选内容代表文档中选定(或突出显示)的区域,如果文档中没有选定任何内容,则代表插入点。每个文档窗格只能有一个 Selection 对象,并且在整个应用程序中只能有一个活动的 Selection 对象。

Tabstops 的 Add 方法返回一个 TabStop 对象,该对象代表添加到文档中的自定义制表位,语法如下:

表达式. Add(Position,Alignment,Leader)

4. Excel 中的 Range、CurrentRegion、Rows 和 Count 属性

WorkSheet. Range 返回一个 Range 对象,它代表一个单元格或单元格区域。语法为

表达式. Range(Cell1,Cell2)

其中,表达式是一个代表 Worksheet 对象的变量。

Range. CurrentRegion 属性返回一个 Range 对象,该对象表示当前区域。当前区域是以空行与空列的组合为边界的区域,该属性为只读,语法为

表达式. CurrentRegion

其中,表达式是一个代表 Range 对象的变量,该属性对于许多自动展开选择以包括整个当前区域的操作很有用,如 AutoFormat 方法,该属性不能用于被保护的工作表。Range. Rows 属性返回一个 Range 对象,它代表指定单元格区域中的行。语法如下:

表达式. Rows

其中,表达式是一个代表 Range 对象的变量。在不使用对象识别符的情况下使用此属性等效于使用 ActiveSheet. Rows。

Range. count 属性返回一个 Long 值,它代表集合中对象的数量。语法为

表达式. Count

其中,表达式是一个代表 Range 对象的变量。例如,代码:

```
ActiveSheet. Range("A1"). CurrentRegion. Rows. Count
```

表示计算当前工作表中 A1 所在数据区域的行的总数。

11.2.3 操作步骤与代码分析

①建立或者打开一份 Excel 文档,这里假设打开一份名称为“公务员考试表. xlsm”的 Excel 文档,这份 Excel 文档内部的数据如图 11-3 所示。

②按 Alt+F11 组合键,打开 Excel 的 VBA 编辑器,在编辑器中打开“工具”菜单,勾选“引用”项。在“引用”对话框中选择“Microsoft Word 14. 0 Object Libarary”项。

③右击该文档,选择“插入”,单击“模块”,双击插入的模块,出现模块代码窗口,在此代码窗口中输入代码清单 11-2 的内容。

```
//程序清单:11-2
Sub MyNewDoc()
Dim myapp As Word. Application
Set myapp = CreateObject("word. application")
Dim Row As Integer
Dim i As Integer
Dim temptext As String
Application. ScreenUpdating = False
Row = ActiveSheet. Range("A1"). CurrentRegion. Rows. Count
myapp. Documents. Add
Dim mydoc As Document
Set mydoc = myapp. ActiveDocument
Dim mysel As Selection
Set mysel = myapp. Selection
mysel. Paragraphs. TabStops. Add Position:=InchesToPoints(1)
mysel. Paragraphs. TabStops. Add Position:=InchesToPoints(2. 8)
mysel. Paragraphs. TabStops. Add Position:=InchesToPoints(3. 8)
mysel. Paragraphs. TabStops. Add Position:=InchesToPoints(4. 8)
mysel. InsertAfter Text:=ActiveSheet. Range("A1") & vbCrLf
With mydoc. Paragraphs(1). Range
        . ParagraphFormat. Alignment = wdAlignParagraphCenter
        . Font. Size = 18
        . Font. NameFarEast = "华文行楷"
End With
For i = 2 To Row
temptext = ActiveSheet. Cells(i,1)
temptext = temptext & vbTab & ActiveSheet. Cells(i,2)
temptext = temptext & vbTab & ActiveSheet. Cells(i,4)
temptext = temptext & vbTab & ActiveSheet. Cells(i,5)
temptext = temptext & vbTab & ActiveSheet. Cells(i,10) & vbCrLf
myapp. Selection. InsertAfter Text:=temptext
If i = 2 Then
  mydoc. Paragraphs(2). Range. Font. Bold = True
End If
```

```
Next i
mydoc.SaveAs2 Filename:="D:\我的文档.docx"
mydoc.Close
myapp.Quit
Application.ScreenUpdating = True
End Sub
```

④选定 MyNewDoc()代码，单击“调试”工具栏上的“运行子程序/用户窗体”命令，即可看到如图 11-3 的效果。

公务员考试成绩表

报考单位	报考职位	姓名	性别	总成绩
市高院	法官(民事、行政)	孙琳伟	男	112.25
市高院	法官(刑事)	周金	男	85.6
三中院	法官	金伟伟	男	113.5
三中院	法官	王祎江	女	85.55
三中院	法官(民事、行政)	陈浩	男	106
三中院	法官(民事、行政)	陈剑寒	男	88.15
一中院	法官(刑事)	冯彩霞	女	116
一中院	法官(民事、男)	徐文侠	男	115.125
一中院	法官(民事、男)	陈诗荟	女	85
市高院	法官(刑事)	刘婧	女	110.5
一中院	法官(刑事、男)	董淼	男	121.875
一中院	法官(刑事、男)	鲁迪庆	男	88.8
区法院	法官	吕龙武	男	109.875
区法院	法官(刑事、男)	叶风华	女	116.875
市高院	法官(民事、行政)	许明伟	男	111.5

图 11-3 我的文档.docx

11.2.4 练习提高

在 Excel 中自动生成 3 个 Word 文档，将 Excel 中的某 4 个字段的数据(共 15 行)以行的方式，依次复制到 3 个 Word 文档中。要求：每个 Word 文档包含 5 行数据。

第12章

Visio 2010高级应用案例

本章将理论知识和实际应用相结合，通过典型实际案例的介绍，使读者能够掌握更多的 Visio 绘图技术和使用技巧。

12.1 问题描述

房地产开发公司根据房地产开发的需要，按照房子的设计图纸建成的房子，大多数是不带室内装饰的，这样的房子称为毛坯房。用户在取得毛坯房后，需要制作一个家具布置规划图。图 12-1、图 12-2、图 12-3 分别是连体别墅 3 个楼层的家具布置图。

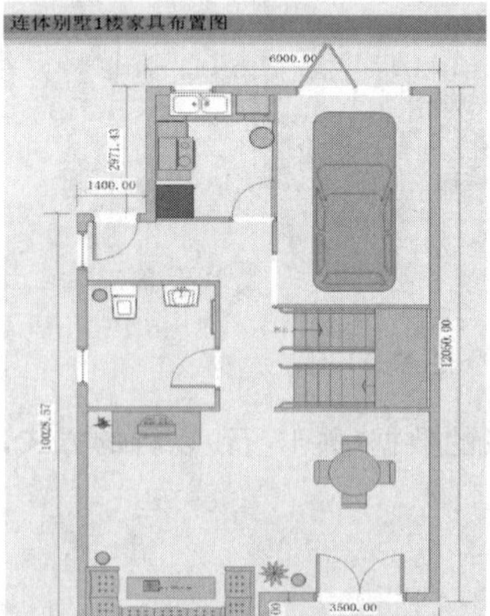

图 12-1　1 楼家具布置全图

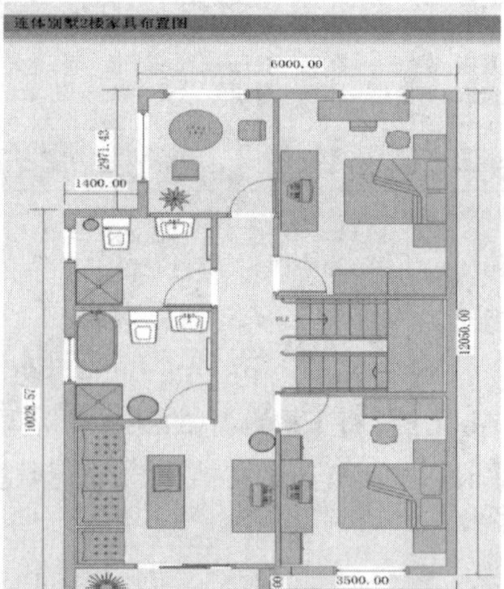

图 12-2　2 楼家具布置全图

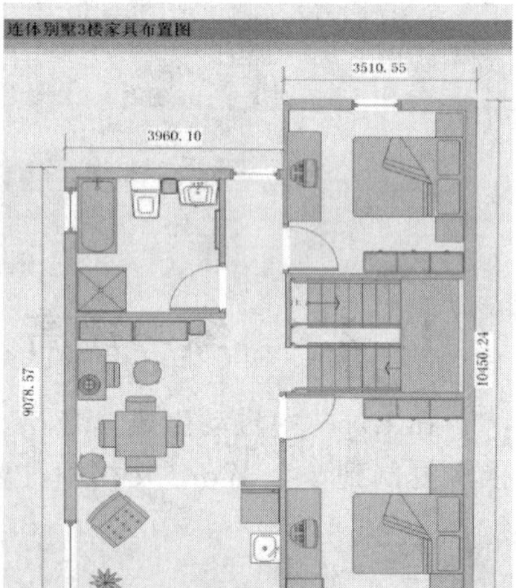

图 12-3　3 楼家具布置全图

12.2 知识要点

①页面设置。

②家具规划模板。

③墙壁、外壳和结构模具。

④家具、柜子、家电模具。

⑤办公室附属设施模具。

⑥卫生间和厨房平面图模具。

⑦建筑物核心模具。

⑧形状的位置、大小、方向调整。

12.3 操作步骤

一般的操作步骤都会经历绘图文件的创建、页面设置、模具选择、形状的添加和设置等。

某房地产开发公司开发的 3 层楼的连体别墅西面的毛坯房如图 12-4、图 12-5、图 12-6 所示，别墅 1 楼、2 楼、3 楼外墙的尺寸单位是毫米(mm)。

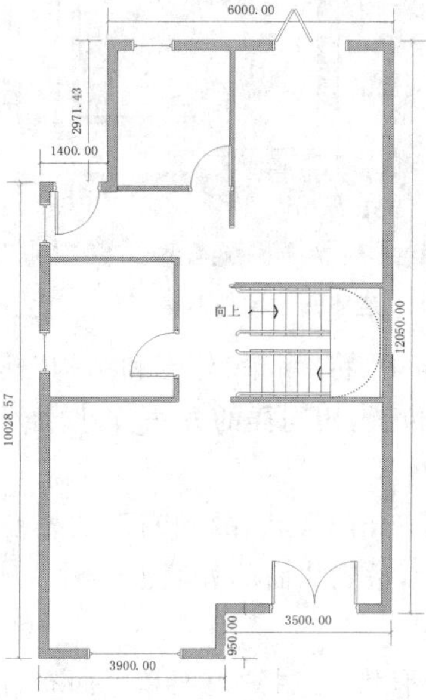

图 12-4　1 楼的毛坯房

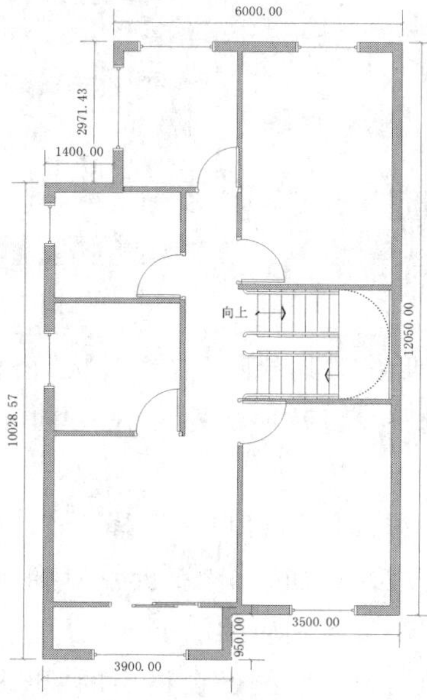

图 12-5　2 楼的毛坯房

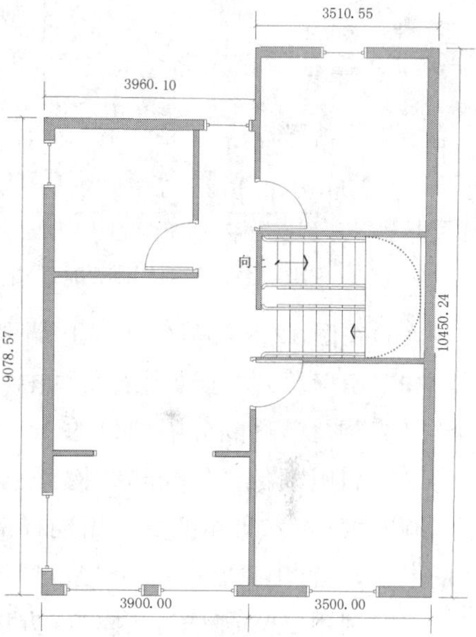

图 12-6　3 楼的毛坯房

1. 制作别墅 1 楼的毛坯房

创建一个新的绘图文件，生成别墅 1 楼的毛坯房，其操作步骤如下。

(1)单击“文件”选项卡，在弹出的菜单中选择“新建”命令，从模板类别中选择“地图和平面布置图”，再从打开的对话框中选定“家居规划”，单击“新建”按钮。

(2)单击“设计”选项卡中的“页面设置”组中的“页面设置”中的对话框启动按钮，在弹出的“页面设置”对话框中选择“页面尺寸”选项卡，设置预定义的大小为“A3”纸、页面方向为“横向”，单击“确定”按钮。

(3)在“形状”窗格中，将“墙壁、外壳和结构”模具中的“空间”形状拖动到绘图页上，通过形状的“大小和位置”对话框，设置形状的宽度为“ 3 900 mm” ，高度为“10 028.57 mm”，使其面积大约为 39 m^2。按照相同的方法，在该“空间”的上面和右面分别生成另外两个“空间”，一个宽度为“2 500 mm”，高度为“2 971.43 mm”；另一个宽度为“3 500 mm”，高度为“12 050 mm”，如图 12-7 所示。

(4)同时选定 3 个“空间”形状，右击，在弹出的快捷菜单中选择“联合”命令，就把选定的 3 个“空间”形状联合成 1 个大的“空间”形状。

(5)选中“空间”形状，单击“计划”选项卡中的“计划”组中的“转换为背景墙”按钮，在弹出的“转换为背景墙”对话框中选择“外墙”，再选中“添加尺寸”复选框，单击“确定”按钮，得到连体别墅地基墙，如图 12-8 所示。

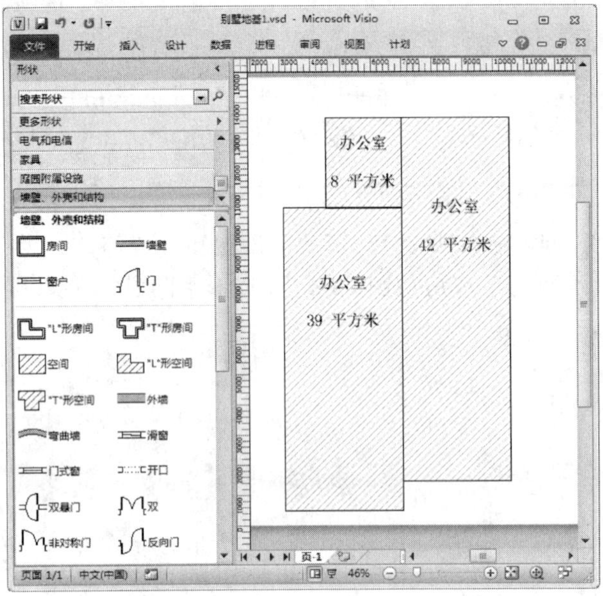

图 12-7　连体别墅地基线

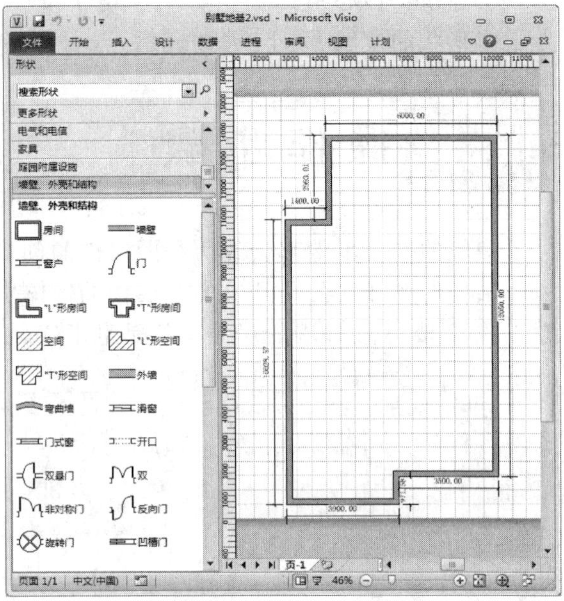

图 12-8　连体别墅的地基墙

(6)在图 12-8 的基础上，用“墙壁”形状对其分隔。在“形状”窗格中，将“墙壁、外壳和结构”模具中的“墙壁”形状拖动到绘图页中，调整“墙壁”形状的大小、方向和位置，用同样的方法，再增加 6 个“墙壁”形状，达到分隔的目的。

(7)利用“墙壁、外壳和结构”模具，添加门和窗户。选择 1 个“双”开门形状，放到南面的外墙上，调整大小、方向和位置。用同样的方法，添加 1 个“双折叠门”形状，放到北面的外墙上；1 个“开口”形状，3 个“门”形状，4 个“窗户”形状，放到相应的墙上。

(8)利用“建筑物核心”模具(方法是：单击“形状”窗格中的“更多形状”，选择“地面和平面布置图”→“建筑设计图”→“建筑物核心”即可)添加楼梯。将“建筑物核心”模具中的“直楼梯”形状拖动到绘图页，调整“直楼梯”的大小、方向和位置。用同样的方法，再增加 1 个“直楼梯”形状和 1 个“楼梯平台”形状。这样，去掉网格线后，就能得到如图 12-4 所示的连体别墅 1 楼的毛坯房。

2. 制作别墅 2 楼的毛坯房

制作连体别墅 2 楼的毛坯房，其方法与 1 楼的毛坯房相似，或者在 1 楼毛坯房的基础上，进行适当地调整即可，2 楼毛坯房中用到的形状如下。

(1)利用“墙壁、外壳和结构”模具添加墙壁、门和窗户。包括 10 个“墙壁”形状，1 个“滑动玻璃门”形状，5 个“门”形状和 7 个“窗户”形状。

(2)利用“建筑物核心”模具添加楼梯，包括 2 个“直楼梯”形状和 1 个“楼梯平台”形状。

3. 制作别墅 3 楼的毛坯房

制作连体别墅 3 楼的毛坯房，其方法是在 2 楼毛坯房的基础上，进行适当地调整(包括外墙)，3 楼毛坯房中用到的形状如下。

(1)利用“墙壁、外壳和结构”模具添加墙壁、门和窗户，包括 8 个“墙壁”形状，1 个“开口”形状，

3 个“门”形状和 7 个“窗户”形状。

(2)利用“建筑物核心”模具添加楼梯,包括 2 个“直楼梯”形状和 1 个“楼梯平台”形状。

4. 别墅 1 楼家具布置

根据需要,在连体别墅 1 楼毛坯房的基础上进行家具布置。

(1)单击“设计”选项卡中的“背景”组中的“背景”下拉按钮,在弹出的下拉列表框中选择“活力”背景,再在下拉列表框中选择“背景色”→“强调文字颜色 4,淡色 80%”。在“主题”组中,将“主题”设置成“中灰色颜色,突出显示斜角效果”。

(2)单击“背景”组中的“边框和标题”下拉按钮,在弹出的下拉列表中选择“都市”,再单击绘图文件中的“背景—1”按钮,并在背景的标题栏中输入标题“连体别墅 1 楼家具布置图”。最后单击“页—1”按钮,返回绘图页,并调整整个图形的位置,其效果如图 12-9 所示。

(3)在图 12-9 的基础上,利用“家具”模具,在房子南面的起居室中添加沙发、餐桌等。选择 1 个“长沙发椅”形状,放到南面的窗户边上,调整大小、方向和位置。用同样的方法,添加 2 个“沙发”形状,放到“长沙发椅”形状的两边;1 个“圆形餐桌”形状,2 个“矩形桌”形状,1 个“室内植物”形状和 1 个“小型植物”形状,放到相应的位置上。

(4)用类似的方法,添加 1 个“家电”模具中的“电视机”形状,再进入“办公室附属设施”模具,添加 2 个“圆形垃圾桶”形状和 1 个“纸盒”形状。适当调整北面的“汽车库”门的大小,得到的效果如图 12-10 所示。

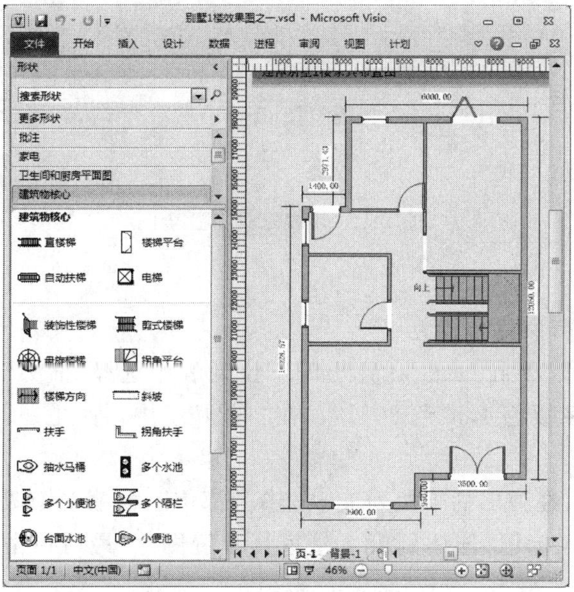

图 12-9　1 楼家具布置图之一

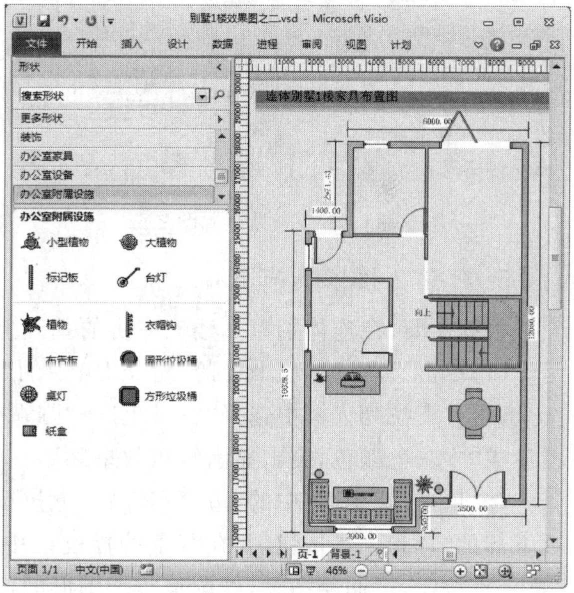

图 12-10　1 楼家具布置图之二

(5)在图 12-10 的基础上,利用“柜子”模具,在房子北面的厨房内添加落地橱等。选择 1 个“落地橱 2”形状,放到北面的窗户边上,调整大小、方向和位置。用同样的方法,添加 3 个“落地橱 2”形状和 1 个“转角落地橱”形状,放到相应的位置上,使它们组合在一起。

(6)用类似的方法,选择“家电”模具,添加 1 个“微波炉”形状,并将其填充颜色设为 RGB(246,245,227);添加 1 个“炊具 3”形状,将其填充颜色设为 RGB(146,208,80);添加 1 个“双门冰箱”形状,将其填充颜色设为 RGB(0,112,192);再用复制的方法,添加 1 个“圆形垃圾桶”形状。进入“卫生间和厨房平面图”模具,添加 1 个“水池 2”形状,将其填充颜色设为 RGB(255,255,255);得到如

图 12-11 所示的效果。

(7)在图 12-11 的基础上，利用“卫生间和厨房平面图”模具，在房子西面的卫生间内添加水池等。选择 1 个“壁式抽水马桶”形状，放到西面的卫生间内，调整大小、方向和位置，并将其填充颜色设为 RGB(255,255,255)。用同样的方法，添加 1 个“带基座水池 2”形状，将其填充颜色设为 RGB(255,255,255)；1 个“毛巾架”形状，放到相应的位置上；再用复制的方法，添加 1 个“圆形垃圾桶”形状。

(8)用类似的方法，选择“机动车”模具，在房子北面的汽车库内添加 1 个“小型轿车”形状，并将其填充颜色设为 RGB(0,176,240)。最后，另存为.jpg 文件，就得到完整的连体别墅 1 楼家具布置效果图，如图 12-12 所示。

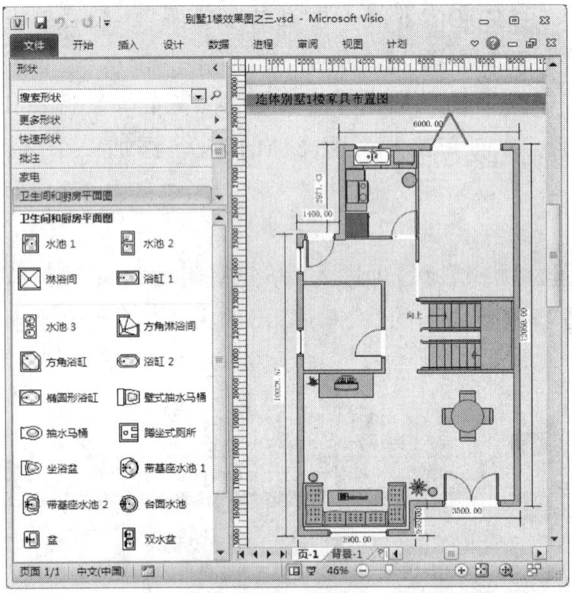

图 12-11　1 楼家具布置图之三

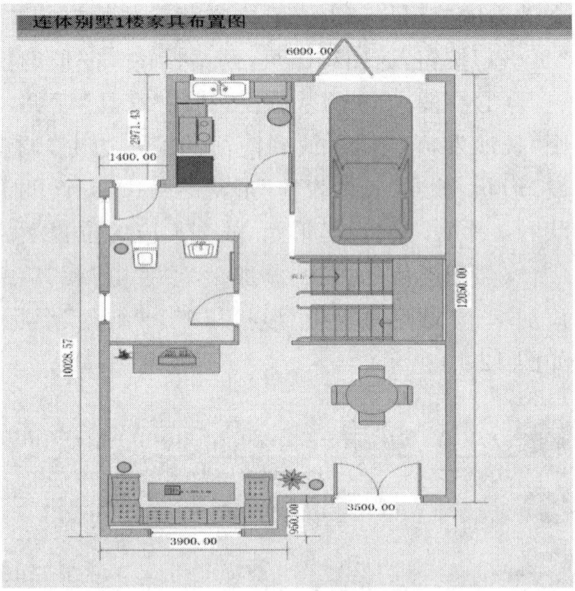

图 12-12　1 楼家具布置全图

5. 别墅 2 楼家具布置

根据需要，在连体别墅 2 楼毛坯房的基础上进行家具布置。

(1)单击“设计”选项卡中的“背景”组中的“背景”下拉按钮，在弹出的下拉列表中选择“活力”背景，再在下拉列表框中选择“背景色”→“强调文字颜色 4，淡色 80%”。在“主题”组中，将“主题”设置成“中灰色颜色，突出显示斜角效果”。

(2)单击“背景”组中的“边框和标题”下拉按钮，在弹出的下拉列表中选择 “都市”，再单击绘图页下部的“背景－1”按钮，并在背景的标题栏中输入标题“连体别墅 2 楼家具布置图”。最后单击“页－1”按钮，返回绘图页，并调整整个图形的位置。

(3)利用“家具”模具，在房子南面的卧室中添加床、床头柜等。选择 1 个“可调床”形状，放到南面的卧室中，调整大小、方向和位置。用同样的方法，添加 2 个“床头柜”形状，放到“可调床”形状的两边；以及 1 个“矩形桌”形状，1 个“三联梳妆台”形状，1 个“凳子”形状和 2 个“柜子”形状，放到相应的位置上。

(4)用类似的方法，在房子北面的卧室中添加床、床头柜等。选择 1 个“可调床”形状，放到北面的卧室中，调整大小、方向和位置。用同样的方法，添加 2 个“床头柜”形状，放到“可调床”形状的两边，以及 1 个“矩形桌”形状，1 个“书桌”形状和 1 个“凳子”形状，放到相应的位置上。再在北面的阳台中，添加 1 个“圆桌”形状，2 个“椅子”形状和 1 个“室内植物”形状。

(5)用类似的方法,在南、北卧室中各添加 1 个“家电”模具中的“电视机”形状。进入“柜子”模具,在北卧室中添加 2 个“多用柜 2”形状,此时得到的效果如图 12-13 所示。

(6)在图 12-13 的基础上,利用“卫生间和厨房平面图”模具,在房子西面的两个卫生间内分别添加水池等。选择 1 个“壁式抽水马桶”形状,放到西面靠北的卫生间内,调整大小、方向和位置,并将其填充颜色设为 RGB(255,255,255)。用同样的方法,添加 1 个“带基座水池 2”形状,将其填充颜色设为 RGB(255,255,255),以及 1 个“淋浴间”形状和 1 个“毛巾架”形状,放到相应的位置上。在西面靠南的卫生间内,也添加上这些形状,并另外添加 1 个“浴缸 2”形状。

(7)用类似的方法,选择“家具”模具,在 2 楼的客厅中添加 1 个“长沙发椅”形状,1 个“安乐椅”形状和 2 个“矩形桌”形状,在南面的阳台中添加 1 个“大植物”形状,放到相应的位置上;再选择“办公室附属设施”模具,在两个卫生间内和客厅中分别添加 1 个“圆形垃圾桶”形状。在客厅中的“矩形桌”形状上添加 1 个“纸盒”形状,另一个“矩形桌”形状上添加 1 个“家电”模具中的“电视机”形状。最后,另存为.jpg 文件,就得到完整的连体别墅 2 楼家具布置效果图,如图 12-14 所示。

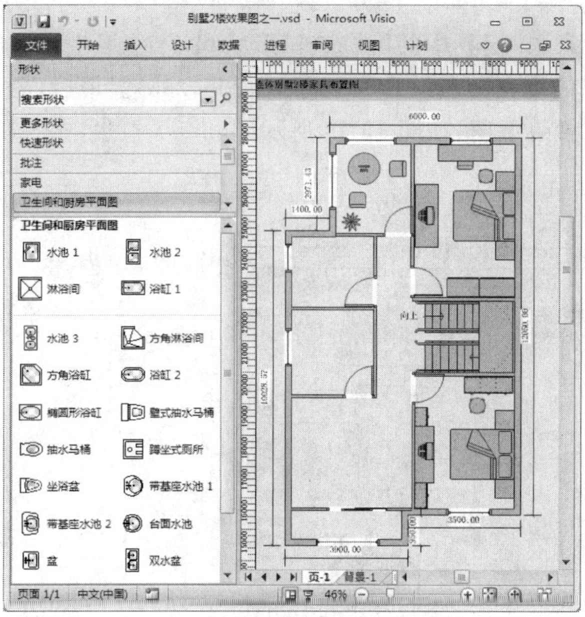

图 12-13　2 楼家具布置图之一

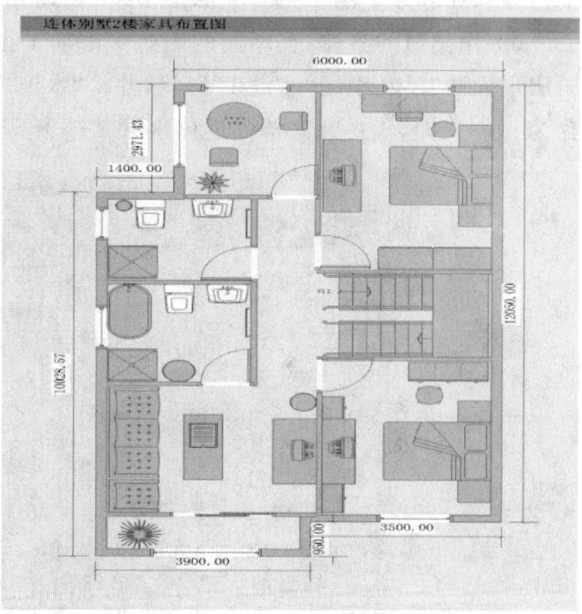

图 12-14　2 楼家具布置全图

6. 别墅 3 楼家具布置

根据需要,在连体别墅 3 楼毛坯房的基础上进行家具布置。

(1)单击“设计”选项卡中的“背景”组中的“背景”下拉按钮,在弹出的下拉列表中选择“活力”背景,再在下拉列表中选择“背景色”→“强调文字颜色 4,淡色 80%”,在“主题”组中,将主题设置成“中灰色颜色,突出显示斜角效果”。

(2)单击“背景”组中的“边框和标题”下拉按钮,在弹出的下拉列表中选择“都市”,再单击绘图页下部的“背景－1”按钮,并在背景的标题栏中输入标题“连体别墅 3 楼家具布置图”。最后单击“页－1”按钮,返回绘图页,并调整整个图形的位置。

(3)在此基础上,利用“家具”模具,在房子南面的卧室中添加床、床头柜等。选择 1 个“可调床”形状,放到南面的卧室中,调整大小、方向和位置。用同样的方法,添加 2 个“床头柜”形状,放到“可调床”形状的两边,以及 1 个“矩形桌”形状和 4 个“柜子”形状,放到相应的位置上。

(4)用类似的方法,在房子北面的卧室中添加床、床头柜等。选择 1 个“可调床”形状,放到北面的卧室中,调整大小、方向和位置。用同样的方法,添加 2 个“床头柜”形状,放到“可调床”形状的两边,以及 1 个“矩形桌”形状和 3 个“柜子”形状,放到相应的位置上。

(5)用类似的方法,在南、北卧室中各添加 1 个“家电”模具中的“电视机”形状,此时得到的效果如图 12-15 所示。

(6)在图 12-15 的基础上,利用“卫生间和厨房平面图”模具,在房子西北面的卫生间内添加水池等。选择 1 个“壁式抽水马桶”形状,放到卫生间内,调整大小、方向和位置,并将其填充颜色设为 RGB(255,255,255)。用同样的方法,添加 1 个“带基座水池 2”形状,将其填充颜色设为 RGB(255,255,255),以及 1 个“淋浴间”形状,1 个“毛巾架”形状和 1 个“浴缸 1”形状,放到相应的位置上。

(7)用类似的方法,选择“家具”模具,在 3 楼的客厅中添加 1 个“书桌”形状,1 个“方桌”形状,2 个“书柜”形状和 2 个“凳子”形状。在南面的阳台中添加 1 个“室内植物”形状和 1 个“躺椅”形状,放到相应的位置上;再选择“办公室附属设施”模具,在卫生间内和客厅中分别添加 1 个“方形垃圾桶”形状,在客厅中的“书桌”上添加 1 个“桌灯”形状。

(8)用类似的方法,在南面的阳台中添加 1 个“家电”模具中的“洗衣机”形状和 1 个“卫生间和厨房平面图”模具中的“水池 1”形状,并将“水池 1 ”的填充颜色设为 RGB(255,255,255)。最后,另存为.jpg 文件,就得到完整的连体别墅 3 楼家具布置效果图,如图 12-16 所示。

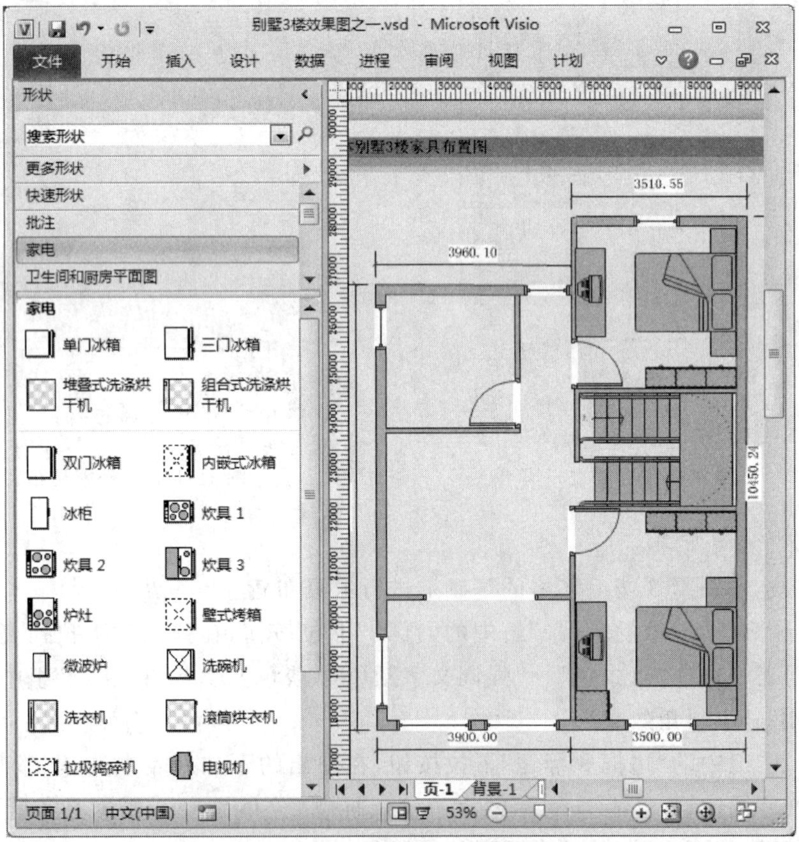

图 12-15　3 楼家具布置图之一

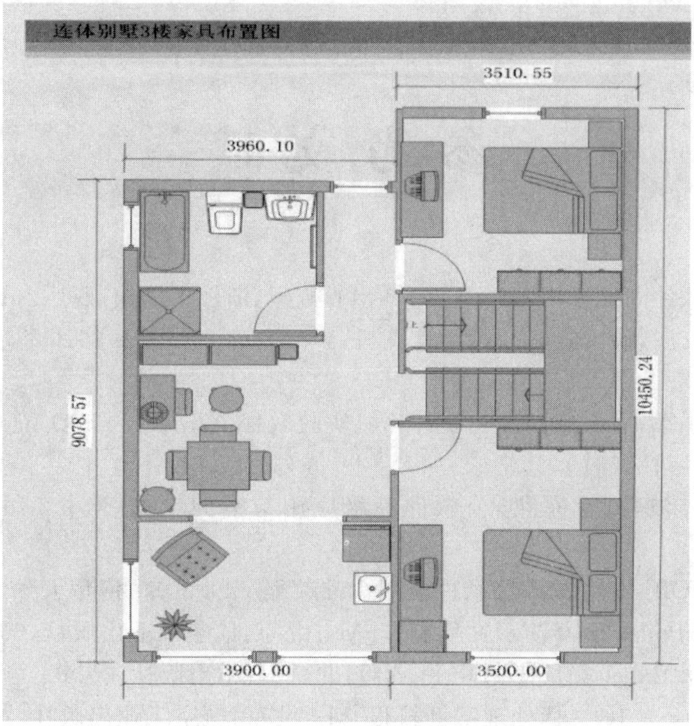

图 12-16　3 楼家具布置全图

12.4 提高练习

按照上面提到的操作方法,制作一个三居室(约 $129m^2$)家具布置图绘图文件,如图 12-17 所示。

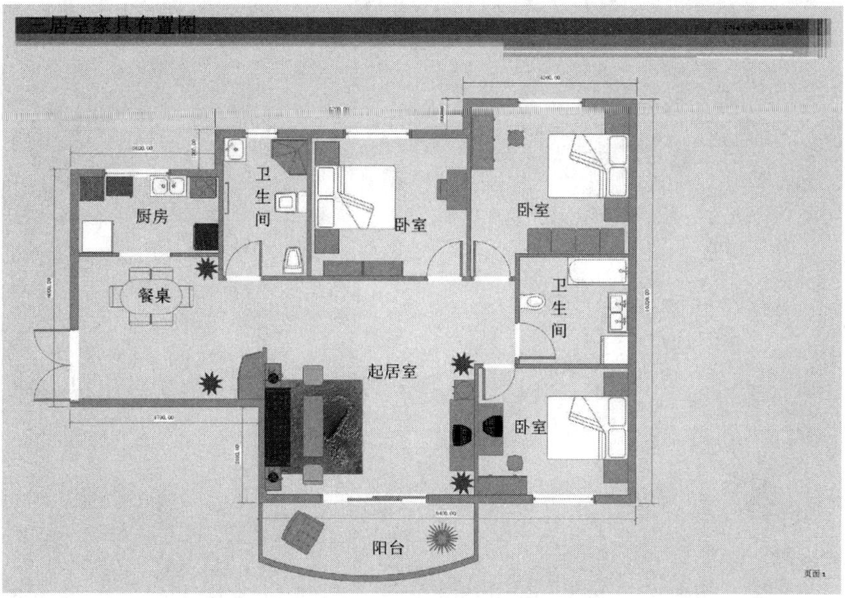

图 12-17　三居室家具布置图

参考文献

[1] 吴卿. 办公软件高级应用 Office 2010[M]. 杭州：浙江大学出版社，2010.

[2] 贾小军，骆红波，许巨定，等. 大学计算机：Windows 7，Office 2010 版[M]. 长沙：湖南大学出版社，2013.

[3] 骆红波，贾小军，潘云燕，等. 大学计算机实验教程：Windows 7，Office 2010 版[M]. 长沙：湖南大学出版社，2013.

[4] 陈宝明，骆红波，刘小军. 办公软件高级应用与案例精选[M]. 2 版. 北京：中国铁道出版社.

[5] 吴化，兰星. Office 2010 办公软件应用标准教程[M]. 北京：清华大学出版社，2012.

[6] 郭燕. PowerPoint 2010 演示文稿制作[M]. 北京：航空工业出版社，2012.

[7] 成昊. 新概念 Excel 2010 教程[M]. 6 版. 北京：科学出版社，2011.

[8] 黄桂林. Word 2010 文档处理案例教程[M]. 北京：航空工业出版社，2012.

[9] 杨继萍，吴华. Visio 2010 图形设计标准教程[M]. 北京：清华大学出版社，2011.

[10] 杨继萍. Visio 2010 图形设计从新手到高手[M]. 北京：清华大学出版社，2011.

[11] 黄海军. Office 高级技术应用与实践[M]. 北京：清华大学出版社，2012.